U0270122

教育部职业教育与成人教育司推荐教材
五年制高等职业技术学校风景园林专业教学用书

植物与植物生理

主　编　闵　炜
副主编　陈建德

上海交通大學出版社

图书在版编目(CIP)数据

植物与植物生理/闵炜主编. —上海:上海交通大学出版社,2007(2014重印)

职业教育与成人教育司推荐教材

ISBN 978-7-313-04932-2

Ⅰ.植… Ⅱ.闵… Ⅲ.①植物学-高等学校:技术学校-教材②植物生理学-高等学校:技术学校-教材 Ⅳ.Q94

中国版本图书馆CIP数据核字(2007)第125455号

植物与植物生理

闵 炜 **主编**

上海交通大学出版社出版发行

(上海市番禺路951号 邮政编码200030)

电话:64071208 出版人:韩建民

凤凰数码印务有限公司印刷 全国新华书店经销

开本:787mm×1092mm 1/16 印张:19.5 字数:477千字

2007年8月第1版 2014年7月第2次印刷

印数:3051~3550

ISBN 978-7-313-04932-2/Q·021 定价:45.00元

前　言

本教材是根据教育部《关于制定五年制高等职业教育教学计划的原则意见》、《五年制高职专门课程教材编写的原则意见与要求》和农林类高职高专人才培养目标与规格的要求编写的。在选材和编写中力求突出职业教育教材的特色，做到基本概念解释清楚，基本理论简明扼要，以必需、够用为度，注意联系实践，强化培养学生的应用能力。

本教材包括植物学和植物生理学两部分，章节编排上循序渐进，重点引用新概念、新知识、新理论，避免不必要的假设推理，重视实例分析。

本教材除绪论外，共有 14 章。由闵炜任主编，并编写绪论和第 1，2，14 章；杜路平编写第 3，4 章；陈志萍编写第 5，11，13 章；庄应强编写第 6，12 章；陈建德编写第 7，8 章；黄清俊编写第 9，10 章。由于编写人员水平有限，教材中有不足之处，诚请广大读者给予指正。

编　者

2007 年 3 月

目　　录

绪论

0.1 植物的多样性与人类生存的关系

地球上有生命的物质自出现至今，大约经历了35亿年的发展和进化过程，形成了200多万种现存的生物，植物是其中的一大类。植物在地球上分布极广，南北两极，高山平原，陆地海洋，到处都生长繁衍着不同种类的植物。目前已知的植物不下50余万种，这些植物有单细胞的、有多细胞的、有群体的，反映了植物界在漫长的岁月中，由低等到高等、由简单到复杂，逐渐发展成复杂大型的植物体，并形成了不同形态、结构和生活习性的植物种类。所有植物可根据其进化程度而划分为有根、茎、叶分化的高等植物和无根、茎、叶的低等植物。

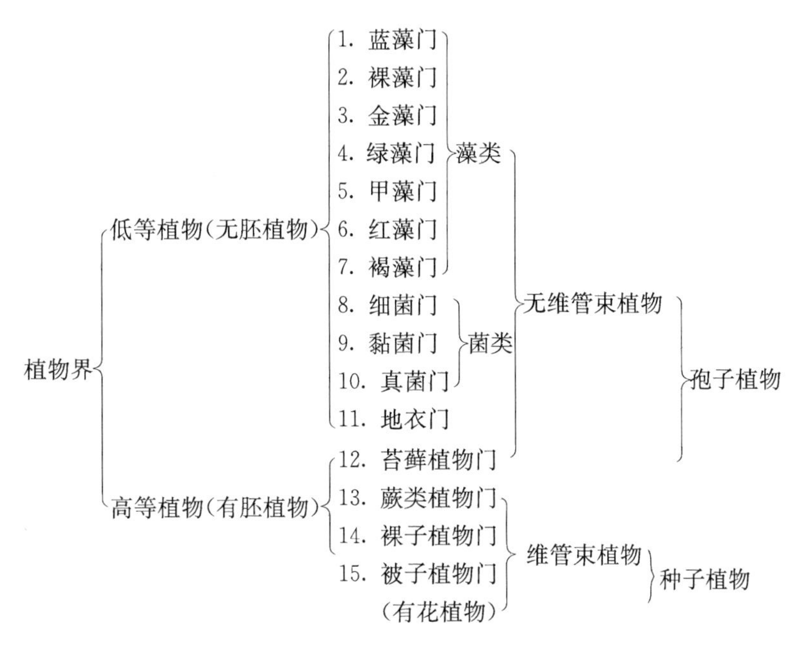

图0.1 植物的分类

种子植物是植物界中种类最繁多、形态结构最复杂的一类植物，所有的农作物、树木和许多经济植物都是种子植物，因此，它同人类的一切活动息息相关。

植物界除菌类以外，绝大多数植物都属于绿色植物，其不同于动物的特点是可以直接利用太阳光能将简单的无机物如二氧化碳和水，合成碳水化合物，并释放出大量的氧气，这就是绿

色植物的光合作用；同时又以碳水化合物作为基本骨架，把吸收的各种矿质元素如氮、磷、硫等合成蛋白质、核酸、脂类等大分子。由于植物代谢环节和代谢途径的多样性，其代谢产物多达数千种，其中大部分尚难以人工合成；也不能在化工厂里将二氧化碳和水直接合成碳水化合物，因此，可将绿色植物比作“天然超级化工厂”。

低等植物如细菌、真菌、黏菌等具有矿化作用，能把复杂的有机物分解成简单的无机物，而被绿色植物利用。植物在自然界通过光合作用和矿化作用，即合成和分解的过程，使自然界的物质得以循环往复，永无止境。

植物是人类赖以生存的物质基础。人类的生活资料和生产原料绝大部分都是由植物提供的，所使用的能源如煤炭、石油、天然气也是千万年前被埋藏在地层中的动植物经矿化而成的。此外，绿色植被还能保护水土、改良土壤、绿化城市和庭院、减少污染、保护环境，对人类的生存具有深远的影响。

植物参与生物圈形成，推动生物界发展；转储能量，提供生命活动以能源；促进物质循环，维持生态平衡；是天然的基因库和发展经济的物质源泉。但是随着工业化的发展，人类在索取自然资源时因忽视自然界的发展规律，而导致整个生态环境严重恶化，如地球臭氧层逐渐被破坏造成温室效应，酸雨和沙尘暴污染环境，河流海洋被毒化，以及水资源短缺等正日益威胁着人类的生存。因此我们在利用自然资源的同时，要不断地认识自然，保护自然，使包括人类在内的整个生物圈得以和谐地持续发展，这将是我们学习植物学的一项重要任务。

0.2 植物学的学习目的及其分支学科

植物是人类赖以生存的基础，研究植物的目的就在于了解植物的生活习性，掌握其生长发育、遗传变异和分布规律，从而更好地保护植物，合理地利用植物。

植物学是研究植物和植物界的生活和发展规律的生物科学，主要研究植物的形态结构、生理机能、生长发育、遗传进化、分类系统以及生态分布等内容。植物学在发展过程中形成了许多分支学科，通常分为植物分类学、植物形态学、植物生理学、植物遗传学和植物生态学。

植物分类学是研究植物种类鉴定、植物类群分布、植物间的亲缘关系以及植物界的自然系统，从而建立植物进化系统和鉴别植物的科学。依不同的植物类群又派生出细菌学、真菌学、藻类学、地衣学、苔藓学、蕨类学和种子植物学。

植物形态学是研究植物形态、结构及其在个体发育和系统发育中建成过程和形成规律的学科。广义的概念还包括研究植物组织和器官的显微结构及其形成规律的植物解剖学、研究高等植物胚胎形成和发育规律的植物胚胎学以及研究植物细胞的形态结构、代谢功能、遗传变异等内容的植物细胞学。

植物生理学是研究植物生命活动及其规律性的学科，包括植物体内的物质和能量代谢、植物的生长发育、植物对环境条件的反应等内容。

植物遗传学是研究植物的遗传变异规律以及人工选择理论和实践的学科。现已发展出植物细胞遗传学和分子遗传学。

植物生态学是研究植物与周围环境相互关系的学科。随着学科的发展派生出植物个体生态学、植物群落学和生态系统学。

0.3 植物生理学的内容和任务

生物体具有的共同特征是一个生活的有机体都能不断地同化外界物质，并利用所取得的能量来建成自身的躯体。生命活动即是物质代谢、能量转换与形态建成的综合反应。生物界中的绿色植物具有自养性，即不需要摄取任何现成的食物，而完全能利用无机物和太阳能来合成赖以生活的物质，建成自己的身体。绿色植物这种自养的生理活动是一切有机物质的根本源泉，是太阳能生物利用的主要途径。因此，研究绿色植物的生理活动对人类以及整个物质世界都具有特殊的作用。植物生理学虽然是研究一切植物生命活动规律的科学，但无疑绿色植物是它研究的主要对象，植物的自养生理过程是它研究的核心问题。

植物自养生理学的基本内容经过一两个世纪的发展历程，已基本稳定为由四个部分组成：

(1) 细胞结构与功能　它是各种生理活动与代谢过程的组织基础；

(2) 功能与代谢　主要包括光合、呼吸、水分、矿质、运输等各种功能及其所发生的代谢反应；

(3) 生长发育　它是各种功能与代谢活动的综合反映，包括生长、分化、发育与成熟；

(4) 环境生理　研究影响各种生理功能及代谢的环境因素的作用及其调节与控制的效应，包括顺境与逆境。

这四个部分相互联系构成了植物生理学的整体。这四个研究组成反映了植物生理学研究的不同水平：分子→亚分子→细胞→组织→器官→整体→群体，其中包含了宏观研究与微观研究。

0.4 植物生理学的发展与展望

19 世纪后叶李比希(Liebig)创立了植物的营养学说之后，植物生理学开始正式成为一门独立的学科。1882 年萨克斯(Sachs)的植物生理学讲义问世，费佛尔(Pfeffer)的巨著《植物生理学》出版，使植物生理学从植物学和农学中脱颖而出，成为一门引人注目的生命科学。此后的一个多世纪来，植物生理学的发展几经起伏，大致可分成三个阶段：

第一为诞生与成长阶段。19 世纪中叶以后，随着对植物营养问题研究所积累的知识的增加，基本上认识到植物生长所需要的物质一部分来自土壤(矿物质、水分等)；另一部分来自空气(CO_2，O_2 等)，初步建立了土壤营养与空气营养的概念。费佛尔和凡特·霍夫(Van't Hoff)对渗透现象进行了全面研究，所推出的渗透学说有力地推动了人们对水分进出细胞的研究。达尔文(Darwin)关于植物运动的研究开辟了植物对环境刺激感应能力研究的新领域。对植物向光性运动的研究导致了生长素的发现。卡尼尔与阿拉德(Garner，Allard，1920)发现植物光周期现象，促进了发育生理学迅速发展。随着植物内源激素的相继发现，大大丰富了植物调节控制生理的研究。这一系列成就标志着植物生理学发展的黄金时期。无疑，19 世纪自然科学的三大发现：细胞学说、能量守恒定律、进化论，为植物生理学发展提供了重要的基础。

第二为动荡与分化阶段。20世纪初叶随着各门科学领域的深化与发展，以及生产实践的要求，许多原属于植物生理学范畴的内容，逐渐分化出去各成一支，转变成具有自己独特理论基础和广阔前景的独立学科。这一时期植物生理学一方面为其他学科的出现提供了营养，另一方面其自身却处于故步自封的消沉阶段。

第三为更新与深入阶段。自20世纪50年代初期开始，在生物化学、生物物理学、分子生物学及其他先进生物科学有力的推动下，植物生理学重新取得了令人瞩目的成就。卡尔文(Calvin)揭开了数十年不能解决的 CO_2 固定和还原之谜。60年代前后，C_3，C_4，CAM途径与光呼吸的发现把光合作用研究推向了崭新的阶段。这一时期初所形成的许多植物生理学理论和方法，如细胞对离子吸收与运输，同化物的运输与分配、吸水力的概念、植物对逆境的适应等都在后来得到了更新与发展。分子生物学的渗入为植物生理学增添了新的内容和光彩，使植物生理学又进入了一轮新的发展高潮，迈向新的历程。

从植物生理学发展的简史可以看出，植物生理学的产生和发展，决定于当时生产的发展和其他学科的发展，而植物生理学的发展又促进了农林业及其他产业的进步。展望植物生理学的前景，也要从这两方面来着眼，一方面是植物生理学本身的发展，另一方面是植物生理学在生产实践中的应用。

对植物营养的研究开创了植物生理学。溶液培养法(无土栽培法)在阐明植物对养分的要求方面曾起了决定性的作用，从而奠定了在生产上应用化肥的理论基础。而如今，无土栽培法在世界各国又受到高度重视，已成为一种切实可行的农业生产手段，在花卉、蔬菜及谷物的室内栽培中得到广泛应用。这是植物营养的基本原理在生产应用上的新进展。

植物激素的发现和深入研究，导致各种生长调节剂的人工合成，将其应用在促进插条生根、防止落花落果、化学除草等农业生产中取得了显著成果。免耕法就是以施用除草剂为基础的。

植物组织培养原来只是一种实验技术，但随着其发展，在理论上阐明了细胞的全能性，在应用上为育种工作提供了一种新手段。随着对细胞分化和脱分化机理的深入研究，不仅在细胞分化理论上将取得新进展，在细胞培养技术上也将得到新的应用。那时，在人工条件下大量繁殖各种细胞，不仅能生产某些特殊物质，甚至能生产人工培养的食物。

对光合作用的研究不仅将为人工模拟光合过程提供理论依据，而且将为太阳能的综合利用提供新的途径。光合作用的研究在解决粮食问题和能源问题两个方面，都将发生巨大作用。

植物生理学的研究已从个体、器官、细胞深入到分子或亚分子水平。随着环境科学的进展和生态学的发展，植物生理学的研究也将出现新的领域。这方面的工作包括电子计算机的应用、遥感遥测技术的研究、生物数学模型的研究等等。这些研究将使植物生理学在更大规模上协调植物的生长发育和更大规模地保护自然和利用自然方面作出新的贡献。

思考题

1. 植物与自然有何关系？
2. 学习植物和植物生理学有什么重要意义？

1 植物的细胞和组织

1.1 植物的细胞

1.1.1 植物细胞的概念

植物的种类繁多，外部形态千差万别，形形色色，但其构造都是由细胞组成的。19 世纪中叶创立的细胞学说揭示了生命的奥秘，从此人们逐步认识到细胞是生命结构的单位，是生物有机体结构中的形态学单位和生理学单位，同时又是生物个体发育和系统发育的基础，是生物结构、功能和遗传变异的基本单位。同样，植物的生长、发育和繁殖都是细胞不断地进行活动的结果。因此，研究细胞的结构和功能对于了解植物体生命活动的规律有重要的意义。

1.1.2 植物细胞的形状和大小

1.1.2.1 植物细胞的大小

不同种类和类型的植物细胞的大小差别很大，但一般都很小，要借助于显微镜来观察。蓝藻这类原核细胞的直径不超过 10 μm；种子植物的细胞直径在 10～100 μm 左右。贮藏组织的细胞“巨大”，如番茄、西瓜的果肉细胞直径可达 1 mm。其他如亚麻纤维细胞长达 4 cm，苎麻纤维细胞甚至可长达 50 cm，这些细胞用肉眼可以直接看到。绝大多数的植物细胞是很小的，因此比表面积很大，有利于和外界进行物质交换。

1.1.2.2 植物细胞的形状

不同的植物细胞因担负的生理功能不同或所处的环境条件各异而形成了各种不同的形状。有球形、椭圆形、长柱形、多面形、纤维形等（图 1.1）。单细胞植物处游离状态而呈球形；多细胞因相互挤压大多呈不规则的多面形。输导水及输导有机物的细胞呈长筒形；支持器官的细胞呈长纺锤形，并以尖锐的末端相互穿插；叶片表皮的细胞扁平而侧壁波曲彼此镶嵌结合；根毛细胞向外产生一条管状突起，以增大和土壤的接触面积。不同细胞的形状体现了形态与功能的统一。

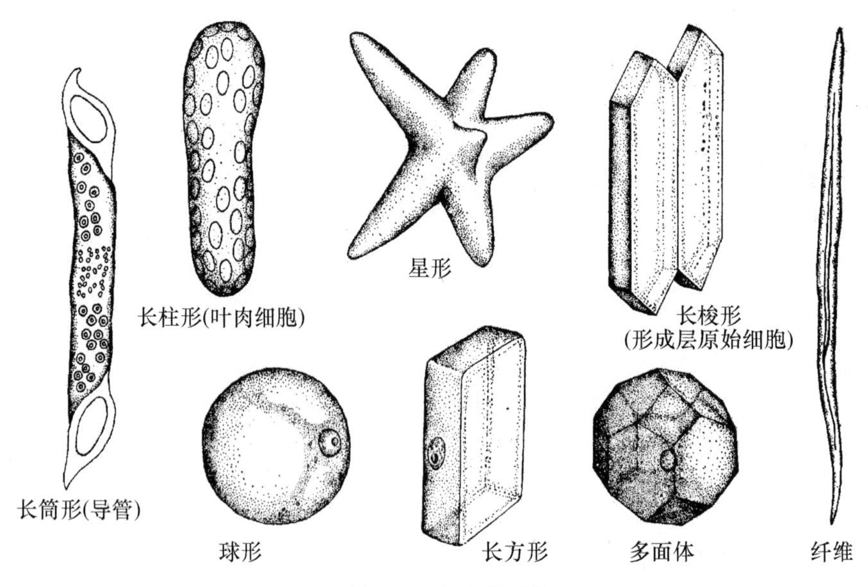

图 1.1　细胞的形状

1.1.3　植物细胞的基本结构

在原生质体外面包裹着一层细胞壁就构成了和动物细胞不同的植物细胞。原生质体是细胞壁内有生命机能部分的总称，由原生质构成。原生质由复杂的有机物和无机物组成，为无色半透明具有黏性和弹性的物质。细胞内由原生质组成的各种结构统称为原生质体，包括细胞质(含质膜，各种细胞器和细胞骨架系统及胞基质)和细胞核。也就是说，原生质体是结构名称而原生质是组成成分的名称。

1.1.3.1　原生质体

1. 细胞质

细胞质充满在细胞核与细胞壁之间，包括质膜、细胞器和胞基质三部分。

(1) 质膜　质膜是包围在细胞质表面的一层薄膜，主要由脂类物质和蛋白质组成，此外还有少量糖类。质膜的主要功能是控制细胞与外界环境的物质交换，这是因为质膜具有“选择透性”。质膜的选择性使细胞能从周围环境中不断取得所需要的水分、盐类和其他必需物质，而又阻止有害的物质进入。同时细胞也能把代谢废物排泄出去，而又不使内部有用的成分任意流失，从而使细胞具有一个适宜而相对稳定的内环境。此外，质膜还有接受胞外信息和细胞间相互识别的功能。

(2) 细胞器　细胞器是细胞质中具有一定形态结构和生理功能的亚单位。植物细胞中有多种细胞器。

① 质体　质体是植物细胞特有的细胞器，它与碳水化合物的合成与贮藏有关。根据所含色素及生理机能的不同，质体可分为叶绿体、有色体和白色体(图 1.2)。

· 叶绿体　叶绿体存在于植物所有绿色部分的细胞里，多呈扁椭圆形，里面含有叶绿素和类胡萝卜素两类色素。由于叶绿素的含量较高而使叶绿体呈绿色。叶绿体的主要功能是吸收太阳光能来进行光合作用。

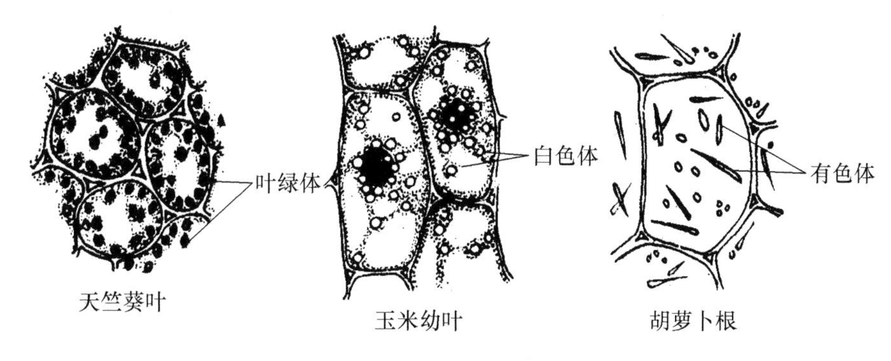

图 1.2　三种质体

·有色体　有色体常呈杆状、圆形或不规则形状，内含胡萝卜素和叶黄素。由于两者的比例不同而呈现红黄之间的各种颜色。有色体存在于植物的花瓣、果实的细胞中或植物的其他部分。有色体能积聚淀粉和脂类，在花和果实中具有吸引昆虫和其他动物传粉及传播种子的作用。

·白色体　白色体不含色素，呈无色颗粒状存在于植物各部分的贮藏细胞中。白色体的功能是积累贮藏营养物质，积累淀粉的白色体叫造粉体，积累蛋白质的叫造蛋白体，积累脂类的叫造油体。

随着细胞的发育和环境条件的变化，三种质体可以相互转化。

② 线粒体　线粒体是与胞内呼吸有关的细胞器，除蓝绿藻和厌氧真菌以外，所有生活的植物细胞质中都有线粒体。线粒体很小，在光学显微镜下呈细棒状或颗粒状。线粒体是由两层膜形成的囊泡，内膜向内折叠形成嵴。它的主要功能是细胞进行呼吸的场所。细胞内的糖、脂肪和氨基酸在线粒体中经呼吸作用被氧化分解，释放的能量供细胞生命活动所需，因此，线粒体被称为细胞能量的“动力站”(图 1.3)。

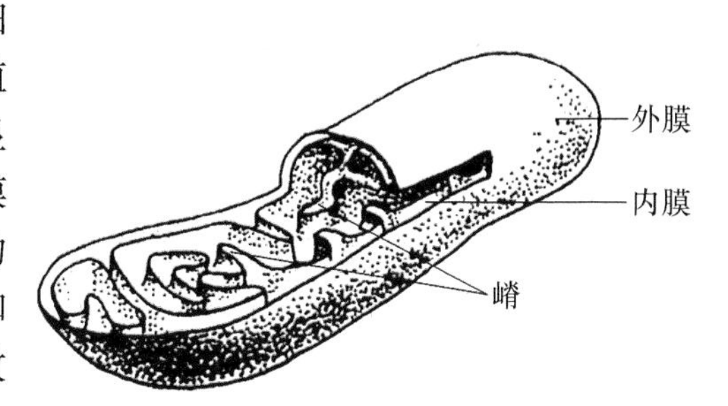

图 1.3　线粒体的立体结构

③ 内质网　内质网是交织分布在胞基质中的膜的管道系统，其结构为在两层膜之间形成一层层扁平的腔、囊或池。构成这些腔的膜有两种类型，有些区域膜的外面附着有核糖体颗粒的叫做粗糙型内质网；其他区域膜的外表没有核糖体附着的叫做光滑型内质网。粗糙型内质网的功能是合成蛋白质，并把蛋白质输出细胞或在细胞内转运。光滑型内质网的最主要功能是合成和转运脂质和固醇(图 1.4)。

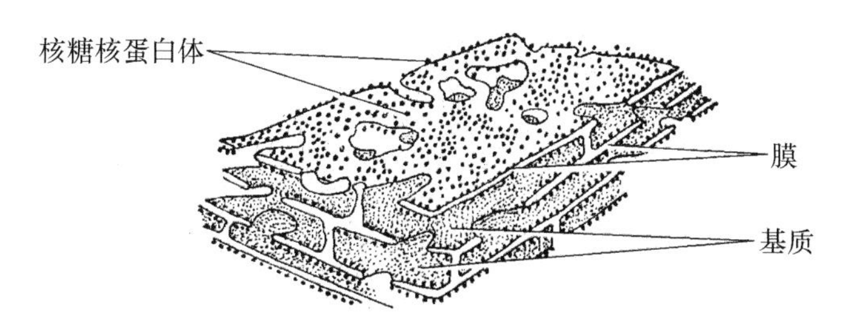

图 1.4　内质网立体结构

④ 高尔基体　高尔基体是由一系列留有整齐间隙的扁平圆形、边缘稍膨大而成网络状的囊泡组成。网络的一些分支端部形成小泡，小泡可分离转移到胞基质中去。高尔基体大量存在于正分化的细胞以及花粉管、根毛先端的胞基质中。高尔基体主要是对粗糙内质网运来

的蛋白质进行加工、浓缩、贮存、运输及排出细胞。此外，高尔基体能合成纤维素、半纤维素等构成细胞壁的物质而参与细胞壁的形成，同时还有分泌作用，如根冠细胞中的高尔基体能分泌黏液(图 1.5)。

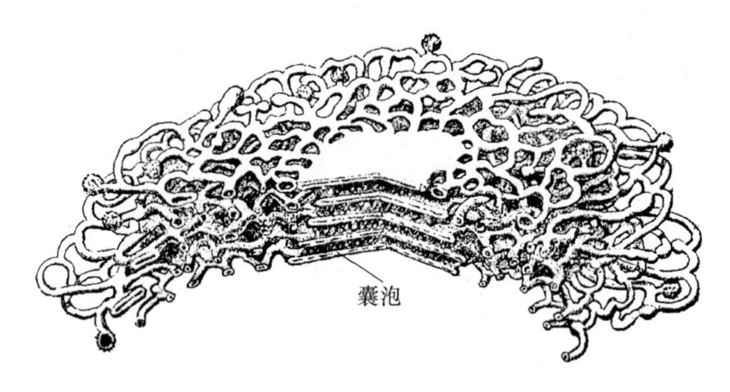

图 1.5　高尔基体的立体结构

⑤ 核糖核蛋白体(核糖体、核蛋白体)　核糖体附着在粗糙内质网上或分散在细胞质中，叶绿体基质中及线粒体中也有少量核糖体。核糖体是合成蛋白质的主要场所，在蛋白质合成旺盛的细胞中，核糖体常串在一起形成一个聚合体，称为多核蛋白体或多核糖体。

⑥ 液泡　在幼小的植物细胞中有多个分散的小泡，细胞成长过程中这些小液泡逐渐合并发展成一个大液泡，占据细胞中央很大空间，将细胞质和细胞核挤成一薄层而紧贴着细胞壁，使细胞质与环境有较大的接触面，有利于物质交换和细胞的代谢活动。液泡被一层液泡膜包着，膜内充满的细胞液中含有多种有机物和无机物，有的是代谢贮藏物，如糖、有机酸、蛋白质、生物碱、单宁、色素等。

液泡的生理功能主要是贮藏作用，液泡中含有许多水解酶，所以也有消化作用，在一定的条件下能分解液泡中的贮藏物质，重新参与各种代谢活动。此外液泡还有调节细胞渗透压和维持膨压的作用(图 1.6)。

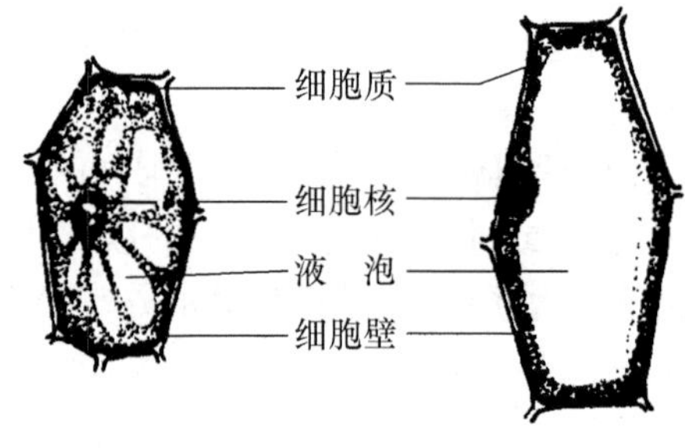

图 1.6　细胞的生长和液泡的形成

⑦ 溶酶体　溶酶体是单层膜围成的泡状结构，泡内含有各种不同的水解酶，如酸性磷酸酶、核糖核酸酶、蛋白酶等，它们可以分解所有的生物大分子。

溶酶体的功能是起消化作用。溶酶体通过膜的内陷，把进入的病毒、细菌及细胞内衰变、崩解的细胞器吞噬掉，在其体内消化；也可以通过膜本身分解，把酶释放到细胞质中使原生质体被消化，称为细胞自溶，如导管和厚壁细胞在分化过程中最终失去原生质体而成为空管状结构。

溶酶体来自内质网和高尔基体的小泡，或与质膜形成的吞噬小体和胞饮小泡合并形成，所以溶酶体不是一个特殊的形态实体，而是指能发生水解作用的所有结构。

⑧ 圆球体　圆球体是一层膜围成的球形小体，是一种贮藏细胞器，可积累脂肪。在油料植物的种子中含有很多圆球体。圆球体中的脂肪酶也能将脂肪水解，因此，圆球体具有溶酶体的性质。

圆球体来源于内质网，它的发育过程是，内质网的一端由于积聚了一些脂类物质而膨大，其后收缩成小泡而脱离内质网成为前圆球体，体积增大后叫圆球体。圆球体继续发育可成为油滴(图1.7)。

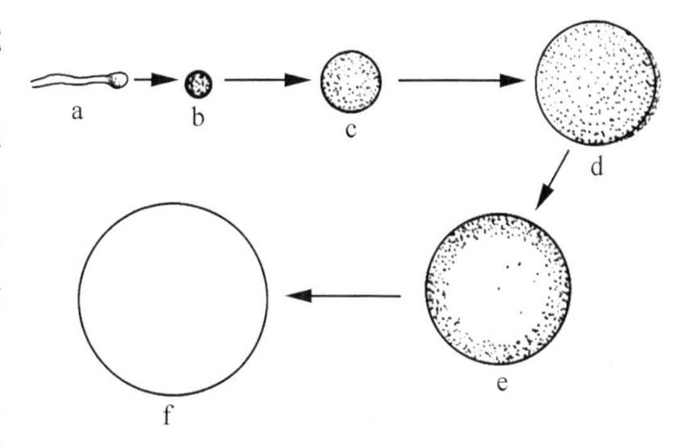

图1.7　圆球体与油滴的发育

a. 内质网顶端膨大；b. 从内质网上分离下的小泡；c. 前圆球体；d. 圆球体；e. 过渡时期；f. 油滴

⑨ 微体　微体也是内质网分离的小泡形成的，由一层膜包围的小体。由于所含的酶不同而分别称为过氧化物酶体和乙醛酸循环体。过氧化物酶体存在于高等植物的光合细胞中，常与叶绿体和线粒体相伴存在，执行光呼吸的功能。乙醛酸循环体存在于含油量高的种子的子叶或胚乳细胞中以及大麦、小麦种子的糊粉层和玉米的盾片中，参与脂肪代谢，将脂肪分解成糖(图1.8)。

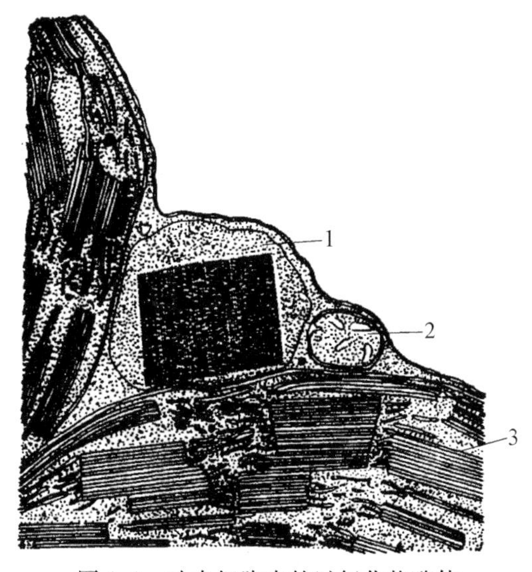

图1.8　叶肉细胞内的过氧化物酶体

1. 过氧化物酶体；2. 线粒体；3. 叶绿体；

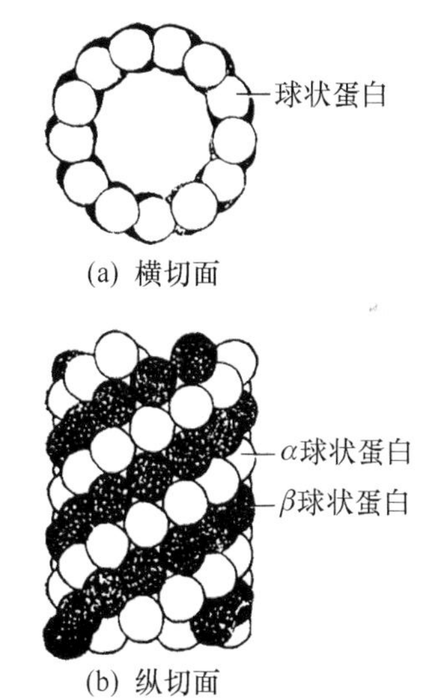

图1.9　微管的模型

·微管　微管是非膜性结构，由两种球状蛋白——α微管蛋白和β微管蛋白纵行螺旋排列围成的中空长管状结构。细胞中的微管不是一成不变的，而是经常处于不断聚合和解聚的动态平衡状态，这种聚合和解聚可在微管的两端同时进行或分别进行(图1.9)。

微管有多方面的功能，微管在细胞中起支架作用，使细胞维持一定的形状；微管的导向可以改变细胞质的运动方向；微管是细胞分裂时形成的纺锤丝的组成部分，对染色体的位移起作用；微管为胞内物质定向运输提供运动轨道，并与微丝结合提供运输动力；微管还参与细胞壁的形成和发育。

·微丝　微丝是由两种球形蛋白即肌动蛋白和肌球蛋白各自聚合成的细丝彼此缠绕成的双螺旋细丝，不同的细胞还有不同的蛋白质与之结合，在基质中可成束或分散存在。微丝在细胞中呈纵横交织的网状，常连接在微管和细胞器之间，使细胞核与细胞器有序地排列和运动。微丝除了和微管一起维持细胞的形状外，还配合微管控制胞内物质运输和染色体的移动。

·中间纤维　在细胞中还有一类直径介于微管和微丝之间的中空管状纤维叫中间纤维。微管、微丝和中间纤维三者结合在细胞内形成错综复杂的立体网络，将细胞内的各种结构连接和支架起来，维持在一定的部位上，使各种结构能执行各自的功能。

⑩ 胞基质　包围细胞器的原生质称为胞基质，是一种透明的具有弹性和黏滞性的蛋白质亲水胶体，在细胞中可同时处于溶胶状态和凝胶状态。溶胶状的胞基质处于不断的运动状态，并带动细胞器作有规律的持续流动，这种运动称为胞质运动。胞基质是细胞内进行各种生化活动的场所，同时还不断为细胞器行使动能提供营养原料。

1.1.3.2　细胞壁

细胞壁是植物特有的结构，由原生质体分泌的物质所形成，具有一定的硬度和弹性。细胞壁能限制原生质体产生的膨压，使细胞维持一定的形状。细胞壁可保护原生质体，减少其蒸腾，防止微生物入侵和机械损伤。细胞壁还参与植物体吸收、蒸腾、分泌和胞间运输等生理活动。

1. 细胞壁的化学成分

高等植物和绿藻等细胞壁的主要成分是多糖，包括纤维素、半纤维素和果胶质。植物体不同细胞的细胞壁成分有很大差别，这是由于细胞壁在形成时还掺入了各种不同成分的结果，常见的有酚类化合物（木质素）、脂肪酸（角质、木栓质、蜡质）等。

在构成细胞壁时，许多链状的纤维素分子有规则地排列成分子团（微团），并由其进一步结合成生物学上的结构单位，称为微纤丝（图1.10）。许多微纤丝再聚合成大纤丝。所以，高等植物细胞壁的框架是由纤维素分子组成的纤丝系统。其他组成壁的成分，如果胶质和半纤维素等都充填在“框架”的空隙中，在纤维素、微纤丝之间形成非纤维素的间质。由于这些成分都是亲水的，所以细胞壁中通常含有较多的水分，凡溶于水中的任何物质都能随水透过细胞壁。

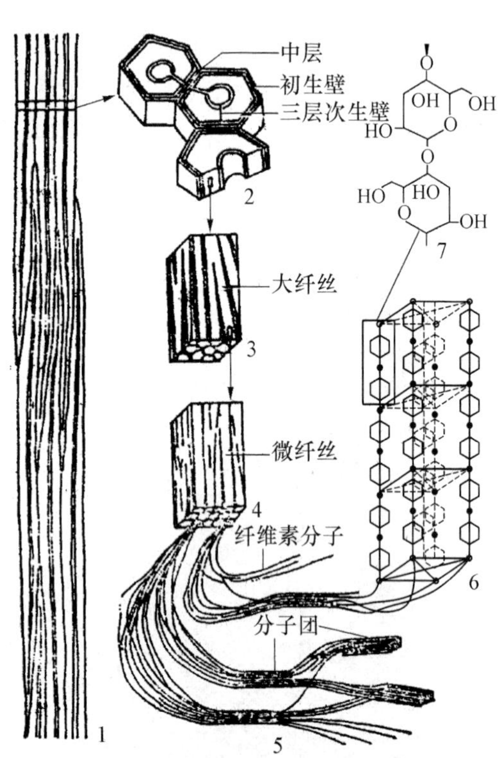

图 1.10　细胞壁的详细结构

1. 纤维细胞束；2. 纤维细胞横切面，示大体的分层，一层初生壁和三层次生壁；3. 次生壁中的一小块，示纤维素的大纤丝（白色）和大纤丝之间的空间（黑色），其中充满了非纤维素物质；4. 大纤丝的一小部分，示在电镜下见到的微纤丝（白色），微纤丝之间的空间（黑色）则充满了非纤维物质；5. 纤维素的链状分子，其中微纤丝的有些部分有规则地排列，这些部分即分子团（微团）；6. 分子团的一部分，示链状的纤维素分子部分排列成空间晶格；7. 由一个氧原子连接起来的两个葡萄糖残基——纤维素分子的一小部分

2. 细胞壁的层次

细胞壁的结构可分为三层:胞间层、初生壁、次生壁(图 1.11)。

(1) 胞间层　又叫中层,是相邻两个细胞之间共有的部分,主要成分是果胶质,能使相邻的细胞粘结在一起。胞间层是无定形的胶体物质,具有一定的可塑性,能缓冲细胞间的挤压又不致影响细胞的生长。由果胶质组成的胞间层能被酸、碱、脱落酸或果胶酶分解,使相连的细胞彼此分离。

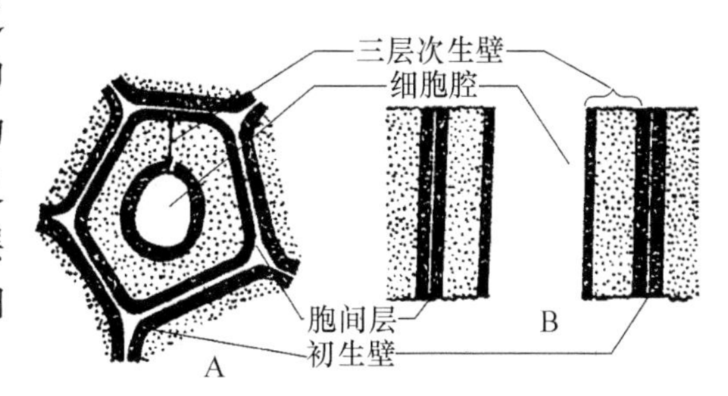

图 1.11　细胞壁的分层

A. 横切面; B. 纵切面

(2) 初生壁　初生壁是细胞停止生长前原生质体分泌纤维素、半纤维素和果胶质加在胞间层内侧形成的细胞层。初生壁较薄而柔软,有较大的可塑性,能随着细胞的生长而延展。

(3) 次生壁　次生壁是在细胞停止生长后在初生壁内侧继续积累形成的细胞壁层。植物细胞都具有初生壁,但并非所有细胞都有次生壁。在细胞生长分化过程中,由原生质体合成的一些不同性质的化合物结合到细胞壁内,使次生壁发生相应变化(特化),常见的有木质化、矿质化、角质化和栓质化。

① 木质化　细胞壁在附加生长时增加了较多的木质素而变得坚硬,增强了机械支持作用。如导管、管胞、纤维都是细胞壁木质化的细胞。

② 矿质化　钾、镁、钙、硅等渗入细胞壁,使细胞壁的硬度增大,加强了支持力。如禾本科植物水稻、小麦、玉米的茎和叶的表皮细胞的细胞壁因渗入二氧化硅而发生硅质化。

③ 角质化　角质化是细胞外壁被角质浸透,并在细胞壁外表面堆积成膜的过程。角质是一种脂类化合物,能使细胞壁不透水、不透气,但可透光。角质层发达的植物能防止水分过分蒸腾和微生物的侵害。

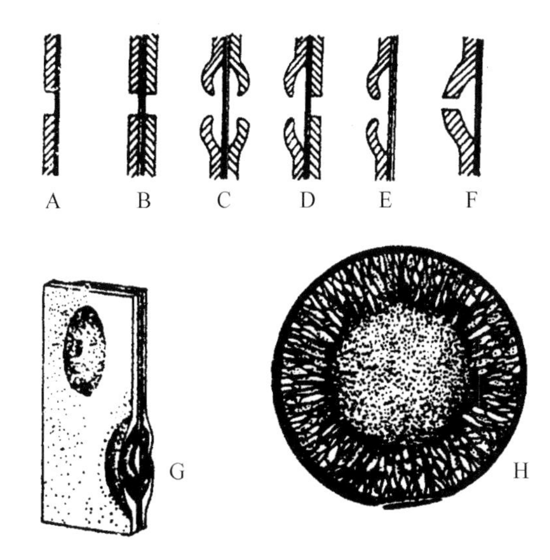

图 1.12　纹孔的类型及纹孔对

A. 单纹孔; B. 单纹孔对; C. 具缘纹孔对; D. 半具缘纹孔对; E,F. 具缘纹孔; G. 两个管胞相邻壁的一部分三维图解; H. 松树的纹孔膜和纹孔塞的正面观

④ 栓质化　由膨胀性木栓质渗入细胞壁而引起的变化叫栓质化。木栓质也是脂类化合物。细胞壁栓质化后不透水和空气,使内部的原生质体与周围环境隔绝而坏死,仅留细胞壁,但对内部组织可起保护作用。老的根、茎外表都有这类木栓细胞。

次生壁的增厚是不均匀的,有的地方不增厚,形成了许多凹陷的区域,称为纹孔。相邻两个细胞上的纹孔常相对存在,称为纹孔对。纹孔之间的胞间层和初生壁合称为纹孔膜。纹孔是细胞之间水分和物质交换的通道,分为单纹孔和具缘纹孔两种类型。单纹孔是次生壁在沉积时在纹孔形成处终止而不延伸;具缘纹孔是次生壁在沉积时在纹孔形成处向内延伸,形成弓形拱起物(图 1.12)。

穿过细胞壁的细胞质细丝称为胞间连丝(图 1.13)。胞间连丝多分布在初生纹孔上,细胞壁的其他部分也有少量胞间连丝。在电子显微镜下,胞间连丝的结构很清晰。连丝是直径为 40 nm 的小管状结构,胞间连丝沟通了相邻的细胞,一些物质和信息可以经胞间连丝传递。所以,植物细胞虽然有细胞壁,实际上它们是彼此连成一体的,水分以及小分子物质都可以从中穿行。胞间连丝是细胞间引导物质和信息的桥梁,它将植物体所有的原生质体连接在一起,使所有的细胞成为一个有机整体。

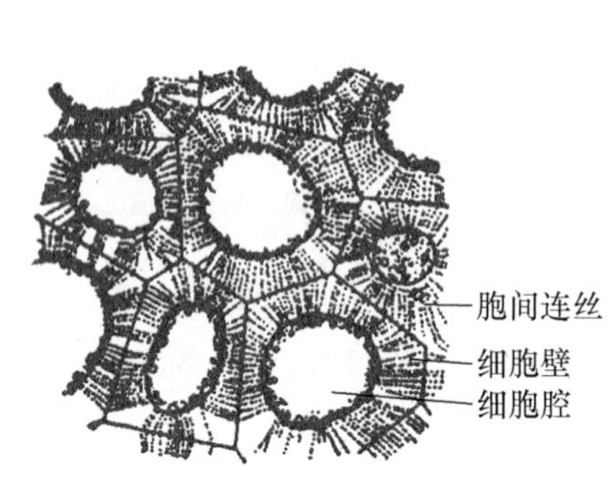

(a) 光学显微镜下的胞间连丝

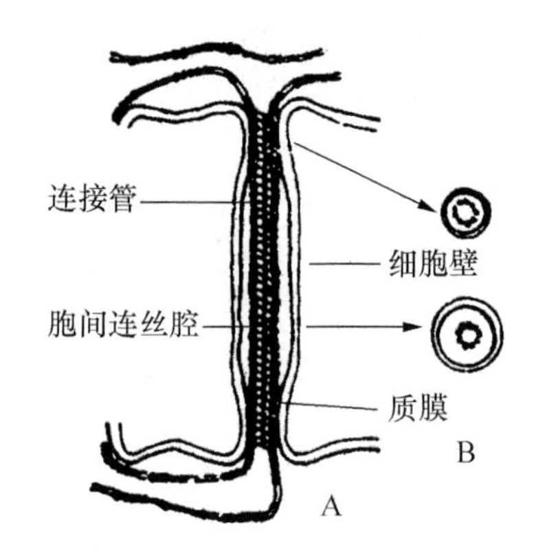

(b) 胞间连丝的超微结构
A. 纵切面; B. 横切面

图 1.13 胞间连丝

1.1.3.3 细胞后含物

细胞后含物是原生质体进行新陈代谢的产物,其中有的是贮藏物质,有的是代谢中间产物及废物。它们存在于细胞质中、细胞器内或细胞壁上。后含物的种类很多,如淀粉、蛋白质、脂肪、单宁、晶体、生物碱、维生素和植物激素等。以下是几种主要的后含物。

1. 淀粉

在植物的贮藏组织中往往含有大量淀粉。植物光合作用的产物以蔗糖等形式运入贮藏组织后在造粉体中合成淀粉,再形成淀粉粒。造粉体积累淀粉时,先从一个起点——脐开始,然后围绕脐从内向外层积累,形成许多同心层——轮纹(图 1.14)。脐可位于中央或偏于一侧,轮纹是由直链淀粉和支链淀粉交替积累而成的。淀粉粒有单粒、复粒和半复粒三种类型。各种植物所含的淀粉粒的形状、大小和结构各有其特征,所以可以用来鉴别植物。

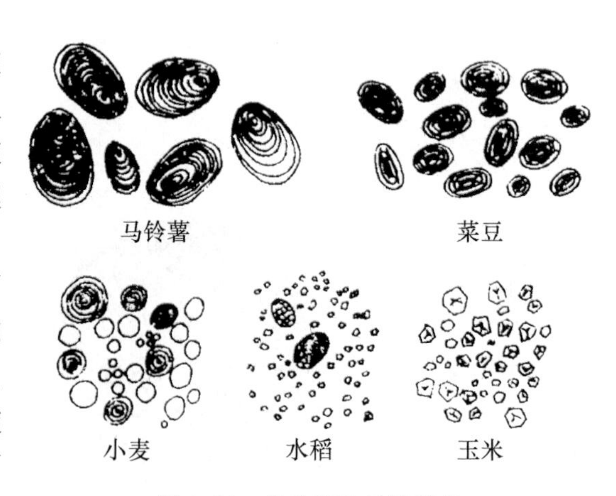

图 1.14 几种植物的淀粉粒

2. 蛋白质

与原生质的活性蛋白质不同,植物的贮藏蛋白质是结晶或无定形的固体,不表现出明显的生理活性。细胞中的贮藏蛋白呈颗粒状,称做糊粉粒。禾本科植物的胚乳最外一层或几层细胞中含有大量的糊粉粒,叫做糊粉层(图 1.15a)。蓖麻细胞内的糊粉粒在无定形蛋白质中包含有蛋白质的拟晶体和非蛋白质的球状体(图 1.15b)。

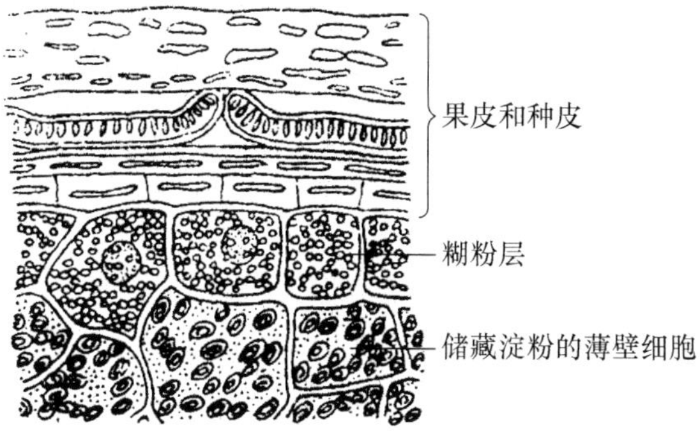

果皮和种皮
糊粉层
储藏淀粉的薄壁细胞

(a) 小麦颖果的横切面糊粉层

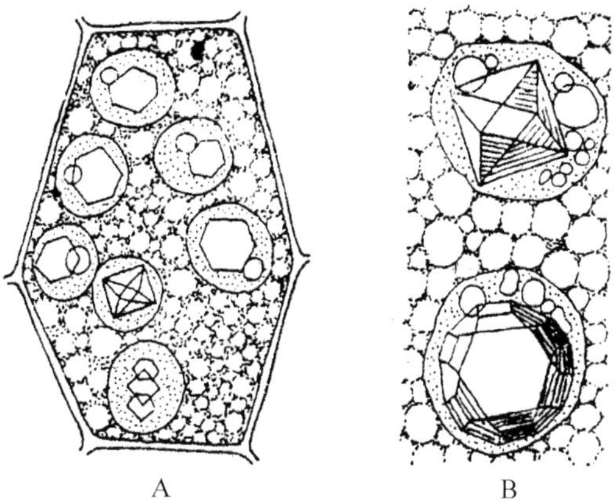

A
B

(b) 蓖麻种子的糊粉粒
A. 一个胚乳细胞；B. A 中一部分的放大,示两个含有拟晶体和磷酸盐球形体的糊粉粒

图 1.15

3. 脂肪

在植物细胞中脂肪以固体状态,油以小油滴存在于一些油料植物的种子或果实中。脂肪是含能量最高而体积最小的贮藏物质(图 1.16)。

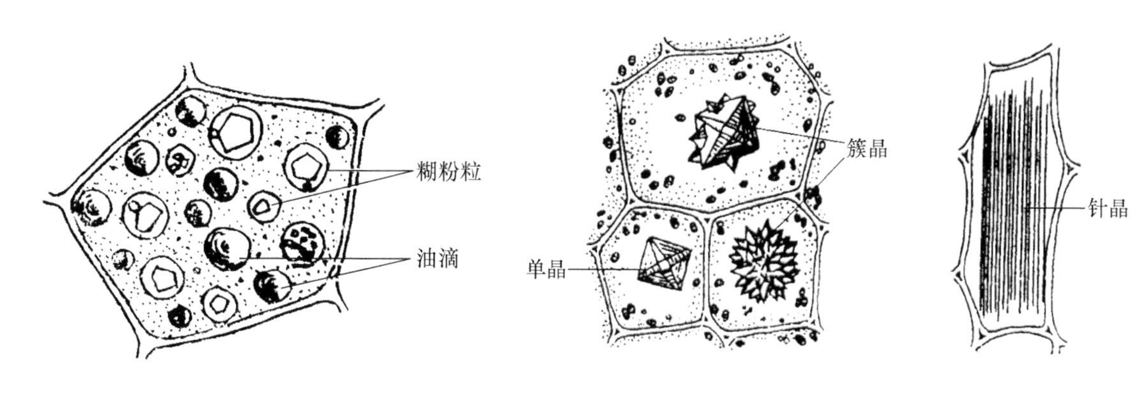

糊粉粒
油滴

图 1.16　胡桃种子的油滴和糊粉粒

簇晶
单晶
针晶

图 1.17　晶体的类型

4. 晶体

在细胞的液泡中常存在各种形状的晶体。常见的有草酸钙晶体。草酸钙是原生质体代谢过程中的副产品,对细胞有害,当形成了不溶于水的晶体后则降低了草酸的毒害作用(图 1.17)。

1.1.3.4　原核细胞和真核细胞

在自然界大多数植物的细胞中有被膜包围的细胞核和多种细胞器,这样的细胞称为真核细胞;少数低等植物,如细菌和蓝藻,虽然有细胞结构,但在细胞内没有细胞核和细胞器,这类细胞称为原核细胞。原核细胞和真核细胞的主要区别见表 1.1。

表 1.1　原核细胞与真核细胞的主要区别

特　征	原 核 细 胞	真 核 细 胞
细胞大小	较小(1～10 μm)	较大(10～100 μm)
染色体	一个细胞只有一条染色体,其 DNA 不和 RNA、蛋白质联结在一起	一个细胞有多条染色体,其 DNA 和 RNA、蛋白质联结在一起
细胞核	无核膜、核仁	有完整的核结构,有线粒体、质体、高尔基体、内质网等细胞器
内膜系统	简单	复杂
细胞分裂	出芽或二分体,无有丝分裂	能进行有丝分裂

1.2　植物生命活动的物质基础——原生质体

1.2.1　原生质的概念

细胞内具有生命活动的物质称为原生质,它是细胞结构和生命活动的物质基础。原生质具有极其复杂的化学成分、物理性质和特有的生物学特性,具有一系列生命活动的特征。

1.2.2　原生质的化学组成

原生质的化学组成十分复杂,其中所含的主要化学元素是碳、氢、氧和氮四种,约占全重的 90%;其次有硫、磷、钙、锌、氯、镁、铁等元素,微量元素有钡、硅、锰、钴、铜、钼、矾等。

1.2.3　组成原生质的化合物

1. 无机物

原生质中含量最多的无机物是水,一般占细胞全重的 60%～90%,干燥的种子细胞含水量较低,约 10%～14%。原生质中的水以结合水和游离水两种方式存在。结合水是由水与构成原生质的很多物质的分子或离子结合而成,参与细胞的构成,成为原生质的结构物质,游离水是细胞中矿物离子和各种分子的溶剂,以及原生质胶粒的分散介质,也是细胞中许多代谢反应的场所,它参与细胞的代谢过程。

水分的多少影响原生质的胶体状态。水分多时,原生质呈溶胶状态,代谢活动旺盛;水分少时,原生质呈凝胶状态,代谢活动缓慢。同时,水的比热大,能吸收大量热能,使原生质的温度不致过高,这对维持原生质的生命活动起重要作用。此外,原生质中还有溶于水中的气体(如氧和二氧化碳)、无机盐类以及许多呈离子状态的元素,如铁、铜、锌、锰、镁、氯等。

2. 有机物

组成原生质的有机物有蛋白质、核酸、脂类、糖类以及微量的生理活性物质等。

（1）蛋白质　蛋白质在植物的生命活动过程中起着重要的作用，也与植物体的结构、性状和发育有密切的关系。蛋白质不仅是原生质的结构物质，而且还以酶的形式存在，来催化生化反应和调节新陈代谢。

构成蛋白质的基本单元是氨基酸，组成一个蛋白质的氨基酸数目可以是几十个至上百万个。由于组成蛋白质分子的氨基酸的种类、数量、排列顺序和排列方式等不同，可形成多种多样的蛋白质。在原生质中蛋白质经常是和其他物质的分子或离子相结合形成结合蛋白质，如同脂类结合成脂蛋白，同核酸结合成核蛋白，同某些金属离子结合成色素蛋白等，这就充分体现出蛋白质的多样性。

在所有的生活细胞内有一类重要的蛋白质，称为酶。酶是细胞中生化反应的催化剂。酶具有专一性，即一种酶只催化一种反应。由于细胞内有数千种酶，并合理地分布在细胞的各个部位，使各种复杂的生化反应能够同时有条不紊地进行。

（2）核酸　核酸是重要的遗传物质，在生活细胞内担负着贮存和复制遗传信息的功能，并且在蛋白质的合成中担任重要的角色。

构成核酸的基本单位是核苷酸，每个核苷酸由一个磷酸、一个戊糖和一个含氮碱基组成。含氮碱基有五种，即腺嘌呤（A）、鸟嘌呤（G）、胞嘧啶（C）、胸腺嘧啶（T）和尿嘧啶（U）。核苷酸因所含的碱基不同就构成了不同的核苷酸，许多不同的核苷酸分子之间脱水而结合成一条长链叫多核苷酸。核酸又有两种，即核糖核酸（RNA）和脱氧核糖核酸（DNA）。

RNA 主要存在于细胞质中，所含的糖是核糖，所含的碱基是 A，G，C，U 四种，以单链的形式存在，主要功能是合成蛋白质。

DNA 主要存在于细胞核内，所含的糖是脱氧核糖，所含的碱基是 A，G，C，T 四种，以双链的形式存在，是构成染色体的遗传物质。

（3）脂类　脂类包括油、脂肪、磷脂等，它们主要由甘油和脂肪酸构成长链分子，但分子链比蛋白质和核酸要短得多。脂类、核酸与蛋白质相结合，构成了原生质的基本成分。脂类在原生质中可作为结构物质，例如磷脂和蛋白质结合，参与构成细胞质表面的质膜和细胞内部的各种膜；角质、木栓质和蜡质参与细胞壁的构成，由于脂类的疏水性形成了细胞壁的不透水性。

（4）糖类　绿色植物光合作用的产物主要是糖类。植物体内有机物运输的形式也是糖。在细胞中糖被分解氧化释放出的能量是生命活动的主要能源；遗传物质核酸中也含有糖；糖还能与蛋白质结合成糖蛋白，糖蛋白有许多重要的生理功能，糖还是组成植物细胞壁的主要成分。

糖类可分为单糖、双糖和多糖三类。

单糖在水解时不产生更小的糖单位，是简单的糖。细胞内最重要的单糖是五碳糖和六碳糖。五碳糖如核糖和脱氧核糖，是组成核酸的成分之一；六碳糖如葡萄糖，是细胞内能量的主要来源。

双糖是由两个单糖脱去一分子水聚合而成，其通式是 $C_{12}H_{22}O_{11}$。植物细胞中最重要的双糖是蔗糖和麦芽糖。

多糖是由许多单糖分子脱去相应数目的水分子聚合而成的高分子糖类，其通式是 $(C_6H_{10}O_5)_n$，植物细胞中最重要的多糖有纤维素、果胶质、淀粉等。纤维素和果胶质是细胞壁的重要结构成分，淀粉是植物细胞最常见的贮藏营养物质。

1.2.4　原生质的胶体特性

原生质是具有一定弹性和黏度的、半透明的、不均一的亲水胶体，其密度略大于水。

原生质中的蛋白质、核酸和多糖等生物大分子均呈颗粒状态，均匀地分散在原生质所含的水溶液中构成了胶体，由于这些大分子颗粒具有极强的亲水性，所以又称为亲水胶体。原生质大分子胶粒表面带有电荷，水分子又具有极性，因而离胶粒越近的水分子与胶粒结合就越强，越远就越弱。被胶粒牢牢吸附着而不易自由移动的水称为束缚水；离胶粒较远，吸附力较小，易离开胶粒而能自由移动的水，称为自由水。束缚水和自由水之间没有明显界线。原生质胶体的存在状态与水分的多少密切相关。水分多时，原生质近于液态，称为溶胶，其生命活动旺盛；水分少时，胶粒连接成网状，水溶液分散在胶粒网中，原生质近于固态，称凝胶，其生命活动缓慢，有时原生质呈介于二者之间的状态。原生质胶粒不仅有电荷，而且具有巨大的表面积，可以吸附许多酶和其他重要物质，为细胞进行物质交换及各种生化反应提供了有利条件。因此，原生质的胶体性质对整个生命活动具有重要意义。

原生质的基本特性是具有生命现象，即不断地进行新陈代谢。在生命活动过程中，从环境中吸收水分、空气和营养物质，经过一系列生理、生化作用，合成构成原生质本身的物质，这个过程叫做同化作用；与此同时，原生质内的某些物质则不断地分解成简单的物质，并且释放出能量供生命活动需要，这个过程叫做异化作用。同化作用和异化作用既相互联系，又相互制约。原生质的同化和异化的矛盾统一过程构成了新陈代谢，这是生命的基本特征。

1.3 植物细胞的繁殖

植物的生长主要是由于植物体内细胞的繁殖、增大和分化的结果。细胞的繁殖是通过细胞分裂的方式进行的。植物细胞分裂的方式主要有三种：有丝分裂、减数分裂和无丝分裂。

1.3.1 细胞周期

细胞周期是指细胞从上一次分裂结束并开始生长到下一次分裂终了所经历的全部过程。细胞周期包括间期和分裂期。

(1) 间期　间期是从前一次分裂结束到下一次分裂开始的一段时间，是分裂前的准备时期。在间期核内发生一系列的生化变化，主要是 RNA 的合成、蛋白质的合成、DNA 的复制等，为细胞分裂进行物质准备，同时，细胞内也积累足够的能量供分裂活动需要。间期又可分成三个时期：

① DNA 合成前期(G_1 期)，指从前一次分裂结束开始到合成 DNA 以前的间隔时期，在此期内主要合成 RNA、蛋白质和磷脂等。

② DNA 合成期(S 期)，是细胞核 DNA 复制开始到 DNA 复制结束的时期。此期间完成 DNA 的复制，组蛋白(在真核细胞核中与 DNA 结合存在的五种碱性蛋白质)的合成基本完成。

③ DNA 合成后期(G_2 期)，指从 S 期结束到有丝分裂开始前的时期。此时细胞对将要到来的分裂期进行了物质与能量的准备。

(2) 分裂期　细胞经过间期后进入分裂期，细胞内出现了染色体，又出现纺锤丝，称为有丝分裂。细胞中已复制的 DNA 将以染色体的形式平均分配到两个子细胞中去，每个子细胞得到与母细胞同样的一组遗传物质。

1.3.2 有丝分裂

有丝分裂又称间接分裂，是一种最普遍的分裂方式。有丝分裂是一个连续的过程，根据细胞核发生的可见变化而将其分为前期、中期、后期和末期。

(1) 前期　从前期开始，细胞进入了分裂时期。前期的特征是细胞核出现染色体，核膜、核仁消失，同时开始出现纺锤丝。

间期核内的染色质呈松散的细丝状，进入分裂前期，染色质开始螺旋化，逐渐缩短变粗，成为形态上可辨认的染色体。每个染色体是由两条完全相同的染色单体组成。随后核仁消失，核膜解体，开始从两极出现纺锤丝。

(2) 中期　中期的细胞特征是染色体排列到细胞中央的赤道面上，由许多纺锤丝组成的纺锤体清晰可见，纺锤体完全形成。纺锤丝有两种类型，一种是从染色体的着丝点起，分别连接到两极的纺锤丝，称为染色体牵丝，另一种是从一极一直延伸到另一极的纺锤丝，叫连续纺锤丝。染色体在染色体牵丝的牵引下向细胞中部集中，所有染色体的着丝点都排列在中央平面上，这个平面叫赤道面。中期是研究染色体数目、形态和结构的最好时期。

(3) 后期　排列在赤道面上的每条染色体在纺锤丝的牵引下从着丝点处分开成为两条子染色体，并逐渐移向细胞的两极。这样在细胞的两极就各有一套与原细胞完全相同的染色体组。

(4) 末期　当染色体到达两极后，就成为密集的一团，外面重新出现核膜，细胞膜和细胞壁也重新形成，染色体通过解螺旋作用又逐渐变成细丝状，最后分散在核内，成为染色质。与此同时，核仁重新出现，原有的纺锤体演变成膜体，然后发育成细胞板，最后发育成胞间层，形成两个新的子细胞(图 1.18)。

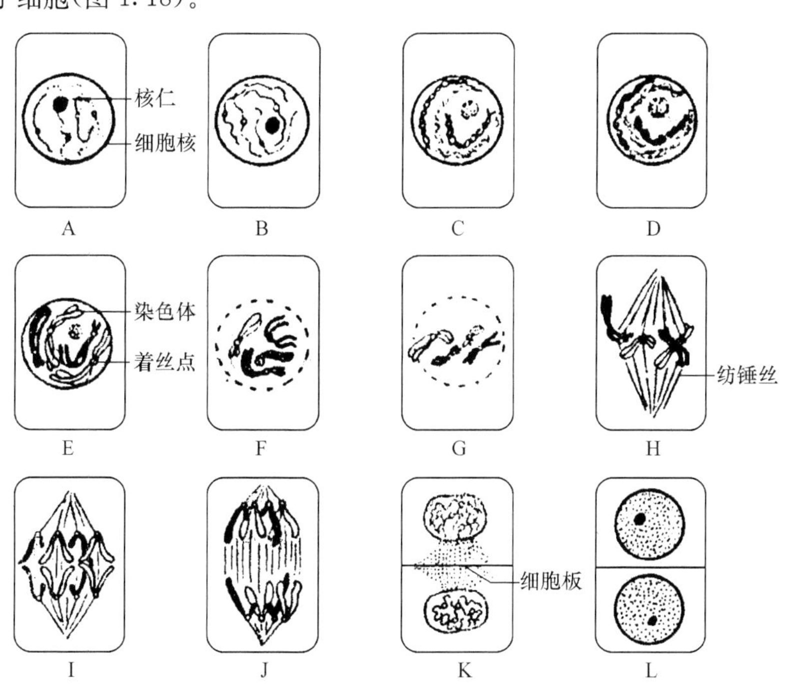

图 1.18　植物细胞有丝分裂模式图

A. 间期　B～G. 前期(示染色体浓缩过程，并逐渐看清每个染色体由两条染色单体组成)
H. 中期　I,J. 后期　K,L. 末期

经有丝分裂，一个母细胞分裂成为两个子细胞，子细胞染色体的数目和母细胞的相同。因此，子细胞和母细胞的遗传组成相同，保证了细胞遗传的稳定性。

1.3.3 减数分裂

减数分裂是植物有性生殖中进行的一种细胞分裂方式。在被子植物中，减数分裂发生于大小孢子的时期，即花粉母细胞产生花粉粒和胚囊的时候。减数分裂的整个过程包括两次连续分裂，而 DNA 只复制一次。因此，一个母细胞经减数分裂后形成四个子细胞，每个子细胞的染色体数目是母细胞的一半，减数分裂由此而得名。减数分裂的过程包括下述两个连续过程(图 1.19)。

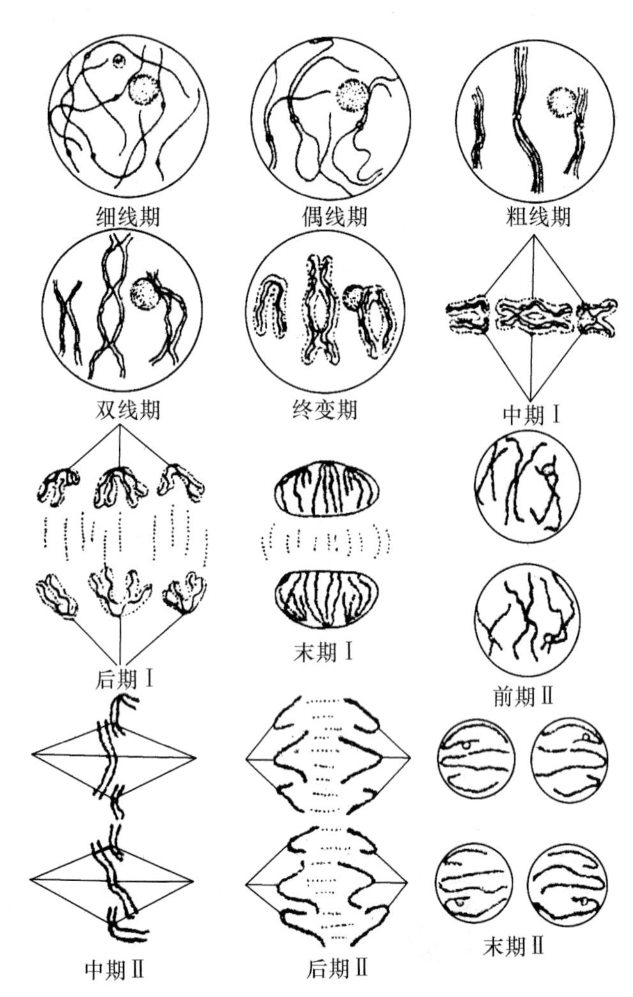

图 1.19 减数分裂各期模式图

1. 第一次分裂

第一次分裂可分为四个时期：

(1) 前期Ⅰ 经历时间长，变化复杂，根据其变化特点可分为五个时期：

① 细线期 细胞核内出现细长、线状的染色体，核和核仁增大。

② 偶线期(又称合线期) 同源染色体(一条来自父本，一条来自母本，而形状相似的染色体)逐渐两两成对靠拢，这种现象称为联会。

③ 粗线期 染色体进一步缩短变粗，同时可以看到每对同源染色体含有四条染色单体，但在着丝点处不分离。所以两条染色单体在着丝点处仍连在一起。同源染色体上相邻的两条染色单体常发生横断和染色体片段交换的现象，使每一条染色体都带有另一条染色体的片段，这种互换现象对生物的遗传和变异具有重要的意义，使后代具有更大的多样性。

④ 双线期 染色体继续缩短变粗，配对的同源染色体开始分离，但在染色单体交换处仍然相连，这期间染色体因而呈现“X”、“V”、“8”、“O”等形状。

⑤ 终变期 染色体更为缩短变粗，此时是观察与计算染色体数目的最好时期。以后，核膜、核仁消失，开始出现纺锤丝。

(2) 中期Ⅰ 成对的染色体排列在细胞中部的赤道面上，纺锤体形成。

(3) 后期Ⅰ 由于纺锤丝的牵引，每对同源染色体各自分开，并向两极移动，每极的染色

体数目只有原来母细胞染色体数目的一半。这时每条染色体仍旧有两条染色单体联在一起。

(4) 末期Ⅰ　到达两极的染色体螺旋解体，重新出现核膜，形成两个子核，并且赤道面形成细胞板，将母细胞分隔成两个子细胞，称为二分体。也有的植物不形成细胞板，两个子核继续进行第二次分裂。

2. 第二次分裂

一般与第一次分裂的末期紧接，但与前一次分裂不同，在分裂前核不进行DNA复制和染色体加倍，与有丝分裂的过程相似，分成四个时期：

(1) 前期Ⅱ　染色体缩短变粗，核膜、核仁消失，纺锤丝重新出现。

(2) 中期Ⅱ　每一个子细胞的染色体着丝点排列在赤道面上，纺锤体出现。

(3) 后期Ⅱ　着丝点分裂，使染色体在纺锤丝的牵引下分别向两极移动。每极各有一套完整的单倍的染色体组。

(4) 末期Ⅱ　到达两极的染色单体各形成一个子核，核膜、核仁出现。同时在赤道面上形成细胞板，产生两个子细胞。这样一个母细胞产生了四分体，以后四分体中细胞各自分离，形成了四个单核的花粉粒。

减数分裂和有丝分裂相比其不同之处在于，减数分裂经历两次连续的分裂，由一个母细胞分裂成四个子细胞，但是染色体仅复制一次，所以每个子细胞的染色体数目只有母细胞的一半。有丝分裂增加了体细胞的数目，减数分裂则是植物在有性繁殖过程中形成了生殖细胞时才进行。在减数分裂过程中出现了有丝分裂所没有的同源染色体的联会，及染色单体断裂、交叉、互换的现象。

通过减数分裂所产生的精细胞和卵细胞都只有一套染色体组，即都是单倍体(n)，卵和精子受精后融合又形成了二倍染色体的胚(2n)，这样各种植物的染色体数目保持不变，即在遗传上具有相对的稳定性。其次，在减数分裂过程中同源染色体之间进行交叉，即遗传物质发生交换，产生了遗传基因的重新组合，丰富了植物遗传性状的变异性，有利于物种进化。

1.3.4　无丝分裂

无丝分裂也叫直接分裂。细胞开始分裂时，细胞核的核仁首先分裂，接着细胞核伸长，中部凹陷、变细，最后断裂，形成两个子核，在两核中间产生新壁，形成两个子细胞。无丝分裂有各种方式，如横缢、纵缢、出芽等，最常见的是横缢。无丝分裂不仅在低等植物中比较常见，而且在高等植物的某些器官中也较常见，特别是营养物质比较丰富的部分，如马铃薯的块茎、甘薯的块根、小麦茎的居间分生组织及胚乳等，均有无丝分裂发生。无丝分裂过程简单，消耗能量少，分裂速度快，但遗传物质不是均等分配到两个子细胞中的，所以子细胞的遗传可能是不稳定的(图1.20)。

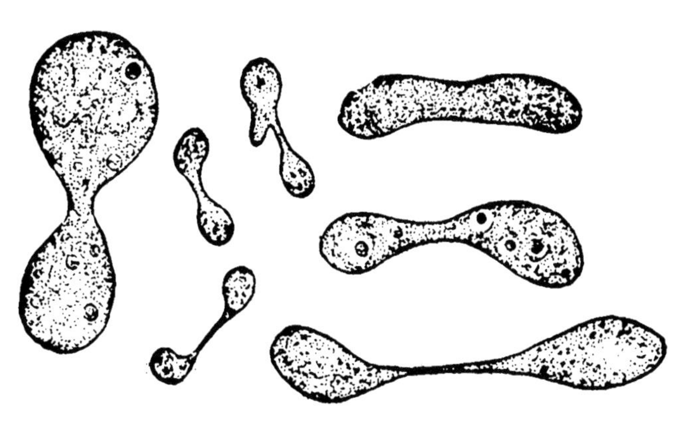

图1.20　棉花胚乳游离核时期细胞核的无丝分裂

1.4 植物的组织

1.4.1 植物组织的概念

植物在长期进化过程中,由低等的单细胞植物演进到高等的多细胞植物,其间为适应复杂的生存环境,其体内分化出生理功能不同,形态结构发生相应变化的多种类型的细胞组合。这些细胞组合之间有机配合,紧密联系,组成了各种器官,从而有效地执行有机体的整个生理活动。这些由相同来源的细胞分裂产生的、形态结构相似的、担负一定生理功能的细胞组合就称为细胞组织。仅有一种类型的细胞构成的组织叫简单组织,由多种类型的细胞构成的组织叫复合组织。

1.4.2 植物组织的类型

植物体由多种类型的组织构成,按这些组织担负的生理功能及其形态结构的分化特点,一般将其分为分生组织和成熟组织两大类。

1.4.2.1 分生组织

1. 分生组织的概念

能连续或周期性地进行分裂,产生新细胞,并形成新组织的细胞群,称为分生组织。高等植物体内的其他组织都是由分生组织经过分裂、分化而形成的。

2. 分生组织的类型

(1) 根据位置分类　根据分生组织在植物体内的位置不同,可分为顶端分生组织、侧生分生组织和居间分生组织(图 1.21)。

① 顶端分生组织　植物的根尖、茎尖的分生组织称为顶端分生组织。通过顶端分生细胞的分裂活动,可使根、茎不断伸长,并在茎上形成侧枝和叶。茎的顶端分生组织还可以形成生殖器官。

顶端分生组织细胞的特征是:细胞小,等径,细胞壁薄,核相对较大,细胞质浓厚,液泡不明显,缺少内含物。

② 侧生分生组织　侧生分生组织分布在根和茎的周围,靠近器官的边缘。它包括形成层和木栓形成层。形成层的活动使根和茎不断增粗;木栓形成层的活动使长粗的根、茎的表面或受伤的器官表面形成新的保护组织。

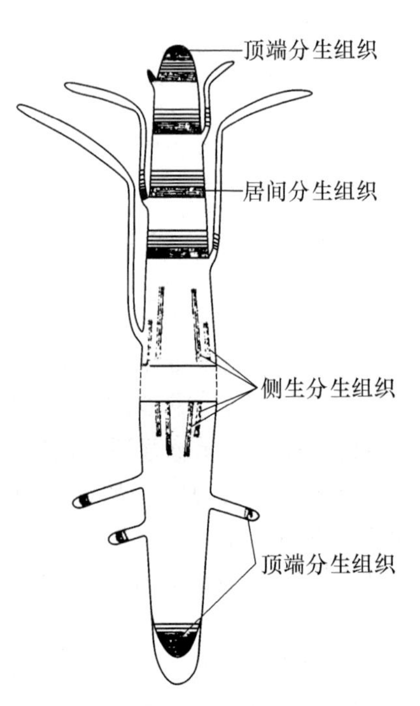

图 1.21　分生组织在植物体中的分布位置图解
(密线条处是最幼嫩的部位,无线条处是成熟的或生长缓慢的部位,外侧纵线条为木栓形成层,内侧纵线条为维管形成层)

形成层的细胞大部分呈纺锤形,液泡明显,细胞质不浓厚。而且其分裂活动往往随季节的变化而具有明显的周期性。

单子叶植物中一般没有侧生分生组织，故不会进行加粗生长。

③ 居间分生组织　有些植物在已分化的成熟组织间夹着一些未完全分化的分生组织，称为居间分生组织。居间分生组织属于初生分生组织。在玉米、小麦等单子叶植物中，居间分生组织分布在节间的下方，它们旺盛的细胞分裂使植株快速生长、增高。韭菜和葱的叶子基部也有居间分生组织，在割去叶子的上部后，叶子还能再生长。居间分生组织的细胞持续活动的时间较短，分裂一段时间后，所有的细胞都完全转变为成熟组织。

(2) 根据来源和性质分类　根据分生组织的来源和性质划分，可分成原生分生组织、初生分生组织和次生分生组织。

① 原生分生组织　原生分生组织存在于根尖和茎尖生长点的最尖端，由胚性细胞构成，具有持久的分裂能力。

② 初生分生组织　初生分生组织是由原生分生组织的细胞分裂衍生而来，如根尖稍后部分所出现的表皮原、皮层原和中柱原。这些细胞在形态上已出现了最初的分化，但仍具有很强的分裂能力。可以认为它们是由完全没有分化的原生组织到分化完成的成熟组织之间的过渡类型。

③ 次生分生组织　次生分生组织是由已经成熟的薄壁组织细胞，经生理和形态上的变化，恢复分裂功能转化而来，如束间形成层和木栓形成层是典型的次生分生组织。

1.4.2.2　成熟组织

1. 成熟组织的概念

由分生组织衍生的大部分细胞逐渐丧失分裂能力，进一步生长、分化而形成的各种组织，称为成熟组织，也称为永久组织。

2. 成熟组织的分类

按照功能可将成熟组织分成保护组织、薄壁组织、机械组织、输导组织和分泌组织。

(1) 保护组织　覆盖于植物体表，由一层或数层细胞构成起保护作用的组织。它的作用是减少植物失水，防止病原微生物侵入，及控制植物与外界的气体交换。由于来源和形态结构不同，又可分为初生保护组织——表皮和次生保护组织——木栓层。

① 表皮　由初生分生组织的原表皮分化而来，主要分布在叶与幼嫩的根、茎和花果的表皮，一般都是一层细胞。表皮细胞形状扁平，排列紧密，无细胞间隙，是生活细胞，一般不含叶绿体，无色透明，含有较大的液泡(图 1.22)。在叶、茎等的表皮层外面有角质层，上面还覆盖一层蜡质，可防止水分过分散失，也可保护植物免受侵害。

图 1.22　表皮细胞及角质层

叶表皮上有供气体出入的气孔。气孔由两个保卫细胞组成，保卫细胞内有叶绿体。禾本科植物的保卫细胞侧旁还有一对副卫细胞(图 1.23，图 1.24)。保卫细胞能调节气孔开闭，从而调节植物水分蒸腾和气体交换。

表皮上还有表皮毛或腺毛，它们的形状和类型甚多(图 1.25)。表皮毛加强了保护作用，有的植物的表皮毛具有分泌功能，可以分泌芳香油、黏液、树脂、樟脑等物质。根的表皮和根毛有吸收作用。

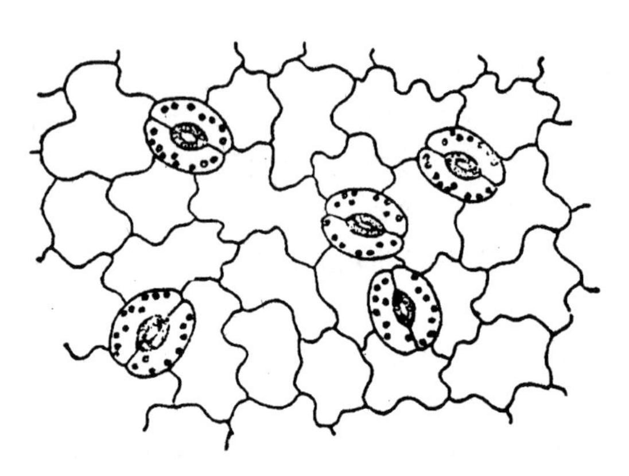

图 1.23　双子叶植物的表皮细胞和气孔

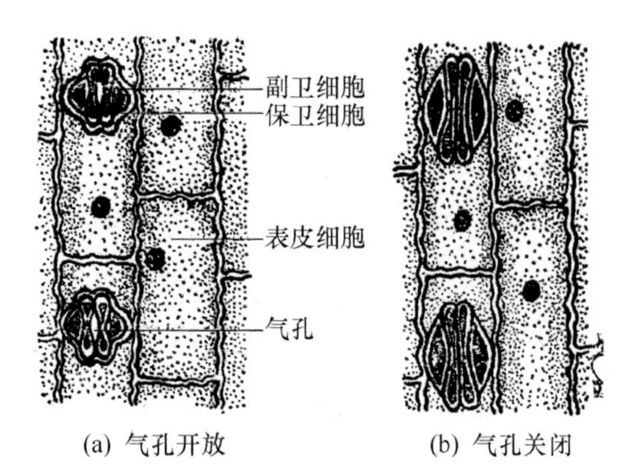

图 1.24　单子叶植物气孔的构造

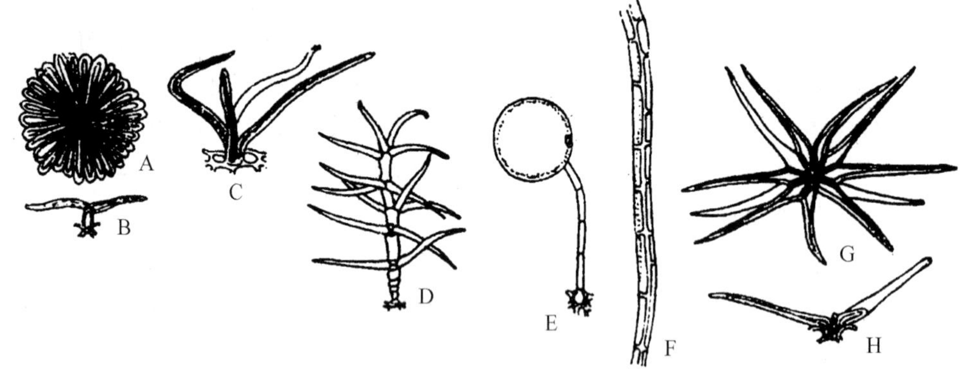

图 1.25　表皮上的各种毛状物

A. 齐墩果属叶上的盾状鳞片正面观；B. 齐墩果属叶上的盾状鳞片；切面观；C. 栎属的簇生毛；
D. 悬铃木属的分枝星状毛；E. 藜属的泡状毛；F. 马齿苋属多细胞的粗毛一部分；
G. 黄花属的星状毛的表面观；H. 黄花属的星状毛的侧面观

② 木栓层　被覆于植物茎和根外面的表皮，随着茎和根的增粗而被破坏剥落，从其内侧再产生的次生保护组织称为木栓层。木栓层由多层叠生的扁平细胞组成，无细胞间隙。细胞成熟后原生质解体，细胞壁高度木栓化，具有不透水、不透气、绝缘、隔热、耐腐蚀等特性。

木栓层由木栓形成层向外分裂的几层细胞分化而来。木栓形成层向内分裂则分化成栓内层。木栓层、木栓形成层和栓内层合称周皮。周皮是一种由多种组织复合而成的具有较强保护功能的结构。

(2) 薄壁组织(基本组织)　植物的根、茎、叶、花、果实和种子等各种组织中都有薄壁组织。薄壁组织细胞的共同特点是：细胞壁薄，有明显的胞间隙，液泡较大，核相对较小。这些细胞分化程度较低，具有潜在的分生能力，可转变成分生组织或进一步分化成其他组织，这对于植物创伤愈合、插枝繁殖、嫁接和组织离体培养等都有实际意义。

根据生理功能不同，薄壁组织又可分为同化组织、吸收组织、贮藏组织、通气组织和传递细胞(图 1.26)。

① 同化组织　细胞内含有大量的叶绿体，能进行光合作用，合成有机物。同化组织分布在叶肉、嫩茎及发育中的果实和种子中。

② 吸收组织　具有从外界吸收水分和营养物质并将吸收的物质运输到输导组织中的生理功能。如根尖的表皮向外凸出形成根毛，是从土壤中吸收水分和无机营养的主要吸收组织。

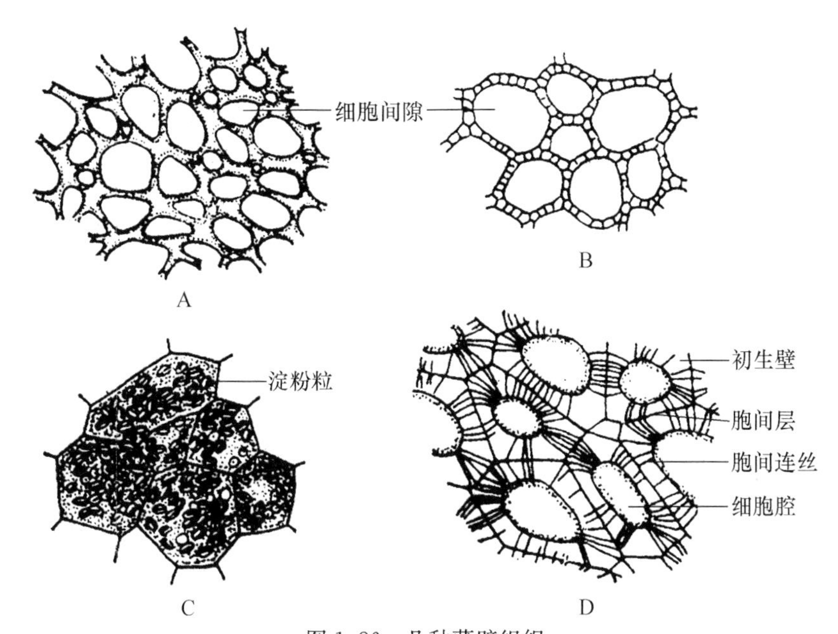

图 1.26　几种薄壁组织

A. 美人蕉属叶的臂状通气薄壁组织；B. 马蹄莲属叶柄中的通气薄壁组织；
C. 裸麦属胚乳的贮藏组织；D. 柿胚乳的薄壁组织

③ 贮藏组织　主要存在于果实、种子、块根、块茎以及根茎的皮层和髓中，贮藏淀粉、糖类、蛋白质和油类等营养物质(图 1.27)。有些生长在干旱环境中的植物如仙人掌、芦荟、景天、龙舌兰等，其肉质茎的细胞较大，液泡中含有大量黏稠的汁液具有贮藏水分的功能，这类细胞为贮水组织。

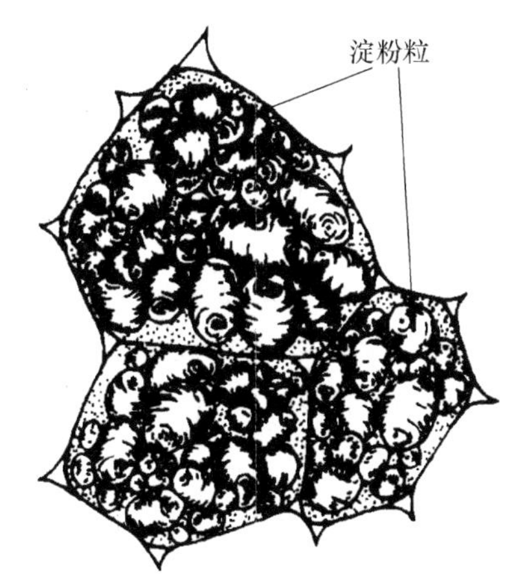

图 1.27　马铃薯块茎的贮藏组织

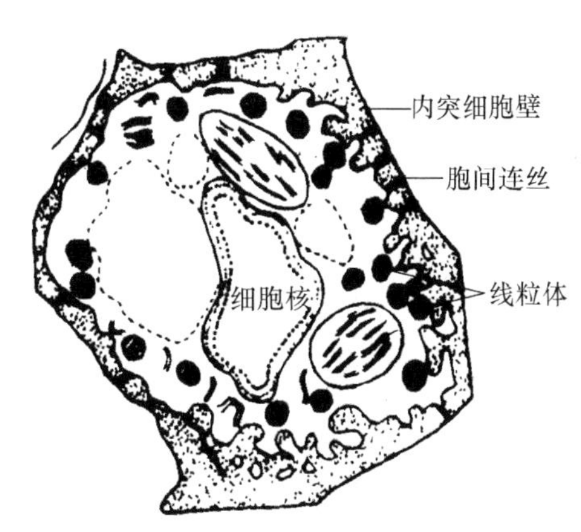

图 1.28　菜豆茎初生木质部中的一个传递细胞示意图

④ 通气组织　水生和湿生植物体内的细胞间隙发达，形成大的气腔或互相贯通成气道，构成发达的通气系统，使生长在水下的器官能进行气体交换，称之为通气组织。

⑤ 传递细胞　这是一类特化的薄壁细胞，细胞最显著的特征是形成向内突出生长的胞壁和发达的胞间连丝，具有短途运输物质的生理功能。普遍存在于茎节、导管或筛管的周围以及叶的小叶脉中。这些细胞是与物质迅速传递密切相关的薄壁细胞，称为传递细胞(图 1.28)。

(3) 机械组织　机械组织是植物体内的支持组织。其细胞的共同特点是细胞壁局部或全部有不同程度的加厚，因此具有抗压、抗张力和抗曲挠的性能。根据机械组织细胞的形态及细胞壁加厚的方式，可分为厚角组织和厚壁组织。

① 厚角组织　组成厚角组织的细胞是长轴形的细胞，比薄壁细胞长，细胞壁增厚不均匀，常在细胞的角隅处增厚，细胞壁的成分除纤维素外，还含有较多的果胶质，但不木质化，所以具有一定的坚韧性以及可塑性和延伸性，既可支持器官直立又可适应器官的迅速生长。厚角组织多分布于幼嫩植物的茎和叶柄等器官中，其细胞都有生活的原生质体，常含有叶绿体，可以进行光合作用。如芹菜和南瓜的茎及叶柄中均有厚角组织存在(图 1.29，图 1.30)。

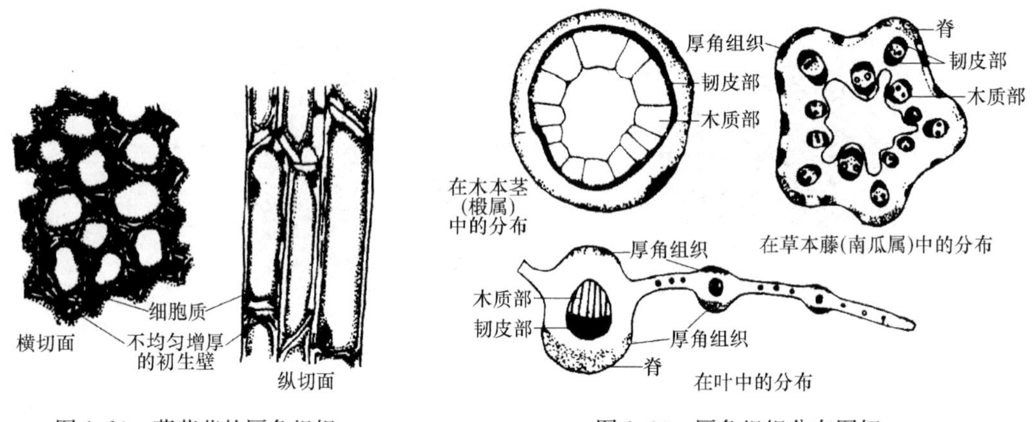

图 1.29　薄荷茎的厚角组织　　　　图 1.30　厚角组织分布图解

② 厚壁组织　厚壁组织细胞具有均匀加厚的次生壁，并有显著的木质化，所以支持能力比厚角组织强。厚壁组织细胞在成熟后原生质即解体，留下空细胞壁。根据细胞的形状可分为石细胞和纤维。

· 石细胞　这类细胞的形状差别比较大，多为短轴型细胞，细胞壁极度增厚并木质化。石细胞分布很广，在植物茎的皮层、韧皮部、髓，以及某些植物的果皮、种皮，甚至叶中都可见到(图 1.31)。桃、李、梅等果实的坚硬的“核”，主要由石细胞构成，梨果肉中的沙粒就是成团的石细胞，茶树、桂花叶片中有呈分枝状的石细胞分布在叶肉细胞间，增加了叶的硬度。

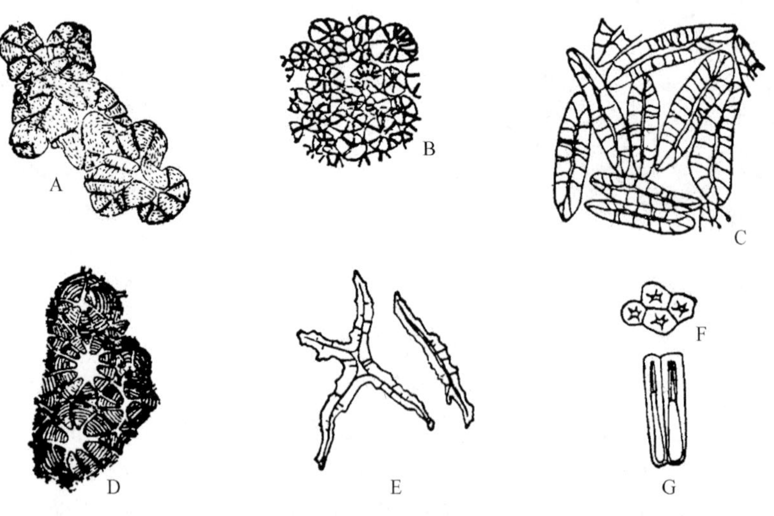

图 1.31　石细胞

A. 核桃壳的石细胞；B. 椰子内果皮石细胞的横切面；C. 椰子内果皮石细胞的纵切面；D. 梨果肉中的石细胞；E. 山茶属叶柄中的石细胞纵切面；F. 菜豆种皮的表皮层石细胞的横切面；G. 菜豆种皮的表皮层石细胞的纵切面

·纤维　纤维细胞是两端尖细成棱状的细长细胞，根据其木质化程度分成韧皮纤维和木质纤维两种。韧皮纤维主要指韧皮部内的纤维，是长纺锤形的死细胞，常成束上下连接。韧皮纤维细胞壁极厚，富含纤维素，故坚韧而有弹性(图1.32)。木质纤维是木质部的主要组成成分之一，比韧皮纤维短，通常约1 mm长，细胞壁木质化增厚，腔小而坚实，能承受压力。

(4) 输导组织　在植物体内有一部分细胞分化成为管形结构，专事长距离输导水分和有机物质，并连通各器官构成一个输导系统。其中输导水分和无机盐的结构是导管和管胞；输导有机物的是筛管和伴胞。

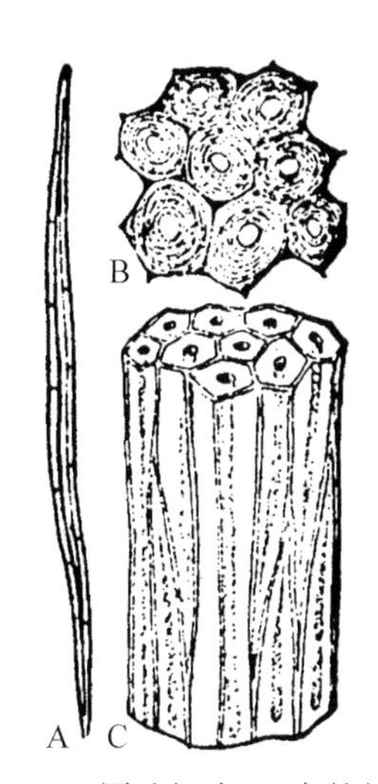

图1.32　厚壁细胞(亚麻的纤维)

A. 一个纤维细胞；
B. 一束纤维的横切面(细胞中央的空腔是细胞腔)；
C. 上下纤维细胞间的连接方式

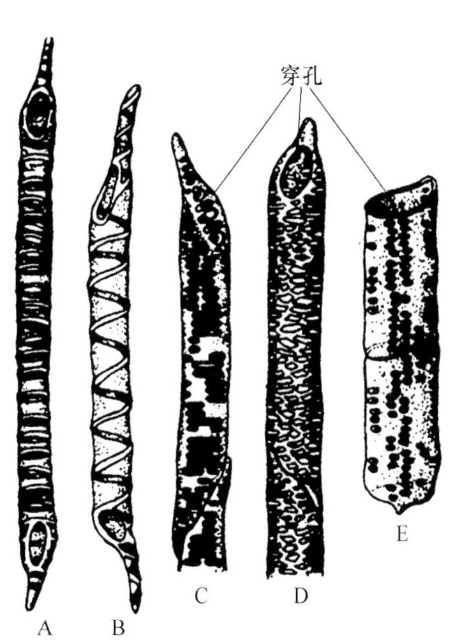

图1.33　导管的类型

A. 环纹导管；B. 螺纹导管；C. 梯纹导管；
D. 网纹导管；E. 孔纹导管

① 导管　导管存在于木质部，是由许多长管状细胞壁木质化的死细胞纵向连接而成。组成导管的每一个细胞称为导管分子。导管在发育过程中伴随着细胞壁的次生加厚和原生质的解体，细胞两端的初生壁溶解，形成穿孔。多个导管分子以端部的原穿孔相连，组成一条长的管道，称导管。根据导管纵壁木质化增厚方式不同，导管可分为环纹导管、螺纹导管、梯纹导管、网纹导管和孔纹导管(图1.33)。

② 管胞　管胞是两端斜尖、径较小不具穿孔的死细胞，原生质体在分化成熟时已消失，仅剩木质化加厚的次生壁。次生壁不均匀地加厚形成了环纹管胞、螺纹管胞、梯纹管胞、孔纹管胞等类型(图1.34)。环纹、螺纹管胞的加厚面小，支持力低，主要分布在幼嫩的器官中，其他几种管胞多出现在较老的器官中。相叠的管胞各以偏斜的两端相互穿插连接，水溶液只能通过侧壁上未增厚的部分或纹孔来相互沟通，其机械支持功能较强，而输导能力不及导管。

③ 筛管　筛管发生在韧皮部，是运输有机物的输导组织，由称为筛管分子的长形活细胞纵向连接而成。筛管细胞只有初生壁，壁的主要成分是果胶和纤维素。在上下端壁上有一些孔，称筛孔，具有筛孔的端壁叫筛板。原生质成丝状通过筛孔上下相连，彼此贯通，形成运输同

化产物的通道。这些原生质细丝称为联络索，其大小不一，可以比胞间连丝粗大。成熟的筛管分子虽是活细胞，但没有细胞核，液泡与细胞质的界线也消失，在被子植物的筛管中还有一种特殊的蛋白，称 P-蛋白，是一种与运输有机物有关的收缩蛋白，具有 ATP 酶的活性（图 1.35）。

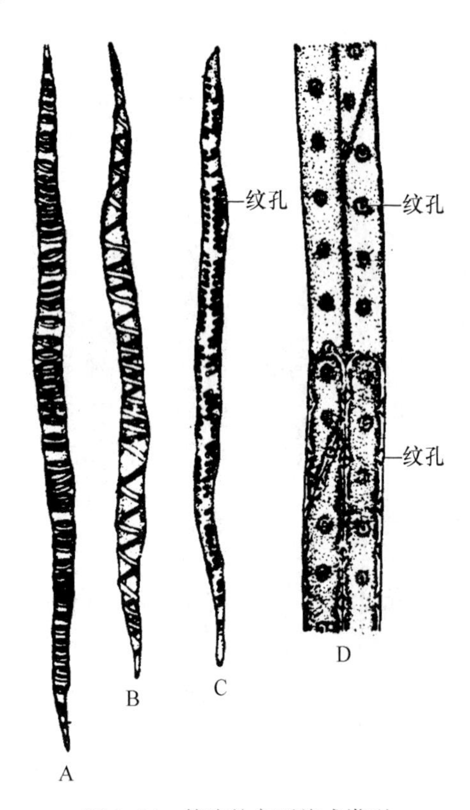

图 1.34　管胞的主要纹式类型

A. 环纹管胞；B. 螺纹管胞；C. 梯纹管纹；
D. 孔纹管胞(毗邻细胞的壁上成对存在具缘纹孔)

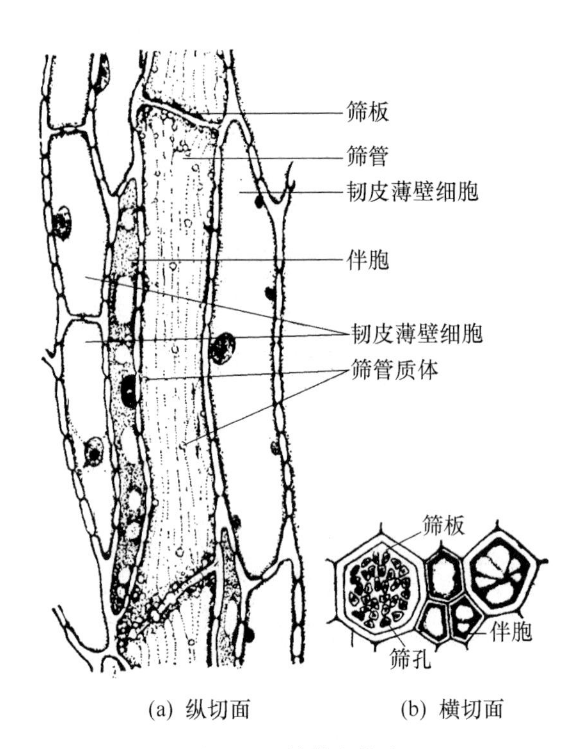

图 1.35　筛管和伴胞

筛管分子没有细胞核，其代谢、运输过程中所需的能量、纤维素或调控信息都由其侧旁的伴胞来提供。伴胞是细小的薄壁细胞，有细胞核及浓厚的细胞质。伴胞与筛管是由同一母细胞分裂而来，它们通过胞间连丝相互贯通，在功能上密切相关，共同完成有机物的运输。

(5) 分泌组织　有些植物体内的细胞常分泌一些特殊的物质，如挥发油、树脂、乳汁、蜜汁和其他液汁等。由于这些细胞的来源、形态、类型变化很大，有单细胞，也涉及多种组织，故将这些细胞及细胞群统称为分泌结构。

根据分泌结构发生的部位和分泌物的溢泌情况，将分泌结构分为外分泌结构和内分泌结构。

① 外分泌结构　大都分布在植物表面的表皮层内，有些植物一部分表皮就是分泌结构，有的是表皮附属物——毛状体，比较特化的结构是腺毛。这些毛的顶端由一个或几个分泌细胞组成，具有分泌作用，在棉花、蚕豆、薄荷等植物的幼茎和叶片上都分布有腺毛，它们分泌挥发油、蜜汁、黏液等。最普遍的外分泌结构是蜜腺，它们分布在虫媒花植物的花或叶上，蜜腺由细胞质浓厚的一层细胞组成，能分泌蜜汁（图 1.36）。

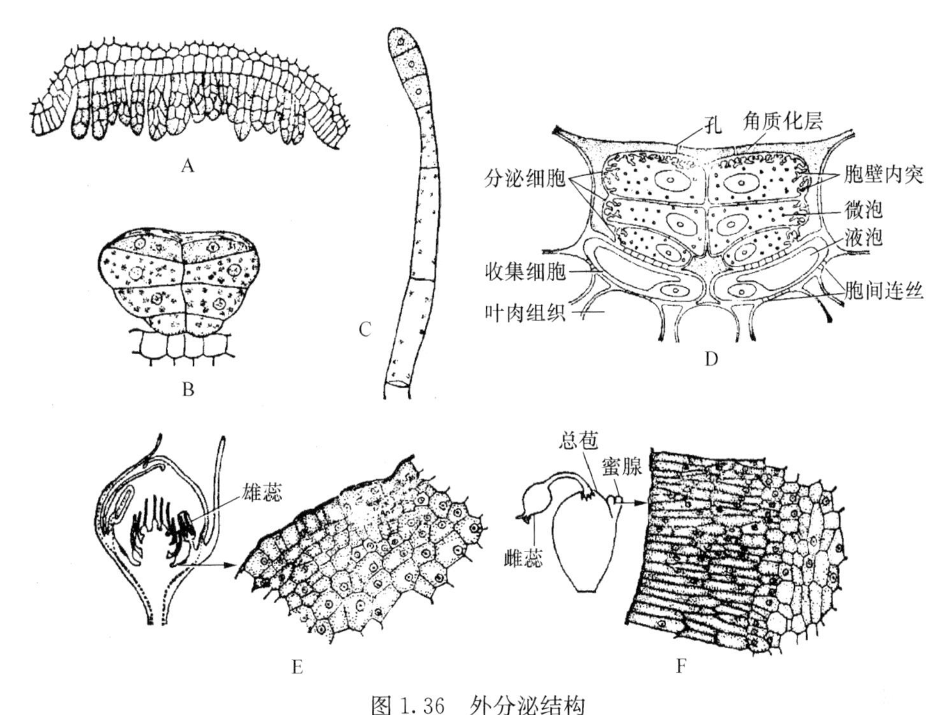

图 1.36　外分泌结构

A. 棉叶中脉的蜜腺；B. 薄荷属的腺鳞；C. 烟草的腺毛；D. 无叶柽柳的盐腺；
E. 草莓的花蜜腺；F. 一品红花序总苞上的蜜腺

排水器是植物将体内过剩的水分排出体表的结构。这种排水的过程叫吐水。排水器由水孔、通水组织和维管束组成(图 1.37)。水孔大多存在于叶尖或叶缘，是由保卫细胞失去开闭能力的气孔构成的。通水组织是水孔下的一团变态叶肉组织，细胞较小，无叶绿体，排列疏松，水从木质部的管胞经通水组织到水孔，排出叶表面，形成吐水。如旱金莲、卷心菜、番茄、草莓、慈姑和莲等植物吐水是普遍的现象。

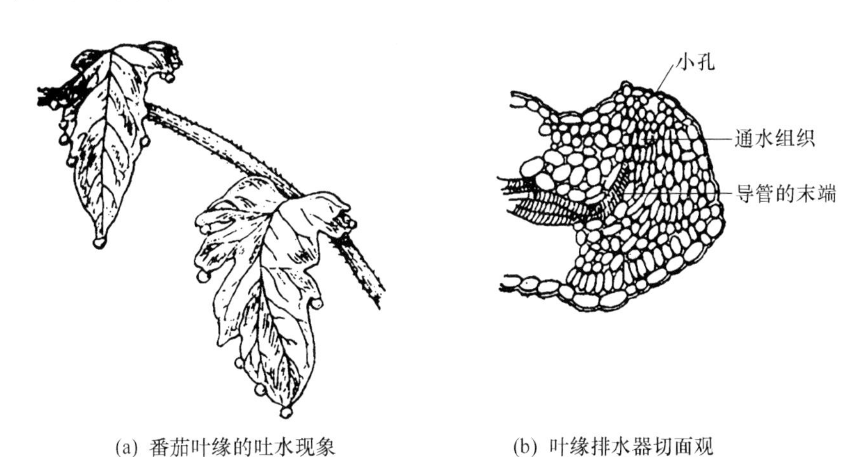

(a) 番茄叶缘的吐水现象　　(b) 叶缘排水器切面观

图 1.37　番茄叶上的排水器

② 内分泌结构　分泌结构分泌的物质滞留在细胞或植物体内，常见的有分泌细胞、分泌腔、分泌道和乳汁管。

a. 分泌细胞　是薄壁细胞分化而成的特化细胞，细胞体积大，常单独分散在其他细胞之间。根据分泌物质的类型可分为油细胞(樟科、木兰科)、黏液细胞(仙人掌科、锦葵科、椴树

科)、含晶细胞(桑科、石蒜科、鸭跖草科等)、鞣质细胞或单宁细胞(豆科、蔷薇科、景天科、葡萄科)以及芥子酶细胞(十字花科等)。

b. 分泌腔和分泌道　植物体内贮藏分泌物的腔室状和管状结构。形成腔室或管道的方式主要有两种:一种是溶生,即由分泌结构中的一些细胞被溶解掉而形成间隙;另一种是裂生,即分泌物贮存在裂生的细胞间隙中。例如柑橘叶和果皮中透亮的小点,就是溶生分泌腔,在腔的外周还能看到部分损坏溶解的细胞。松柏类木质部中的树脂道和漆树韧皮部中的漆汁道就是裂生型的分泌道。

c. 乳汁管　乳汁管是分泌乳汁的管状细胞。按其形态发生特点而分为两种类型。一种称为无节乳汁管,它是一个细胞随着植物体的生长不断伸长和分枝而形成的,可达几米以上。如夹竹桃、桑科和大戟科植物的乳汁管,便是这种类型。另一种称为有节乳汁管,是由许多管状的细胞在发育过程中彼此相连,然后端壁融化消失而形成的。如菊科、罂粟科、芭蕉科、番木瓜科、旋花科以及橡胶树属植物的乳汁管就是这种类型的(图 1.38)。

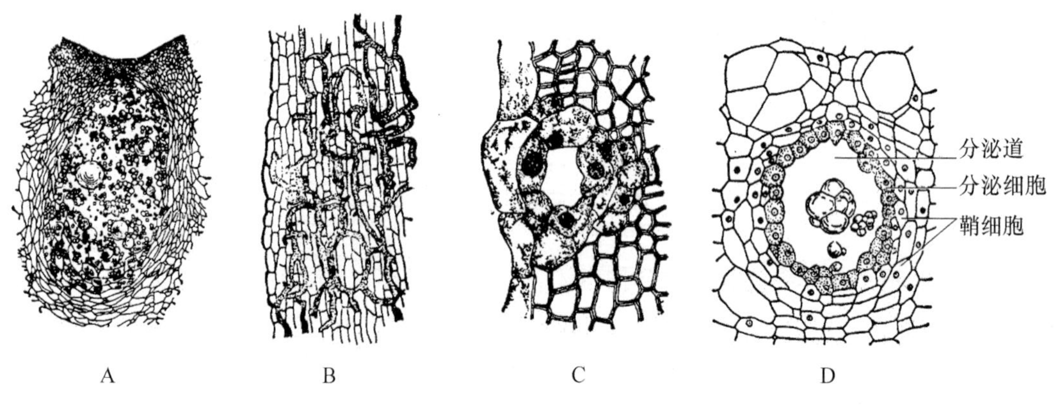

图 1.38　内分泌结构

A. 柑橘属果皮溶生分泌腔;B. 蒲公英根部乳汁管;C. 松树的树脂道;D. 漆树的漆汁道

1.4.3　植物体内的维管系统

在植物体内有一种以输导组织细胞为主体,结合机械组织和薄壁组织细胞而成的复合组织,称为维管组织。在高等植物体内维管组织常以束状存在,称为维管束。维管束贯穿于植物体的各器官中,组成一个复杂的具有输导和支持作用的维管系统(图 1.39)。

1. 维管组织

木质部和韧皮部是植物体内主要起输导作用的组织。木质部一般由导管、管胞、木纤维和木质薄壁细胞组成。韧皮部则包括筛管、伴胞、韧皮纤维和韧皮薄壁细胞。木质部和韧皮部都是由输导组织、基本组织和机械

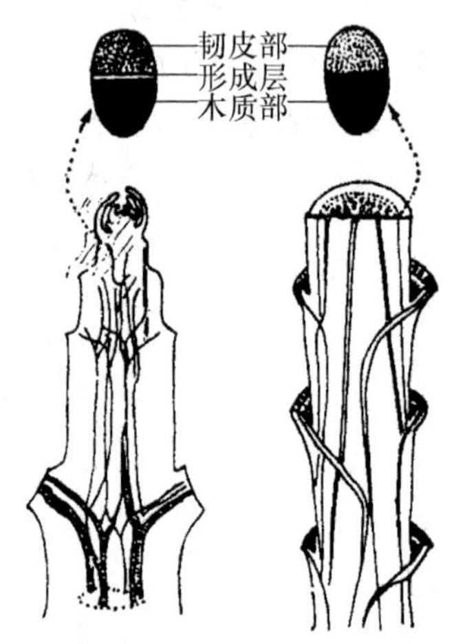

马铃薯茎中的维管束系统　双子叶植物维管束系统　单子叶植物维管束系统

图 1.39　植物体内的维管束系统

组织等几种组织紧密配合而形成的，称为复合组织。木质部和韧皮部的主要组成分子都是管状结构，因此通常将木质部和韧皮部，或将其中之一称为维管组织。在植物系统进化过程中，维管组织的形成对于适应陆生生活有着重要的意义。

2. 维管束

维管束是由木质部和韧皮部共同组成的束状结构，由原形成层分化而来，在不同种类的植物或不同的器官内，由于原形成层分化成木质部和韧皮部的情况不同，也就形成不同类型的维管束。维管束可分为以下几种。

(1) 有限维管束　大多数单子叶植物的维管束由于原形成层完全分化成木质部和韧皮部，没有留存能继续分裂出新细胞的形成层，故这类维管束不能再继续发展，称为有限维管束。

(2) 无限维管束　很多双子叶植物和裸子植物的原形成层除大部分分化成初生木质部和初生韧皮部外，在两者之间还保留一层分生组织，称为束间形成层。这种维管束能通过形成层的活动产生次生木质部和次生韧皮部，继续增粗，称为无限维管束。

(3) 外韧维管束　维管束的初生韧皮部位于初生木质部的外侧，两者并生成束。一般种子植物的茎尖有这种维管束。

(4) 双韧维管束　维管束的初生木质部的内外两侧各有一并生的初生韧皮部，如瓜类、茄类、马铃薯、甘薯等的茎维管束皆属于这种类型。

(5) 同心维管束　维管束的木质部围绕着韧皮部或韧皮部围绕着木质部，呈同心排列的束，前者称为周木维管束；后者称为周韧维管束。芹菜茎的髓部和少数单子叶植物的根状茎中有周木维管束；被子植物的花及蕨类植物的根状茎中有周韧维管束(图 1.40)。

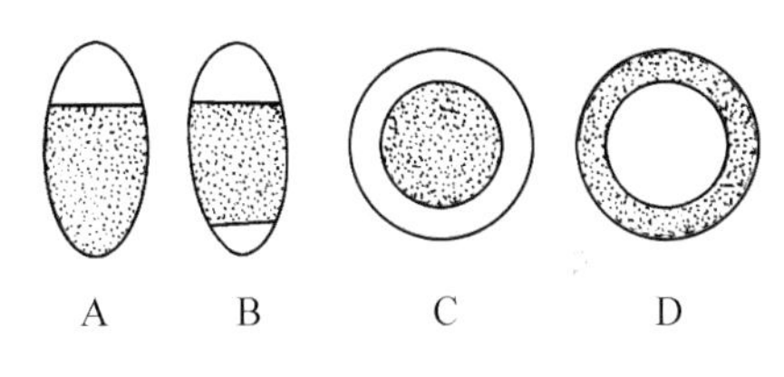

图 1.40　维管束的类型图解(黑点部分表示木质部，空白部分表示韧皮部)
A. 外韧维管束；B. 双韧维管束；C. 周韧维管束；D. 周木维管束

思考题

1. 什么是细胞？绘细胞亚显微结构图，并注明各部分。
2. 原生质、细胞质和原生质体三者有什么区别？
3. 生物膜有哪些主要功能？
4. 简要说明原生质体各部分的主要结构特征和功能。
5. 细胞壁可分为哪几层？其主要成分和特点各是什么？
6. 植物的初生壁和次生壁有什么区别？次生壁上有哪些变化？
7. 原生质的主要化学组成有哪些？它们各有哪些生理作用？
8. 液泡是怎样形成的？它有哪些重要的生理功能？
9. 什么是后含物？它主要有哪些类型的物质？
10. 说明植物细胞有丝分裂过程以及各个时期的主要特点。
11. 有丝分裂和减数分裂有哪些区别？它们各有什么意义？
12. 什么叫组织？植物有哪些主要的组织类型？说明它们的功能和分布。
13. 解释下列术语：细胞器；真核细胞；原核细胞；有丝分裂；减数分裂；细胞周期；组织；分生组织；成熟组织；同源染色体；无限维管束；有限维管束；维管系统。

2 植物的营养器官

植物体以细胞为结构上的单位，进而出现各种组织的分化，再由多种不同的组织构成具有一定的功能和形态结构的器官。器官之间在生理和结构上有明显的差异，但是彼此又密切联系，相互协调，共同构成一个完整的植物体。

植物在营养生长时期，其植株一般可以分为根、茎和叶等部分。这些部分在形态结构上各有不同的特点，形成了相对独立地进行一定功能的单位，共同负担植物体的营养生长，它们都属于植物的营养器官。

根、茎、叶在构造上和生理上是相互联系和相互影响的，从而体现了植物的整体性。植物器官形态结构的建成又往往与其所担负的生理功能相适应，这就表现出形态结构与生理功能的统一性。

植物在长期的进化过程中，随着环境条件的变化，逐渐形成了具有一定形态结构和生理功能的各种器官，使植物能进行正常的生长发育。同时，植物的生命活动也对其周围的环境产生重要的影响。这种关系反映了植物与环境的统一。因此，植物的整体性，形态结构与生理功能的统一，以及植物与环境的统一，都是植物生长发育的重要规律。

2.1 根

根是植物在长期适应陆地生活的过程中发展起来的一种向下生长的营养器官，一般为圆柱体，构成植物体的地下部分。

2.1.1 根的形态

1. 根的种类

根据植物根的发生部位，可以分为主根、侧根和不定根。

(1) 主根　主根是指由种子的胚根发育而成的根。

(2) 侧根　侧根是指由主根上发出的各级大小支根。

(3) 不定根　由茎、叶、胚轴和较老的根上发生的根叫不定根。

主根和侧根都是从植物体的固定部位上生长出来的，均属于定根。植物能产生不定根的特点，常被生产上用来通过扦插、压条等进行营养繁殖。

2. 根系的种类

根系是指每株植物地下部分所有根的总体。根系分为直根系和须根系两种基本类型。

(1) 直根系　直根系是指主根发达，能明显地区分出主根和侧根的根系。如菊花、鸡冠花等多数双子叶植物和裸子植物的根系(图 2.1)。

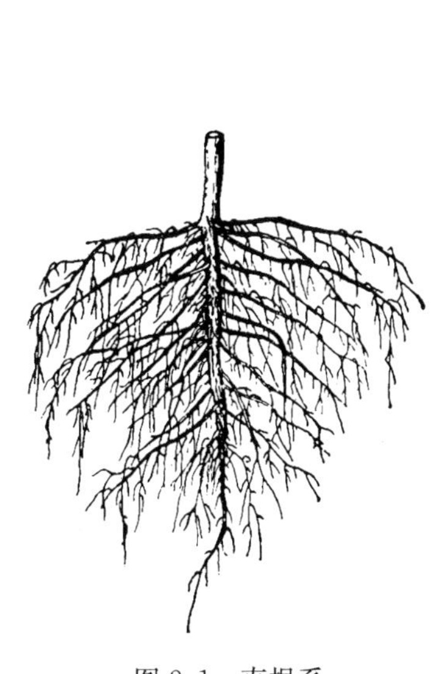

图 2.1　直根系

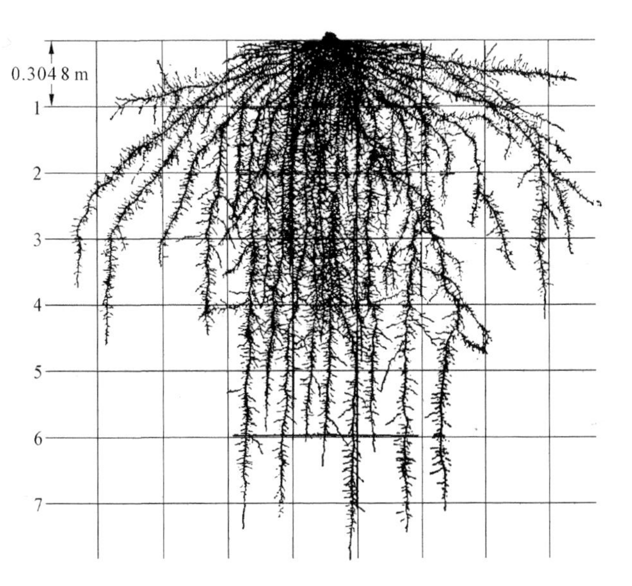

图 2.2　须根系

(2) 须根系　须根系是指主根不发达或早期停止生长，由茎的基部胚轴上产生大量粗细相近的呈丛生状态的根系。如水稻、棕榈、竹类等，这是单子叶植物根系的特征(图 2.2)。

3. 根系在土壤中的生长和分布

分布在土壤中的根系是非常发达的，在良好的耕作土壤中，种子萌发后不久，其根系的扩展范围就远远大于地上部分。植物地上部分生长需要的水分和矿物质几乎全依赖根系供应，枝叶的发展和根系的发展也常常保持一定的平衡，因此，根系在土壤中的发展和分布状况对植物地上部分的生长发育至关重要。一般植物根系和土壤接触的总面积，常超过茎叶面积的5～15 倍。果树根系在土壤中的扩展范围，一般超过树冠范围的 2～5 倍。

按根系在土壤中的分布深浅，可分为深根系和浅根系两类。深根系的主根发达，垂直向下生长，可深入土层 3～5 m，甚至 10 m 以上，如马尾松、蓖麻等。浅根系主根不发达，靠侧根或不定根向四面扩张，占据较大面积，其根系主要分布在土壤的表层，如小麦、水稻等。

根系在土壤中的分布还受生长环境条件的影响，同一植物，生长在地下水位较低，通气良好，肥沃的土壤中，根系就发达，分布较深；反之，根系就不发达，分布较浅。此外，人为因素也能够改变根系的分布状况。如苗期灌溉、移栽、压条、扦插等容易形成浅根系。用种子繁殖、深根施肥则易形成深根系。

2.1.2　根的构造

2.1.2.1　根尖及其分区

根的尖端在根毛起生处以下的一段，称作根尖。不论主根、侧根还是不定根都具有根尖，根尖是根伸长生长、分枝和吸收的重要部分。根尖从顶端起，可依次分为根冠、分生区、伸长区和根毛区(图 2.3)。

(1) 根冠　根冠位于根尖的最顶端，是由许多薄壁细胞组成的冠状结构。根冠可保护其内的分生组织细胞不至于直接暴露在土壤中，同时根冠细胞会分泌黏液，润滑根冠的表面，减

少根在生长时与土壤的摩擦。随着根的生长，根冠外层的薄壁细胞由于和土壤颗粒摩擦而不断脱落，而由分生区的细胞不断地分裂补充到根冠，使根冠保持一定的厚度。

根冠是重力感觉的地方，并能控制分生组织中有关向地性的生长物质的产生或移动。根冠感觉重力的部位是其中央部分的细胞，这些细胞含有较多的淀粉粒(造粉体)，起平衡石的作用，引导根尖垂直向下生长。

(2) 分生区　分生区全长 1～2 mm，大部分被根冠包围着，是产生新细胞的主要区域，故又称生长点。分生区的细胞体积小，排列整齐，细胞壁薄，细胞核大，细胞质浓，有较强的分裂能力。分生区细胞不断地分裂产生新细胞，一部分补充到根冠，弥补根冠损伤脱落的细胞，而大部分则进入根后方的伸长区。

(3) 伸长区　在分生区后几毫米，由于分生区的细胞分裂活动减弱，并开始伸长、生长和分化，逐渐转变成伸长区。伸长区的细胞呈圆筒形，细胞质成一薄层，紧贴着细胞壁，液泡明显。早期的筛管和环纹导管出现在伸长区，是初生分生组织向成熟区的初生结构过渡的区域。由于伸长区内许多细胞同时迅速伸长的结果，形成根尖深入土层的推动力。

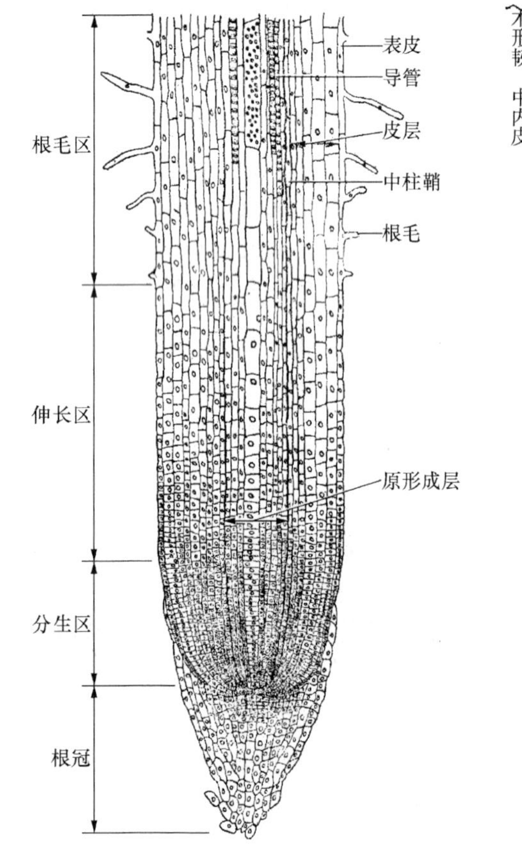

图 2.3　根尖纵切面示各分区的结构

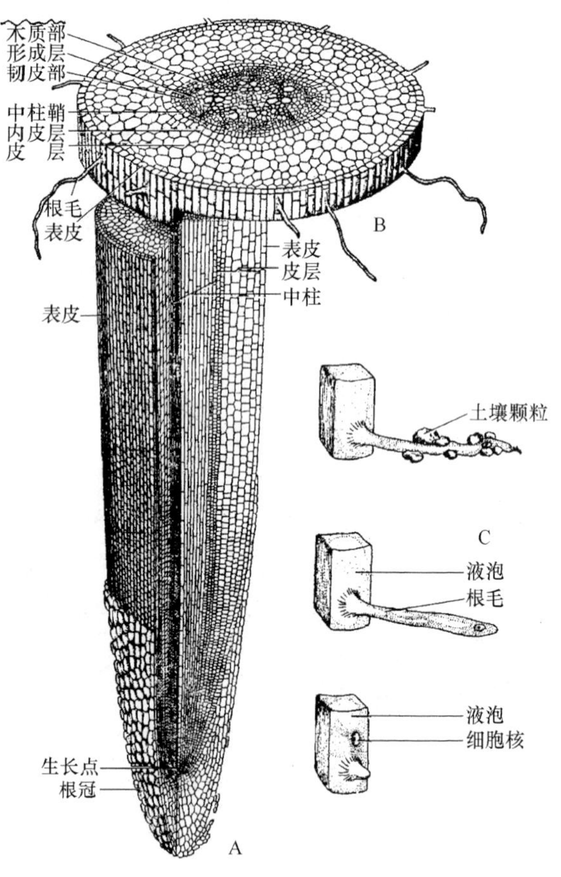

图 2.4　双子叶植物根的立体结构

A. 根尖的纵切面；B. 根毛区的横切面；C. 根毛的发育

(4) 根毛区　位于伸长区以上数毫米至数厘米的区域，其内部的细胞已停止分裂而分化成各种成熟组织，所以也称作成熟区。根毛是表皮细胞外侧壁先形成半球形突起，再伸长成管状结构(图 2.4)。在根毛中，核和部分细胞质移到末端，细胞质沿壁分布，中央有液泡。根毛的生长速度快，数量多，但寿命很短，一般10～20天即死亡。老的根毛死亡，靠近伸长区的细胞不断分化出新的根毛，随着根的伸长，根毛区不断进入土壤中新的区域。根毛区的表面密被根毛，是根部吸收水分的主要部分。

2.1.2.2　双子叶植物的根

1. 根的初生结构

幼根的生长是由根尖的顶端分生组织经过分裂、生长和分化三个阶段发展来的，这种生长过程叫做初生生长。在初生生长过程中所产生的各种组织，皆属于初生组织，由它们组成幼根的初生结构。幼根从外向内可分为表皮、皮层和中柱三个部分(图2.5)。

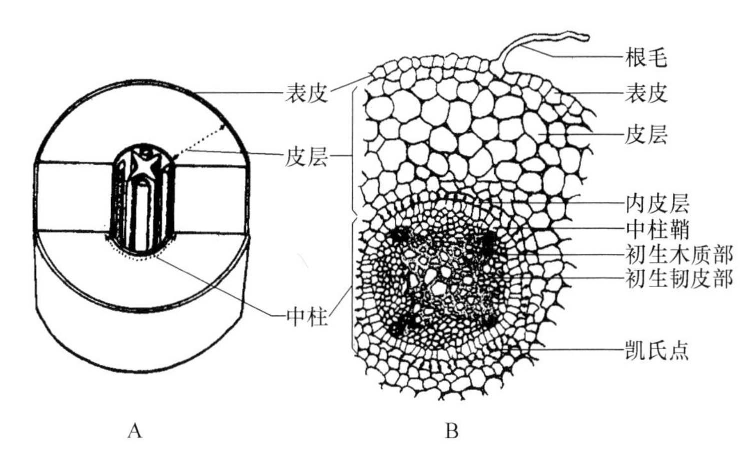

图2.5　棉根初生结构横切面

A. 根初生结构立体图解；B. 棉幼根底横切面

(1) 表皮　根表面最外的一层排列紧密的细胞，细胞的形状略呈长方体，胞壁很薄，由纤维素和果胶质构成，使水和溶质可以自由通过。许多表皮细胞向外突起形成根毛，扩大了根的吸收面积(图2.4)。

(2) 皮层　表皮之内由多层薄壁细胞组成的皮层。皮层占据了幼根横切面的很大部分，是水分和溶质从根毛到中柱的输导途径，也是幼根贮藏营养物质的场所，并且有一定的通气作用。皮层的最外一层或几层细胞排列紧密，无间隙，水和无机盐仍可通过，称为外皮层。当根毛枯死后，表皮细胞被破坏，外皮层细胞的细胞壁加厚并栓质化，以代替表皮细胞起保护作用。

皮层的最内一层细胞较小，叫内皮层。内皮层的细胞排列整齐紧密，在细胞的上下壁、径向壁和内侧壁上，常发生木质化和栓质化加厚，呈带状环绕细胞一周，称之为凯氏带。在横切面上，凯氏带在相邻的径向壁上呈点状，叫凯氏点(图2.6)。

(3) 维管柱(中柱)　根的维管柱指内皮层以内的中轴部分，包括所有起源于原形成层的维管组织和非维管组织，其结构比较复杂，一般由中柱鞘、初生木质部、初生韧皮部和薄壁组织四部分组成(图2.7)。

① 中柱鞘　中柱的最外层，由一层或几层薄壁细胞组成，细胞排列紧密，具有潜在的分生能力，在一定的条件下能够分裂产生侧根、不定根、木栓形成层及形成层的一部分。

② 初生木质部　在根的中央，由原生木质部和后生木质部组成。在横切面上，初生木质部呈辐射状，在辐射角的尖端是原生木质部，分化成熟较早，其导管口径较小，壁较厚，由环纹

单：表皮 皮层 维管柱 (无次生结构).

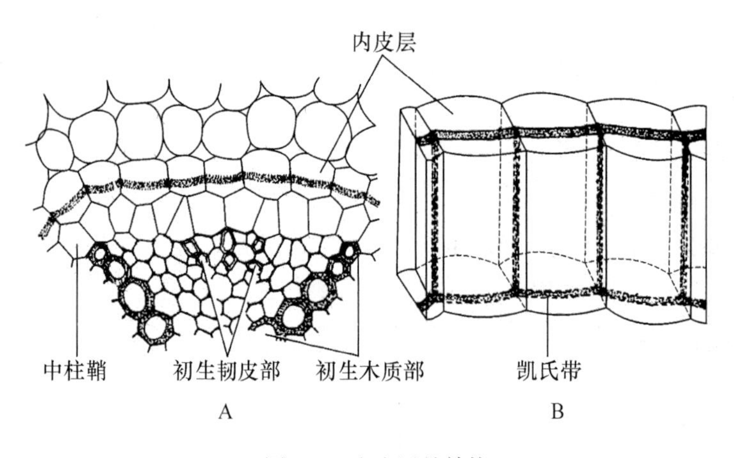

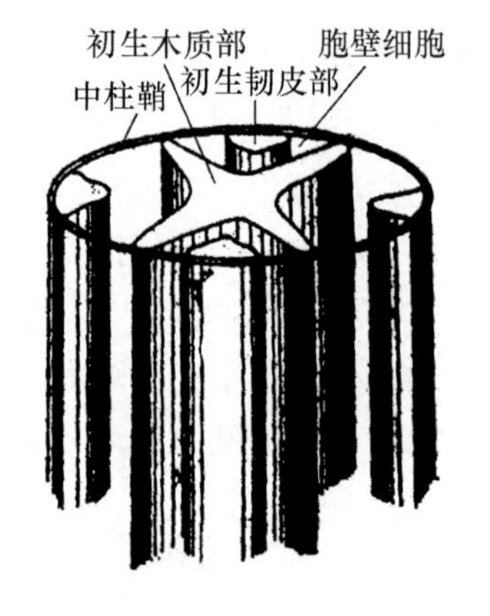

图 2.6 内皮层的结构

A. 根的部分横切面，示内皮层的位置，内皮层横向壁上可见凯氏带；
B. 三个内皮层细胞的立体图解，示凯氏带出现在横向壁和径向壁上

图 2.7 根的维管柱初生结构的立体图解

导管和螺纹导管组成。靠近轴中心的是分化较晚的后生木质部，其导管口径较大，由梯纹、网纹和孔纹导管组成。初生木质部的这种由外向内分化的方式称为外始式。在根的初生木质部中，原生木质部的束数是相对稳定的，如油菜、萝卜是 2 束，称二原型；豌豆、柳树是 3 束，称三原型；蚕豆是 4～6 束；玉米是 12 束。双子叶植物束数少，为二至六原型，单子叶植物至少是 6 束，常为多束(图 2.8)。初生木质部的主要功能是输导水分和无机盐。

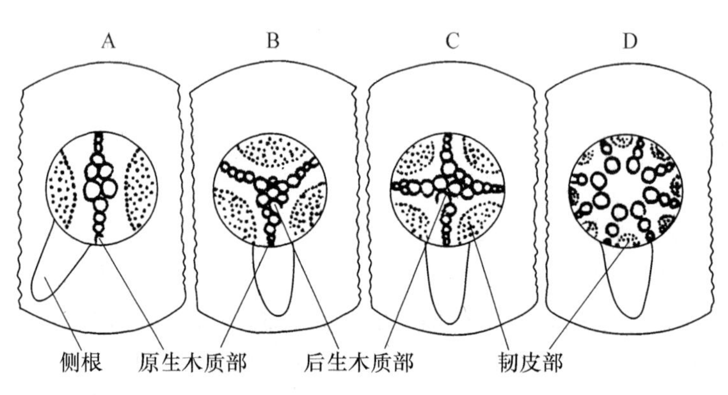

图 2.8 不同原型的根中，侧根发生位置图解

A. 二原型；B. 三原型；C. 四原型；D. 多原型

③ 初生韧皮部 位于两个初生木质部之间，与之相间排列。初生韧皮部也分为原生韧皮部和后生韧皮部，靠外的是原生韧皮部，在内的是后生韧皮部，其分化成熟的方式也是外始式的。初生韧皮部主要由筛管和伴胞组成。

④ 薄壁组织 在初生木质部和初生韧皮部之间，常有一些薄壁细胞，这些细胞能恢复分裂能力，成为形成层的一部分，分裂产生次生结构。大多数双子叶植物根的中柱中央为木质部占满，没有髓，而一些单子叶植物和少数双子叶植物根的中心部分可以由薄壁细胞构成髓。

2. 根的次生生长和次生结构

大多数双子叶植物的主根和较大的侧根在完成了初生生长以后，由于形成层的发生和活

动，不断地产生次生维管组织和周皮，使根的直径增粗，这种生长过程称为次生生长。次生生长的结果产生了周皮、次生韧皮部、次生木质部、髓和射线等次生结构(图 2.9)。

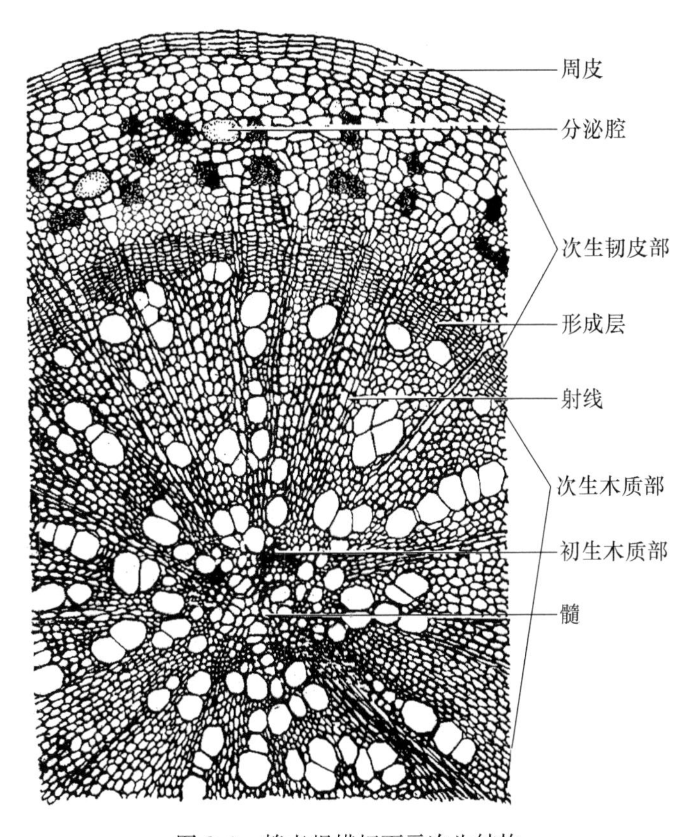

图 2.9　棉老根横切面示次生结构

(1) 维管形成层的产生和活动　在双子叶植物的根毛区，当次生生长开始时，位于初生木质部和初生韧皮部之间的薄壁细胞恢复分生活动，进行平周分裂，成为维管形成层的主要部分。开始，这些维管形成层呈条状，以后各条逐渐向两端扩展，直到初生木质部的放射角处，和中柱鞘细胞相连。此时，这些中柱鞘细胞也恢复分裂能力，和最初形成的维管形成层细胞连合，成为一圈波浪形的形成层环(图 2.10)。

维管形成层形成后，主要进行平周分裂，增加细胞层数。大部分新细胞向内分化为次生木质部，加在初生木质部的外方，小部分新细胞向外分化为次生韧皮部，加在初生韧皮部的内方，其间仍保持着一层形成层细胞。这样，原来呈波状的维管形成层逐渐向外推移，变成了圆环形(图 2.9)。

维管形成层除产生次生木质部和次生韧皮部外，还产生一些径向排列的射线薄壁细胞。位于次生木质部的称木射线，位于次生韧皮部的称韧射线。射线是物质横向运输的通道。

(2) 木栓形成层的产生和活动　由于维管形成层的活动使根增粗，导致中柱外围的皮层和表皮被撑破。在皮层破坏之前，中柱鞘细胞恢复分裂能力，形成木栓形成层。木栓形成层进行平周分裂，向外产生木栓层，向内产生栓内层，由三者共同组成周皮，代替外皮层起保护作用。木栓层由几层木栓细胞组成，排列紧密，无细胞间隙，细胞壁栓化，不透气，不透水，最后原生质体死亡，成为死细胞(图 2.11)。于是由木栓层代替表皮、外皮层对老根起保护作用，这是根增粗生长后形成的次生保护组织。

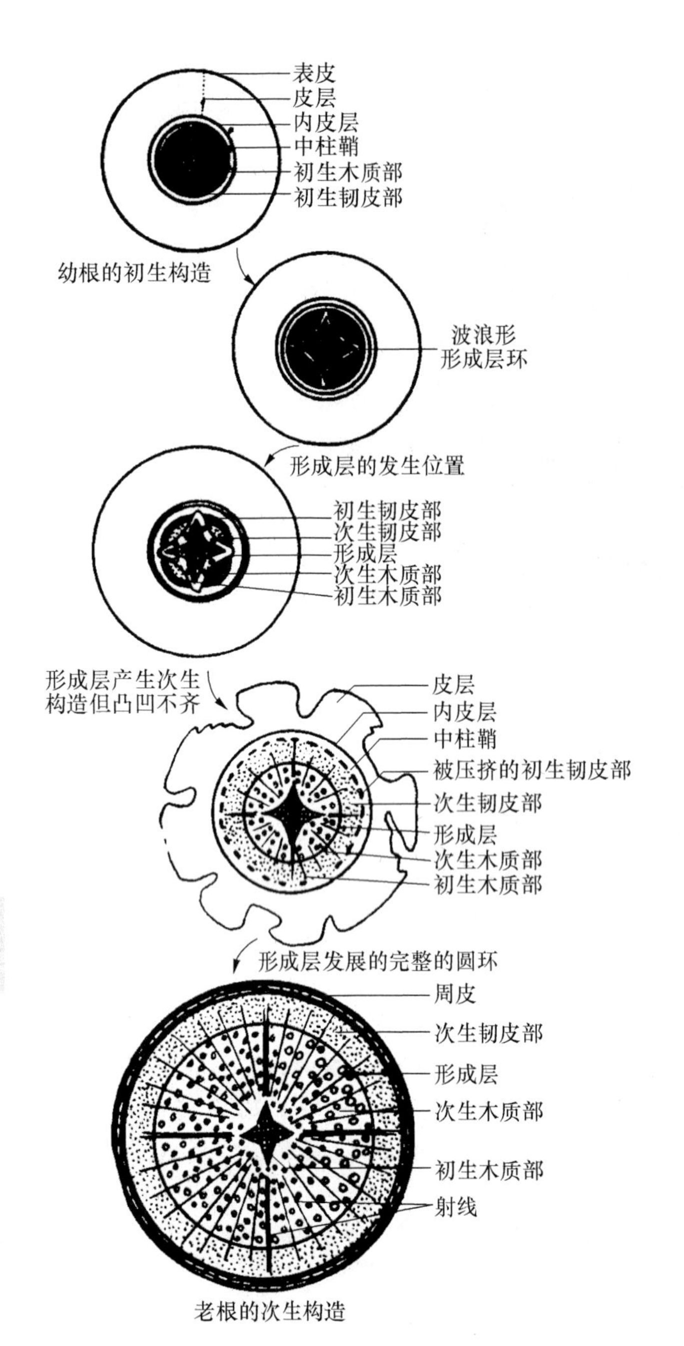

图 2.10　根由初生构造到次生构造转变的图解

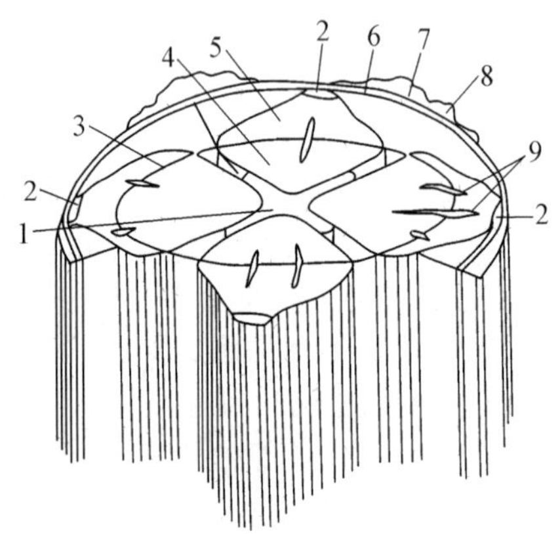

图 2.11　根的次生结构图解

1. 初生木质部；2. 初生韧皮部；3. 形成层；4. 次生木质部；5. 次生韧皮部；6. 木栓形成层；7. 木栓层；8. 已遭破坏的皮层和表皮；9. 维管射线

2.1.2.3　禾本科植物根的结构特点

禾本科植物属于单子叶植物，其根也是由表皮、皮层和中柱三部分组成，与双子叶植物根不同的是根中没有维管形成层和木栓形成层，不能进行次生生长，没有次生结构。以小麦、水稻、玉米为例(图 2.12，图 2.13，图 2.14)，分述如下。

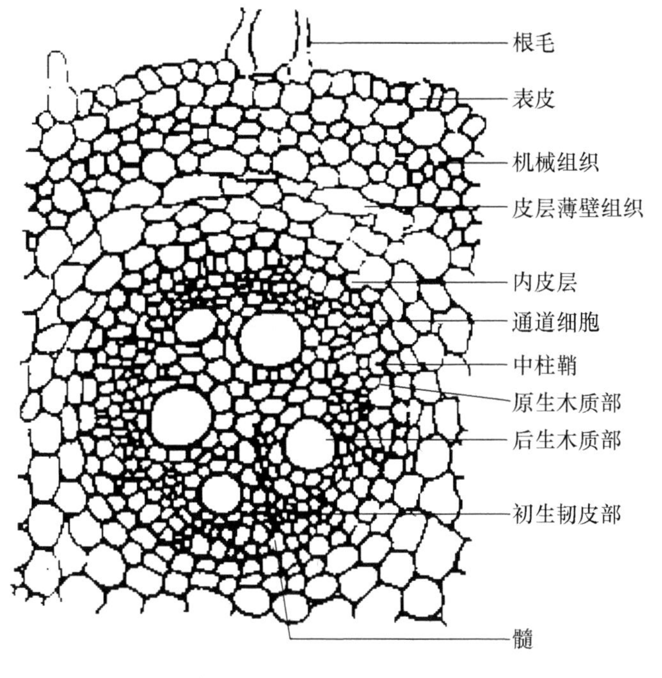

图 2.12　小麦根的横切面

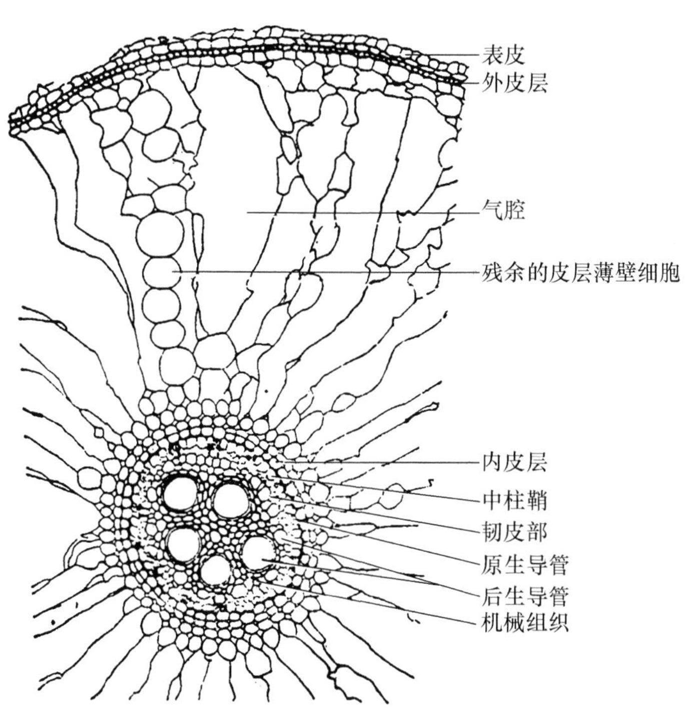

图 2.13　水稻老根横切面的一部分

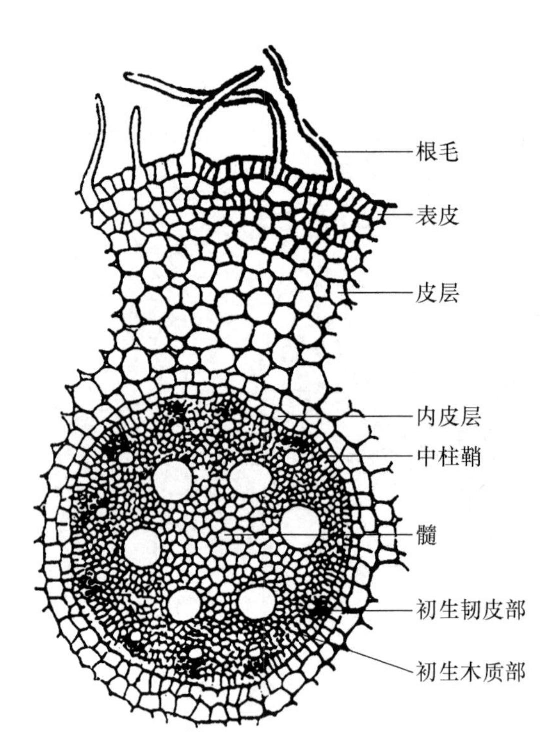

图 2.14　玉米幼根的横切面(示具髓的根)

(1) 禾本科植物的根没有形成层　初生韧皮部和初生木质部之间的薄壁细胞,在发育后期加厚并木质化成为厚壁组织,所以禾本科植物的根只有初生构造,没有次生构造,不能继续增粗。

(2) 禾本科植物根在生长后期靠近表皮的 2～3 层细胞,往往变成厚壁的机械组织,起支持和保护作用　在水稻的根中,部分皮层细胞解体破坏,形成很大的气腔,与茎叶内的气腔互相贯通,成为良好的通气组织。内皮层细胞的壁,在生长后期常发生五面增厚(两侧壁、上下壁和内壁)并木栓化,只有靠近皮层的外壁不增厚,在横切面上,呈马蹄形。对着初生木质部放射角的内皮层细胞壁不增厚,这些细胞称为通道细胞,水和无机盐就是通过这些细胞进入维管柱的。

(3) 幼嫩的禾本科植物根中的木质部不到达根的中央　根的中央是由薄壁细胞组成的髓,到发育后期,髓也变成厚壁组织,起加强中柱的支持与固定作用。维管柱最外一层薄壁细胞是中柱鞘,可从中产生侧根。

2.1.2.4　侧根的形成

侧根起源于根毛区内中柱鞘的一定部位,在二原型的根中,侧根发生于原生木质部与原生韧皮部之间,或正对原生木质部;在三原型、四原型的根中,则正对原生木质部;在多原型的根中,则正对原生韧皮部。

当侧根开始发生时,中柱鞘相应部位的几个细胞发生变化,细胞质增加,液泡变小,恢复分裂活动。它们先进行平周分裂,增加细胞层数,继而进行各个方向的分裂,产生一团新细胞,形成侧根原基,再由顶端逐渐分化为生长点和根冠。最后侧根原基的生长点细胞进一步分裂、生长和分化,穿过母根的皮层和表皮而伸出体外成为侧根(图 2.15, 图 2.16)。

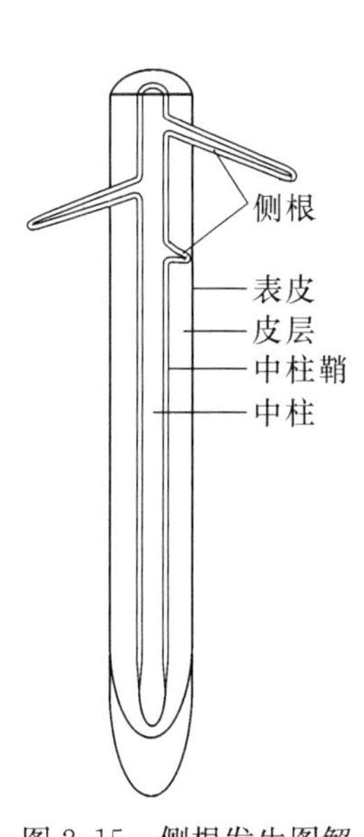

图 2.15　侧根发生图解

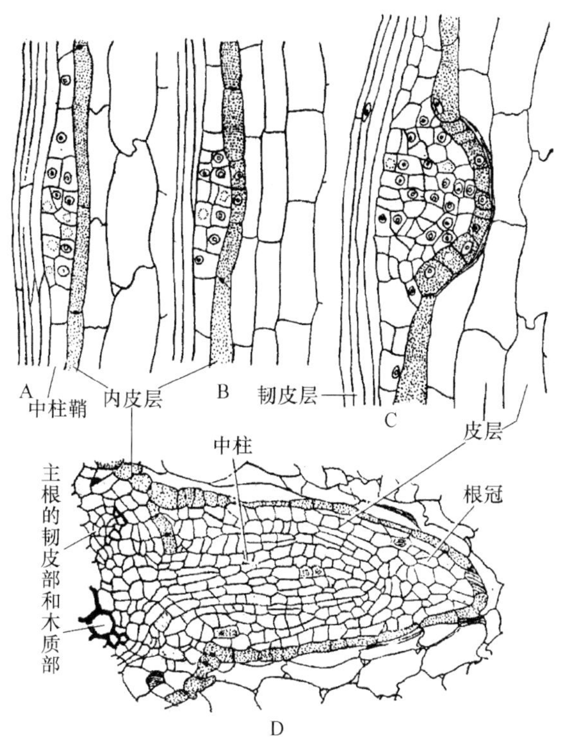

图 2.16　胡萝卜侧根发生的顺序(A～D)

2.1.3　根的功能

根是植物在长期适应陆地生活过程中发展起来的器官，是植物的地下部分，主要担负固定、吸收、合成、分泌和贮藏等生理功能。

(1) 固定与支持作用　根形成庞大的根系，内部有许多机械组织，能将植物体固着在土壤中，并支持植株的地上部分，使茎、叶伸展在空中，行使各自的生理功能。

(2) 吸收作用　根能从土壤中吸收水分及无机盐，还能吸收一些小分子有机物，如氨基酸、天冬酰胺、磷酸酯、可溶性糖、有机酸、维生素、及植物激素等。

(3) 转化与合成作用　根系将土壤中吸收的无机氮转变成有机氮，将无机磷转变成有机磷化合物。至少有十多种组蛋白的氨基酸以及植物碱、有机氮等有机物是在根内合成的。在一些块根中，还能将叶部运来的可溶性糖转化成不溶性的碳水化合物和淀粉。

(4) 分泌作用　根系还具有分泌作用，向周围土壤中分泌有机物(氨基酸、磷脂、有机酸、碳水化合物等)和无机物(二氧化碳、磷、钾、钙、硫等)。

(5) 贮藏作用　根的薄壁组织比较发达，可以贮藏养分。如萝卜、甜菜、甘薯等植物的根特别肥大，变为贮藏养分的贮藏器官。

2.1.4　根的变态

植物的营养器官由于长期适应周围环境的结果，使器官在形态结构及生理功能上发生变化，成为该种植物的遗传特性及鉴定该种植物的特点，这就是变态。根的变态主要有三种。

1. 贮藏根

贮藏根的主要功能是贮藏大量的营养物质，因此常肉质化，根据来源不同可分为肉质直根和块根两种。

（1）肉质直根　萝卜、胡萝卜、甜菜的肥大直根属于肉质直根。根的上部由胚轴发育而成，这部分没有侧根发生。下部由主根基部发育而成。各种植物的肉质直根在外形上都极为相似，初生木质部也是二原型，但贮藏组织的来源不同，因而内部结构也就不一样。如胡萝卜的增粗主要是由于维管形成层活动产生了大量的次生韧皮部，其内发达的薄壁组织贮藏了大量的营养物质，而次生木质部形成较少。萝卜根的增粗主要是产生了大量次生木质部，木质部中有大量的薄壁组织贮藏了营养物质，而次生韧皮部形成较少(图 2.17)。

萝卜　胡萝卜

周皮
皮层
次生韧皮部
初生木质部
初生韧皮部
形成层
次生木质部

萝卜根的横切面　胡萝卜根的横切面

图 2.17　肥大直根

甜菜根的结构比较复杂，除次生结构之外，还形成很发达的由副形成层产生的三生结构(图 2.18)。这种三生结构的发生，主要是从

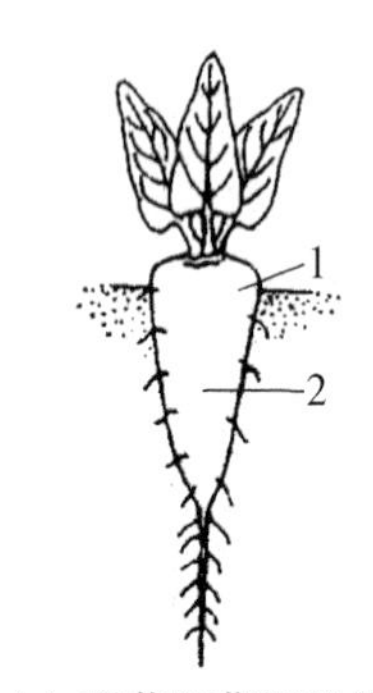

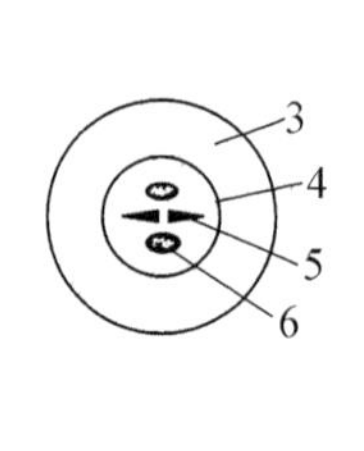

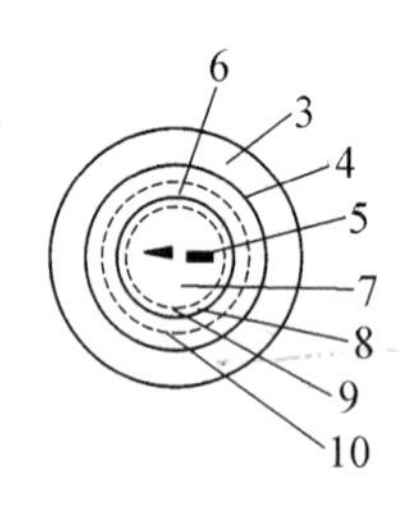

(a) 甜菜贮藏根的外形 (b) 具有初生结构的幼根 (c) 具有次生结构的根

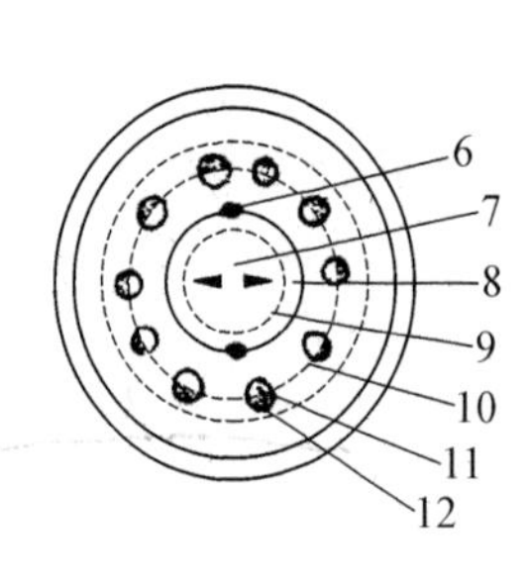

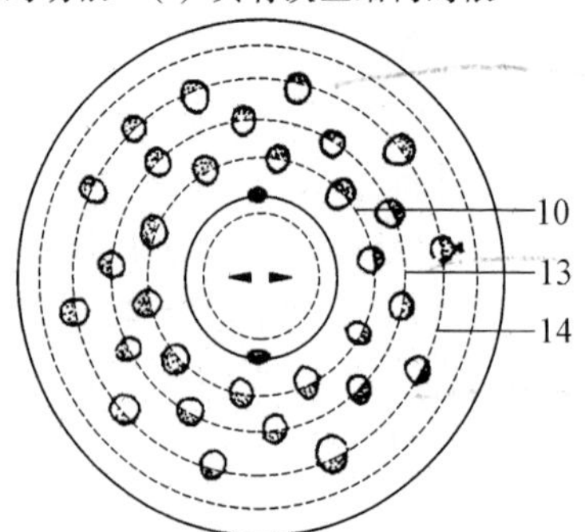

(d) 发展成三生结构的根　(e) 发展成多层额外形成层的根

图 2.18　甜菜根的加粗过程图解

1. 下胚轴；2. 初生根；3. 皮层；4. 内皮层；5. 初生木质部；6. 初生韧皮部；7. 次生木质部；8. 次生韧皮部；9. 形成层；10. 额外形成层；11. 三生木质部；12. 三生韧皮部；13. 第二圈额外形成层；14. 第三圈额外形成层

中柱鞘衍生出额外形成层。以后通过额外形成层的分裂活动，在若干部位分别向外分裂分化出三生韧皮部，向内分裂分化出三生木质部，由此构成若干三生维管束。这些维管束成圈排列，它们之间为三生的束间薄壁组织所充满。以后再由三生韧皮部的外层薄壁组织产生新的额外形成层，继续形成第三圈的三生维管束。如此重复，可以达到8～12层，甚至更多层的三生维管束。三生维管束轮数增加，特别是维管束之间形成发达的薄壁细胞，对提高含糖量有密切的关系。

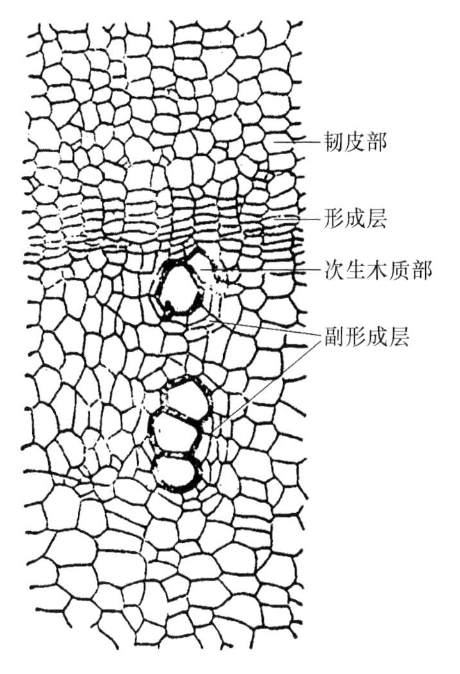

图2.19　甘薯的块根

(2) 块根　块根是由植物的侧根或不定根发育而成，内部贮藏大量营养物质，外形上不太规则，如甘薯。

甘薯块根的膨大过程，除了形成次生构造外，在许多分散的导管周围有由次生木质部外围的薄壁细胞恢复分裂能力而形成的副形成层(图2.19)，由于副形成层不断分裂产生三生木质部和富含薄壁组织的三生韧皮部及乳汁管，而使块根不断增粗。

2. 气生根

生长在空气中的根称气生根。因作用不同，气生根又可分为支持根、攀缘根和呼吸根。

(1) 支持根　如玉米等植物，可以从茎上长出许多不定根来，向下深入到土壤，成为能够支持植物体的辅助根系，因此称之为支持根。支持根也有吸收功能(图2.20)。

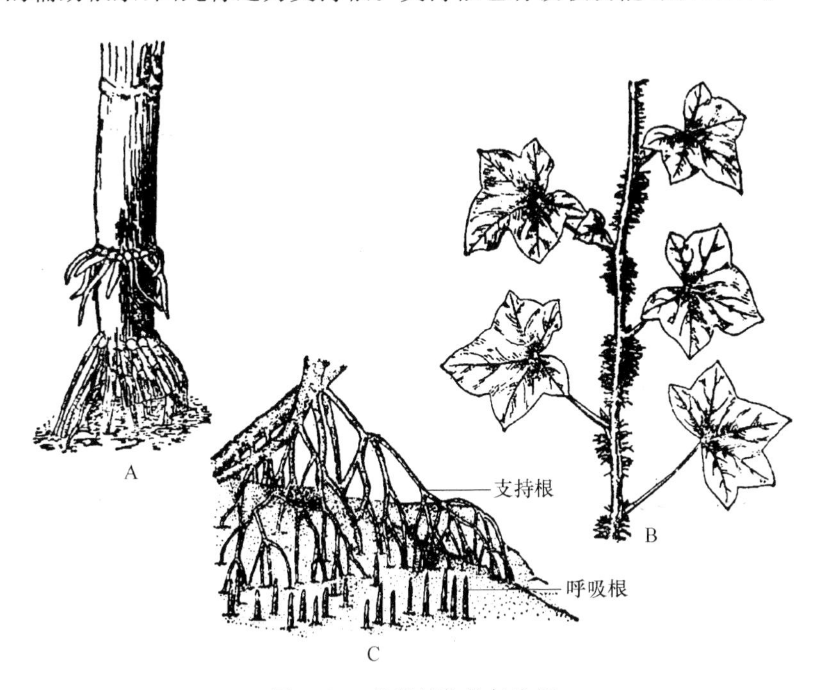

图2.20　几种植物的气生根

A. 玉米的支持根；B. 常春藤的攀援根；C. 红树的支持根和呼吸根

(2) 攀缘根　如常春藤等植物，茎细长柔软不能直立，依靠从茎上产生的许多不定根固着在其他树干、山石或墙壁等物体的表面，这类不定根称为攀缘根。

(3) 呼吸根　呼吸根主要存在于一些生长在沼泽和热带海滩地带的植物，如水松和红松等。由于生在泥水中，地下根呼吸困难，所以有部分根垂直向上生长，进入空气中进行呼吸，称为呼吸根。在呼吸根中常有发达的通气组织。

3. 寄生根

寄生根也称吸器，是寄生植物在寄主植物的茎上发育的不定根。寄生根可以伸入到寄主体内，与寄主的维管组织连通，靠吸收寄主的水和营养来供其自身生长发育的需要，如菟丝子的寄生根(图 2.21)。

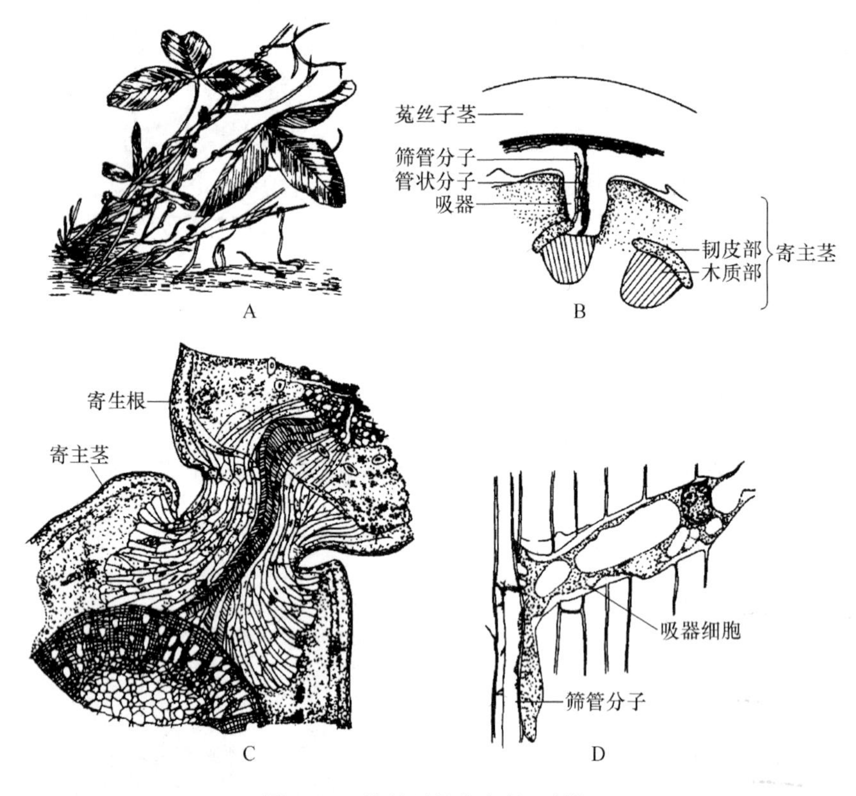

图 2.21　菟丝子的寄生根(吸器)

A. 菟丝子寄生于三叶草上的外形；B. 菟丝子与寄主之间的结构关系简图，示吸器伸达寄主维管束；C. 菟丝子产生寄生根伸入寄主茎内结构详图；D. 吸器细胞伸达寄主筛管时，形成“基足”结构

2.1.5　根瘤与菌根

植物的根与土壤中的微生物有着密切的关系，两者可形成特定的结构，微生物从根的组织内得到所需的营养，而植物同样能从微生物的代谢中得到好处，这样两种生物生活在一起而相互有利的关系，称为共生。

1. 根瘤

在豆科植物的根系上，常见许多形状各异，大小不等的瘤状突起，称为根瘤(图 2.22)。根瘤是由于土壤中的根瘤菌侵入到根内而产生的。

根瘤菌是一种有固氮能力的短小杆菌，群集生活在根毛周围，能穿过根毛细胞的细胞壁而进入根毛内，然后沿根毛向内侵入到皮层。根瘤菌的分泌物能刺激皮层细胞迅速分裂，使皮层细胞数目增多，体积增大。与此同时，根瘤菌在皮层的薄壁细胞内大量繁殖，使中央的细胞充满根瘤菌，结果在根的表面形成了瘤状的突起物，即根瘤（图2.23）。

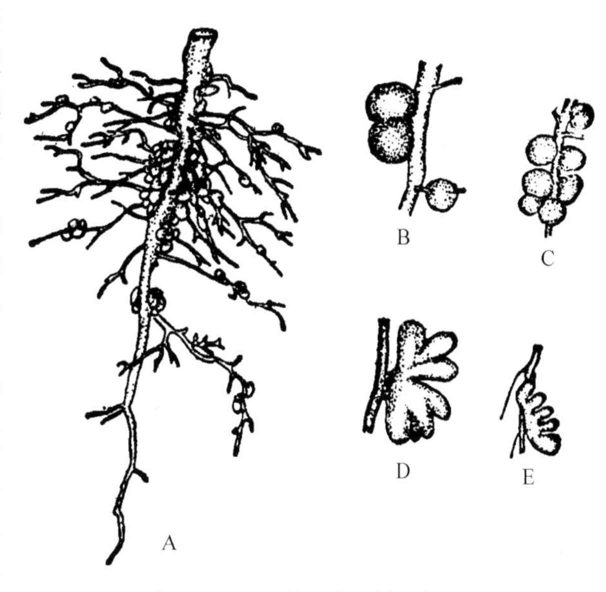

图2.22　几种豆科植物的根瘤

A. 具有根瘤的大豆根系；B. 大豆的根瘤；C. 蚕豆的根瘤；D. 豌豆的根瘤；E. 紫云英的根瘤

根瘤菌的最大特点是具有固氮作用，根瘤菌中的固氮酶能将空气中的游离的氮转变为氨，供植物生长发育的需要，而根瘤菌则从根的皮层细胞吸取自身生长所需的水分和养料。由于根瘤菌可以分泌一些含氮物质到土壤中，或有一些根瘤本身从根上脱落，而增加土壤的肥力供其他植物利用，因此农业生产上常利用豆科植物和其他作物轮作、套作或间作的方法来达到少施肥的增产目的。不过根瘤菌和豆科植物的共生关系是有选择性的，如大豆的根瘤菌就不能感染花生。设法把固氮菌中的固氮基因转移到农作物中去并使之表达已成为目前分子生物学和遗传工程的研究目标。

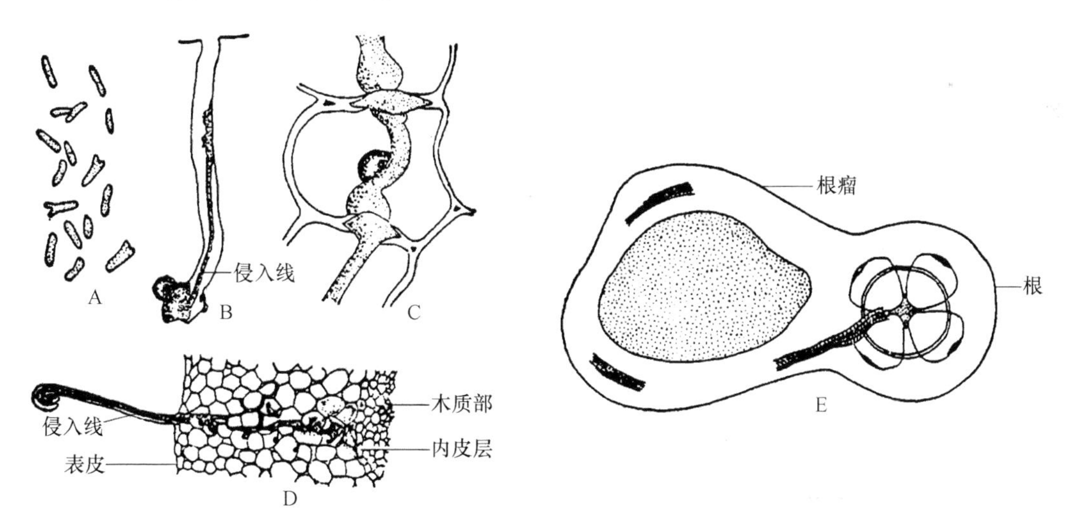

图2.23　根瘤菌与根瘤

A. 根瘤菌；B. 根瘤菌侵入根毛；C. 根瘤菌穿过皮层细胞；D. 根横切面的一部分，示根瘤菌进入根内；E. 蚕豆根通过根瘤的切面

2. 菌根

种子植物的根还可以与土壤中的某些真菌共生，这种根称为菌根（图2.24）。菌根有两种类型：外生菌根和内生菌根。

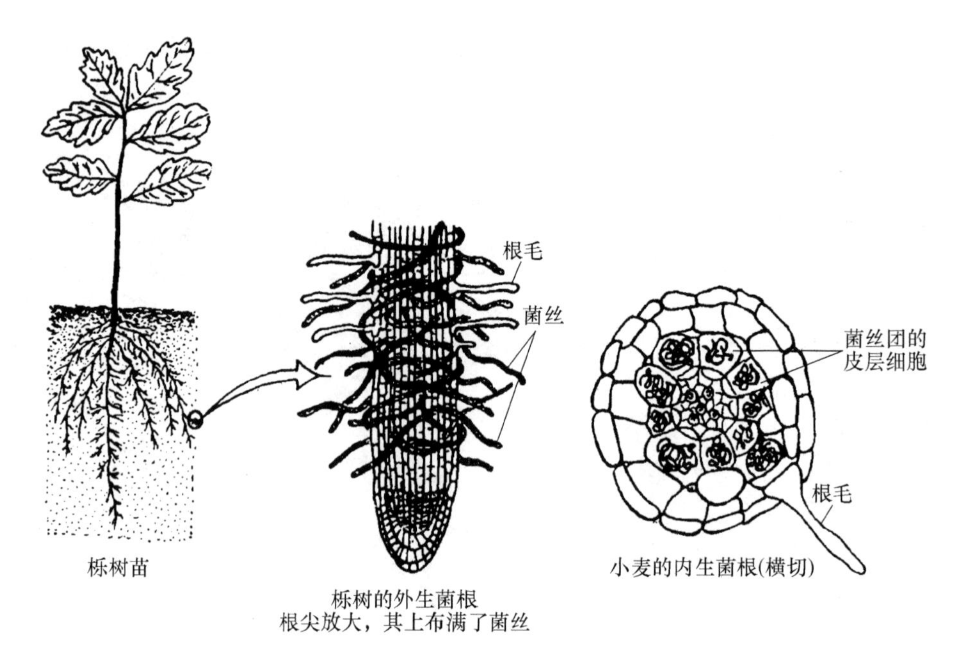

(a) 外生菌根、内生菌根

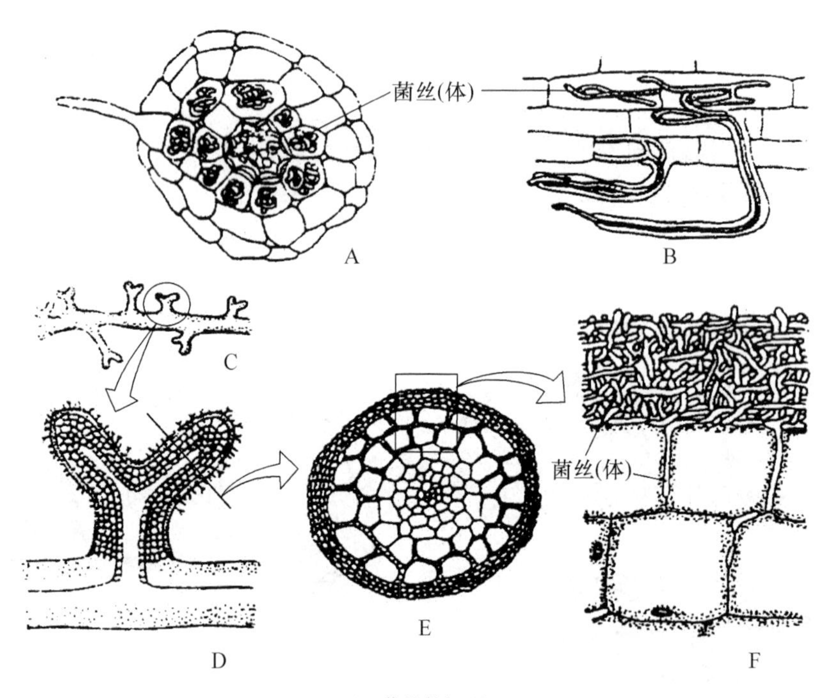

(b) 菌根的切面

A. 小麦的内生菌根的横切面；B. 芳香豌豆的内生菌根的纵切面；C. 松的外生菌根的分枝；D. 同C,分枝纵切面的放大；E. 松的外生菌根的横切面；F. 同E,一部分的放大

图 2.24　菌根

(1) 外生菌根　外生菌根的菌丝不仅能进入根的细胞中，还可以在根的表面形成菌丝体而包在根的表面，或穿入皮层细胞的间隙中，以菌丝代替根毛的功能，增加了根系的吸收面积，如马尾松、云杉、松、苹果、银杏、白杨和柳等。

(2) 内生菌根　内生菌根的菌丝通过细胞壁，进入到表皮和皮层细胞内形成丛枝状的分

枝，加强根的吸收机能，促进根内的物质运输，如葡萄、胡桃、李、银杏及兰科植物。

2.2 茎

种子萌发后，由上胚轴和胚芽向上发育成为植物地上部分的茎和叶。茎端和叶腋处着生的芽萌发生长，形成分枝。继而，新芽不断出现与开放，最终形成了繁茂的植物体的地上系统。

2.2.1 茎的形态

茎是植物体地上部分的主干，常具有许多反复分叉的侧枝。在茎上着生叶、花和果。

2.2.1.1 茎的外形

在外形上多数植物的茎呈圆柱形，如杉、玉米等；也有三棱形的，如沙草；方柱形的，如薄荷等；变柱形的，如仙人掌，昙花等。

通常将带叶的茎称为枝条，枝条着生叶的部位叫做节，相邻两个节之间的部分叫做节间。叶与枝条之间形成的夹角称为叶腋，叶腋里面生的芽叫腋芽，也叫侧芽。枝条的顶端生的芽叫顶芽。多年生落叶乔木或灌木的枝条上还可以看到叶痕、叶迹、芽鳞痕和皮孔等(图 2.25)。叶痕是叶片脱落后在茎上留下的痕迹。叶痕内的点线突起是叶柄和茎内维管束断离后留下的痕迹，叫维管束痕或叶迹。有的植物茎上还可以看到芽鳞痕，这是鳞芽开展时外面的鳞片脱落后留下的痕迹。在枝条的周皮上还可以看到各种不同形状的皮孔，这是木质茎进行气体交换的通道。

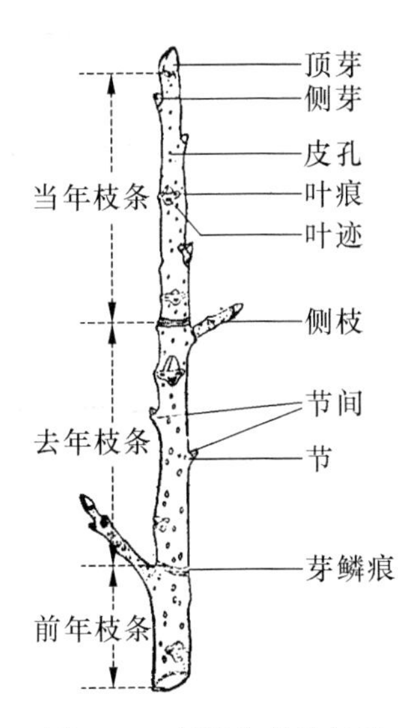

图 2.25 胡桃冬枝的外形

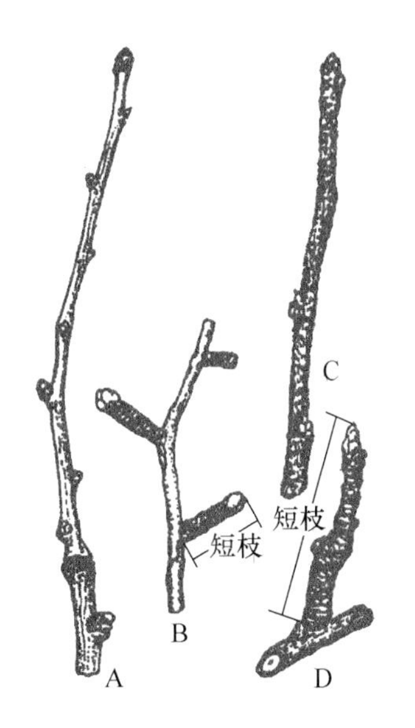

图 2.26 长枝和短枝

A. 银杏的长枝；B. 银杏的短枝；C. 苹果的长枝；D. 苹果的短枝

植物在生长过程中，茎的伸长有强有弱，因此节间也就有长有短。短枝一般着生在长枝上，如银杏，长枝上生有许多短枝，叶簇生在短枝上。马尾松的短枝更短小，在基部着生许多鳞片，先端平并生二叶，落叶时，短枝与叶同时脱落。梨和苹果的花大多着生在短枝上，在此情况下，短枝就是果枝，并常形成短果枝群。有些草本植物节间短缩，叶排列成基生的莲座状，如蒲公英的茎（图 2.26）。

2.2.1.2 芽及其类型

1. 芽的概念

芽是处于幼态而未伸展的枝、花或花序，也就是尚未发育的枝或花和花序的原始体。能在以后发展成枝的芽叫枝芽，发展成花或花序的芽叫花芽。

2. 芽的结构

以枝芽为例，将其作一纵切面，从上到下可看到生长点、叶原基、幼叶、腋芽原基和芽轴等部分（图 2.27）。生长点是芽中央顶端的分生组织；叶原基是分布在近生长点下部周围的一些小突起，以后发育成叶。由于芽的逐渐生长分化，叶原基愈向下者愈长，在下面的叶原基成长为幼叶而包围茎尖。叶腋内的小突起是腋芽原基，将来形成腋芽，进而发育为侧枝，故可将它看作是更小的枝芽。在枝芽内，生长锥、叶原基、幼叶等各部分着生的位置叫芽轴，芽轴实际上是节间没有伸长的短缩茎。

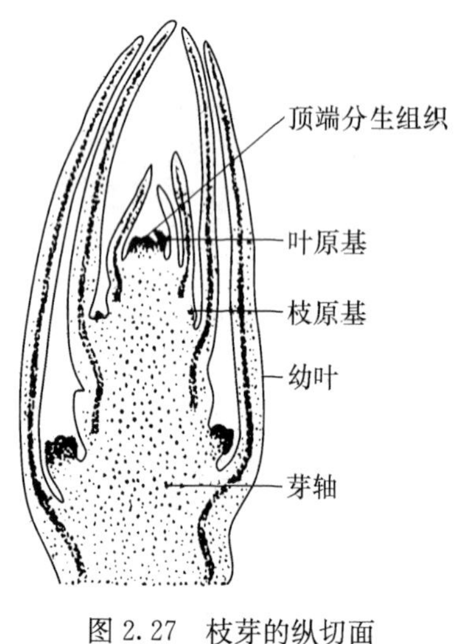

图 2.27 枝芽的纵切面

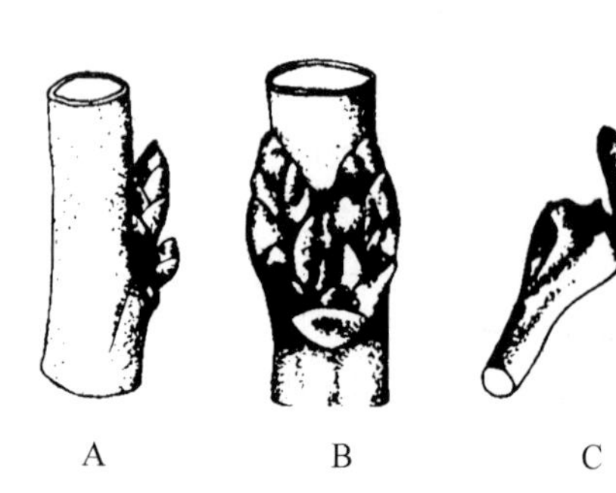

图 2.28 芽的类型

A. 叠生副芽；B. 并生副芽；C. 柄下芽

3. 芽的类型

按照芽在枝上的位置、性质、生理状态和芽鳞的有无将芽分为几种类型。

（1）定芽和不定芽（按位置分） 在茎、枝条的节上有固定着生位置的芽，叫定芽，定芽有顶芽和腋芽。大多数植物的叶腋里只有一个腋芽，有些植物的叶腋中生长两个芽，其中除最先生的一个腋芽外，其他的芽都称为副芽，如洋槐、紫槐有一个副芽，桃有两个副芽。悬铃木的腋芽生长的位置较低而被叶柄覆盖，叫柄下芽，芽要到叶子脱落后才显露出来（图 2.28）。除顶芽和腋芽外，在植物体其他部位发生的芽统称为不定芽。如苹果、枣的根，甘薯的块根，桑、柳的老茎以及秋海棠、落地生根的叶上，都可生出不定芽。不定芽可以发育成新植株，在生产上常用来进行营养繁殖。

（2）叶芽、花芽、混合芽（按性质分） 芽萌发后长成枝条的叫叶芽，叶芽由生长锥、幼叶、叶原基和腋芽原基构成。开展后形成花或花序的芽叫花芽，花芽由花萼原基、花瓣原基、雄蕊原基和雌蕊原基构成。既生成枝叶又形成花或花序的芽叫混合芽，如丁香、苹果等在春天同时既开花又长叶，即是混合芽生长的结果(图 2.29)。

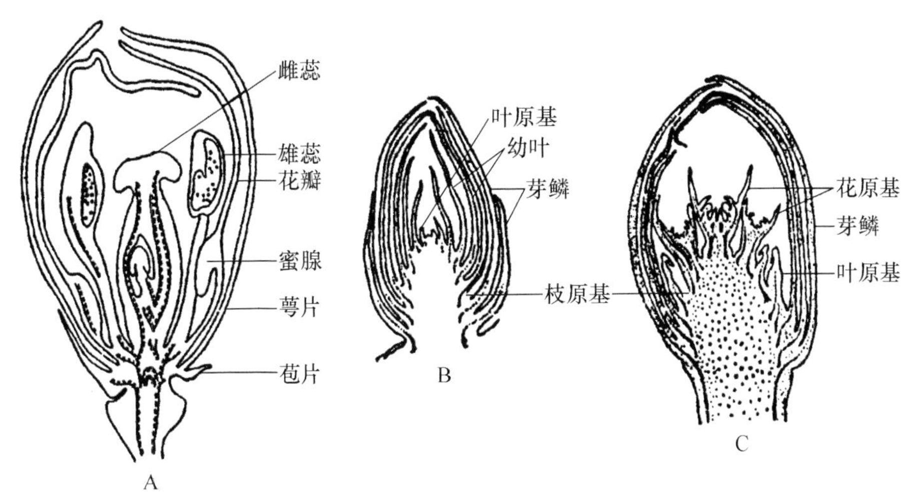

图 2.29 芽的类型

A. 小檗的花芽；B. 榆的枝芽；C. 苹果的混合芽

(3) 活动芽和休眠芽(按生理状态分) 在生长当年即可以开放形成枝、叶、花或花序的芽叫活动芽。一般一年生草本植物的芽都是活动芽，而多年生的木本植物通常只有顶芽和附近的侧芽开放为活动芽。有些芽在形成的当年暂不萌动，需经过一段时间的休眠才能萌发，或多年也不萌发，称之为休眠芽。

(4) 鳞芽和裸芽(按有无芽鳞分) 有芽鳞包裹的芽叫鳞芽。鳞片外表覆盖有绒毛或蜡质，能增强保护作用。生长在寒带的木本植物在秋、冬季形成的芽多属于鳞芽。不具备芽鳞的芽叫裸芽。草本植物及生长在热带潮湿气候条件下的木本植物，大多形成裸芽。

2.2.1.3 茎的生长习性

在长期的进化过程中，不同植物的茎为了适应各自的生存环境而形成了各自的生长习性。植物的茎因此可分为直立茎、缠绕茎、攀缘茎和匍匐茎四种(图 2.30)。

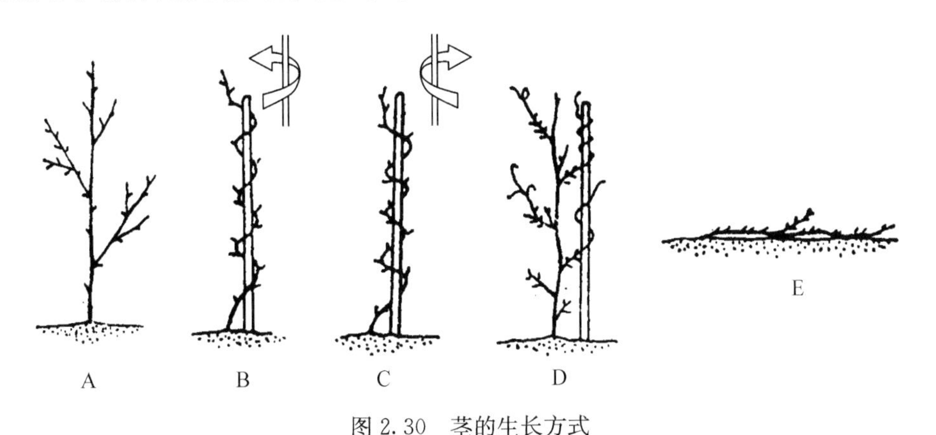

图 2.30 茎的生长方式

A. 直立茎；B. 左旋缠绕茎；C. 右旋缠绕茎；D. 攀缘茎；E. 匍匐茎

(1) 直立茎　茎的生长方向与根相反，背地性地垂直向上生长。大多数植物的茎为直立茎，如杨树、松树等。

(2) 缠绕茎　茎幼时柔软，不能直立，只能以茎本身缠绕于其他物体上升。缠绕茎若按顺时针方向缠绕，称为右旋缠绕茎；若按逆时针方向缠绕，称为左旋缠绕茎，如牵牛花、菟丝子、菜豆等。

(3) 攀缘茎　茎不能直立，需依靠特有的结构攀缘在其他物体上向上生长。如黄瓜、葡萄的茎以卷须攀缘，常春藤、络石以气生根攀缘，白藤、猪殃殃的茎以钩刺攀缘，爬山虎的茎以吸盘攀缘，旱金莲的茎以叶柄攀缘等。

(4) 匍匐茎　茎细长柔软，贴地面蔓延生长。匍匐茎的节间较长，在节上能生不定根，芽会生长成新的植株，如草莓、甘薯等。

2.2.1.4　茎的分枝

植物的顶芽和侧芽的生长存在着一定的相关性，当顶芽活跃生长时，侧芽就受到一定的抑制；当顶芽因某些原因而停止生长时，一些侧芽就迅速生长，形成分枝。每种植物都有一定的分枝方式，种子植物常见的分枝方式有单轴分枝、合轴分枝和假二叉分枝三种类型(图 2.31)。

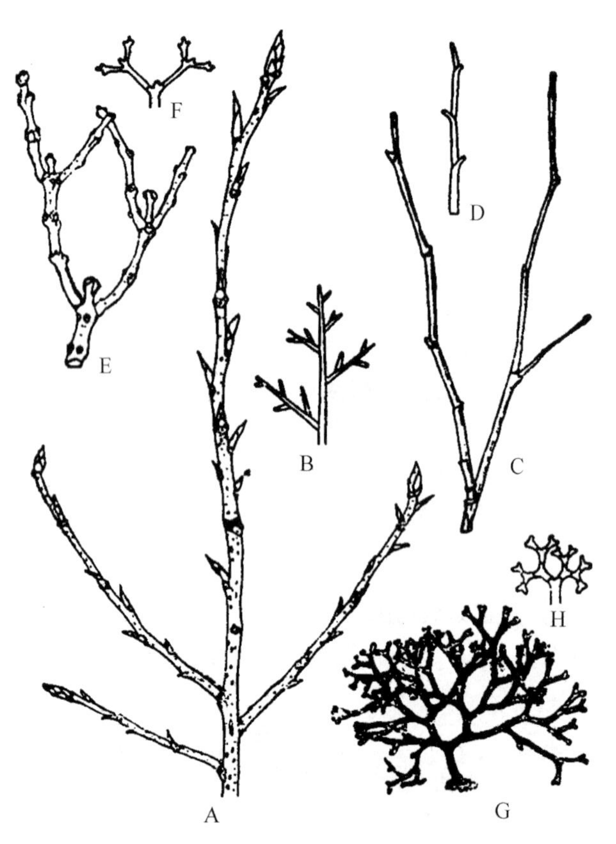

图 2.31　分枝的类型

A，B. 单轴分枝；C，D. 合轴分枝；E，F. 二叉分枝；G. 网地藻的假二叉分枝；H. 一种苔类的假二叉分枝

(1) 单轴分枝(总状分枝)　从幼苗开始，主茎的顶芽活动始终占优势，形成一个直立的主轴，而侧枝则较不发达，将这种分枝方式称为单轴分枝。松、杉、杨和银杏等植物的单轴分枝最明显，其主干高大耸直。

(2) 合轴分枝　这种分枝的特点是顶芽活动到一定时间后死亡，或分化为花芽，或发生变态，或生长极慢，而靠近顶芽的腋芽则迅速发展为新枝，代替了主茎的位置。不久，这条新枝的顶芽又同样停止生长，再由其侧边的腋芽所代替。所以合轴分枝的主轴实际上是一段很短的茎与其各级侧枝分段连接而成，呈曲折形状，节间短缩。这种分枝使树冠开展，有利于通风透光。大多数种子植物如棉花、桑、桃等都是合轴分枝。

(3) 假二叉分枝　具有对生叶的植物，当顶芽停止生长，或顶芽是花芽，在花芽开花后，由顶芽下的两侧腋芽同时发育成两个分枝，以后各分枝重复这种分枝方式，形成假二叉分枝。如辣椒、石竹、丁香等。

2.2.1.5 禾本科植物的分蘖

禾本科植物的分枝方式与双子叶植物不同，如水稻、小麦等，其上部节位很少产生分枝，分枝集中发生在接近地面或地面以下的茎节上，称之为分蘖节，节上有腋芽。腋芽活动产生新枝，接着在节上发生不定根，这种分枝方式称分蘖，产生分蘖的节叫分蘖节。从主茎上长出的分蘖叫一级分蘖，一级分蘖上长出的分蘖叫二级分蘖，依此类推(图 2.32)。

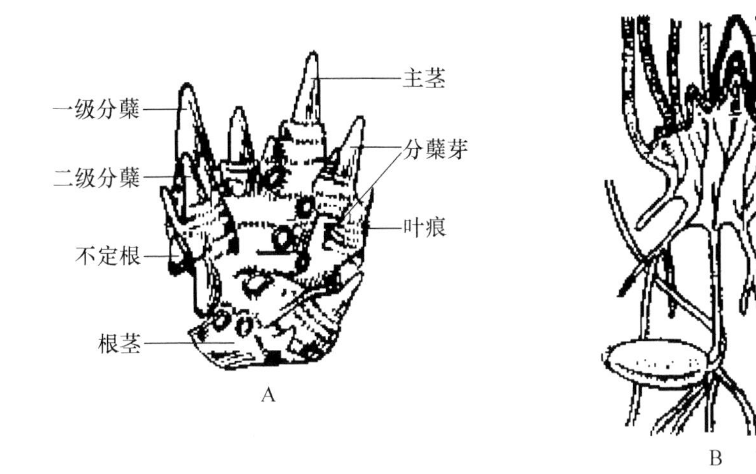

图 2.32 小麦的分蘖节

A. 外形(外部的叶鞘已剥去)；B. 纵剖面

2.2.2 茎的结构

1. 茎尖的分区

茎的尖端叫茎尖，它的结构和根尖相似，但没有类似根冠的结构，而分生区却形成了叶原基突起。茎尖自上而下可分为分生区、伸长区和成熟区。

(1) 分生区　茎尖顶端由一团具分裂性能的细胞构成的半球形的原分生组织，称为分生区。在茎尖顶端以下的四周有叶原基和腋芽原基(图 2.33，2.34)。

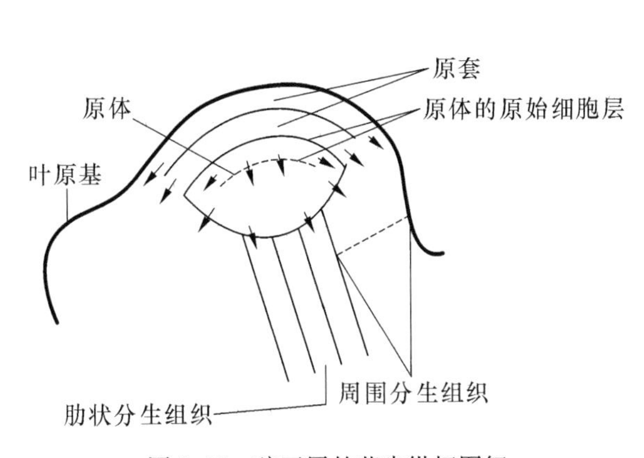

图 2.33 豌豆属的茎尖纵切图解

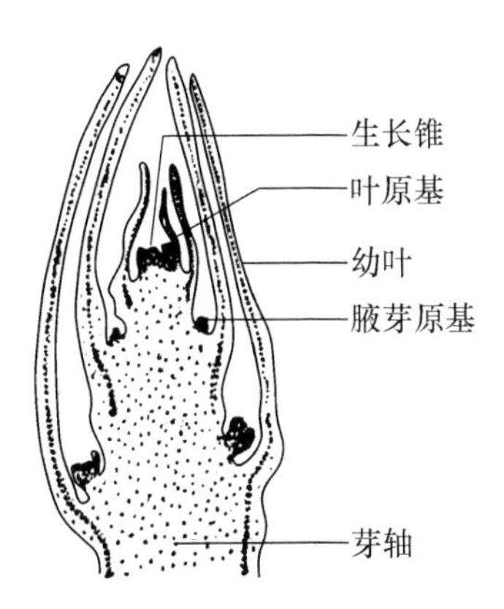

图 2.34 叶芽的纵切面

(2) 伸长区　位于分生区以下，2～10 cm，包括几个节和节间的区域。伸长区的细胞迅速

伸长，在外观上表现为节间长度迅速增加。茎的生长性运动，如向光性，负向地性等，主要在伸长区发生。

(3) 成熟区　成熟区的外观表现为节间的长度趋于固定。其内部的解剖特点是细胞的有丝分裂和伸长都趋于停止，各种成熟组织的分化基本上完成，具备了幼茎的初生结构。

2. 双子叶植物茎的结构

(1) 双子叶植物茎的初生结构　双子叶植物的种类繁多，但其茎的结构都有共同的规律，在横切面上可以看到表皮、皮层和中柱三部分(图 2.35，2.36)。

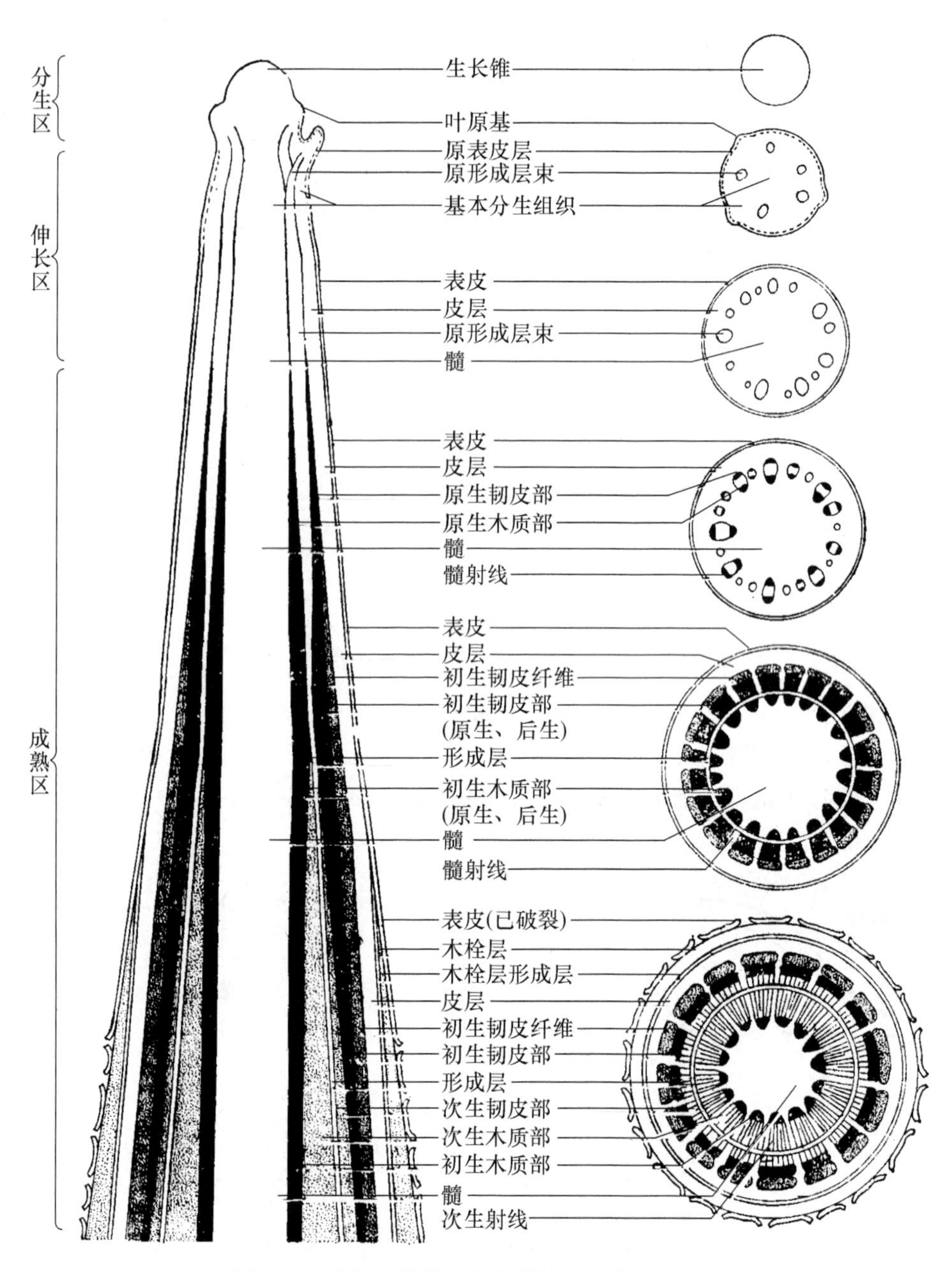

图 2.35　茎初生结构至次生结构的发育过程图解

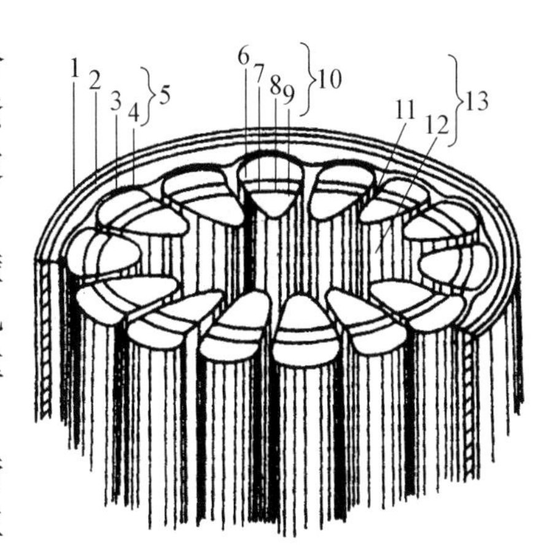

图 2.36 双子叶植物茎初生结构的立体图解

1. 表皮；2. 厚角组织；3. 含叶绿体的薄壁组织；4. 无色的薄壁组织；5. 皮层；6. 韧皮纤维；7. 初生韧皮部；8. 形成层；9. 初生木质部；10. 维管束；11. 髓射线；12. 髓；13. 维管柱

① 表皮　是幼茎最外的一层细胞，来源于初生分生组织的原表皮，横切面上看细胞为长方形，排列紧密，外壁角质化，并有角质层。表皮上有气孔和表皮毛，是初生的保护组织。

② 皮层　表皮之下是皮层。皮层的大部分是薄壁组织，细胞排列疏松，有明显的胞间隙。靠近表皮的几层细胞常分化为厚角组织，担负幼茎的支持作用。厚角细胞和薄壁细胞都含有叶绿体，所以幼茎呈绿色。

③ 中柱　皮层以内的中轴部分为中柱，又称维管柱。中柱由起源于原形成层的维管束、髓和髓射线三部分组成。

维管束是初生木质部和初生韧皮部组成的束状结构。在多数植物的维管束中，韧皮部在外方，由筛管、伴胞、韧皮薄壁细胞和韧皮纤维组成，主要输送有机物；木质部在维管束的内方，由导管、管胞、木质薄壁细胞和木质纤维组成，主要输送水分和无机盐，并有支持作用(图 2.37)。形成层在初生韧皮部和初生木质部之间，为一层具有分生能力的细胞组成，它能不断分裂产生新的次生结构。

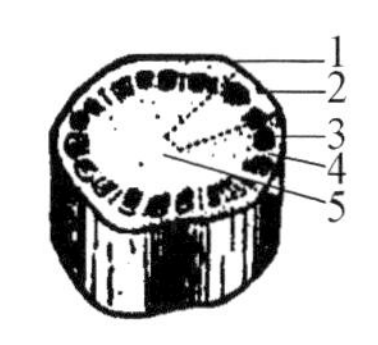

(a) 简图

1. 表皮；2. 皮层；3. 维管束；4. 髓射线；5. 髓

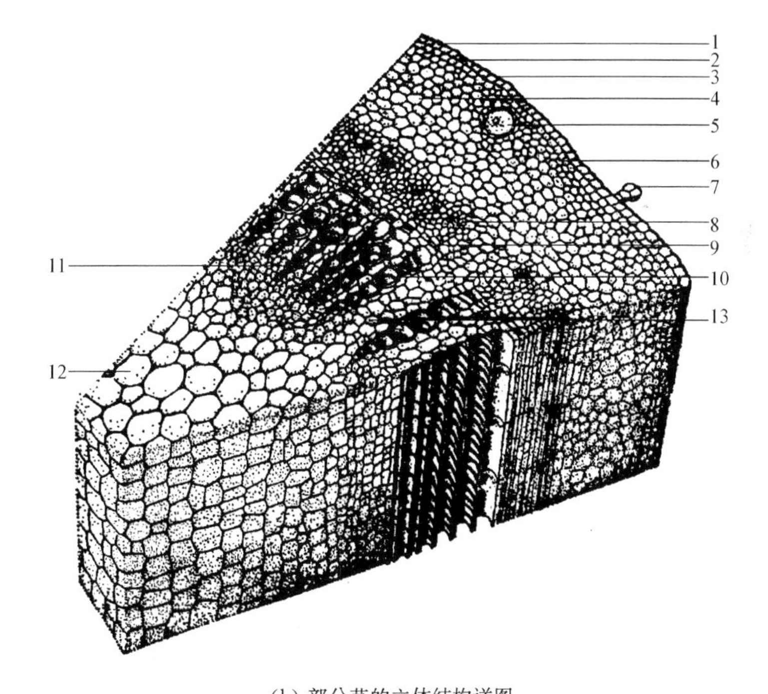

(b) 部分茎的立体结构详图

1. 表皮；2. 气孔；3. 角质层；4. 皮层薄壁组织；5. 分泌腔；6. 厚角组织；7. 腺毛；8. 初生韧皮部；9. 形成层；10. 初生木质部；11. 髓射线；12. 髓；13. 木质射线

图 2.37 棉茎横切面

髓和髓射线是中柱内的薄壁组织。位于幼茎中央部分的称为髓，有贮藏养分的作用，有些

植物的髓在早期死亡，茎变成中空，如南瓜、蚕豆等。位于两个维管束之间连接皮层与髓的称为髓射线，在横切面上呈射线状，有横向运输和贮藏养分的作用。

(2) 双子叶植物茎的次生结构　双子叶植物的茎经过次生生长，逐渐增粗，内部结构发生很大的变化。次生结构中最明显的是树皮和木材两个主要部分，二者之间是维管形成层，茎的中央是初生结构中剩下的初生木质部和髓。

① 维管形成层的发生及活动　初生分生组织中的原形成层，在形成成熟组织时，并没有全部分化成维管组织，在维管束的初生木质部和初生韧皮部之间留下了一层具有潜在分生能力的组织，叫束内形成层。当束内形成层开始活动时，髓射线内与束内形成层相连的那部分细胞恢复分生能力，成为分生组织，称为束间形成层。束间形成层产生后，就和束内形成层衔接起来，从横切面上看，形成层成为完整的一圈，称为维管形成层，简称形成层(图 2.38)。

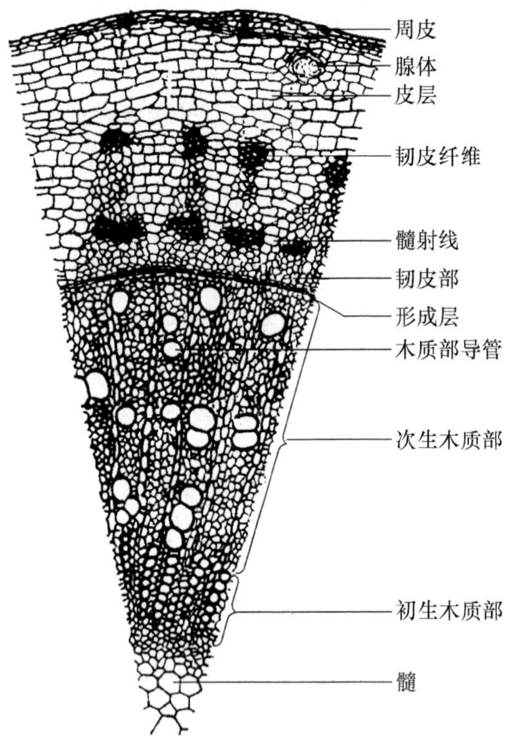

图 2.38　棉花老茎横切面

维管形成层产生后细胞不断分裂，向内分裂产生次生木质部，加在初生木质部的外面，向外分裂产生次生韧皮部，加在初生韧皮部里面。在形成层的分裂过程中，形成的次生木质部的量远比次生韧皮部的量多，所以木本植物的茎主要由次生木质部占据。树木生长的年数越多，次生木质部所占的比例越大，而次生韧皮部分布在茎的周边参与形成树皮。束内形成层还能在次生韧皮部和次生木质部内形成数列薄壁细胞，在茎的横切面上，成辐射状排列，叫维管射线，具有横向运输与贮藏养料的功能。

在多年生木本植物茎的次生木质部中，可以见到许多同心圆环，叫年轮。年轮是形成层每年季节性活动的结果。在有四季气候变化的温带和亚热带，春季温度逐渐升高，形成层解除休眠，恢复分裂能力，这个时期水分充足，形成层活动旺盛，细胞分裂快，生长也快，生成的次生木质部中导管大而多，管壁较薄，木质化程度低，色浅而疏松，称为早材(春材)。夏末秋初，气温逐渐降低，形成层活动逐渐减弱，直至停止，产生的导管少而小，细胞壁较厚，色深而紧密，叫晚材(秋材)。同一年的早材和晚材之间细胞结构是逐渐转变的，没有明显的界限，但经过冬季的休眠，前一年的晚材和第二年的早材之间形成了明显的界限，叫年轮界线，同一年内产生的春材和秋材构成一个年轮。没有季节性变化的热带地区，不产生年轮。温带和寒带的树木，一年只形成一个年轮，因此，可以根据年轮的数目来推断树木的年龄。很多树木，随着年轮的增多，茎干不断增粗，靠近形成层部分的次生木质部，导管有输导功能，质地柔软，材质较差，叫边材。树木的中心部分是较早形成的木质部，导管被树胶、树脂及色素等物质填充，失去输导功能，薄壁细胞死亡，质地坚硬，颜色较深，材质较好，叫心材(图 2.39，图 2.40)。

② 木栓形成层的发生及活动　多数植物茎的木栓形成层是由紧接表皮的皮层薄壁细胞恢复分裂能力而来的，但有些植物由表皮细胞(梨，苹果)、厚角组织(花生、大豆)转变而来，有的就发生在初生韧皮部(茶)。木栓形成层主要进行平周分裂，向外分裂形成木栓层，向内形成

栓内层。木栓层的层数多，细胞形状和木栓形成层的类似，排列紧密，无胞间隙，成熟后变为死细胞，胞壁栓质化，不透气、不透水。栓内层的层数少，多为 1～3 层细胞，有些植物甚至没有栓内层。木栓层、木栓形成层和栓内层三者合称为周皮，是茎的次生保护结构。

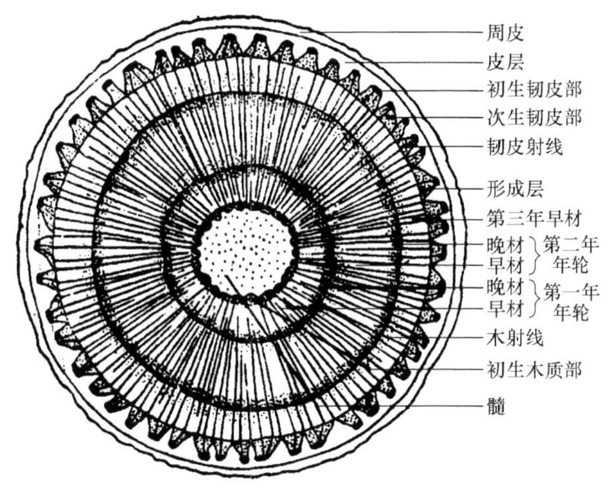

图 2.39　木本植物三年生茎横切面图解

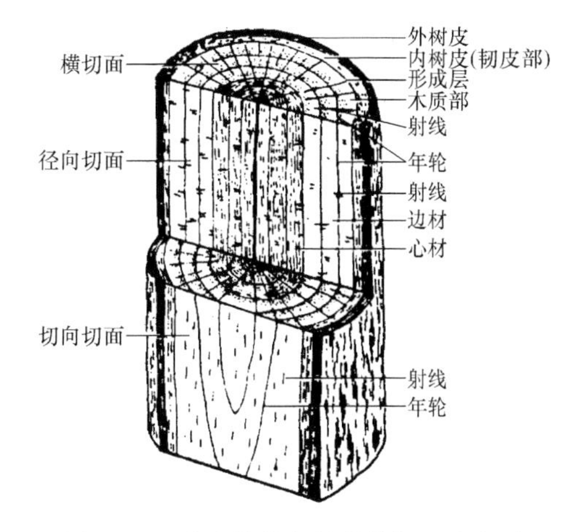

图 2.40　木本植物老茎总横切面示意图

当木栓层形成后，由于木栓层不透水、不透气，所以木栓层以外的组织因隔绝了水分和营养物质而死亡，并逐渐脱落，由木栓层代替表皮起保护作用。在表皮上原来气孔的位置，由于木栓形成层的分裂，产生一团疏松的薄壁细胞，向外突起，形成裂口，叫皮孔，可代替气孔，是茎进行气体交换的通道。

木栓形成层的活动期有限，一般只有一个生长季，第二年由靠里面的细胞再转变成木栓形成层，形成新的周皮。这样多次积累，就构成了树干外面的树皮，树皮极为坚硬，能起更好的保护作用。

双子叶植物茎的次生结构自外向内依次是：周皮（木栓层、木栓形成层、栓内层）、皮层（有或无）、初生韧皮部、次生韧皮部、形成层、次生木质部、初生木质部、髓。此外，在维管束之间还有髓射线，维管柱内有维管射线。

3. 单子叶植物茎的结构

单子叶植物茎只有初生结构，比双子叶植物的茎简单，在此以禾本科植物茎的结构来说明。

（1）表皮　在茎的最外层由一种长细胞、二种短细胞和气孔整齐排列而构成表皮组织。长细胞是角质化的，短细胞包括栓质细胞和硅质细胞。有的植物表皮覆盖蜡质。

（2）基本组织　表皮以内是由厚壁细胞和薄壁细胞组成的基本组织。几层厚壁细胞在靠近表皮处相连成一环，具有支持作用。在厚壁细胞以内是薄壁细胞，这些薄壁组织充满在各维管束之间，所以无法划分皮层和髓部。水稻和小麦的茎杆中央的薄壁组织，在发育初期就解体，形成空腔，叫髓腔。水稻在基部节间的薄壁组织里分布有许多大型孔道，叫气腔，是一种适应水生的通气组织（图 2.41）。

（3）维管束　维管束散生在茎内，它们的分布方式有两类，一类如水稻、小麦等，维管束排成两环，外环的维管束小，分布在靠近表皮的机械组织中；内环的维管束较大，分布在靠近髓腔的薄壁组织中。另一类如玉米、高粱等，茎内充满薄壁组织，没有髓腔，维管束散生于其中。靠

茎边缘的维管束小，排列紧密；靠中央的维管束较大，排列较稀。

禾本科植物的维管束是有限外韧维管束，即在初生韧皮部和初生木质部之间没有束内形成层，韧皮部向着茎的外面，木质部向着茎的中心。在横切面上，木质部呈"V"字形，"V"字的上方是两个较大的孔纹导管，孔纹导管之间有一、二个较小的环纹导管或螺纹导管，在导管的下面有一个气腔。每一个维管束的外面被一圈厚壁组织包围着，称维管束鞘，它能增强茎的支持作用(图 2.41，图 2.42)。

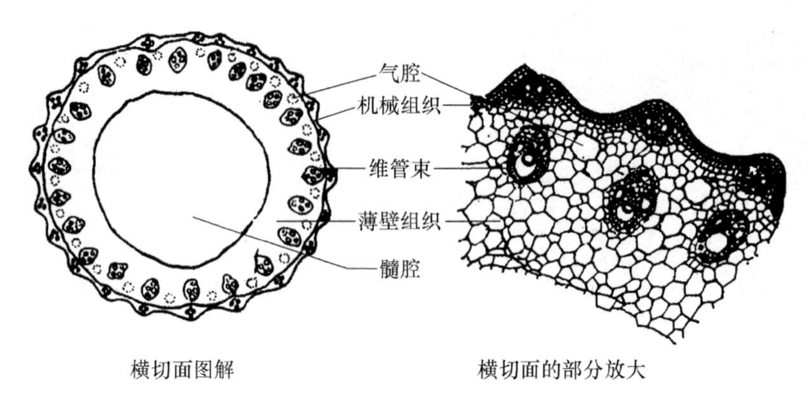

图 2.41　水稻茎横切面

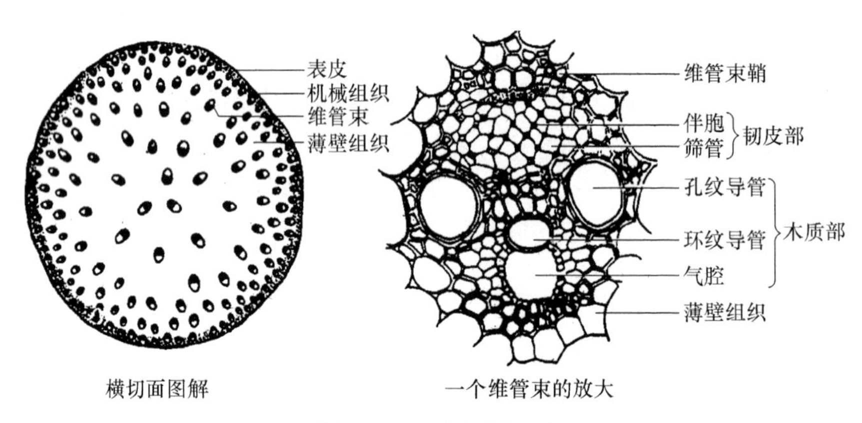

图 2.42　玉米茎横切面

2.2.3　茎的功能

茎是植物体地上部分主要的营养器官，其生理功能主要是起输导和支持作用。

1. 茎的输导作用

茎的维管组织中的木质部和韧皮部担负着输导作用。被子植物茎的木质部中的导管和管胞，把根从土壤中吸收的水分和无机盐运送到植物体的各个部分。在大多数的裸子植物中，管胞却是唯一输导水分和无机盐的结构。光合作用的产物是通过茎的韧皮部中的筛管和伴胞运送到植物体的各个部分的。

2. 茎的支持作用

茎内的机械组织广泛地分布在基本组织以及木质部的导管和管胞中，在构成植物体坚固的支持结构中起着巨大的作用。茎支持各叶，使叶片有规律地分布，可以充分接受阳光和空气，进行光合作用；又支撑花和果实，使之处与适宜的位置，有利于传粉和果实、种子的传播，繁殖后代。

茎除了输导和支持作用外，还有贮藏和繁殖的作用。在茎的薄壁组织中贮藏着大量的营养物质。不少植物的茎能形成不定芽和不定根，可以用来进行营养繁殖。

2.2.4 茎的变态

茎的变态可分为地上茎变态和地下茎变态两种。

1. 地上茎的变态

(1) 茎刺　由茎变态形成具有保护功能的刺。茎刺有分枝的，如皂荚；不分枝的，如山楂、柑橘。蔷薇、月季上的皮刺是由表皮形成的，与维管组织无联系，和茎刺有明显的区别(图 2.43)。

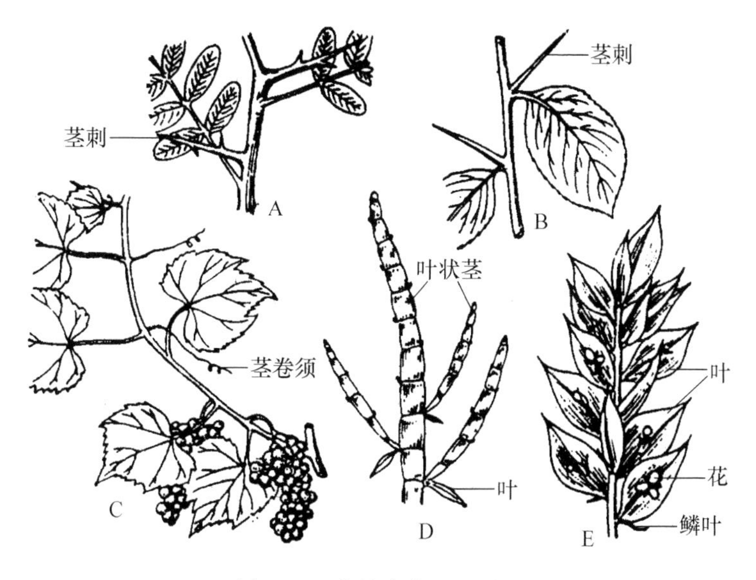

图 2.43　茎的变态(地上茎)

A，B. 茎刺(A. 皂荚，B. 山楂)；C. 茎卷须(葡萄)；
D、E. 叶状茎(D. 竹节蓼，E. 假叶树)

(2) 茎卷须　许多攀援植物的茎细长柔软，不能直立，变成卷须，称之为茎须或枝卷须。有些植物的卷须是由腋芽发育形成的，如黄瓜和南瓜；有些植物的卷须由顶芽发育而来，如葡萄的茎卷须(图 2.43)。

(3) 叶状茎　由茎转变成叶状，扁平，绿色，能进行光合作用，称为叶状茎或叶状枝。如蟹爪兰、昙花、天门冬等。竹节蓼的叶状枝极显著，叶小或全缺。假叶树的侧枝变为叶状枝，叶退化成鳞片状，叶腋可生小花(图 2.43)。

(4) 肉质茎　茎肥厚多汁，绿色，不仅可以贮藏水分和养料，还可以进行光合作用，如仙人掌、莴苣、球茎甘蓝(图 2.44)。

图 2.44　肉质茎(球茎甘蓝)

2. 地下茎的变态

(1) 根状茎　匍匐生长在土壤中，像根但有顶芽和明显的节与节间，节上有退化的鳞片状叶，叶腋有腋芽，可发育出地下茎的分枝或地上茎，有繁殖作用，同时节上有不定根，如竹类、芦苇、莲等(图 2.45a)。

(2) 块茎　为短粗的肉质地下茎，形状不规则，如马铃薯(图 2.45d)。块茎的顶端有顶芽，四周有许多“芽眼”，作螺旋排列。每个芽眼内有几个芽，每一芽眼所在之处实际上即相当于茎节，在两个芽眼之间即为节间。所以，块茎实际上是节间缩短的变态茎。

(3) 鳞茎　由许多肥厚的肉质鳞叶包围的扁平或圆盘状的地下茎，称为鳞茎，如洋葱(图 2.45b)。最中央的基部是一个扁平而节间极短的鳞茎盘，其上生有顶芽，将来可发育成花序。四周有肉质鳞片叶紧紧围裹着，为食用的主要部分。肉质鳞片叶之外，还有几片膜质的鳞片叶保护。蒜、百合、水仙等也是鳞茎。

(4) 球茎　球茎是肥而短的地下茎，节和节间明显，节上有退化的鳞片状叶和腋芽，基部可发生不定根。球茎内贮藏大量的淀粉等营养物质，如慈姑、荸荠和芋(图 2.45c)。

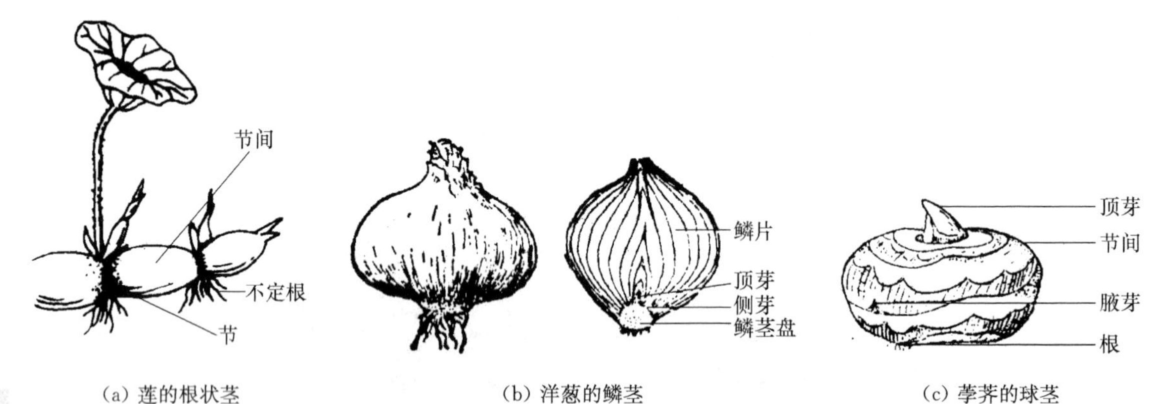

(a) 莲的根状茎　　(b) 洋葱的鳞茎　　(c) 荸荠的球茎

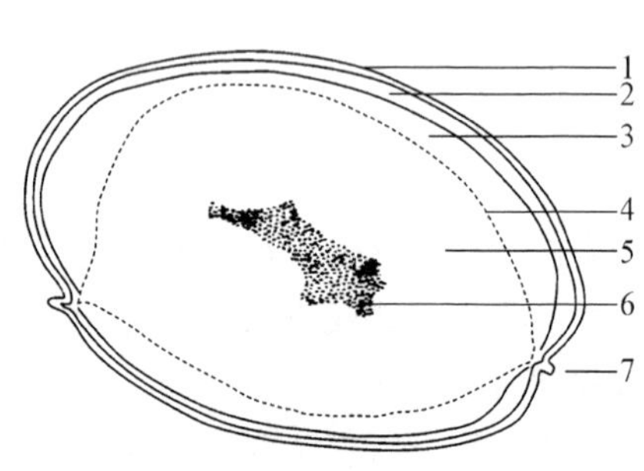

(d) 马铃薯的块茎及其横切面

图 2.45　地下茎的变态

2.3　叶

叶生长在茎节上，是茎尖生长锥的分生组织的外部细胞向外增生并分化(叶原基)而产生的。

2.3.1 叶的形态

1. 叶的组成

发育成熟的叶可分为叶片、叶柄和托叶三部分(图 2.46)。三部分具全的称为完全叶,如棉、桃等的叶。缺少任何一部分或二部分的叶,称为不完全叶,如瓜类、向日葵的叶缺托叶;莴苣和油菜花薹上的叶缺叶柄和托叶。

(1) 叶片　一般为两侧对称的绿色扁平体,可分为叶尖、叶基和叶缘等部分。叶的光合作用和蒸腾作用主要是通过叶片进行的。叶片上分布着大小不同的叶脉,居中最大的是中脉,中脉的分枝叫侧脉,其余较小的称细脉,细脉的末端称为脉梢。

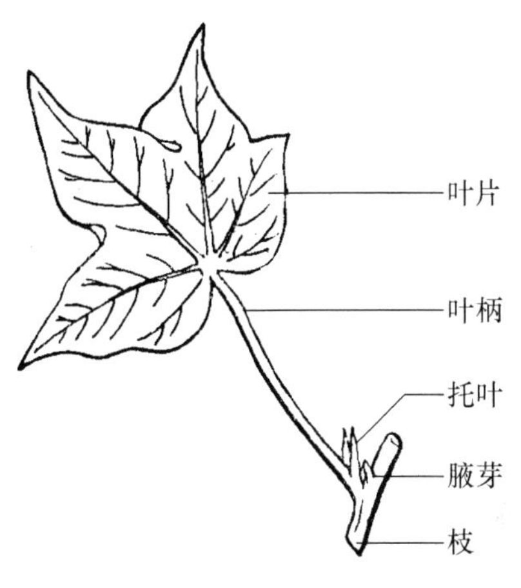

图 2.46　完全叶

(2) 叶柄　叶片与枝相连的部分叫叶柄,通常呈扁平或圆柱状,有的具沟道,里面有维管束。叶柄的主要功能是输导和支持作用。叶柄能够扭曲生长从而改变叶片的位置和方向,使各叶片不至于相互重叠,以充分接受阳光,这种现象称为叶的镶嵌性。

(3) 托叶　完全叶的一个组成部分。着生于叶柄与茎相连的部位,一片或二片,细小并早脱落。托叶的形状和作用因植物的种类而异。如棉花的托叶为三角形;苎麻的托叶为薄膜状,对幼叶起保护作用;豌豆的托叶大而呈绿色,可以进行光合作用;荞麦的托叶二片合生如鞘,包围着茎,称为托叶鞘。

禾本科植物的叶片在外形上仅能区分为叶片和叶鞘两部分,叶鞘在叶片的下方包裹着茎杆(图 2.47)。在叶片和叶鞘交界处的内侧有小的膜状突起,称为叶舌。在叶舌的两侧有一对膜质耳状突起,称为叶耳。有无叶舌和叶耳,以及其形状、大小和色泽等可作为鉴别禾本科植物的依据。

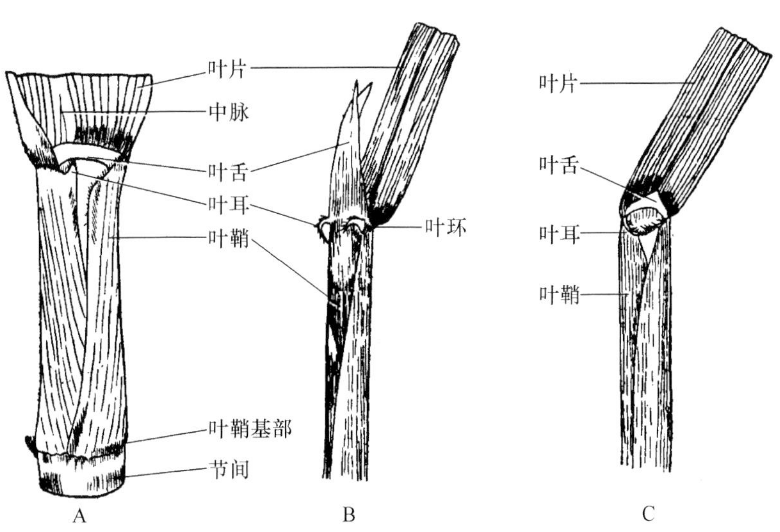

图 2.47　禾本科植物的叶片与叶鞘

A. 甘蔗叶; B. 水稻叶; C. 小麦叶

2. 叶片的大小和形态

叶片的大小和形态随植物种类不同而有很大的差异。叶片的长度可由几毫米到几米，如柏树的叶长仅几毫米，芭蕉的叶片长达 1～2 m，王莲的叶片直径达 1.8～2.5 m，叶面能负荷重量 40～70 kg。每种植物的叶片都有一定的形态，叶片的形态包括叶形、叶尖、叶基、叶缘、叶裂、叶脉。

(1) 叶形　根据叶片的长度和宽度的比值及最宽处的位置来决定叶形，而将其分为各种类型(图 2.48)。如针形叶，细长而尖端尖锐，如松针；线形叶，狭长，全部的宽度略相等，两侧叶缘近平行，如稻、麦、韭菜等；茶、苹果叶为椭圆形；银杏叶为扇形等。

叶尖和叶基也因植物种类不同而有不同的类型(图 2.49，图 2.50)。

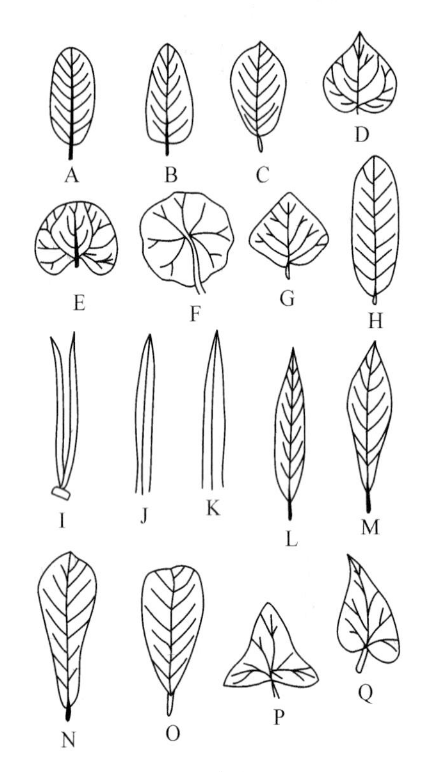

图 2.48　叶形(全形)的类型

A. 椭圆形；B. 卵形；C. 倒卵形；D. 心形；E. 肾形；F. 圆形(盾形)；G. 菱形；H. 长椭圆形；I. 针形；J. 线形；K. 剑形；L. 披针形；M. 倒披针形；N. 匙形；O. 楔形；P. 三角形；Q. 斜形

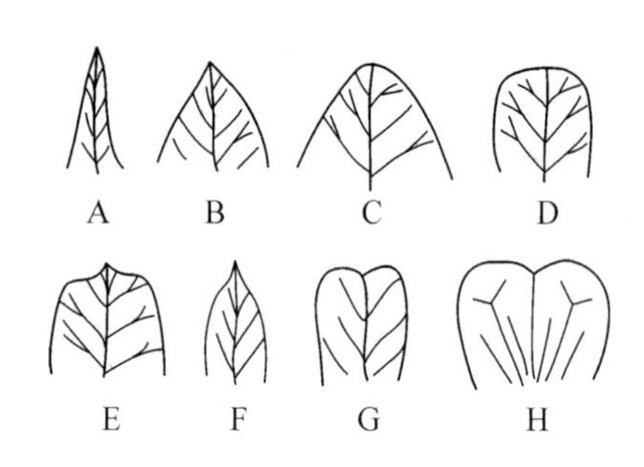

图 2.49　叶尖的类型

A. 渐尖；B. 急尖；C. 钝形；D. 截形；E. 具短尖；F. 具骤尖；G. 微缺形；H. 倒心形

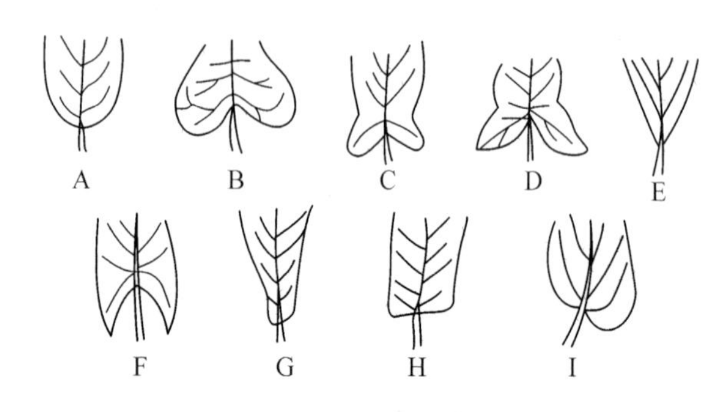

图 2.50　叶基的类型

A. 钝形；B. 心形；C. 耳形；D. 戟形；E. 渐尖；F. 箭形；G. 匙形；H. 截形；I. 偏斜形

(2) 叶缘　叶片的边缘叫叶缘，主要类型有全缘、锯齿、重锯齿、牙齿、钝齿、波状等(图 2.51)。若叶缘凹凸很深，称为叶裂，可分为掌状和羽状两种，每种又有浅裂、深裂和全裂三种(图 2.52)。

① 浅裂叶　叶片分裂深度不到半个叶片的一半以上，又可分为羽状浅裂和掌状浅裂。

② 深裂叶　叶片分裂深度超过半个叶片的一半以上而未到中脉，又可分为羽状深裂和掌状深裂。

③ 全裂叶　叶片分裂达到中脉或基部，又可分为羽状全裂和掌状全裂。

(3) 叶脉　贯穿在叶肉内的维管束称叶脉。叶片上各种大小叶脉的分布方式叫做脉序。

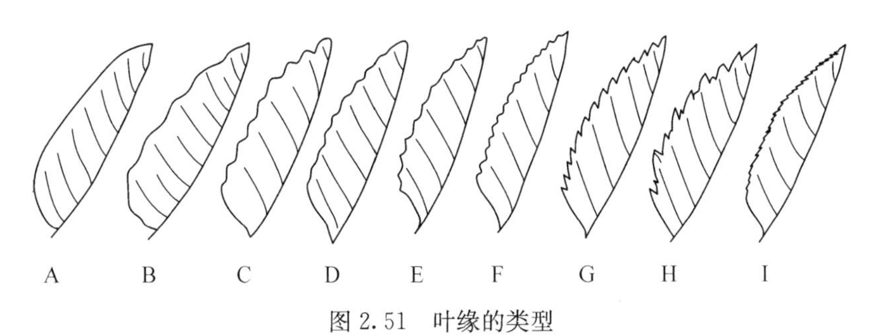

图 2.51　叶缘的类型

A. 全缘；B. 波状缘；C. 皱缩缘；D. 圆齿状；E. 圆缺；F. 牙齿状；G. 锯齿；H. 重锯齿；I. 细锯齿

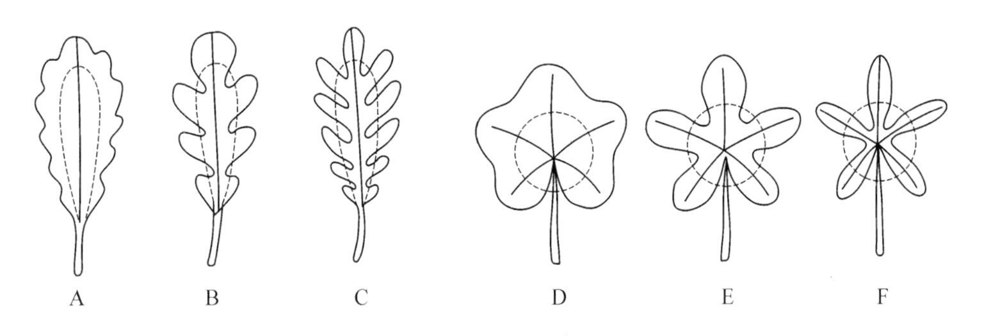

图 2.52　叶裂的类型

A. 羽状浅裂；B. 羽状深裂；C. 羽状全裂；D. 掌状浅裂；E. 掌状深裂；F. 掌状全裂
（虚线为叶片一半的界线，可作为衡量叶裂深度的依据，裂至虚线处即为半裂）

脉序一般分为网状脉序和平行脉序（图 2.53）。

① 网状脉　叶片上有一条或几条明显的主脉，从主脉分出较细的侧脉，侧脉分出更细的小脉，各小脉交错联结成网状，称网状脉。网状脉是双子叶植物所具有的，又分为两种。凡侧脉由中脉向两侧分出，排成羽状的，叫羽状网脉，如桃、苹果等；如几条中脉汇集于叶柄的顶端，伸展开如掌状的，叫掌状网脉，如棉、葡萄等。

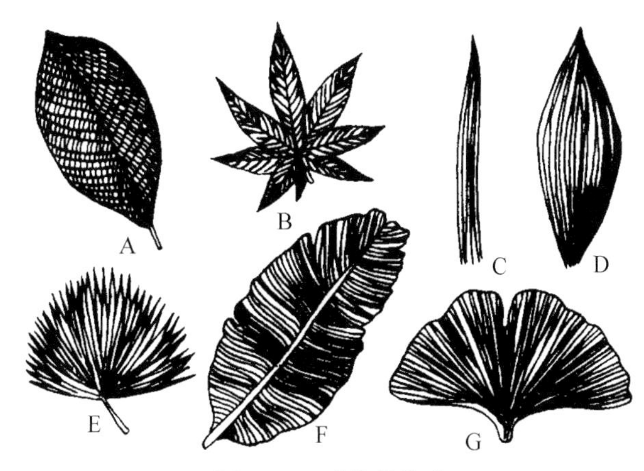

图 2.53　叶脉的类型

A，B. 网状脉（A. 羽状网脉，B. 掌状网脉）；
C～F 平行脉（C. 直出脉，D. 弧形脉，E. 射出脉，
F. 侧出脉）；G. 叉状脉

② 平行脉　叶片中央有一条中脉，中脉两侧有许多大小相似的侧脉平行排列，称平行脉。平行脉为单子叶植物所具有，又分为直出平行脉（水稻、小麦）、弧状脉（车前、马蹄莲）、横出脉（香蕉、美人蕉）、射出脉（棕榈、蒲葵）四种。

3. 单叶和复叶

一个叶柄上所生的叶片数目因植物不同而异，一般分为单叶和复叶两类。

(1) 单叶　一个叶柄上只生一枚叶片，不论是完整的还是分裂的，都叫单叶，如桃、棉、玉米等。

（2）复叶　在叶柄上着生两枚以上完全独立的小叶片，则叫做复叶。复叶的叶柄叫总叶柄或叶轴，总叶柄上着生的叶叫小叶。复叶的小叶叶腋内没有芽，所以能够和单叶区分开来。根据小叶的排列方式可将复叶分为羽状复叶、掌状复叶、三出复叶、单身复叶四种类型(图 2.54)。

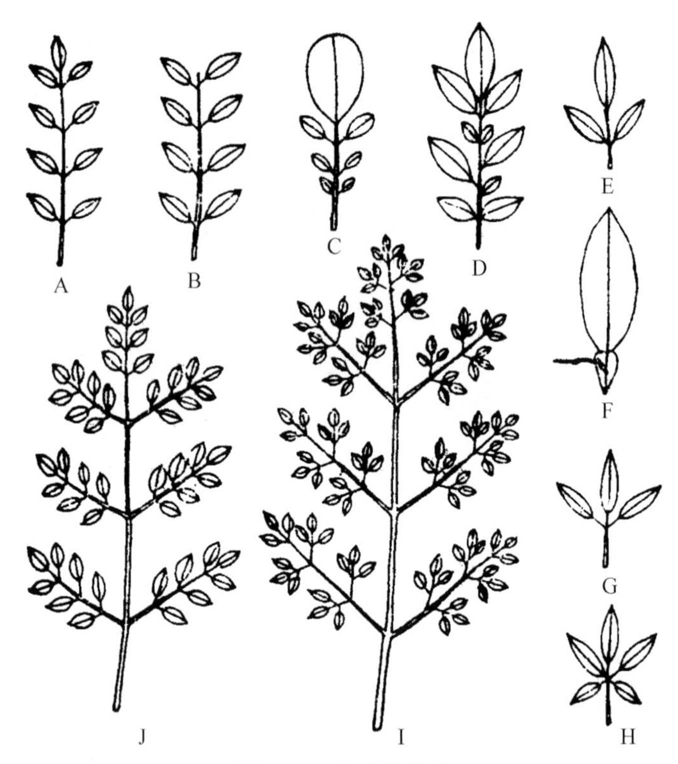

图 2.54　复叶的类型

A. 奇数羽状复叶；B. 偶数羽状复叶；C. 大头羽状复叶；D. 参差羽状复叶；
E. 三出羽状复叶；F. 单身复叶；G. 三出掌状复叶；H. 掌状复叶；
I. 三回羽状复叶；J. 二回羽状复叶

① 羽状复叶　很多小叶着生在总叶柄的两侧，呈羽毛状。如果叶的顶端生一小叶，小叶的总数是单数的，叫奇数羽状复叶，如紫云英、月季等；如果叶的顶端小叶是偶数的，叫偶数羽状复叶，如花生、蚕豆等。根据叶柄分枝的次数，又可分为一回羽状复叶即总叶柄不分枝，小叶直接着生在总叶柄的两侧，如月季、二回羽状复叶即总叶柄分枝一次，其上着生小叶，如合欢、三回羽状复叶即总叶柄分枝二次，如南天竹。

② 掌状复叶　由 3 片以上小叶着生在总叶柄的顶端，形似手掌，如大麻、七叶树、木棉等。

③ 三出复叶　总叶柄上着生 3 枚小叶，顶端一枚，两侧各一枚。如果三个小叶柄是等长的，叫三出掌状复叶(草莓)；如果顶端小叶较长，叫三出羽状复叶(大豆)。

④ 单身复叶　三出复叶两侧生的小叶退化，仅留下顶端的小叶，外形象单叶，但是在小叶的基部有显著的关节，如柚、柑橘等。

4. 叶序和叶镶嵌

（1）叶序　叶在茎上的排列方式叫叶序。叶序有互生、对生和轮生三种(图 2.55a)。

① 互生　茎的每个节上只生一片叶，叫互生，如小麦、桃、向日葵等。

② 对生　茎的每个节上相对着生两片叶，叫对生，如芝麻、丁香、薄荷等。

③ 轮生　茎的每个节上轮生三片或三片以上的叶，叫轮生，如茜草、夹竹桃等。

还有一些植物的节间极度缩短，使叶成簇生于短枝上，叫簇生叶序，如银杏和落叶松等植物短枝上的叶。

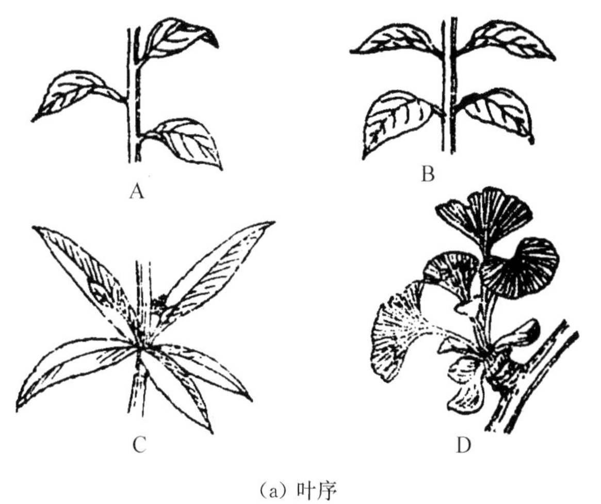

(a) 叶序
A. 互生叶序；B. 对生叶序；C. 轮生叶序；D. 簇生叶序

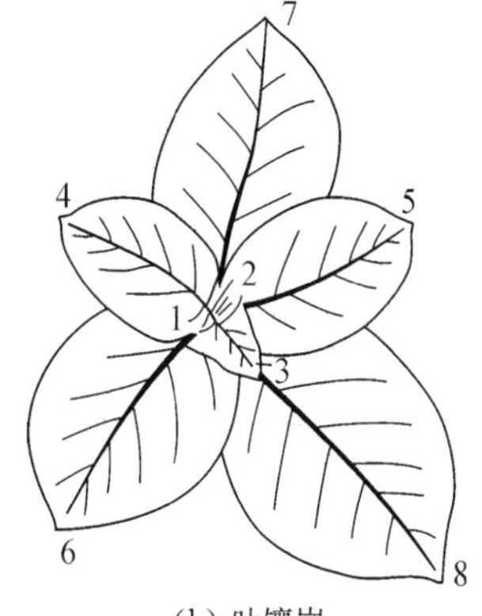

(b) 叶镶嵌
幼小烟草植株的俯视图，图中的数字表示叶的顺序

图 2.55

(2) 叶镶嵌　叶在茎上不论以何种方式排列，由于叶柄的转动及长短变化，使之相互错开，相邻两个节上的叶片都不会重叠，同一枝上的叶以镶嵌状态排列，这种现象叫叶镶嵌。如烟草、塌棵菜、蒲公英等(图 2.55b)。

2.3.2　叶的结构

1. 双子叶植物叶的结构

双子叶植物的叶由表皮、叶肉和叶脉三部分组成(图 2.56)。

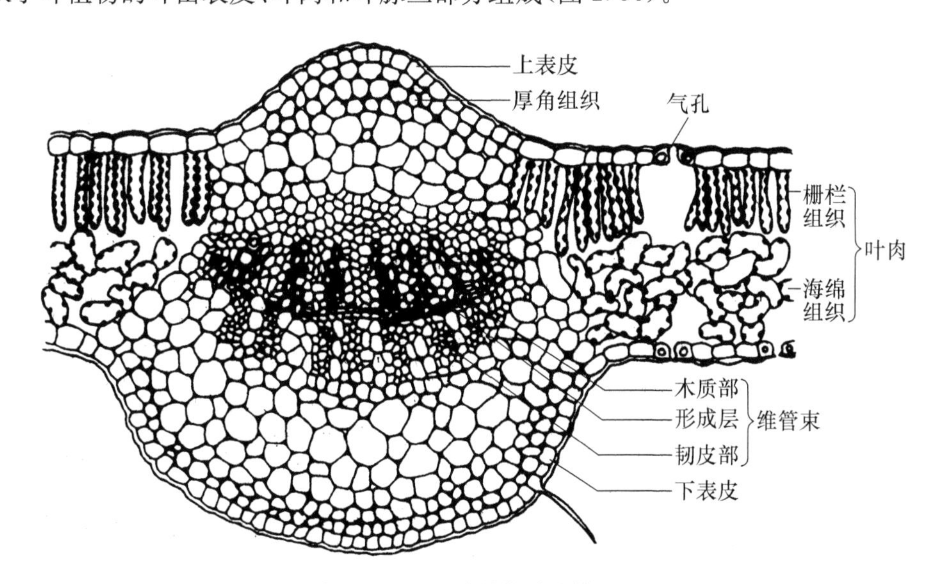

图 2.56　双子叶植物叶片横切面

(1) 表皮　表皮覆盖在叶片的上下表面，由一层排列紧密、无细胞间隙的活细胞组成。表皮细胞不含叶绿体，是无色透明的。从顶面看表皮细胞的形状是不规则的，彼此紧密嵌合，没有间隙。从横切面看，表皮细胞的形状十分规则，呈扁长方形，外壁较厚，常覆盖角质层，有的还有蜡质。

叶的表皮上还散布着许多气孔器，气孔器的形状、数目和分布因植物种类不同而异，平均每平方毫米 100～300 个。一般的植物下表皮上的气孔器多于上表皮。但有些植物的气孔器只存在于下表皮，如苹果、旱金莲；或只存在于上表皮，如睡莲、莲；还有些植物的气孔器只限于下表皮的局部区域，如夹竹桃的气孔仅在凹陷的气孔窝部分。沉水植物的叶一般没有气孔器。

气孔器是由两个肾形保卫细胞对合而成的小孔(图 2.57)。保卫细胞内含叶绿体，它的细胞壁在靠近气孔的一面较厚，当保卫细胞从邻近的表皮细胞吸水而膨胀时，气孔就张开；当保卫细胞失水而收缩时，气孔就关闭。气孔的关闭能调节叶内外气体的交换和水分的蒸腾。

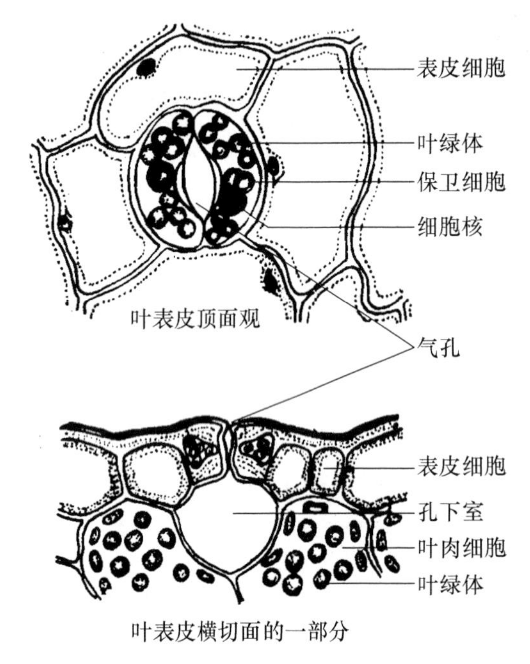

图2.57　双子叶植物叶片的下表皮的一部分，示气孔

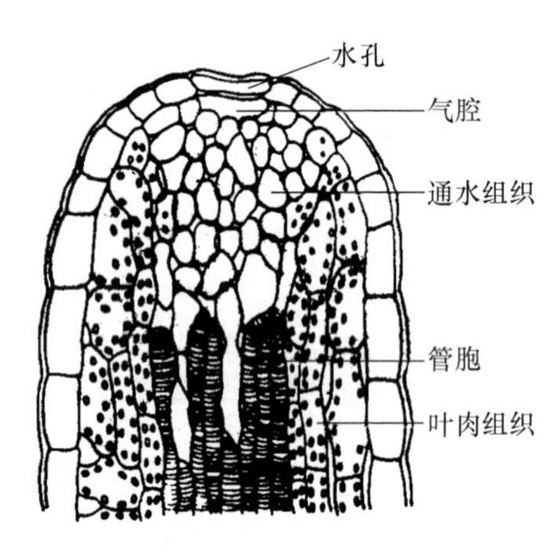

图 2.58　叶片水孔的结构

有些植物的叶尖或叶缘处还有排水结构，叫水孔(图 2.58)，如水稻、葡萄、番茄等。水孔的缝隙开而不闭，没有自动调节的作用。水孔的下方是疏松的贮水组织，与维管束末端的管胞相连。在温暖湿润的清晨，常可见到水珠自水孔排出。

不同植物表皮毛的种类和分布状况也不相同，表皮毛的主要功能是减少水分蒸腾，加强表皮的保护作用。

(2) 叶肉　叶肉是上下表皮之间的绿色同化组织。叶肉细胞内富含叶绿体，是叶进行光合作用的主要场所。由于叶片两面受光作用不同，在大多数植物的叶肉中分化出栅栏组织和海绵组织(图 2.56)。

① 栅栏组织　在上表皮下是长柱形的细胞，其长径垂直于表皮，排列整齐而紧密如栅栏，叫栅栏组织。栅栏细胞中叶绿体含量高，所以叶面绿色较深。

② 海绵组织　靠近下表皮，细胞形状不规则，排列疏松，细胞间隙大，细胞内的叶绿体较少，所以叶背面绿色较浅。海绵组织的生理功能主要是通气，其光合作用能力远不及栅栏

组织。

大多数双子叶植物的叶片有上下面的区别，上面(即腹面或近轴面)色深，下面(即背面或远轴面)色浅，这种叶叫异面叶。禾本科植物的叶片在茎上呈直立状态，两面受光差不多，在叶肉组织中没有明显的栅栏组织和海绵组织的分化，在外形上没有明显的上下面的区别，这种叶叫等面叶。

(3) 叶脉　叶脉是叶片中的维管束，其内部结构因叶脉的大小而发生变化。粗大的主脉通常在叶背隆起，其维管束的外围有机械组织，所以不仅有输导作用，而且有支持作用。维管束包括木质部、韧皮部和形成层三部分。形成层可进行短期的分裂，因此产生的次生组织不多。随着叶脉变细，其结构也趋于简单，先是机械组织和形成层逐渐减少直至消失，然后是木质部和韧皮部也逐渐退化至消失。

叶脉的输导组织与叶柄的输导组织相连，叶柄的输导组织又与茎、根的输导组织相连，构成了植物体内完整的输导系统。

2. 禾本科植物叶片的结构

禾本科植物的叶片也分为表皮、叶肉和叶脉三部分。

(1) 表皮　表皮细胞的形状比较规则，成行排列，通常有长细胞和短细胞两种。长细胞为长方形，外壁角质化并含有硅质；短细胞为正方形或稍扁，插在长细胞之间，短细胞有硅质细胞和栓质细胞两种。

禾本科植物叶的上表皮中还有一种特殊的大型细胞，这些细胞的壁较薄，有较大的液泡，常几个细胞排列在一起，从横切面看，是上表皮中略呈扇形排列的泡状细胞，通常分布在两个维管束之间。泡状细胞能贮积大量水分，在干旱时，这些泡状细胞因失水而缩小，使叶片向上卷曲成筒状，以减少水分蒸腾；当大气湿润，蒸腾减少时，泡状细胞吸水胀大，使叶片展开恢复正常，因此也称之为运动细胞(图 2.59)。在上下表皮上分布有气孔器，气孔器的保卫细胞是哑铃形，两边膨大而壁薄，中部壁特别增厚，在保卫细胞的两旁还有一对副卫细胞(图 2.60)。

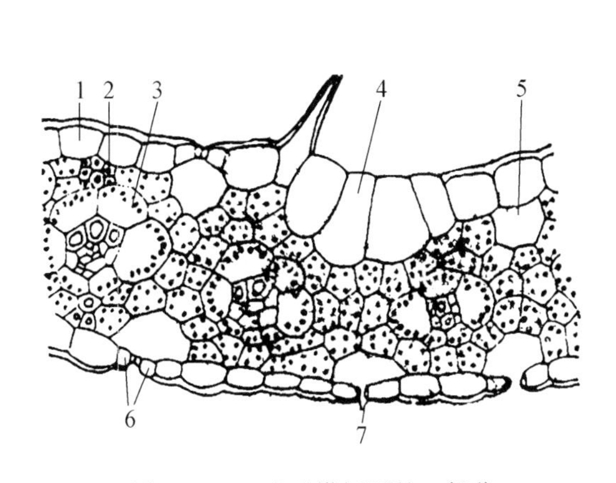

图 2.59　玉米叶横切面的一部分

1. 表皮；2. 机械组织；3. 维管束鞘；4. 泡状细胞；5. 胞间隙；6. 副卫细胞；7. 保卫细胞

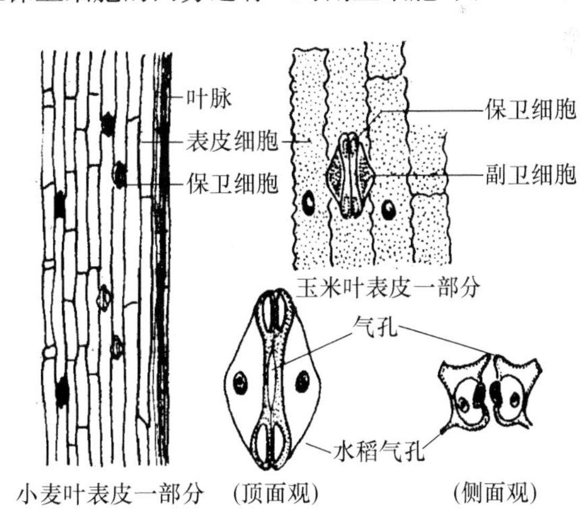

图 2.60　禾本科植物叶片气孔器的结构

(2) 叶肉　禾本科植物的叶肉没有栅栏组织和海绵组织的分化，是等面叶。叶肉细胞排列紧密，胞间隙小，每个细胞的形状不规则，细胞壁向内皱褶，形成了具有“峰、谷、腰、环”的结构(图 2.61)。这样有利于更多的叶绿体排列在细胞的边缘,接受二氧化碳和光照,进行光合作用。

(3) 叶脉　叶脉由木质部、韧皮部和维管束鞘组成,维管束内没有形成层。维管束鞘有两种类型,一类由单层细胞组成,如玉米、高粱、甘蔗等,细胞大,细胞壁少有增厚,排列整齐,含有较大较多叶绿体,在维管束周围紧密连着一圈叶肉细胞,这种结构在光合作用中很有意义;另一类由两层细胞组成,如小麦、水稻等,外层细胞壁薄,细胞较大,含有叶绿体,内层细胞壁薄,细胞小,不含叶绿体。

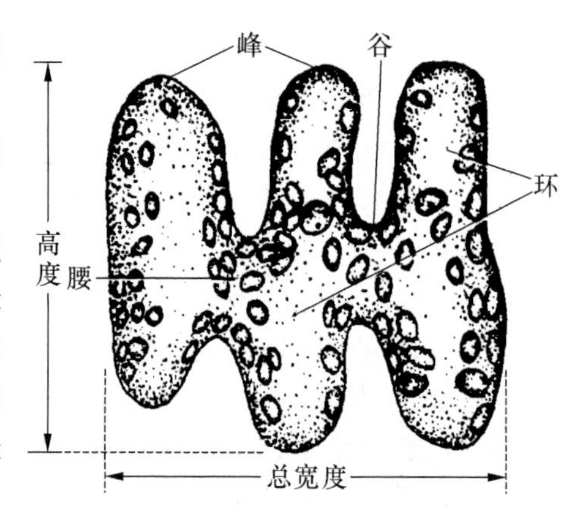

图 2.61　小麦叶肉细胞

2.3.3　落叶和离层

植物的叶都是有一定寿命的,到一定时期叶便枯死脱落。一般植物的叶,生活期为一个生长季,有的植物的叶能生活多年,如松叶能活 3～5 年。

草本植物的叶随植株死亡,但仍然残留在植株上。多年生木本植物则有落叶树和常绿树之分,落叶树和常绿树都是要落叶的,只是落叶的情况不同。落叶树的叶只有一个生长季,春、夏两季长出新叶,到秋季就全部脱落,如杨、苹果等。常绿树的叶也脱落,但不是同时进行,新叶不断产生,老叶不断脱落,就全树来看,常年保持绿色,如松、柏等。

植物落叶是正常的生命现象,是对不良环境的一种适应性,并有一定的更新作用。秋季来临,气温下降,叶子的细胞中发生各种生理生化变化,许多物质被分解回到茎中,叶绿素被破坏解体,不能重新形成,叶黄素显现出来,叶片逐渐变黄。有些植物在落叶前会形成大量花青素,叶片变成红色。与此同时,靠近叶柄基部的一些细胞,发生细胞或生物化学的变化,产生了离区。离区包括两部分,即离层和保护层(图 2.62)。叶将落时,在离区内的胞壁组织细胞开始分裂,产生一群小型细胞,以后这群细胞的外层细胞壁溶化,细胞成为游离状态,支持力量变得异常薄弱,这个区域称为离层。叶片脱落后,伤口表面的几层细胞木栓化,成为保护层。以后保护层又为下面发育的周皮所代替,并与茎的周皮相连。

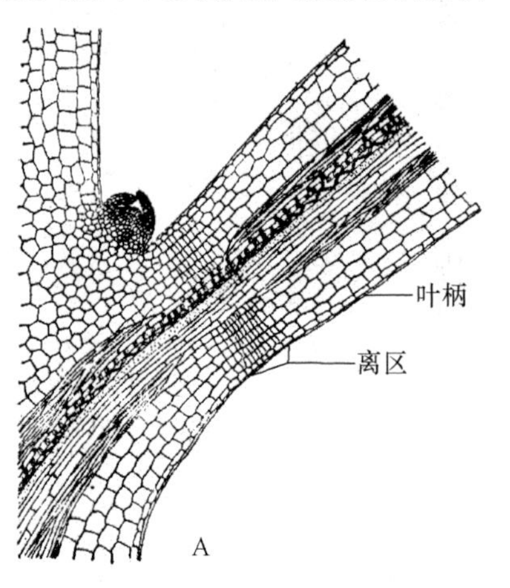

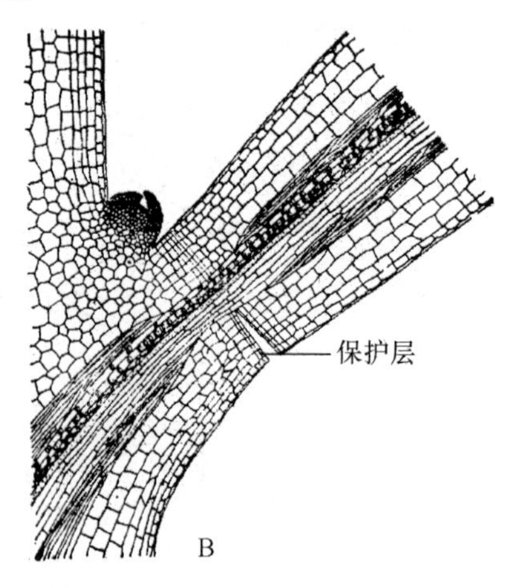

图 2.62　棉叶柄基部纵切面,示离区结构

A. 离区的形成　B. 离区处断离,出现保护层

2.3.4 叶的生理功能

叶片在植物的生活中主要担负光合作用和蒸腾作用这两种生理功能。

(1) 光合作用　绿色组织通过叶绿体的色素和相关酶的作用，利用太阳光能，把二氧化碳和水合成有机物(主要是葡萄糖)，并将光能转变为化学能贮藏起来，同时释放出氧气。葡萄糖是植物生长发育所必需的有机物质，也是植物进一步合成淀粉、脂肪、蛋白质、纤维及其他有机物的重要材料，所以粮、棉、油和其他农副产品，无一不是光合作用的直接或间接产物。

(2) 蒸腾作用　水分以气体状态从生活的植物体内散发到大气中去的过程叫蒸腾作用。

叶片的蒸腾作用对植物的生命活动有重要的意义。第一，蒸腾作用是调动根系吸水的动力之一；第二，根系吸收的无机盐主要随蒸腾液流上升，输送到地上各器官；第三，通过蒸腾作用可以降低叶表面的温度，避免叶片在烈日下灼伤。

此外，叶片还有吸收能力，如根外追肥，即向叶面喷洒低浓度的肥料或农药。少数植物的叶还有繁殖能力，如落地生根，在叶边缘上生有许多不定芽或小植株，待脱落后掉入土壤中，就可以长成新的个体。

2.3.5 叶的变态

叶的变态常见的有以下几种：

(1) 鳞叶　叶的功能经特化或退化成鳞片状称为鳞叶。鳞叶有两种类型：一种是木本植物的鳞芽外的鳞叶，有保护芽的作用，又称芽鳞。另一种是地下茎的鳞叶，这种鳞叶肥厚多汁，含有丰富的贮藏养料，如洋葱、百合的鳞叶；另外，藕、荸荠的节上生有膜质干燥的鳞叶，是退化的叶(图 2.63)。

(2) 苞片和总苞　生在花下的变态叶，称为苞片。一般较小，绿色，但也有大型而呈各种颜色的。数目多而聚生在花序基部的苞片称为总苞。苞片和总苞有保护花和果实的作用，如菊花花序和苞片，玉米雌花花序外的苞片等。

(3) 叶卷须　由叶的一部分变成卷须状，称为叶卷须，用以攀援生长。如豌豆的叶卷须是羽状复叶上部的变态而成(图 2.63)。

(4) 叶刺　叶刺由叶或叶的一部分(托叶)变成的刺，如仙人掌、洋槐、小檗等。

(5) 捕虫叶　有些植物具有捕食小虫的变态叶，如猪笼草、狸藻等(图 2.64)。

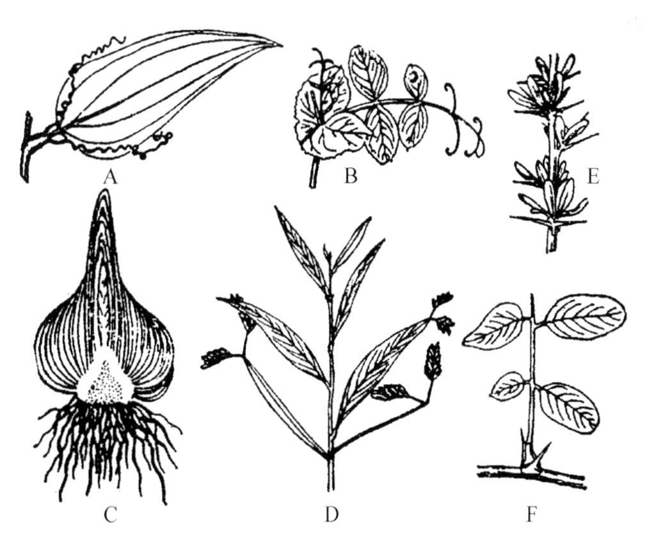

图 2.63　叶的变态

A，B. 叶卷须(A. 菝葜，B. 豌豆)；C. 鳞叶(风信子)；D. 叶状柄(金合欢)；E，F. 叶刺(E. 小檗，F. 刺槐)

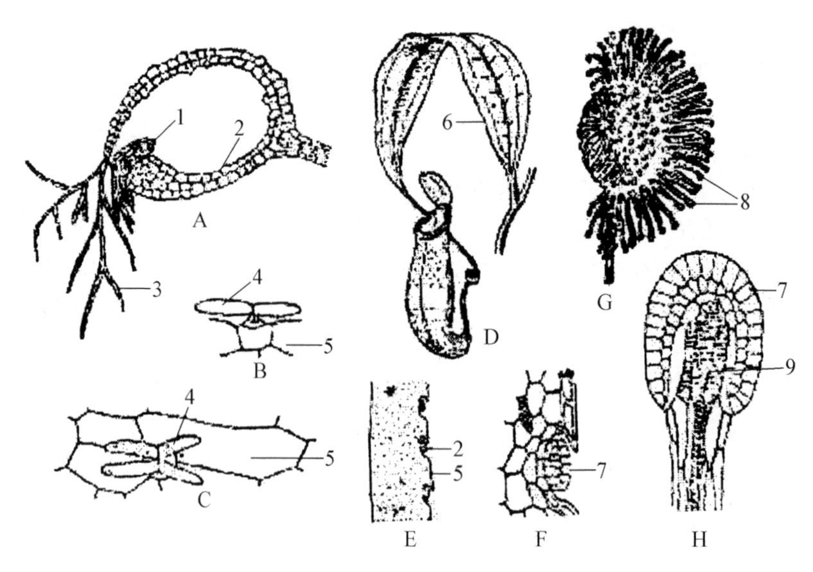

图 2.64　捕虫叶

A～C. 狸藻(A. 捕虫囊切面,B. 囊内四分裂的毛侧面观,C. 毛的顶面观);
D～F. 猪笼草(D. 捕虫瓶外观,E. 瓶内下部的壁,具腺体,F. 壁的部分放大);
G、H. 茅膏菜(G. 捕虫叶外观,H. 触毛放大)
1. 活瓣;2. 腺体;3. 硬毛;4. 吸水毛(四分裂的毛);5. 表皮;
6. 叶;7. 分泌层;8. 触毛;9. 管胞

各种不同的营养器官的变态,就其来源和功能而言,可分为两种类型。一种是来源不同而外形相似、功能相同的器官,称为同功器官,如茎刺和叶刺,茎卷须和叶卷须,它们是茎和叶的变态;另一种是来源相同,外形和功能不同的器官,称为同源器官,如叶刺、叶卷须、鳞叶,都是叶的变态。有些同源器官和同功器官是不易区分的,应进行形态、结构和发育过程的全面研究才能作出较为确切的判断。

思考题

1. 根系有几种类型?它们的区别是什么?了解根系在土壤中的分布情况在生产上有什么意义?

2. 如何区分主根、侧根和不定根?生产上是如何利用植物长生不定根的特性来进行繁殖的?

3. 根尖可以分为几个区?各区有什么特点和功能?

4. 列表说明双子叶植物根的初生结构是由哪几部分组成的?各部分的主要功能是什么?各属于哪种组织?

5. 说明根的次生结构的形成过程。

6. 侧根是怎样形成的?为什么萝卜和胡萝卜在生产上采用种子直播?

7. 一般单子叶植物的根为什么不能增粗?

8. 什么是根瘤?根瘤是怎么产生的?

9. 根的主要生理功能是什么?

10. 如何识别定芽与不定芽,花芽与叶芽,单轴分枝与合轴分枝,有效分蘖与无效分蘖?了解这些内容在生产上有何意义?

11. 在外形上怎样区分根和茎？

12. 根据茎的生长习性，可以将茎分为哪几种类型？它们的区别是什么？

13. 单轴分枝和合轴分枝有什么不同？对于这两种分枝方式在生产上要注意什么问题？

14. 什么是分蘖、分蘖节和蘖位？对于分蘖在生产上要注意什么问题？

15. 比较茎尖和根尖的分区结构有何异同？

16. 说明双子叶植物茎的初生结构。

17. 说明双子叶植物茎的次生结构，并指出各属于哪些组织？

18. 双子叶植物的根与茎是怎样增粗的？为什么大部分禾本科植物的根与茎增粗有限？

19. 什么是年轮？年轮是如何形成的？

20. 比较小麦和玉米茎结构的异同点。

21. 什么是周皮？为什么说周皮和树皮是两个完全不同的概念？

22. 叙述双子叶植物与单子叶植物叶的形态、结构的不同之处。

23. 叙述离层的形成过程。

24. 什么叫叶序？举例说明叶序的类型。

25. 名词解释：芽；束内形成层；维管射线；菌根；边材；心材；皮孔；泡状细胞；网状脉；叶镶嵌；同源器官。

3 植物的生殖器官

被子植物的生殖器官是指植物体在一定生长发育阶段形成的花、果实和种子。被子植物从种子萌发开始，首先进行根、茎、叶等营养器官的生长，这一过程称为营养生长。植物体经过一定时间的营养生长，在某些部位开始形成花芽，经过开花、传粉、受精，再形成果实和种子。植物的花、果实和种子的形成过程称为生殖生长。植物通过果实和种子的传播，在适宜的条件下，种子发育成为新的植株，使种族得以延续和发展。

植物的花是美化环境的主要器官和产品（切花），也与果实和种子的生产及观赏密切相关；果实和种子是被子植物有性生殖的产物，与植物的遗传、育种有密切的关系。因此，掌握被子植物生殖器官的形态建成和有性生殖的规律，对于调控植物的发育和繁殖，提高园林植物的栽培质量，发展园林植物生产，具有重要的意义。

3.1 花

花是被子植物的重要特征之一。从花的演化过程来看，花实际上是一个缩短的枝，花的各个构成部分都是茎和叶的变态，这种变态是为适应繁殖方式的进化而发生的。

花和植物营养器官相比，生存的时间较短。绝大部分植物开花的时间都在环境条件比较优越的季节，因此，花受到环境条件的影响相对于营养器官要显著得多。由于花器官比较稳定，因此在被子植物的分类中特别重视花的特征。

3.1.1 花的组成和描述方法

3.1.1.1 花的组成

一朵完整的花由花柄、花托、花被（包括花萼和花冠）、雄蕊和雌蕊等五个部分组成。在一朵花中，花萼、花冠、雄蕊和雌蕊都具备的称完全花（图3.1）。缺少其中一部分或几部分的称不完全花，如桑、榉等。有些植物在花柄基部有一张变态的叶称苞片，苞片有保护花的作用，有些植物的苞片大而鲜艳，具有引诱昆虫的作用和很高的观赏价值，如象牙红的红色苞片，马蹄莲的奶白色苞片等。

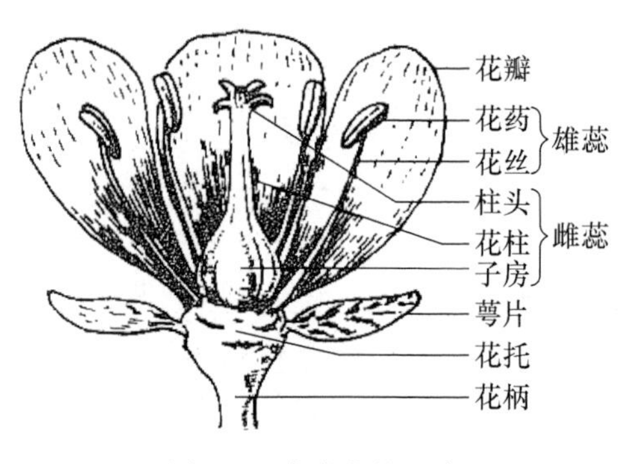

图3.1 完全花的组成

1. 花柄

花柄是着生小花的小枝，与茎具有相同的构造，是各种养分、水分由茎至花的通道，支持花朵展布空间。花柄的长短粗细依植物种类而不同。有些植物的花柄很长，如垂丝海棠的花柄长达 4～5 cm；而贴梗海棠的花柄极短，仅几毫米，花朵紧贴枝干而生。有些植物花的花柄共同生于一根总花柄上形成花序。当果实成熟时，花柄便成为果柄。

2. 花托

花托是花柄顶端膨大的部分，是花被、雄蕊群、雌蕊群着生之处。大多数植物的花托，只是花柄的顶端微微扩大而已，但有些植物的花托则显著膨大，如玉兰等木兰科植物的花托，隆起延伸为圆柱状；草莓的花托呈圆锥形突起并木质化，为食用的主要部分；月季的花托为壶状；荷花为典型的倒圆锥形花托，俗称莲蓬；十字花科植物的花柄顶端微膨大成头状。

3. 花被

花被由花萼和花冠两部分组成，一般分内外两轮，外轮是花萼，内轮是花冠。花萼多为扁平片状，着生在花托的最外方，主要起着保护雌、雄蕊的作用。有些植物的花萼和花冠无论在大小、色泽、形状上都没有明显的差异，这样的花称为同被花，如广玉兰共有 9～15 片花被片，均为奶白色，分不清花萼和花冠。反之，花萼和花冠在大小、色泽、形状上均有明显区别的花称异被花。在一朵花中，有两轮或两轮以上的花被称重被花；只有一轮花被的称单被花；花中花萼、花冠均不具备的称无被花。在园艺观赏的植物中，不少花朵里有许多花瓣，栽培上称为重瓣花。重瓣花除了正常的几轮花被以外，其他花瓣都是由雄蕊甚至由雌蕊瓣化而来的。故在植物学中没有重瓣花的名称。

(1) 花萼　花萼位于花的最外面，由若干萼片组成。若萼片之间完全分离，称离萼；若部分或全部连合，称合萼。花萼通常只有一轮，但也有两轮的，如锦葵，两轮花萼中，外面的一轮称为副萼。开花后，花萼通常脱落，但也有些植物直到果实成熟，花萼依然存在，称为宿萼如茄、柿等。花萼通常呈绿色叶状，有保护花蕾和进行光合作用的功能。有些植物的花萼颜色鲜艳，形似花冠，有吸引昆虫传粉的作用，如一串红；有些植物的萼片变为冠毛，有助于果实的传播，如蒲公英。

(2) 花冠　花冠位于花萼的内侧，由若干花瓣组成，排成一轮或几轮。组成花冠的花瓣，也有连合和分离之分，花瓣之间完全分离的花叫做离瓣花；花瓣部分或全部连合的花叫做合瓣花。由于花瓣中含有花青素或类胡萝卜素等物质，多数植物的花瓣色彩鲜艳。有些植物的花瓣中还有分泌细胞，分泌挥发油，使花具有特殊的香气。有些植物在花瓣内侧基部有蜜腺，分泌蜜汁。色彩、香气与蜜汁都有引诱昆虫进行传粉的作用。花冠也有保护雌雄蕊的作用。杨、栎、大麻等植物的花冠多退化，以利于风力传粉。花冠的形状千姿百态，大致可分为整齐花冠和不整齐花冠两大类(图 3.2)。

① 整齐花冠　花冠辐射对称，通过花中心可以作若干个切面。切面两侧对称的花称整齐花冠。

A. 十字形花冠　花冠由四片同大或 2 大 2 小的花瓣组成，花瓣分离，两两相对，构成十字形。是十字花科植物的重要特征。

B. 石竹形花冠　花冠由 4～6 片同大的花瓣组成，花瓣基部延长成狭楔形的爪伸入花萼筒内，花瓣上部宽阔平展与爪成近 90°的角。这是石竹科植物的重要特征。

C. 漏斗形花冠　花冠由 5 片全部结合的花瓣组成，形似一个喇叭或漏斗。这是旋花科植物的重要特征。

D. 高脚碟形花冠　花冠由几片下部结合的花瓣组成，花冠筒圆筒形，细长，花冠裂片宽阔平展。这是木犀科、报春花科、茜草科植物的特征。

E. 蔷薇形花冠　花冠由 4～5 片同形花瓣组成，花瓣成宽卵形互相分离，花瓣排列成梅花形。这是蔷薇科植物的特征。

F. 筒状花冠　花冠由 5 片下部结合的花瓣组成，花冠筒细长，花瓣裂片小而直立。这是菊科筒状花亚科的特征。

G. 钟形花冠　花冠由 4～5 片下部结合的花瓣组成，花冠筒从基部向上扩展，花冠裂片小而直立，花冠常下垂。这是桔梗科植物的重要特征。

H. 帽盖形花冠　花冠由 5 片仅花瓣顶部稍有粘合的花瓣组成，开花时花瓣与花托脱离，整个花冠象脱去帽子一样。这是葡萄科植物的特征。

② 不整齐花冠　通过花的中心只能作一个切面或根本就不存在对称切面的花冠称不整齐花冠。

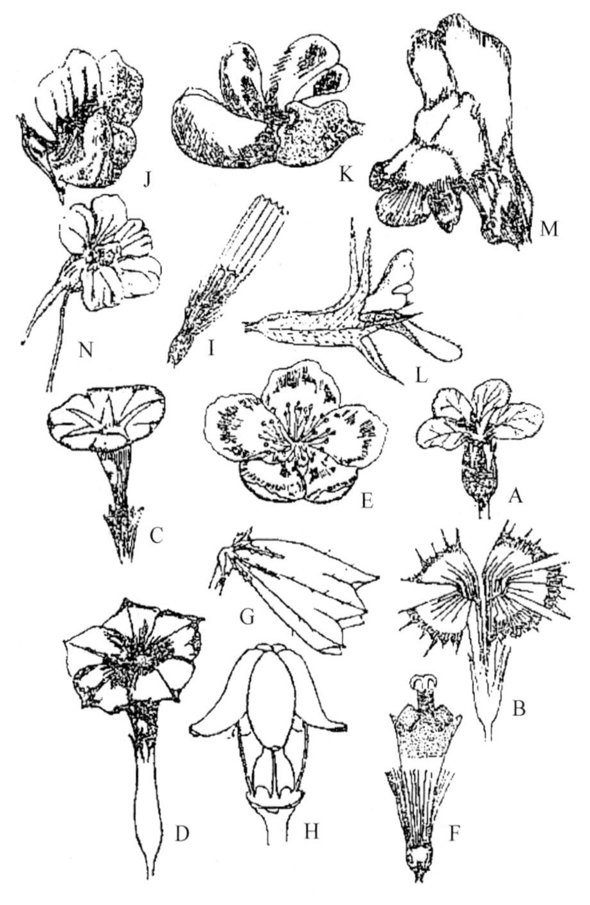

图 3.2　花冠的类型

A. 十字形花冠；B. 石竹形花冠；C. 漏斗形花冠；D. 高脚碟形花冠；E. 蔷薇形花冠；F. 筒状花冠；G. 钟形花冠；H. 帽盖形花冠；I. 舌状花冠；J. 蝶形花冠；K. 假蝶形花冠；L. 唇形花冠；M. 假面状花冠；D. 有距花冠

I. 舌状花冠　花冠由 5 片全部或几乎全部结合的花瓣组成，花冠筒极短，花瓣上部延伸成一长舌。这是菊科舌状花亚科的特征。

J. 蝶形花冠　花冠由 5 片分离的花瓣构成，其中上方最外面的 1 片花瓣竖起称旗瓣，两侧 2 片花瓣等大称翼瓣，下方最内侧 2 片花瓣最小呈船龙骨形称龙骨瓣。这是蝶形花亚科植物的重要特征。

K. 假蝶形花冠　花冠由 5 片分离的花瓣组成，下方最外侧 2 片花瓣最大，上方最内侧的 1 片花瓣最小，花瓣由下向上包复在一起。这是苏木亚科植物的重要特征。

L. 唇形花冠　花冠由 5 片结合花瓣组成，花冠筒压扁状，花冠裂片分成上下两个部分的结合。这是唇形花科植物的重要特征。

M. 假面状花冠　花冠与唇形花冠相似，但下唇的花瓣向上凸起将花腔封闭。如金鱼草。

N. 有距花冠　花冠中有 1～2 片花瓣向后方延伸插入花萼的距。毛茛科、堇菜科、金莲花科等植物的花冠常有距。

4. 雄蕊

一朵花中所有的雄蕊总称为雄蕊群，雄蕊位于花冠的内侧。每个雄蕊由花丝和花药两部分组成。花丝通常细长，一端着生在花托上，另一端连着花药，起支持花药伸展在一定的空间位置和输送水分和养分的作用。也有花丝的下端与花冠或花萼愈合而着生于花冠或花萼上

的，这样的雄蕊称为冠生雄蕊。

一朵花中雄蕊的花丝常等长，但也有些植物，一朵花的花丝不等长，如十字花科的植物，一朵花中有六枚雄蕊，其中两枚花丝短，四枚花丝长，称四强雄蕊；唇形科和玄参科植物，一朵花中有四枚雄蕊，花丝二长二短，称二强雄蕊。一朵花中的雄蕊通常分离，称离生雄蕊，如桃。但也常有各种方式的连合，如锦葵科植物多数雄蕊的花丝连合成筒状，称单体雄蕊；蝶形花亚科的植物，常是十枚雄蕊，其中九枚连合，一枚分离，称二体雄蕊；金丝桃科的植物，其多数雄蕊常连合成几束，称多体雄蕊。在有些花中，花丝分离而花药连合的称聚药雄蕊，如菊科的植物常有这种情况(图 3.3)。

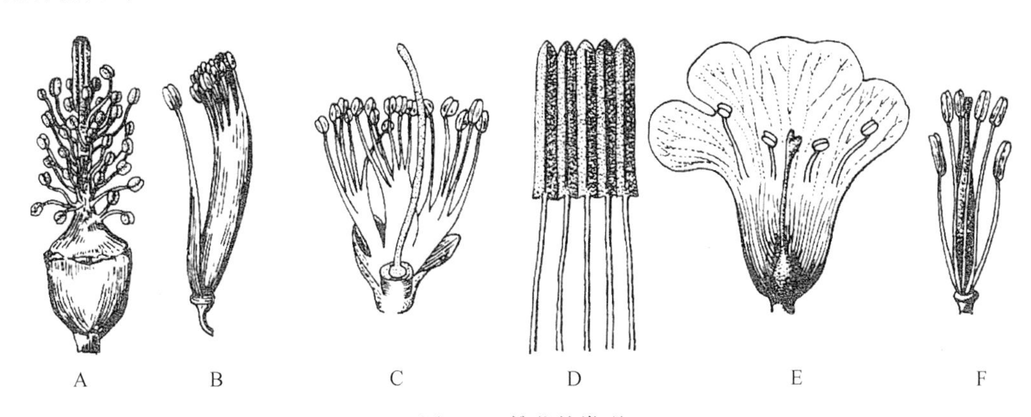

图 3.3　雄蕊的类型

A. 单体雄蕊；B. 二体雄蕊；C. 多体雄蕊；D. 聚药雄蕊；E. 二强雄蕊；F. 四强雄蕊。

花药是花丝顶端膨大成囊状的部分，一般由 4 个花粉囊组成，花粉囊内产生大量的花粉粒。花药在花丝上着生的方式随植物种类而异，常见类型有(图 3.4)：

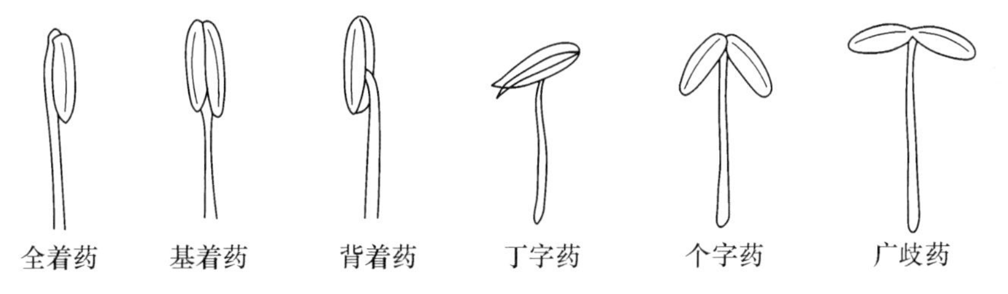

图 3.4　花药在花丝上着生方式

(1) 基着药　花药仅基部着生于花丝的顶端，如莎草。

(2) 背着药　花药背部着生于花丝上，如玉兰。

(3) 丁字形着药　花药背部中央一点着生于花丝顶端，如小麦、水稻。

(4) 个字形着药　花药上部连合，着生于花丝上，下部分离，花药与花丝形成“个”字。

(5) 广歧药　花药基部张开几成水平线，顶部着生在花丝顶端，如地黄。

(6) 全着药　花药的一侧全部着生在花丝上。

5. 雌蕊

一朵花中所有的雌蕊总称为雌蕊群。有些植物一朵花中只有一个雌蕊。雌蕊位于花的中央，是由心皮卷合而成的。

(1) 心皮的概念与雌蕊的组成　心皮是为适应生殖的变态叶，是构成雌蕊的基本单位。心皮中央相当于叶片中脉的部位为背缝线。心皮边缘相结合的部位为腹缝线。在背缝线和腹

缝线处各有维管束通过，分别称背束（1束）和腹束（2束）。胚珠通常着生在腹缝线上，腹束分支进入胚珠中，构成胚珠内的维管系统，给胚珠输送所需的营养物质（图3.5）。

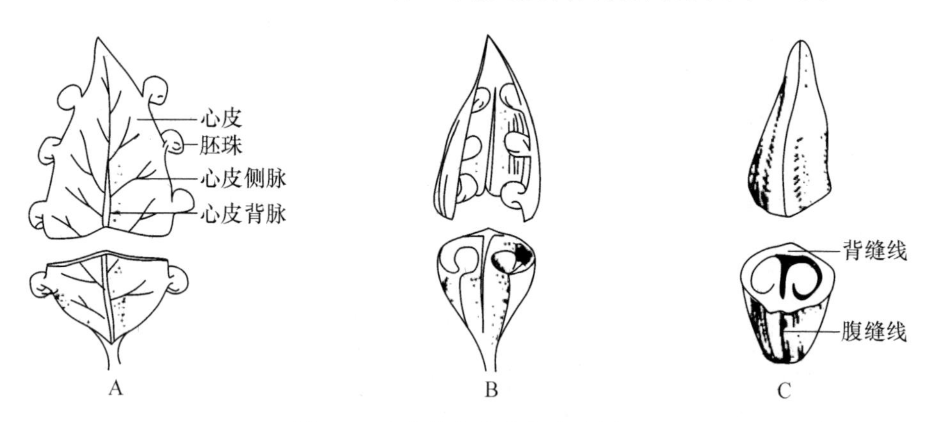

图3.5　心皮发育为雌蕊的示意图

A. 一片张开的心皮；B. 心皮边缘内卷；C. 心皮边缘愈合形成雄蕊

由于组成雌蕊的心皮数目和结合情况不同，常有以下几种类型。单雌蕊，由一个心皮卷合而成的雌蕊，如桃；复雌蕊，由二个或二个以上的心皮连合而成的雌蕊，如油菜（由二心皮合成）、苹果（由五心皮合成）；离生单雌蕊，一朵花中虽然具有多个心皮，但各个心皮均彼此分离，各自形成一个雌蕊，如草莓、蔷薇、毛茛等（图3.6）。

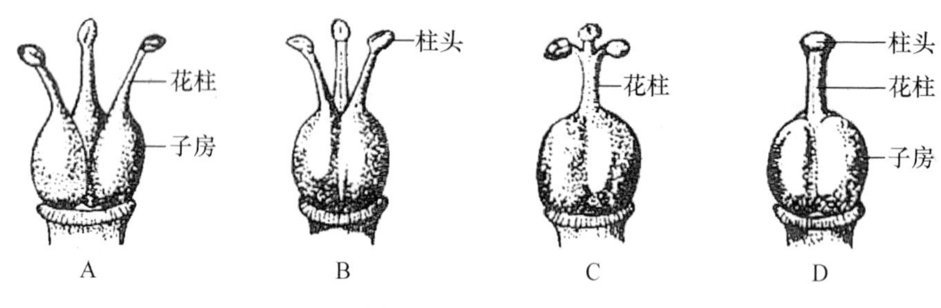

图3.6　雌蕊的类型

A. 离生雌蕊；B,C,D. 不同程度联合的复雌蕊

由心皮形成的雌蕊，通常分化出柱头、花柱和子房三部分。柱头，位于雌蕊的上部，是承受花粉的地方，常常扩展成各种形状。花柱，位于柱头和子房之间，其长短随植物种类而异，是花粉萌发后花粉管进入子房的通道。子房，是雌蕊基部膨大的部分，外为子房壁，内为1至多个子房室。胚珠着生在子房内。受精后整个子房发育成果实，子房壁形成果皮，胚珠发育为种子。

（2）胎座、胚珠　胚珠着生于子房内，通常沿心皮的腹缝线着生，其着生部位称胎座。

由于组成雌蕊的心皮的数目及连合的方式不同，胎座在子房内有各种不同的分布方式。常见的有边缘胎座，由一个心皮构成的一室子房，胚珠着生在腹缝线上，如紫藤、刺槐、合欢等植物；侧膜胎座，由二个或二个以上心皮合生的一室子房，胚珠沿腹缝线着生，如十字花科植物及三色堇等；中轴胎座，由多个心皮构成的多室子房，心皮边缘在中央处连合形成中轴，胚珠着生于中轴上，如百合、鸢尾、橘子等；特立中央胎座，由中轴胎座演化而来，分隔多室子房的壁消融了子房由多室变为一室，由心皮的腹缝线在子房中央形成一短轴，由子房腔基部向上突起而不达子房顶，胚珠着生于短轴上，如报春花、石竹、马齿苋等；基生胎座，胚珠着生于子房基底，如菊科植物；顶生胎座，胚珠着生于子房顶部而悬垂于子房室中，如桑树(图 3.7)。

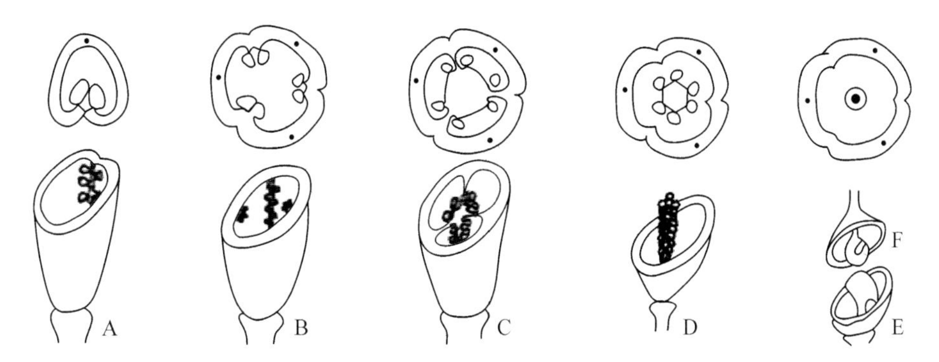

图 3.7　胎座形式

A. 边缘胎座；B. 侧膜胎座；C. 中轴胎座；D. 特立中央胎座；E. 基生胎座；F. 顶生胎座

子房内胚珠数量的多少依植物种类而异，基生胎座、顶生胎座常仅一枚胚珠，其他胎座常具有多数胎座。

胚珠由珠柄、珠心、珠被、珠孔和合点五个部分构成(图 3.8)。胚珠以珠柄着生于胎座上，与子房壁的维管束相通而获得水分和养料。胚珠的中央为珠心，是胚珠的主要部分。珠心外包有一层或二层覆盖物，称为珠被。珠被在胚珠顶端有一小孔，称为珠孔。珠柄、珠被和珠心三者愈合的地方称为合点。

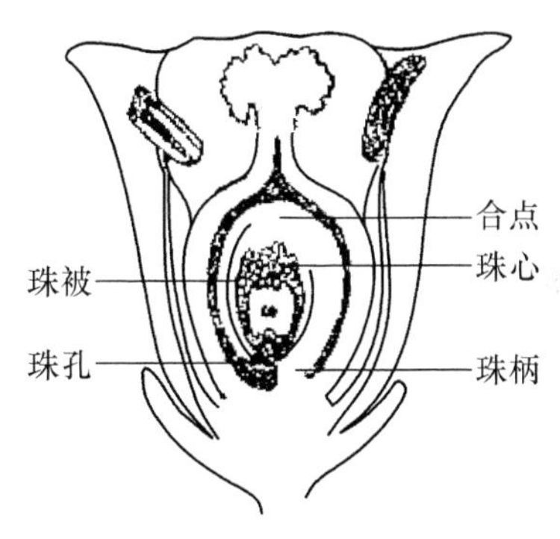

图 3.8　胚珠构造

(3) 子房的位置　子房着生在花托上。由于子房与花托连生的情况不同，子房位置的类型可以分为以下几种(图 3.9)：

下位花(上位子房)

周位花(上位子房)

周位花(半下位子房)

上位花(下位子房)

图 3.9　子房位置

① 上位子房　又称子房上位，子房仅以底部与花托相连，花的其余部分均不与子房相连。根据花被位置又可分为两种情况的上位子房。

上位子房下位花　即子房上位花被下位，子房仅以底部与花托相连，花萼、花瓣、雄蕊着生的位置低于子房，如刺槐。

上位子房周位花　即子房上位花被周位，子房底部与杯状花托的中央部分相连，花被与雄蕊着生于杯状花托的边缘，如桃、李等。

② 半下位子房　又称子房中位，子房的下半部陷生于花托中，并与花托愈合，花的其他部分着生在子房周围的花托边缘上，从花被的位置来看，可称为周位花，如马齿苋。

③ 下位子房　又称子房下位，整个子房埋于花托中，并与花托愈合，花的其他部分着生在子房以上花托的边缘，故也叫上位花，如苹果、梨等。

雄蕊和雌蕊与植物的生殖密切相关，一朵花内既有雄蕊又有雌蕊并发育正常的称两性花。一朵花内只有雌蕊发育的称雌花，只有雄蕊发育的称雄花。雌花和雄花都是单性花。一朵花内雄蕊和雌蕊都不发育的称无性花。

3.1.1.2　花程式

用字母、符号及数字表明花的各部分组成、排列、位置及其彼此关系的方法称花程式。

1. 花程式的书写规则

(1) 花的各部以拉丁文或其他拼音文字的首位或者两位字母表示：

P(为拉丁文 Perianthium 的缩写)——表示花被。

K(为德文 Kelch 的缩写)——表示花萼。

C(为拉丁文 Corla 的缩写)——表示花冠。

A(为拉丁文 Androecium 的缩写)——表示雄蕊群。

G(为拉丁文 Gynoecium 的缩写)——表示雌蕊群。

在花程式中，依花的各部由外向内排列的次序，顺序书写。

(2) 以数字表明花的各部分数目，写于字母的右下角：

∞——表示该部分数多而不定数。

0—表示该部分不具备或退化。

(3) *——表示整齐花，↑——表示不整齐花。

(4) ⚥——表示两性花，♀——表示雌花，♂——表示雄花。

(5) 在数字外加上括弧()，表示该花部彼此合生，不用括弧()者为分离；以箭头←表示箭头后面部分贴生在箭头前面部分上。

(6) 2. 3——表示该部分 2 个或 3 个。

(7) 2(3)——表示该部分 2 个偶有 3 个。

(8) 2+3——表示该部分共有 5 个，其中一部分为 2 个，另一部分为 3 个。

(9) 关于子房的位置，$\underline{G}$表示子房上位；$\overline{\underline{G}}$表示子房半下位；$\overline{G}$表示子房下位。G 的右下角三组数字[如 $G_{(5:5:2)}$]依次表示一朵花中组成雌蕊的心皮数、每个雌蕊的子房室数、每室的胚珠数。三组数字之间用“：”号相连。

2. 花程式举例

(1) 白玉兰：*，⚥，P_{3+3+3}，A_{∞}，$\underline{G}_{\infty:1}$。

由花程式可知，白玉兰花为两性花，整齐花，同被花，共有九枚花瓣组成花被，分三轮着生，每轮 3 枚，雄蕊多数，雌蕊为多数离生心皮构成，子房上位。

(2) 紫藤：↑，⚥，$K_{(5)}$，C_5，$A_{(9)+1}$，$\underline{G}_{1:1:\infty}$。

由花程式可知，紫藤的花为两性花，不整齐花，花萼五枚合生，花瓣五枚离生，雄蕊十枚，其中九枚合生，一枚离生，为二体雄蕊，子房上位，一心皮，一室，胚珠多数。

(3) 垂柳：♂，K_0，C_0，A_2，G_0；♀，K_0，C_0，A_0，$G_{(2:1:\infty)}$。

由花程式可知，垂柳的花为单性花，雄花无花被，为二枚离生雄蕊；雌花亦无花被，二心皮合生，子房一室，具多数胚珠。

3.1.1.3　花图式

用花程式表示花的组成虽简便，适于野外工作记录，但有些很重要的特征却不能反映出来。如各轮花被的排列方式、相互位置，花药开裂方向，胎座形式等。因此，又出现了花图式这一表示方法。花图式是采用一定的图例和规则绘制的花朵横切面图(图 3.10)。绘图规则为：

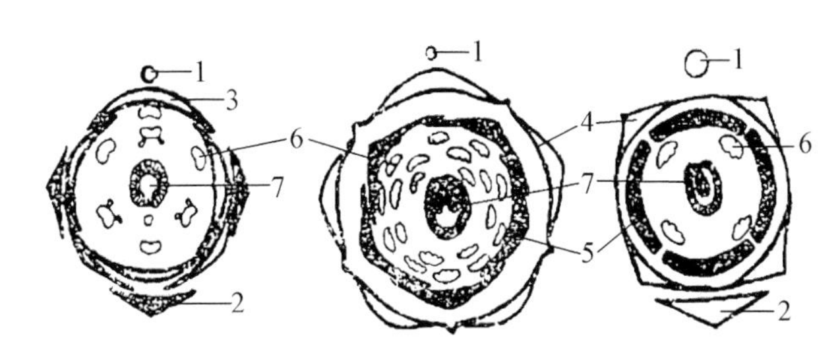

图 3.10　花图式

1. 生花的枝；2. 苞片；3. 花被；4. 花萼；5. 花冠；6. 雄蕊；7. 子房

① 母轴应绘于花图式的最上方正中，苞片绘于花图式最下方或侧面。花的其他各部分均绘于母轴与苞片所划定的平面中。

② 花冠和花萼应按实际情况绘制出数量、是否整齐、大小、相互关系、是否结合，花萼及花冠有距时应表示出来。

③ 雄蕊以典型的花药横切面表示，当数量很多时可用圆圈或圆点表示，应绘制出雄蕊的数量、轮次、与花冠的相对位置、是否结合、是否冠生、开裂方向等，退化雄蕊可以×表示。

④ 雌蕊以子房横切面表示，应绘出心皮数量、室数、胎座形式以及与母轴的相互位置。

3.1.2　花序

有些植物的花是一朵一朵着生于叶腋或枝顶，如玉兰、牡丹、莲等，称花单生。有的植物数花簇生于叶腋，称花簇生。也有的植物则是许多花按照一定的规律排列在花序轴上称花序。在花序上，没有典型的营养叶，一般只在花柄基部有较简单的变态叶，称为苞片。有些植物花序的苞片密集在一起，组成总苞。如向日葵。有些植物的苞片转变成更为特殊的形态，如小麦，其小穗基部的颖片就是苞片。

花序以其小花的开花顺序及开花时花轴能否继续进行顶端生长而形成两大类型(图 3.11)。

1. 无限花序类

无限花序在开花期间，花序轴能较长时间保持顶端生长能力，不断产生花芽和苞片。开花顺序是花序轴基部的花最先开放，然后向顶部依次开放，即下方的花先开，上方的花后开；如果花序轴缩短，各花密集排列成一平面或球面时，开花顺序则是由边缘开始向中央依次开放。因此，无限花序的生长方式属单轴分枝式的性质。无限花序类包括以下几种形式：

(1) 总状花序　花序轴较长，着生许多花柄等长的两性花，如紫藤、刺槐等。

(2) 穗状花序　花序轴较长，其上着生许多无柄的两性花，如车前。

(3) 葇荑花序　许多无柄或具短柄的单性花，着生于柔软下垂(也有直立)的花序轴上，开花后一般整个花序一起脱落，如乌桕、杨树等。

(4) 肉穗花序　许多无柄的单性花，着生于粗短、肉质化的花序轴上。这种花序常具大型的总苞，称佛焰苞。如马蹄莲、玉米等。

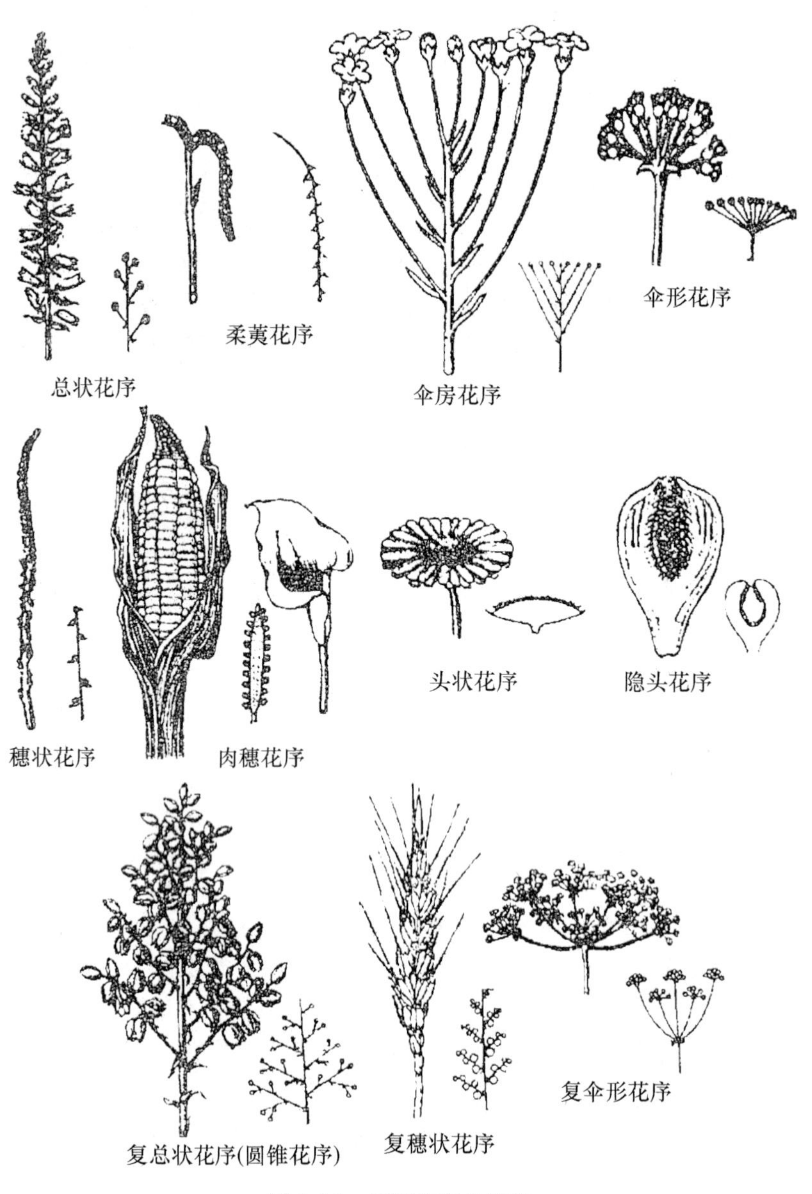

图 3.11　无限花序的类型

(5) 头状花序　花序轴缩短呈球形或盘形，其上密生许多无柄花，各苞片常聚成总苞生于花序基部，如悬铃木、千日红、向日葵等。

(6) 隐头花序　花序轴特别膨大而内陷成中空头状，许多无柄小花隐生于凹陷空腔的腔壁上，整个花序仅留顶端一小孔与外方相通，如无花果。

(7) 伞形花序　花序轴缩短，各花自轴顶生出，花柄等长，花序呈伞状，如水仙、君子兰等。

(8) 伞房花序　花序轴较短，着生许多花柄不等长的花，基部花柄较长，越近顶部花柄越短，各花分布近于同一个平面，如苹果、绣线菊等。

上述各种花序的花序轴都不分枝，而有些植物的花序轴具分枝，各分枝花序的排列和开花顺序又按上述某一种花序着生花朵。常见有以下几种类型：

(1) 复总状花序　又称圆锥花序。花序轴的分枝作总状排列，每个分枝又自成一总状花序，如南天竹、丁香等。

(2) 复穗状花序　花序轴有 1 或 2 次穗状式分枝，每一分枝自成一穗状花序，如小麦。

(3) 复伞形花序　花序轴顶端生若干长短相等的分枝，每一分枝又自成一伞形花序，如胡萝卜。

(4) 复伞房花序　花序轴的分枝成伞房状排列，每一分枝又自成一伞房花序，如花楸。

2. 有限花序

有限花序的开花顺序是由上向下或由内向外。花序轴顶端较早失去生长分化能力，不能继续向上延伸。有限花序的生长属合轴分枝式性质，分为以下几种类型(图 3.12)：

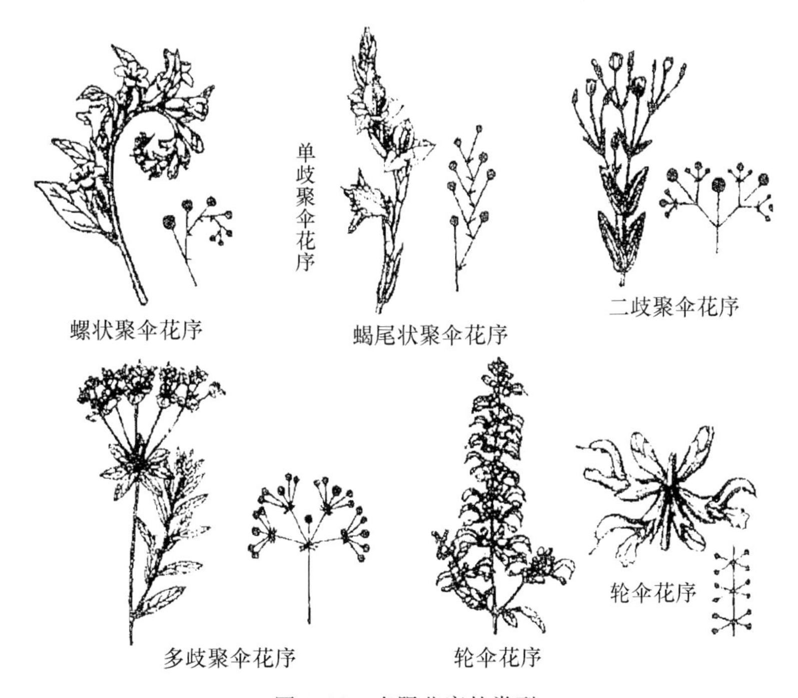

图 3.12　有限花序的类型

(1) 单歧聚伞花序　花序轴顶端先生一花，然后在顶花下的一侧形成分枝，继而分枝之顶又生一花，其下方再生一侧枝，如此依次开花。各次分枝可从同一方向的一侧长出，整个花序成卷曲状，称卷伞花序，如勿忘草等；各次分枝也可从两侧相对长出，整个花序成左右对称，称蝎尾状花序，如唐菖蒲等。

(2) 二歧聚伞花序　花序轴的顶花先形成，然后在其下方两侧同时发育出一对分枝，枝的顶端生花。以后分枝再按上法继续生出分枝和顶花，如石竹等。

(3) 多歧聚伞花序　花序轴的顶花先形成，然后在其下方同时发育出三个以上分枝，各分枝再以同样方式进行分枝，如玉树珊瑚等。

3.1.3　花药的结构和花粉粒的发育

3.1.3.1　花药的结构

雄蕊的主要部分是花药。花药通常有 4 个和 2 个花粉囊组成，分为左右两半，中间由药隔

相连，花粉囊中产生花粉粒(图 3.13)。花丝与生殖过程无直接关系，开花时花丝以居间生长方式迅速伸长，支持花药使之伸展到空中以利传粉。

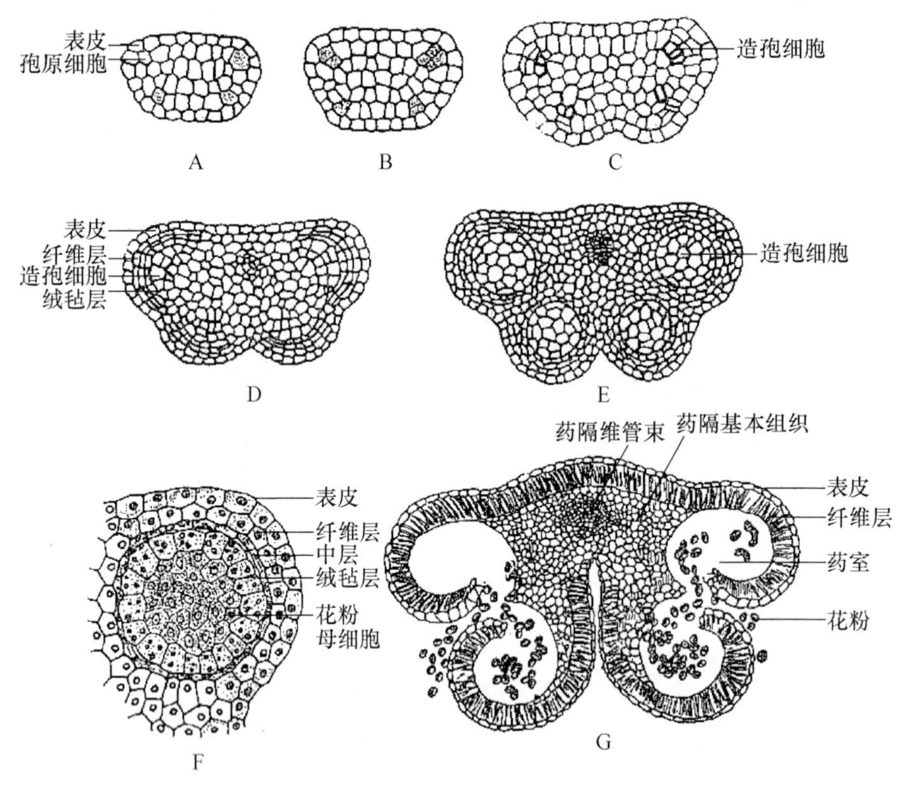

图 3.13　花药的发育与结构

A～E. 花药的发育过程；F. 一个花粉囊放大，示花粉母细胞；G. 已开裂的花药，示成熟花药的构造

3.1.3.2　花粉粒的发育与结构

未成熟的花粉囊内有花粉母细胞，它们能进行减数分裂形成花粉粒。

每一个花粉母细胞进行一次减数分裂，形成一个四分体，四分体逐渐离散形成 4 个小孢子，小孢子也称单核花粉粒。单核花粉粒经过一次有丝分裂，成为双核花粉粒，其中一个核较大，叫营养核；另一个核较小，叫生殖核，生殖核有它自己周围的一团细胞质，所以又叫生殖细胞。以后生殖细胞再进行一次有丝分裂，产生两个精子(也叫精细胞)。这时的花粉粒具有一个营养核和两个精细胞，称为三核花粉粒(图 3.14)。此时，花粉粒成熟，花粉囊开裂散粉，进行传粉作用。但是也有不少植物如柑橘、茶、杏等，当花粉粒发育至二核阶段时，便已成熟，花粉囊即开裂散粉，生殖细胞要在花粉粒萌发形成花粉管时，才分裂形成两个精子。在减数分裂期间，由于在短期内形成大量的新细胞，因此对环境条件很敏感，如遇低温、干旱、光照和营养条件不良，常影响减数分裂的进行，甚至不能正常形成花粉粒。

成熟的花粉粒有两层壁，外壁和内壁。外壁较厚，内壁较薄，外壁的表面有的光滑，有的呈各种各样的花纹，如刺状、颗粒状、网状等。外壁上还有萌发孔，当花粉萌发时，花粉管便由这里长出。

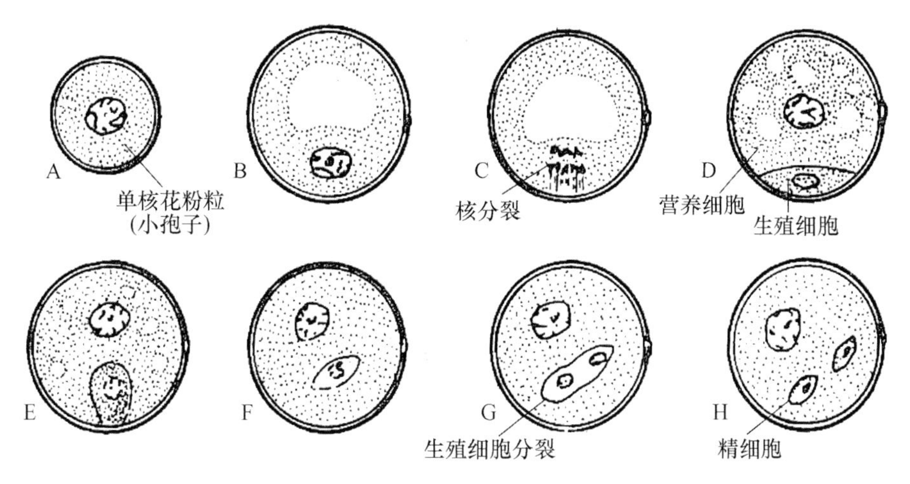

图 3.14　花粉粒的发育(A～H)

3.1.3.3　花粉粒的生活力(寿命)

花粉的生活力是指花粉粒能够萌发长出花粉管的能力。花粉生活力的长短,既决定于植物的遗传性,又受到环境因素的影响。花粉的生活力因植物种类不同而异,多数植物的花粉从花粉散出后只能活几小时、几天或几个星期。一般木本植物的花粉生活力较草本的长,如在干燥、凉爽的条件下,苹果的花粉能存活 10～70 天,柑橘为 40～50 天,麻栎为 1 年。

花粉的生活力也与花粉粒的类型有关,通常三核花粉粒的生活力较二核花粉粒的生活力低,不易贮存,对外界不良环境条件耐受力差。

3.1.4　胚珠的结构和胚囊的发育

雌蕊的主要部分是子房,而子房是由子房室和子房壁组成的。子房室内生长着胚珠,胚珠中产生胚囊,并在成熟胚囊中产生卵细胞,因而胚珠又是子房中的主要部分。

3.1.4.1　胚珠的发育和结构

胚珠发生时,由胎座表皮下层的细胞分裂增生,产生突起,形成胚珠原基,其前端发育成珠心,后端形成珠柄。后来珠心基部外围细胞分裂快,很快形成了包围珠心的珠被,一层和二层。在珠被形成过程中,在珠心最前端留下一条未愈合的孔道即珠孔。与珠孔相对的一端,珠柄、珠被与珠心结合的部位称合点。珠柄中有维管束,沟通子房与胚珠的物质运输。在胚珠的发育过程中,由于珠被的两侧发育速度常常很不均匀,造成胚珠弯生、横生、倒生、旋转生等不同类型(图 3.15)。

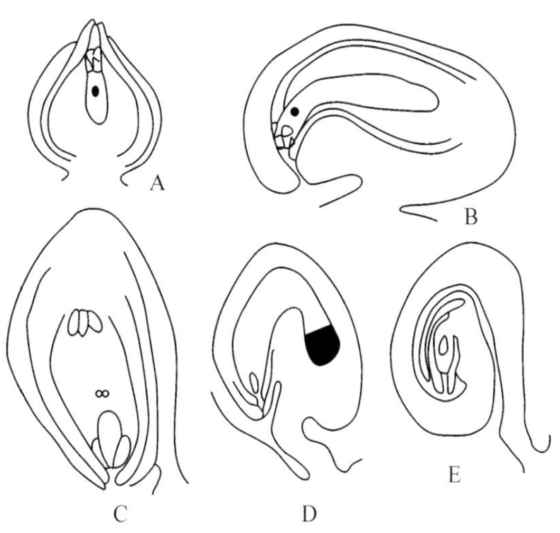

图 3.15　胚珠类型

A. 胚珠直生; B. 胚珠横生; C. 胚珠倒生; D. 胚珠弯生; E. 胚珠旋转生

3.1.4.2　胚囊的发育

在胚珠发育的过程中，珠心的中央发生 1 个大细胞，叫胚囊母细胞。胚囊母细胞经过减数分裂形成 4 个排成一纵列的四联体。这 4 个细胞中的 3 个逐渐被吸收，只有离珠孔最远的一个能够继续发育，这个细胞就是大孢子，也称胚囊。最初，胚囊内只有 1 个细胞核，经过连续进行三次有丝分裂产生 8 个细胞核，在胚囊的两端各有 4 个细胞核。接着两端各有 1 个细胞核向胚囊中央移动，分化成 2 个极核。这时珠被已将珠心全部包裹起来，胚囊中靠近珠孔的 3 个细胞分化成 1 个卵细胞和 2 个助细胞合称为卵系。中间较大的 1 个为卵细胞，旁边两个为助细胞。靠近合点端的 3 个细胞分化成反足细胞。此时胚囊成熟，内含 1 个卵细胞，2 个助细胞，2 个极核和 3 个反足细胞，习惯上称为八核胚囊(图 3.16)。

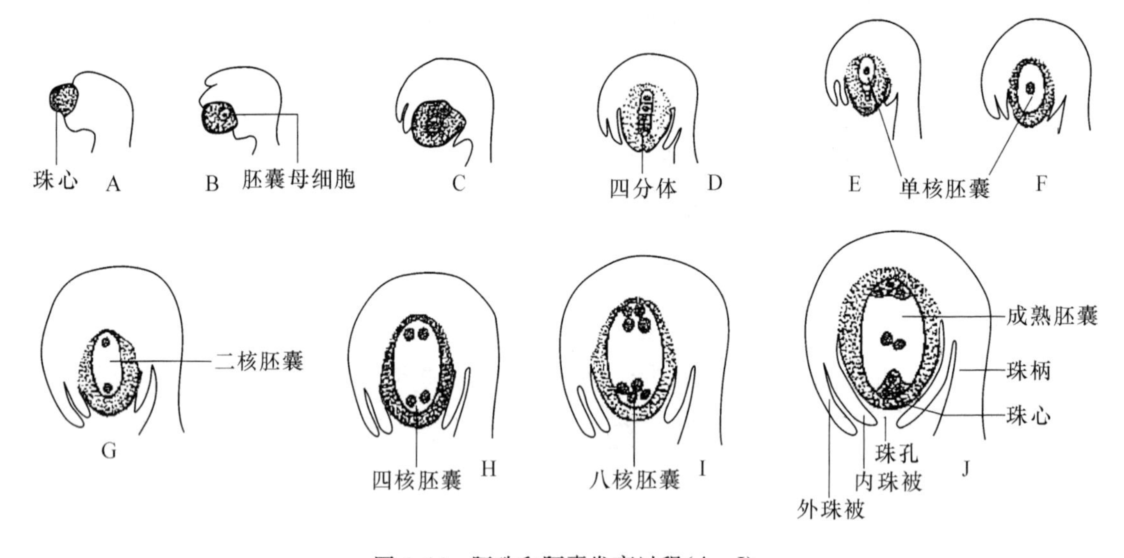

图 3.16　胚珠和胚囊发育过程(A～J)

3.1.5　开花、传粉与受精

3.1.5.1　开花

当植物生长发育到一定阶段，雄蕊的花粉粒和雌蕊的胚囊达到成熟或两者之一成熟时，原来紧包的花萼和花冠即行开放，露出雄蕊和雌蕊，这一现象称开花。

各种植物有不同的开花习性，反映在开花年龄、开花季节和花期长短等方面，各有一定的规律。一、二年生的植物，一般生长几个月就能开花，一生中仅开花一次，开花结实后整株枯死。多年生植物在达到开花年龄后，每年到时就能开花；也有少数多年生植物，一生只开一次花，花后即死亡，如竹、剑麻等。一般的植物一年开花一次，茉莉、凤尾兰等可以一年开花多次。一般植物大多先展叶后开花，而在冬季和早春开花的植物，先花后叶或花叶同放的现象也颇为常见。一朵花从开放至凋谢一般都很短促，如昙花仅能维持几小时，故有昙花一现之说。但在热带地区某些兰花，一朵花可连续开放 1～2 个月。桃花等开花时间集中，观花的时间就很短；月季等植物逐月都能开花，观赏期就很长。大多数植物都在天亮前开花，如牵牛花等，而紫茉莉则在傍晚开花。

在某一地区，各种植物都有其相对稳定的开花期。虽然每年因气候条件的变化而稍有提前或推迟，但这种变动的幅度很小。我国长江流域一年12个月都有代表性的花木开花。如正月梅花、二月杏花、三月桃花、四月牡丹、五月石榴、六月荷花、七月凤仙、八月桂花、九月芙蓉、十月菊花、十一月腊梅、十二月水仙等(均为农历)。

植物的开花习性非常复杂，巧妙地布置植物能达到繁花不断、春意常在的意境。

3.1.5.2 传粉

成熟的花粉借助外力的作用到达雌蕊柱头上的过程称为传粉。植物的传粉方式有自花传粉和异花传粉，两种方式在自然界都普遍存在。

1. 自花传粉

成熟的花粉粒落到同一朵花的柱头上称为自花传粉。但在生产上常把同株异花间的传粉也称为自花传粉。自花传粉植物的特点：两性花；雌雄蕊同时成熟；柱头对接受自身花粉无障碍。

闭花传粉是自花传粉的一种特例，即花被尚未展开之前已完成了传粉过程。如凤仙花属、酢浆草属、堇菜属等植物。

2. 异花传粉

不同花朵之间的传粉称为异花传粉。但在生产上，常将不同植株间的传粉或不同品种间的传粉称为异花传粉。单性花以及两性花中雌雄蕊异长、雌雄蕊异熟等均为植物适应异花传粉的特性。

植物进行异花传粉时，花粉必须借助风和昆虫等外力为媒介才能传到雌蕊的柱头上。借助风力传粉的植物称风媒植物，它们的花称风媒花。风媒花一般不具鲜艳的色彩、香味及蜜腺。花粉粒数量多而体积小，表面常光滑，不粘结成块，以便风力的传播。风媒花的柱头往往扩展成羽毛状等，以便有较大的表面积从风中捕获花粉。以昆虫来进行传粉的植物称虫媒植物，它们的花称虫媒花。虫媒花常以其鲜艳的色彩，特殊的气味或分泌蜜汁等特点来引诱昆虫。虫媒花的花粉常为粒大，表面不平，具各种沟纹、突起或刺，甚至粘着成块，便于附着于昆虫的身上被携带。在花的构造上，也常有适应于某种昆虫传粉的一些特殊结构，一般说来，每种虫媒植物对于传粉的昆虫是有比较严格的选择性的，表现了植物与昆虫之间的生态适应性。

除了风媒和虫媒外，还有借流水或特殊的鸟类进行传粉的。

从生物学意义上来说，异花传粉比自花传粉优越。因为自花传粉时，卵和精子产生于同一植物体或生活于基本相同的环境条件下，它们的遗传性差异较小，结合后产生的后代，其生活力和对环境的适应性也就比较差。而异花传粉时，由于卵和精子来自不同的植物体，分别在较大的环境中产生，遗传性的差异较大，由此结合产生的后代就具有较强的生活力和较大的适应性。

异花传粉由于受环境的影响较大，如气候不良，就会影响传粉过程。例如风媒花在无风或风雨太大时，虫媒花在天冷雨多昆虫不太活动时，传粉不能充分进行，就会降低结实率。在生产上可以采用人工辅助授粉以补充自然传粉的不足来提高结实率。

3.1.5.3 受精

卵细胞和精子互相融合的过程称为受精。被子植物的卵细胞位于胚囊内，传到柱头上的花粉，必须萌发花粉管，把精子送到胚囊中去，才能受精。

1. 花粉粒的萌发和花粉管的生长

成熟的花粉粒落在雌蕊的柱头上，柱头分泌液有激活花粉的作用。花粉被激活后吸水膨胀，呼吸作用加强，花粉粒的内压升高，内壁从萌发孔内突出，并继续生长成为花粉管。萌发后的花粉管进入柱头，穿过花柱组织而到达子房。

当花粉粒萌发和花粉管生长时，如为三核花粉粒，则 1 个营养核和 2 个精子都进入花粉管内。如为二核花粉粒，则营养核和生殖细胞进入花粉管内，生殖细胞在花粉管内分裂一次，形成两个精子。花粉管到达子房后沿子房内壁向 1 个胚珠伸进，通常是从珠孔经过珠心而进到胚囊的(图 3.17)。

不同的植物，甚至同一植株的不同花朵，其柱头的分泌物是有所不同的。这样，往往导致了亲缘关系较远的异种花粉不能萌发，而保证与自己同类或同种植物的花粉的顺利萌发；有的植物的柱头分泌物不能使自己同一朵花的花粉萌发，或者是抑制花粉萌发的速度，从而保证了异花传粉的成功。

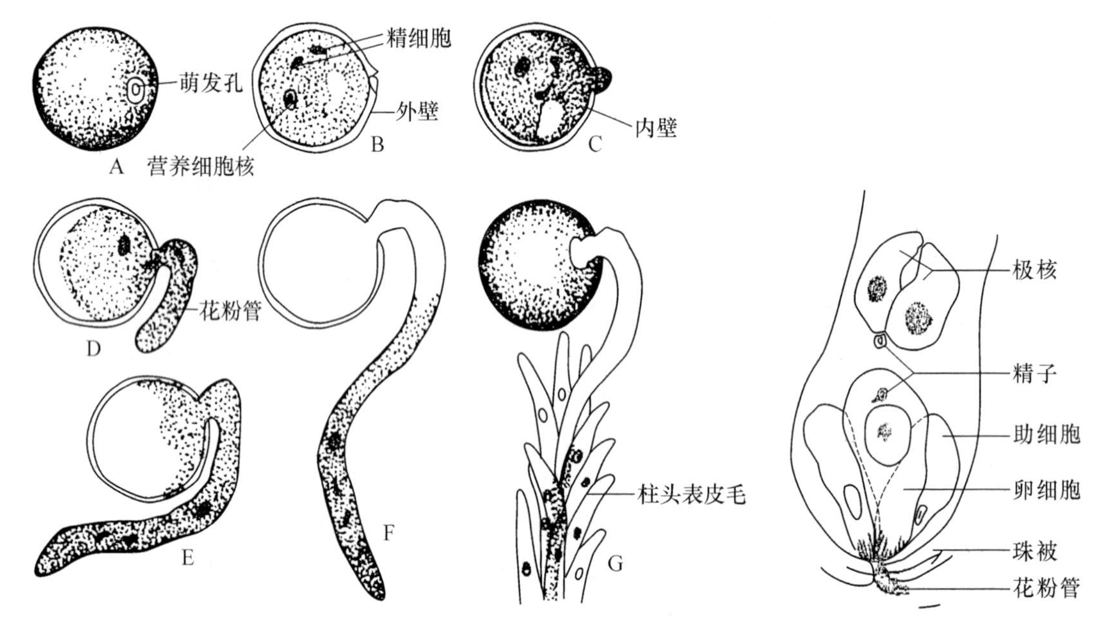

图 3.17 花粉粒萌发和花粉管的生长(A～G)

图 3.18 被子植物的双受精

2. 受精过程

当花粉管进入胚囊后，花粉管顶端的壁溶解，管内的内含物包括营养核和两个精子进入胚囊。进入胚囊的营养核很快解体，两个精子中的 1 个与卵融合成为合子(受精卵)，将来发育成胚。另一个精子与 2 个极核融合成为初生胚乳核，将来发育成胚乳。被子植物的两个精子分别与卵子和极核受精的现象，称为双受精现象。(图 3.18)受精后胚囊内的反足细胞和助细胞消失，珠被逐渐发育成种皮，胚珠逐渐发育成种子。

双受精现象是被子植物所特有的现象，也是被子植物进化的重要标志。精子和卵子的融合，就是把父母本的遗传物质融合成具有双重遗传性的合子，由两个单倍体变成一个双倍体，恢复了各种植物体原有的染色体数目。所以，有性生殖产生的下一代植株，能较广泛地适应于不同的环境和具有较强的生活力。此外，另一个精子与两个极核融合，形成三倍体的胚乳，同样结合了父母本的遗传性，生理上更为活跃，并作为营养物质将在胚的发育中被吸收。这样子

代的变异性就更大，生活力更强，适应性更广。所以双受精过程是植物界有性生殖过程的最进化的形式。

3.2 果实和种子

3.2.1 果实的形成和类型

3.2.1.1 果实的形成

被子植物受精后，花的各部发生很大的变化，花被一般脱落（花萼有时宿存），雄蕊和雌蕊的柱头、花柱也都凋谢，仅子房或与子房相连的其他部分迅速生长，最终由子房或子房与其他部分一起参与形成果实。

一般而言只有经过受精作用后，子房才能发育成果实。但也有些植物不经过受精，子房就发育成果实的，这种形成果实的现象称单性结实。单性结实的果实内不含种子或含不具胚的种子，这类果实称为无籽果实。

单性结实有两种情况：一种是不经传粉或其他任何刺激，子房便可膨大成无籽果实，这种现象称为营养性单性结实，如香蕉、葡萄和柑橘等某些品种均可形成无籽果实，是园艺上的优良品种。另一种情况是子房必须经过一定的刺激才能形成无籽果实，这种现象称为刺激性单性结实。如生产上可在人为控制的条件下，利用爬山虎的花粉刺激葡萄的柱头，可获得无籽葡萄。利用马铃薯的花粉刺激番茄的柱头，可获得无籽番茄。也可采用一定浓度的2，4—D，吲哚乙酸或奈乙酸等生长激素水溶液喷射到西瓜、番茄或葡萄等花蕾或花序上，也能获得无籽果实。

通常单性结实是产生无籽果实的一个原因，但也有些植物虽然能完成受精，却因为胚珠的发育受到阻碍，不能产生种子，也可以导致无籽果实的形成。

3.2.1.2 果实的构造

多数植物的果实由子房发育而成，这样的果实称为真果。也有一些植物的果实，除子房外，还有花的其他部分如花萼、花托、花序轴等参与果实的形成则称为假果，例如苹果、梨、石榴、瓜类、无花果等。

真果的外面为果皮，内含种子。果皮是由子房壁发育而来。成熟果实的果皮一般为三层结构：外果皮、中果皮和内果皮。三层果皮的厚度随植物不同而有很大差异。外果皮由子房外壁和外壁以内的数层细胞构成，一般具气孔、角质、蜡被或生有毛、刺等附属物。通常幼果的果皮呈绿色，成熟时显示出黄、橙、红等颜色，这是因为细胞内含有花青素或含有色体之故。中果皮一般较厚，因植物种类不同质地差异较大。例如桃、杏的中果皮都为肉质浆状；有的甚至纤维化，常有维管束分布，如柑橘、柚等的中果皮疏松，俗称橘络；而蚕豆、花生的果实成熟后，中果皮常变干收缩。内果皮是由子房内壁形成的，结构较复杂。有的木质化，例如桃的内核；也有的内果皮很薄，当果实成熟时，细胞分离成浆质，例如葡萄、番茄。内果皮常与中果皮结合在一起，难以区别。

3.2.1.3 果实的类型

根据构成雌蕊的心皮数目和心皮离合的情况，以及果皮发育程度的不同，果实主要分为单果、聚合果、聚花果（复果）。

1. 单果

单果是指由一个子房单独发育而成的果实，但也可有花的其他部分参与形成。单果又可分为肉果和干果两类。

（1）肉果类　果实成熟时果皮肉质化，并含丰富的液汁。依果皮变化的情况不同，又可分为以下几种（图 3.19）：

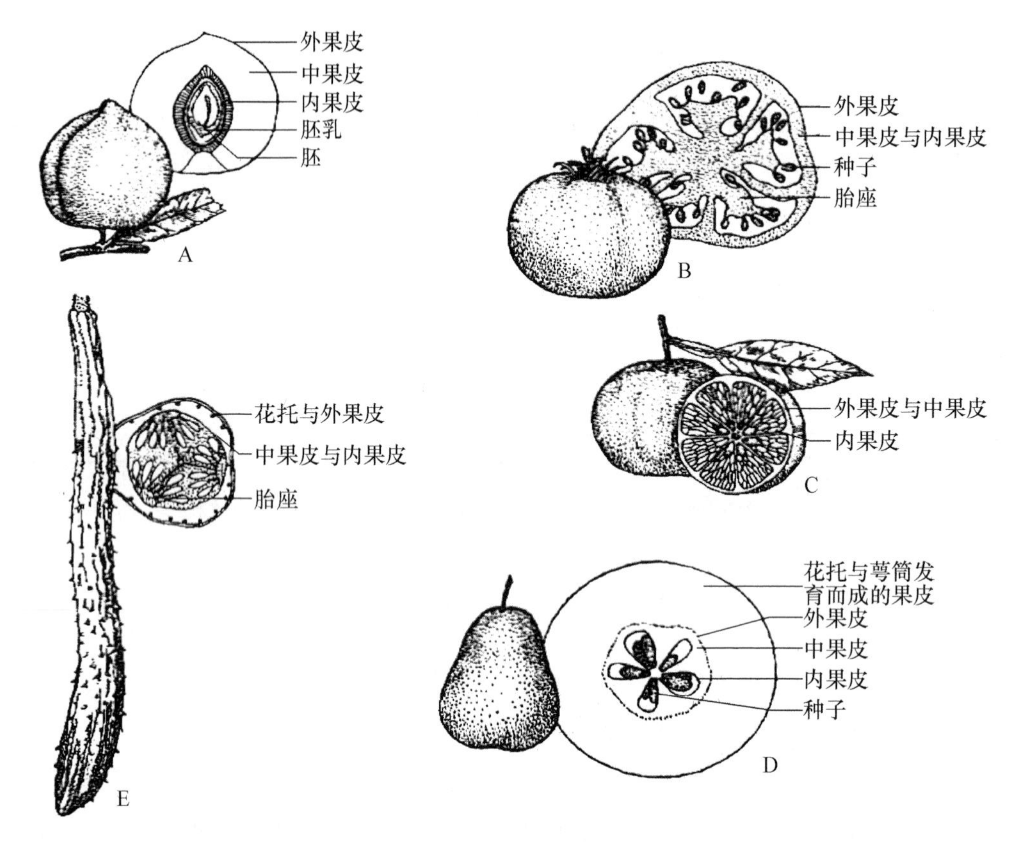

图 3.19　肉质果类型

A. 核果；B. 浆果；C. 柑果；D. 梨果；E. 瓠果

① 核果　果实成熟时，内果皮木质化，由石细胞组成，特别坚硬，包在种子外面，形成果核。中果皮肉质，为食用部分。外果皮极薄。如桃、李以及樟科植物的果实。

② 浆果　外果皮薄，中果皮和内果皮肉质多浆，内含多个种子，是由一个和几个心皮构成的果实。如柿、葡萄、番茄等。

③ 柑果　是由多心皮、中轴胎座构成的果实。外果皮坚韧，革质化，并具油囊。中果皮疏松，并分布着许多维管束，即为橘络。内果皮膜质，分为若干室，室内充满着含汁液的长丝状的细胞，即为可食部分。如柑橘、柠檬、文旦等。

④ 梨果　是由下位子房和花托愈合在一起共同发育而成的一种假果。甜美的食用部分就是花托，内部较酸的部分才是真正的子房部分（包括外果皮和中果皮），但外果皮与花托无明

显的界线;内果皮由木质化的厚壁细胞组成,呈皮纸状。如苹果、梨、枇杷等。

⑤ 瓠果　是葫芦科植物特有的一种果实,是由下位子房和花托共同发育而成的一种假果。其外果皮坚硬,中果皮和内果皮肉质化,胎座常较发达。西瓜的食用部分主要是胎座;而冬瓜、南瓜的食用部分主要为果皮。

(2) 干果类　当果实成熟时,果皮失去水分,呈木质化和革质化。按果实成熟后果皮是否开裂,又分为裂果和闭果两类:

① 裂果　果实成熟后果皮开裂。按果皮开裂的方式不同,分以下几种(图 3.20):

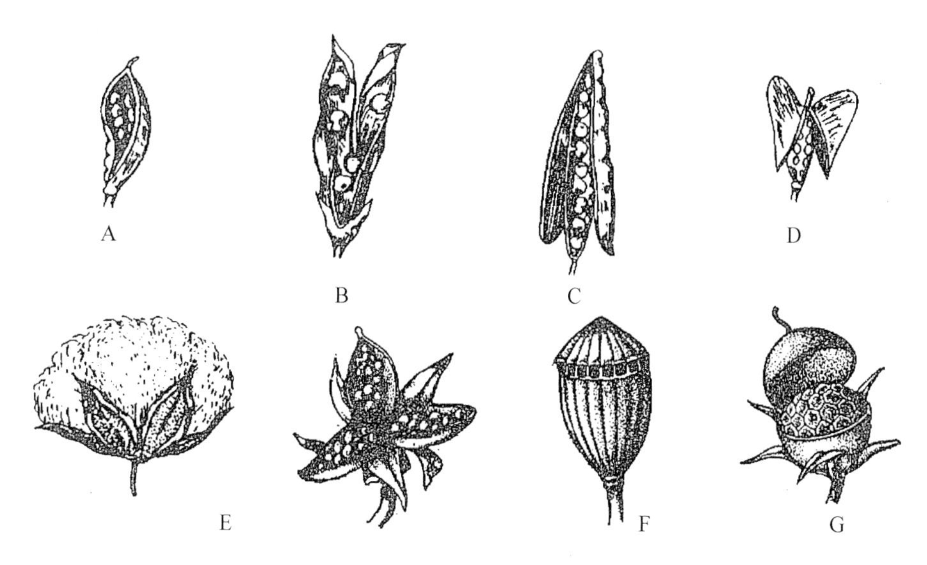

图 3.20　裂果的类型

A. 蓇葖果; B. 荚果; C. 长角果; D. 短角果; E. 蒴果(纵裂); F. 蒴果(孔裂); G. 蒴果(盖裂)

蓇葖果:由一心皮构成的果实,果实成熟后,仅沿 1 条缝线开裂(腹缝线和背缝线开裂)。如广玉兰沿背缝线开裂,芍药沿腹缝线开裂。

荚果:由一心皮构成的果实,但成熟时沿背缝线和腹缝线 2 条缝线开裂。如紫荆的无节荚果,国槐的有节荚果。荚果是豆科植物特有的果实类型。

角果:由二心皮构成一室子房发育而来的果实。室内有一假隔膜,故形成假两室,胚珠生在假隔膜上。果实成熟后,沿 2 条缝线开裂。角果是十字花科植物特有的果实类型。角果按长宽之比,分长角果,如二月兰、油菜;短角果,如荠菜、羽衣甘蓝。

蒴果:由多心皮复雌蕊构成的果实,成熟时有各种不同的开裂方式。如紫堇沿背缝线纵裂;车前草的盖裂;罂粟的孔裂。

② 闭果　果实成熟后果皮仍不开裂,分以下几种(图 3.21):

瘦果:由一、二和三心皮构成的子房发育而成的果实,果皮和种皮不愈合,易分离,果内含 1 粒种子。如向日葵。

颖果:由二、三心皮构成的子房发育而成的果实,果皮和种皮愈合,不易分离,果内含 1 粒种子。如玉米、小麦。

坚果:果皮坚硬木质化,含 1 粒种子,果实埋于有许多苞片组成的总苞——"壳斗"内。如板栗。

翅果:外果皮延伸成翅,果实内含 1 粒种子。如榆、槭(双翅果)的果实。

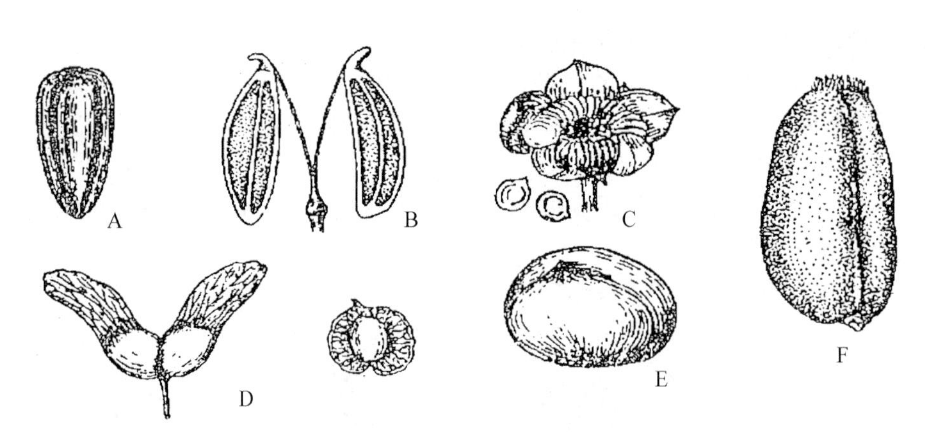

图 3.21 闭果的类型

A. 瘦果；B. 双悬果；C. 离果(分果)；D. 翅果；E. 坚果；F. 颖果

分果:由二或二个以上心皮组成的子房各室内含 1 粒种子,当果实成熟时,各心皮沿中轴分开。如胡萝卜的双悬果、唇形科植物的 4 个小坚果都称分果。

2. 聚合果

由一朵花中的多数离生心皮构成的雌蕊发育而成的果实。每个心皮形成一个小果,许多小果聚生在花托上。如草莓的聚合瘦果、悬钩子的聚合核果(图 3.22)。

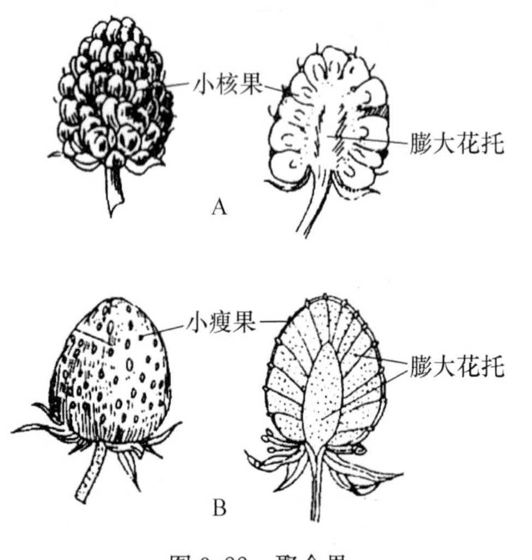

图 3.22 聚合果

A. 悬钩子的聚合果,由许多小核果聚合而成;
B. 草霉的聚合果,许多小瘦果聚生于膨大的肉质花托上

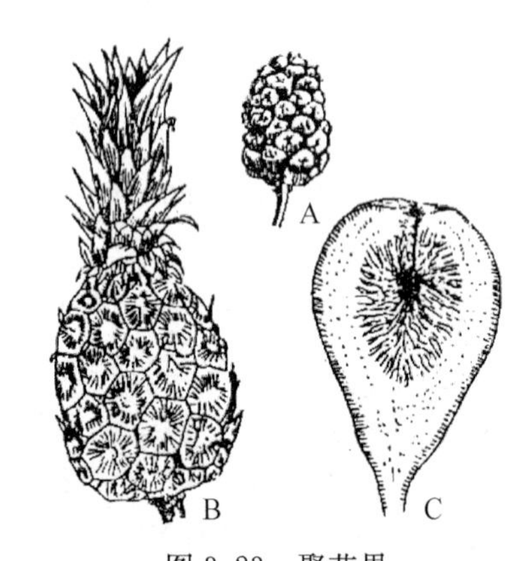

图 3.23 聚花果

A. 桑椹,为多数单花集于花序轴上形成的果实; B. 凤梨的果实,多汁的花序轴成为果实的食用部分; C. 无花果果实的剖面,隐头花序膨大的花序轴成为果实的可食部分

3. 聚花果

也称复果。果实由整个花序发育而成。如桑椹、波萝、无花果等(图 3.23)。

3.2.2 种子的形成和类型

种子是种子植物所特有的繁殖器官,它是种子植物的花经过开花、传粉和受精等一系列过程后，由胚珠发育而成的。

3.2.2.1 种子的发育

种子的结构包括种皮、胚、胚乳三个部分。被子植物双受精后，由合子发育成胚，由受精的极核发育成胚乳，由珠被发育成种皮。大部分植物的珠心部分在种子形成过程中被吸收、利用而消失。也有少数植物的珠心继续发育，直到种子成熟后而成为外胚乳。虽然种子的大小、形状以及内部的构造有所不同，但它们的发育过程基本相同。

1. 胚的发育

胚是卵细胞受精后由合子发育而来，故合子是形成胚的第一个细胞。当卵细胞受精后，合子便产生一层含纤维素的细胞壁，并进入休眠状态。休眠期的长短因植物种类而异，一般数小时至数天。如水稻 4～6 小时，棉花 2～3 天，苹果 5～6 天，而茶树则长达 150～180 天。合子休眠后进行多次细胞分裂直至形成由许多细胞组成的球形胚。此后，在双子叶植物中，球形胚顶端两侧生长较快，形成两个突起，发育为形状和大小相似的两片子叶；两片子叶之间分化出胚芽；胚芽相对的另一端形成胚根；胚根和胚芽之间形成胚轴（图 3.24）。在单子叶植物中，胚的发育初期与双子叶植物的胚的发育基本相似，但子叶的发育是不均等的，形成一片大的内子叶（即盾片）和一片很小的外胚叶。另外，胚芽外面有胚芽鞘，胚根外面有胚根鞘。

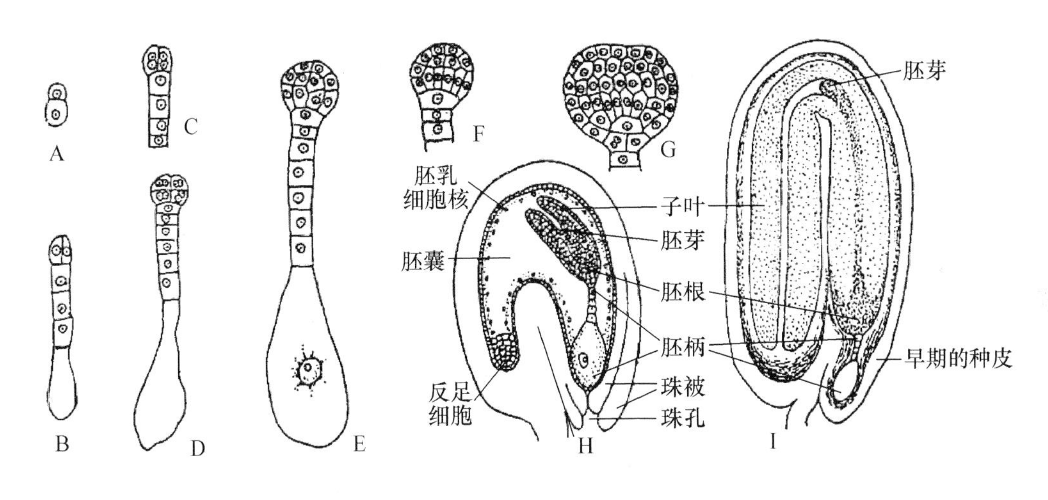

图 3.24 荠菜胚的发育

A. 合子分裂，形成一个顶细胞和一个基细胞；B～E. 基细胞发育为胚柄（包括一列细胞），顶细胞经多次分裂，形成球形胚体；F～G. 胚继续发育；H. 胚在胚珠中发育；I. 胚和种子初步形成，胚乳消失

2. 胚乳的发育

初生胚乳核通常不经过休眠或经短暂休眠就开始分裂。大多数植物初生胚乳核分裂后不立即形成细胞壁，而是不断分裂形成很多胚乳游离核。随后在游离核之间产生细胞壁形成胚乳细胞，细胞中充满淀粉粒。有一些植物如番茄、烟草等初生胚乳核每一次分裂后就立即产生细胞壁，形成胚乳细胞。胚乳在初期阶段主要供给胚发育时所需要的养料，后期则为贮藏养料的组织，以备种子萌发时的需要。有些植物的胚乳在胚的发育过程中被消耗，养料转移到子叶中，成为无胚乳种子（图 3.25）。

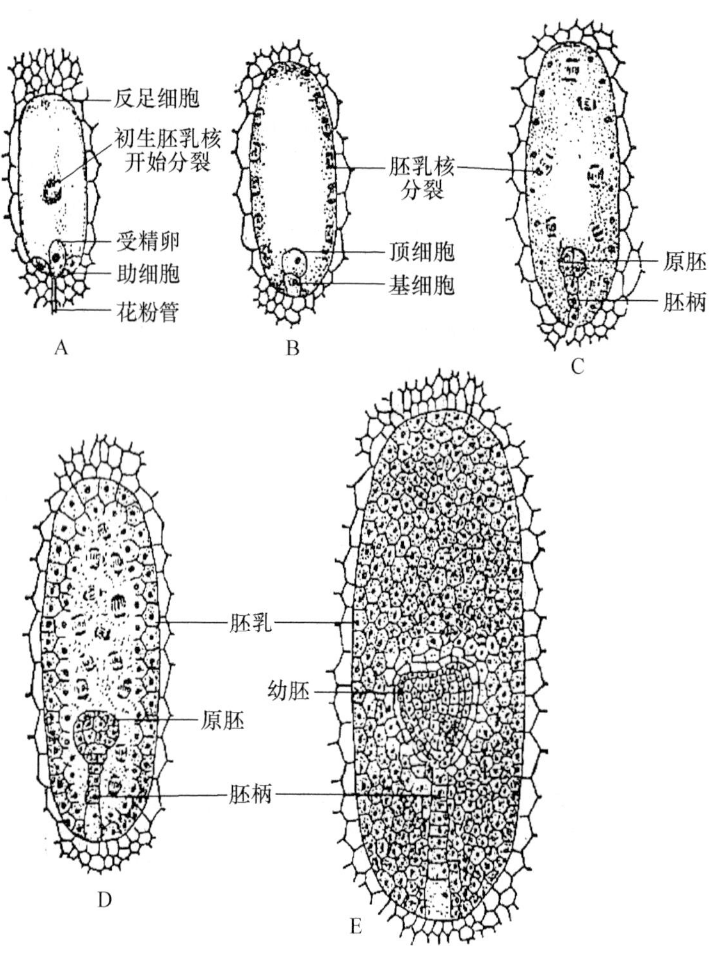

图 3.25　双子叶植物核型胚乳发育过程的模式图

A 初生胚乳核开始分裂；B. 胚乳核继续分裂，在胚囊周缘形成许多游离核，同时受精卵开始发育；C. 游离核更多，由边缘逐渐向中部分布；D. 由边缘向中部逐渐产生胚乳细胞；E. 胚乳发育完成，胚仍在继续发育中。

3. 种皮的发育

在胚和胚乳发育的同时，珠被发育成种皮，包在胚和胚乳的外面，起着保护作用。如果胚珠只有一层珠被，则形成一层种皮，如番茄、向日葵、胡桃等；若胚珠具有内、外二层珠被，则相应形成内种皮和外种皮，如油菜、蓖麻等。也有一些植物，虽有二层珠被，但在发育过程中，其中一层珠被被吸收而消失，只有另一层珠被发育成种皮。如大豆、蚕豆的种皮由外珠被发育而来；而小麦、水稻的种皮则由内珠被发育而来。

成熟种子的种皮，其外层常分化为厚壁组织，内层分化为薄壁组织，中间各层可以分化为纤维、石细胞或薄壁细胞。在大多数被子植物中，当种子成熟时种皮成为干种皮，但在少数被子植物和裸子植物中，种皮可以成为肉质的，前者如石榴，后者如银杏。种皮的表皮常具有附属物，最常见的是棉的外种皮的表皮细胞向外突出、伸长而形成“纤维”，它是一种主要的纺织原料。

有些植物的种子外面还具有假种皮，它是由珠柄或胎座发育而成的结构，如荔枝、龙眼果实中的肉质部分，就是珠柄发育而来的假种皮。

现将由花至果实和种子的形成过程表解如下：

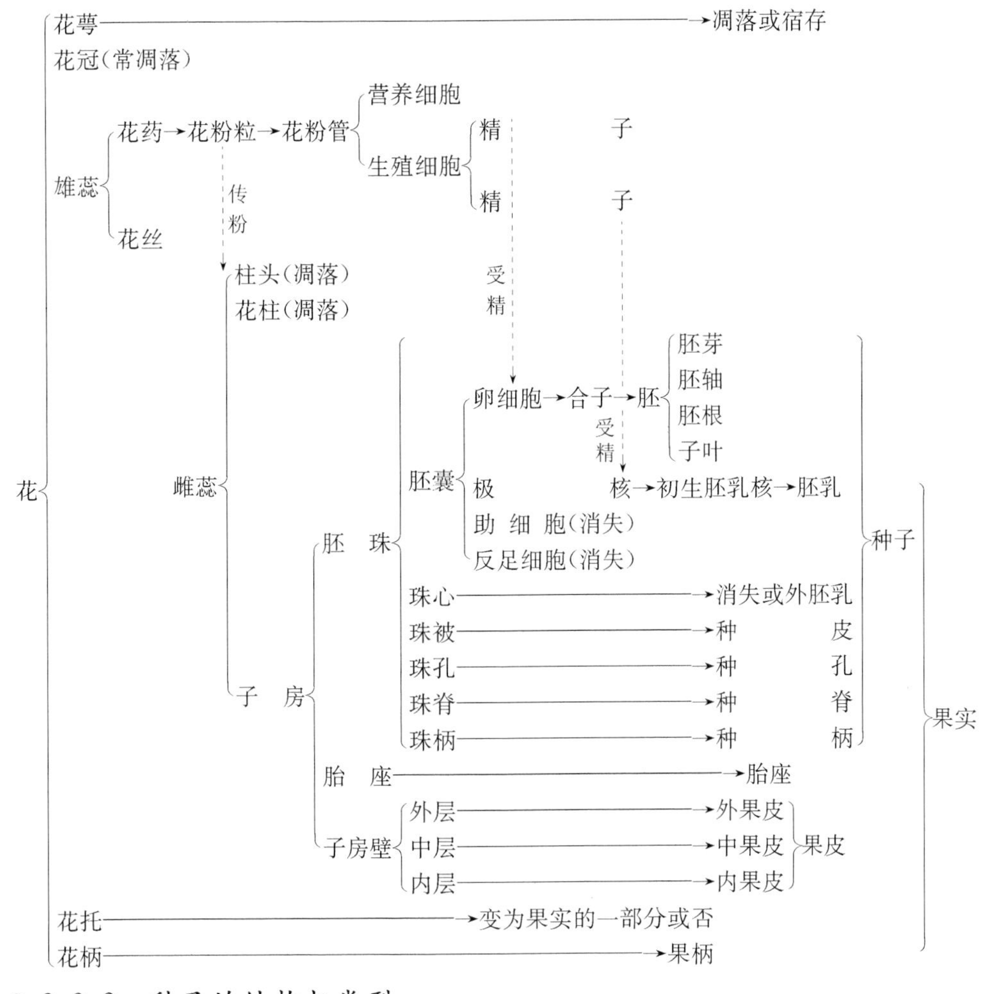

3.2.2.2　种子的结构与类型

1. 种子的基本结构

植物种类不同,其种子的形状、大小、颜色差异很大,但它们的基本结构都是相同的。典型的种子由种皮、胚、胚乳三部分组成(图 3.26),也有的植物种子仅包含种皮和胚两部分(图 3.27)。

(1) 胚　胚是植物的雏形,胚发育后形成植物体的各种器官。胚一般包括胚根、胚芽、胚轴和子叶四部分。胚轴是胚的中轴,上连胚芽,下接胚根,子叶着生在胚轴上,位于胚芽和胚根之间。由于子叶的着生,把胚轴分成上下两部分,子叶与胚芽之间为上胚轴,子叶与胚根之间为下胚轴。种子萌发后,胚根形成植物的根系,胚芽发育为茎、叶系统。

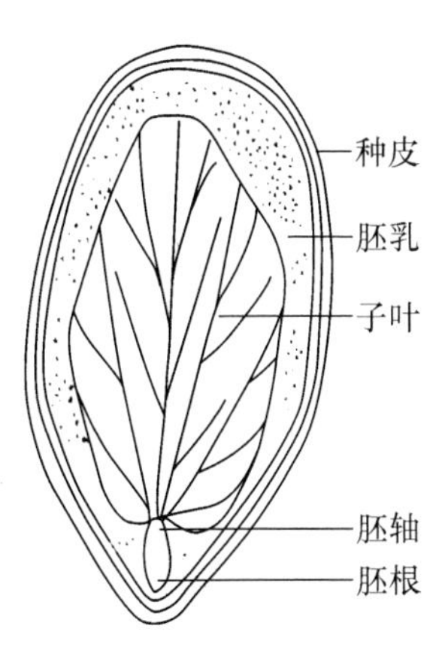

图 3.26　油桐种子的纵切面

在松、柏一类植物中,由于在形成种子时,种子外没有果皮包被而称为裸子植物,它们的种子中子叶数变动于 1～12 之间。但对于大多数种子植物来说,它们的种子形成时,外有果皮包被,称为被子植物。被子植物的种子子叶数比较一定,有一类植物子叶有二枚,称为双子叶植物,如广玉兰、香樟、苹果等;另一类植物子

叶仅有一枚，称为单子叶植物，如竹子、棕榈、百合等。

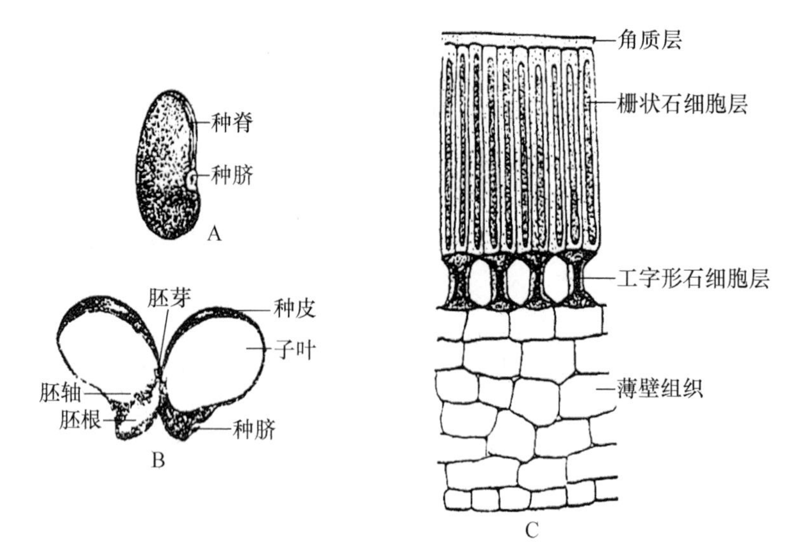

图 3.27　刺槐种子的构造

A. 外形；B. 剖开的两片子叶；C. 种皮横切面

(2) 胚乳　胚乳是种子内储藏营养物质的场所，储藏物质主要是淀粉、脂类和蛋白质。种子萌发时，胚乳中的营养物质被胚分解、吸收和利用；有些植物的种子在成熟过程中，胚乳不断将积聚的营养物质转移到子叶中，当种子成熟时，子叶变得十分肥大而胚乳则消失了，成为无胚乳种子。这在系统发育中被认为是进化的类型。

被子植物的胚乳是由受精的细胞发育而成的，细胞核内的染色体为三倍体；裸子植物的胚乳是由母体细胞发育而成的，细胞核内染色体为单倍体，在系统发育上具有明显的原始性。

(3) 种皮　种皮是种子外面的保护结构，但也有极少数的植物种子没有种皮，如百蕊草属植物的种皮在发育过程中被吸收，胚裸露在外看上去没有种皮。种皮的厚薄、色泽和层数，因植物种类的不同而有差异。成熟的种子在种皮上可见种脐、种孔和种脊等结构。种脐是种子从种柄或果实的胎座上脱落后留下的痕迹；种孔是原来的珠孔；种脊位于种脐一侧，是倒生胚珠的珠被与珠柄愈合的部分，其内分布有维管束。

种皮细胞的细胞壁常发生特化，加强了保护能力。如乌桕种皮上有很厚的蜡质；锦葵科一些植物的种子表面有纤毛等。种皮特化往往对种子的萌发带来困难，因此在播种前要进行层积、擦伤、烫种等处理。

种皮细胞常含有一定的色素，使不同的种子呈现不同色彩和纹饰，如唐菖蒲、百子莲的种皮含有叶绿素。

2. 种子的主要类型

根据成熟种子是否具有胚乳及子叶的数目，可将被子植物的种子分为以下四种类型：

(1) 双子叶植物有胚乳种子　这类种子由种皮、胚、胚乳三部分组成，胚乳发达。属于这类种子的植物有蓖麻、梧桐、葡萄、番茄、辣椒、荞麦等。现以蓖麻种子为例加以说明(图 3.28)。

蓖麻种子的外种皮坚硬、光滑，具花纹，内种皮薄。种子的一端有类似海绵状的结构称种阜，是由外种皮延生而成的突起，有吸收作用。种孔被种阜覆盖，种脐紧靠种阜而不明显。在种子宽面的中央，有一长条隆起，为种脊，其长度与种子几乎相等。剥去种皮，就可

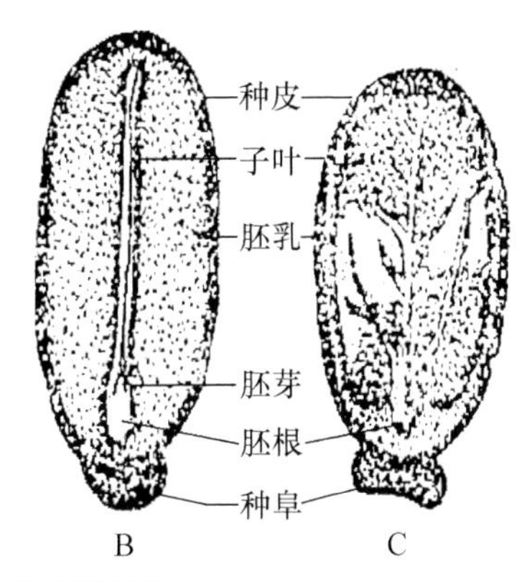

图 3.28　蓖麻种子的结构

A. 外形腹面观；B. 与子叶垂直的正中纵切面；
C. 与子叶平行的正中纵切面

见到白色的胚乳，胚乳内含有丰富的油脂。胚包藏于胚乳之中。沿着种子宽面平行纵切，可见到两片大而薄的子叶，其上有明显的脉纹。两片子叶的基部与胚轴相连，胚轴上方是胚芽，下方是胚根。

(2) 双子叶植物无胚乳种子　这类种子是由种皮和胚两部分组成，没有胚乳。如所有的豆类、瓜类以及苹果、梨、核桃、板栗、白菜、萝卜等。现以大豆和棉花的种子为例加以说明。

① 大豆种子的结构　大豆种子的种皮光滑，其上面有一椭圆形深色斑痕，位于种子的一侧，为种脐。种脐一端有一小圆形的种孔，种脐另一端有一明显种脊。大豆种子的胚具有两片富藏养料的肥厚子叶。胚轴上方为胚芽，夹在两片子叶之间；胚轴下方为胚根，其先端靠近种孔(图 3.29)。种子萌发时，胚根由种孔伸出。

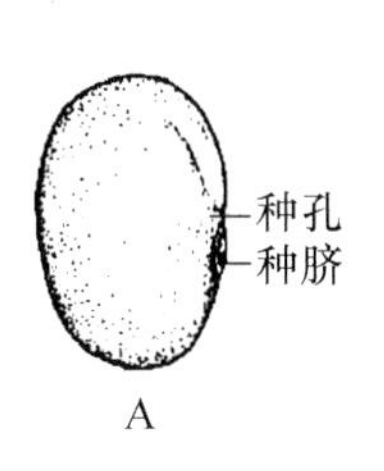

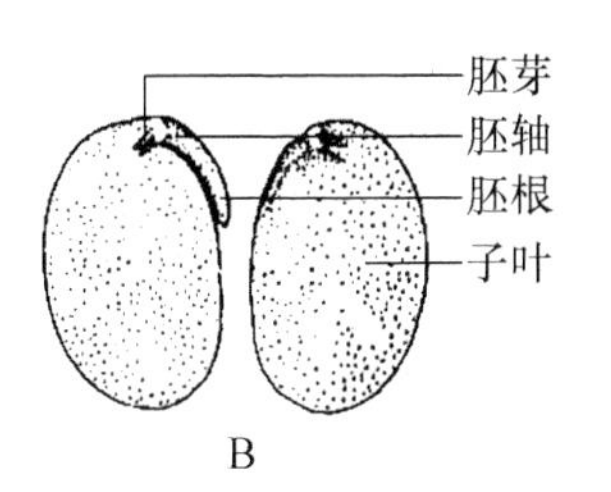

图 3.29　大豆种子的结构

A. 外形；B. 剖面

② 棉花种子的结构　棉花种子的种皮为黑色硬壳，其外表的毛状物是单细胞的表皮毛，它由外珠被的表皮细胞向外突出伸长形成。种皮内有一层乳白色薄膜，是胚乳遗迹。胚的两片子叶体积很大，呈皱褶状存于种皮以内。胚根较细长，胚芽较小(图 3.30)。

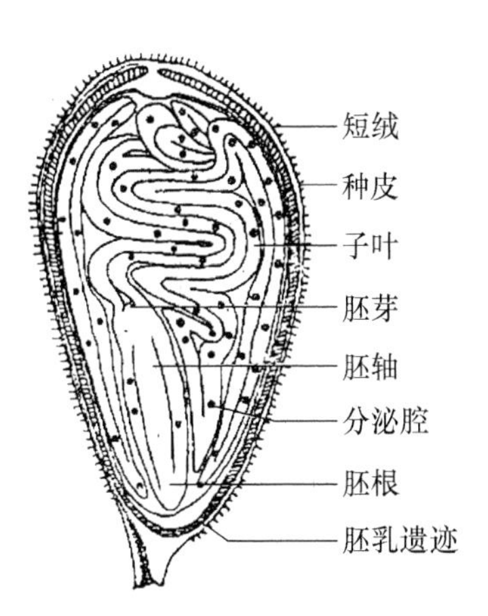

图 3.30　棉花种子的结构

(3) 单子叶植物有胚乳种子　大多数单子叶植物的种子是有胚乳的。现以小麦为例说明这类种子的基本结构(图 3.31)。

小麦籽实的外面，除包有较薄的种皮外，还有较厚的果皮与之愈合而生，而这不易分离，故小麦籽实称为颖果。

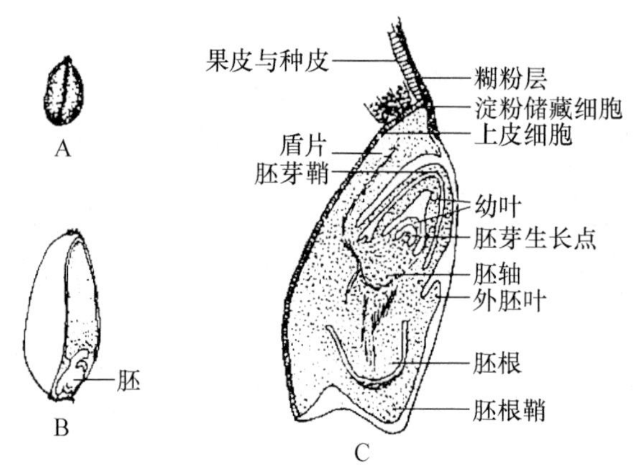

图 3.31　小麦颖果的结构

A. 颖果外形；B. 颖果纵切面；C. 胚纵切面放大。

小麦种皮以内绝大部分是胚乳。胚乳可分为两部分，紧贴种皮的是糊粉层，其余绝大部分是含淀粉的胚乳。小麦的胚位于籽实基部的一侧，只占麦粒的一小部分，它是由胚芽(包括幼叶和生长锥)、胚芽鞘、胚根、胚根鞘、胚轴和子叶构成。在胚轴的一侧生有一片子叶，形如盾状，称为盾片。盾片与胚乳交界处有一层排列整齐的上皮细胞，其分泌的植物激素能促进胚乳细胞的营养物质的分解，并吸收、转移到胚以供利用。胚轴在与盾片相对的一侧，有一小突起，称外胚叶。玉米、水稻的籽实结构基本与小麦相似。

(4) 单子叶植物无胚乳种子　此类种子较少见，如眼子菜、慈菇等。

3.2.2.3　种子的萌发和幼苗的类型

1. 种子萌发所需的条件

成熟的种子，它的一切生命活动很微弱，在外表上看不出有明显的变化，我们称种子的这种状态为“休眠状态”。但是，当种子在适宜的条件下，种子的胚从休眠状态转变为活动状态，胚根开始生长，突破种皮而发展成幼苗，这个过程称为“种子的萌发”。

一颗种子能不能萌发，主要的因素是种子本身是否成熟，是否具有生命力，这是种子萌发的内因。但是一颗有生命力的种子，如缺乏必要的外因条件，也不能从休眠状态向活动状态转化，种子就不能萌发。种子萌发的外界必要条件有以下几个方面：

(1) 适当的水分　成熟种子一般只含少量的水分，约种子重量的10%～14%。种子之所以处于休眠状态，干燥是其原因之一。水分对种子萌发的重要性表现为：种子吸水后，种皮变软，胚乳膨胀，有利于胚根突破种皮而萌发；种子中贮藏的营养物质，只有溶解在水中才能为植物吸收利用；水分是植物种子进行生命活动的必要条件，尤其是氧的吸收，必须通过水的媒介才能进行。

种子需要吸收足够的水分才能萌发，所需要水分的量与种子贮藏的营养物质有关。蛋白质种子在萌发时需要相当于种子本身重量或者更多的水分；淀粉种子萌发时所需水分约为种子重量的一半或更少些；脂肪种子往往也含有较多的蛋白质，萌发时所需水分要比淀粉种子多些。

(2) 适宜的温度　各种植物的种子，萌发时要求一定的温度条件。多数种子萌发的最低温度为0～5℃，最高一般不超过40℃，对大多数植物来说，25～30℃为种子萌发的最适温度。但是，原产于高纬度地区的植物，种子萌发要求较低的温度；而原产于低纬度地区的植物，则要求较高的温度。这是不同的植物在长时期进化过程中形成的适应外界条件的生态习性。

掌握各种植物种子萌发的最低温度、最高温度和最适温度，对于确定植物的播种期有较大的指导意义。特别是早春播种的植物，更应注意适当的播种期。温度过低，种子萌发慢，易烂种；温度过高，种子呼吸作用很强，消耗贮藏的养料多，造成幼苗生长瘦弱。

(3) 充足的氧气　氧气是植物呼吸作用的必要条件。种子萌发时需要的能量由种子的呼吸作用来供应，因此，萌发的种子表现出强烈的呼吸作用。如果这时缺乏氧气，不仅会阻碍胚的生长，而且时间长了会导致胚的死亡。

以上三个条件是各种植物种子萌发所必须的外因条件，它们之间是彼此相关，缺一不可的。我们在播种时，必须考虑种子萌发的必要条件，并为种子萌发创造良好条件，以得到生长健壮、品质优良的幼苗。

2. 种子的萌发过程

种子获得了适当的水分、适宜的温度和充足的氧气，就开始萌发。

种子萌发的一般过程是：首先种子吸水膨胀，种皮由硬变软，其中贮藏的营养物质陆续分解转化，供给胚生长的需要。胚根首先伸长，从种孔中突破种皮向下生长形成主根。当胚根长到一定程度后，胚轴与胚芽也开始生长，突破种皮，钻出土面，形成茎、叶，以后逐渐形成一株完整的幼苗。

在种子萌发过程中，胚根首先突破种皮而形成幼苗的主根，具有重要的生物学意义。因为根较早地发育，有利于早期的幼苗及时地固定于土壤中，从土壤中吸收水分和养分，使幼苗能尽快地独立生活。

3. 幼苗的类型

各种植物的种子，由于在萌发时胚轴的生长情况不同，而形成了两种不同类型的幼苗。

(1) 子叶出土幼苗　种子萌发时，下胚轴生长强烈，将子叶与胚芽送出土面。子叶出土后，在阳光照射下变成绿色，开始进行光合作用，以后由上胚轴与胚芽发育形成茎和叶。由胚芽的生长所形成的叶称为“真叶”。幼苗在出现真叶以后，子叶逐渐枯萎脱落(图 3.32)。

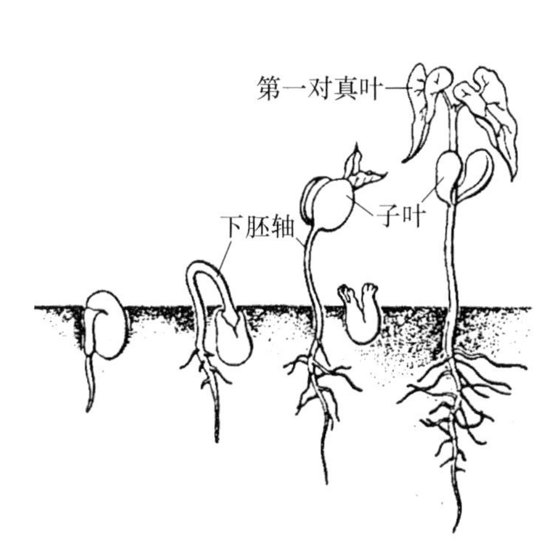

图 3.32　菜豆种子萌发(子叶出土)

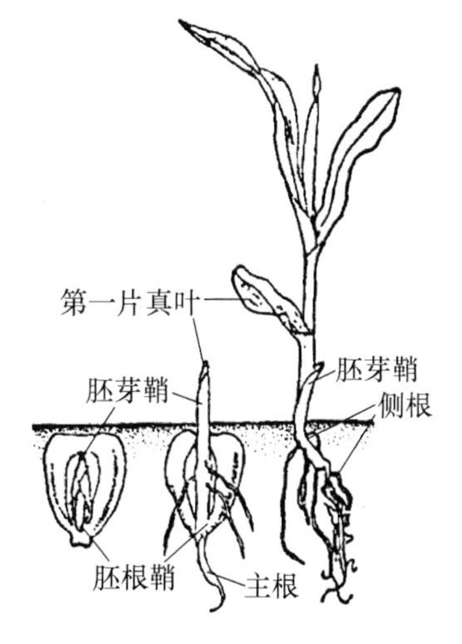

图 3.33　玉米籽实萌发(子叶留土)

(2) 子叶留土幼苗　种子萌发时，下胚轴几乎不生长或生长不多，子叶并不被送出土面，而由于上胚轴的生长而将胚芽送出土面，由胚芽发育形成茎和叶(图 3.33)。

一般而言，属于子叶出土幼苗类型的植物，播种时种子不宜播得过深。当然，种子播种的深度，除了考虑幼苗的类型外，还应考虑到播种时的气候及播种的土壤等多方面的因素。

3.2.3 果实和种子的传播

果实和种子成熟后，被传播到广大地区，传播范围越广，对植物体保存和繁衍其种族越有利。

传播果实和种子的主要因素是风、水、动物及其本身的力量。在长期自然选择过程中，各种植物的果实和种子对不同传播方式形成了不同的适应特征。所以，成熟的果实和种子往往具备各种适应传播的特征，常见的传播方式有 4 种。

1. 借风力传播

适应于风力传播的果实和种子，多为小而轻，并常具翅或毛等附属物，有利于随风飘扬，传至远方。如蒲公英果实具冠毛；柳的种子外面有绒毛；白蜡的果实、榆树果实、松的种子都具有翅等(图 3.34)。

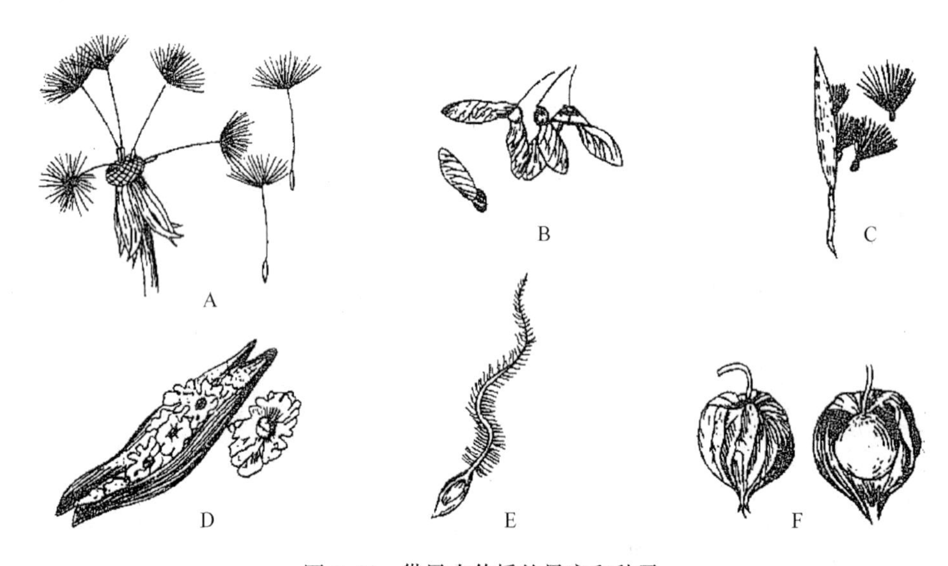

图 3.34　借风力传播的果实和种子

A. 薄公英的果实，顶端具冠毛；B. 槭的果实，具翅；C. 马利筋的种子，顶端有种毛；D. 紫薇的种子，四周具翅；E. 铁线莲的果实，花柱残留呈羽状；F. 酸浆的果实，外包花萼所成的气囊

2. 借水力传播

水生或沼生植物的果实和种子，具有漂浮的结构，以借水力传播。如莲的花托组织疏松呈海绵状形成“莲蓬”，可以飘载而行传播。生长在热带海边的椰子，果实的外果皮坚实，可抵抗海水的腐蚀。中果皮呈疏松的纤维状，能借海水漂浮过海，传至远方，一旦被冲至海岛沙滩上，只要环境适宜就能萌发生长，长成植株，因此椰子树常成片分布于热带海边。南太平洋岛上有许多珊瑚岛，在岛上最初发现的树种就是椰子树。生长在沟渠边的很多杂草(如苋、藜)的果实，散落水中，常随水飘流至潮湿土壤上萌发生长，这是杂草传播的一种方式。

3. 借人类和动物的活动传播

有些植物的果实或种子常具刺、钩或腺毛，当人们和动物接触它们时，便附着于衣服或皮毛上而被携带到各处。如小槐花的果实上有刺；苜蓿的果实上有钩(图 3.35)。还有一类植物的果实和种子，因其果肉甜美或具鲜艳的色彩，易吸引动物食用。但由于果皮或种皮坚硬，被动物吞食后不易受消化液的侵蚀，以后随粪便排出体外而传播。这些被排出散播的种子，只要有适宜的条件仍能萌发，如番茄的种子。

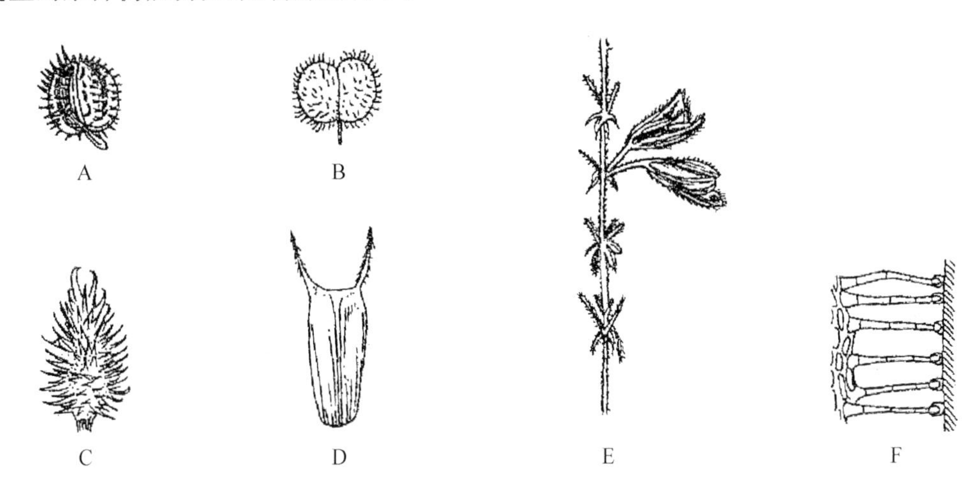

图 3.35 借人类和动物传播的果实和种子

A. 蓖麻的果实；B. 草属的果实；C. 苍耳的果实；D. 鬼针草的果实；
E. 鼠尾草属的一种，萼片上遍生腺毛，能黏附人和动物体上；F. E. 图的一部分腺毛放大

另外，有些杂草的果实和种子，常与栽培植物同时成熟，借人类收获作物和播种活动而传播，如稻田恶性杂草——稗，往往随稻收获，随稻播种，这是这种杂草很难防除的原因之一。

4. 借果实弹力传播

有些植物的果实，由于果皮各层细胞的含水量不同，当果实成熟干燥后，果皮各层的收缩程度也不相同，使果皮爆裂将种子弹出。如喷瓜的果实成熟时，在顶端形成一个裂孔，当果实收缩时，可将种子喷出 6 m 远的地方；凤仙花的果实成熟后，靠其自动开裂弹出种子(图 3.36)。

图 3.36 靠果实本身的机械力量散播种子

A. 凤仙花果实自裂，散出种子；B. 老鹳草果皮翻卷，散发种子；C. 菜豆果皮扭转，散出种子；
D. 喷瓜果熟后，果实脱离果柄时，由断口处喷出浆液和种子

3.2.4 被子植物的生活史

成熟的种子在适宜条件下萌发，形成具有根、茎、叶的植物体，经过一段时间的营养生长，然后在一定部位形成花芽，再发育成花朵。经过开花、传粉和受精作用后，子房发育成果实，胚珠发育成新一代种子。通常将这种以上一代种子开始至新一代种子形成所经历的周期，称为被子植物的生活史(图 3.37)。

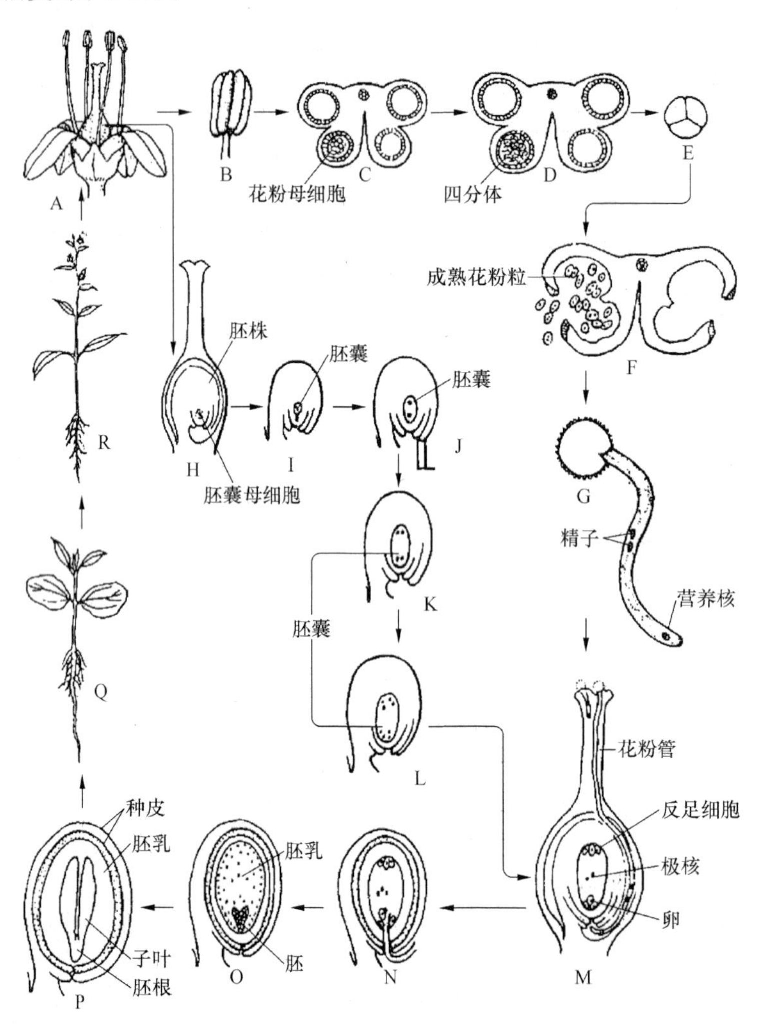

图 3.37 被子植物的生活史

A. 花；B. 雄蕊；C.D. 花药横切；E. 四分体；F. 花粉粒成熟，花药裂开；G. 花粉粒萌发；H—L. 胚囊的发育；M. 花粉粒在柱头上萌发；N. 双受精过程；O. 胚与胚乳的发育；P. 种子的形成；Q. 幼苗；R. 成熟植株

在被子植物整个生活史中包括两个基本阶段。第一阶段是从合子开始直到胚囊母细胞和花粉母细胞减数分裂前为止。在这一阶段中，细胞内的染色体数目为双倍体的($2n$)，称为二倍体阶段(或称孢子体阶段)。这一阶段在被子植物生活史中所占时间很长。第二阶段是从胚囊母细胞和花粉母细胞经过减数分裂分别形成单核胚囊(大孢子)和单核花粉粒(小孢子)开始，直到各自发育为含卵细胞的成熟胚囊和含精子的成熟花粉粒和花粉管为止。这时，细胞内的染色体数目是单倍体的(n)，称为单倍体阶段(或称配子体阶段)。此阶段在被子植物生活史中

所占时间很短，并且需要附属在孢子体上生活。在生活史中，双倍体的孢子体阶段和单倍体的配子体阶段有规律地交替出现的现象，称为世代交替。在被子植物的世代交替中，减数分裂和双受精作用是整个生活史的关键，也是两种世代交替的转折点。

思考题

1. 花的组成包括哪几部分？各有什么特点？
2. 举例说明花冠的类型。
3. 举例说明雄蕊的类型。
4. 举例说明雌蕊的类型。
5. 解剖观察具有上位子房、中位子房和下位子房的花，并说明它们的区别。
6. 以水稻、小麦为例，说明禾本科植物花的结构特点。
7. 举例说明双子叶植物花的特点。
8. 举例说明什么是单性花、什么是两性花？
9. 什么叫雌雄异株？什么叫雌雄同株？什么叫杂性同株？
10. 什么叫花序？举例说明花序的类型及特点。
11. 说明花药和花粉粒的发育结构。画出已开裂的花药的横切面。
12. 说明胚珠和胚囊的发育结构，画出成熟胚珠的结构图。
13. 举例说明胎座的类型，绘出各类胎座的图形。
14. 什么是传粉？为什么异花传粉具有优越性？植物对异花传粉具有哪些适应特点？
15. 什么叫受精作用？说明受精作用的过程及双受精的生物学意义。
16. 以荠菜为例说明双子叶植物胚的发育过程。
17. 果实有哪些类型？各有什么特点？
18. 什么叫无融合生殖？无融合生殖有哪些方式？什么叫多胚现象？其产生的原因是什么？
19. 说出花的各部分在受精后的变化。

4 植物的分类

4.1 植物分类的基础知识

植物分类的目的是为了认识植物，研究植物的亲缘关系，建立一个分类系统，从而了解植物系统发育规律，为鉴别、发掘、利用和改造植物奠定基础。

4.1.1 植物分类的方法

植物分类的方法大致有两种。

1. 人为分类法

人们按照自己的目的和方便或限于自己的认识，选择植物的一个或几个（如形态、习性、生态或经济上）特征作为分类的标准，不考虑植物种类彼此间的亲缘关系和在系统发育中的地位的分类方法称为人为分类法。如我国明朝李时珍（1518～1593）所著《本草纲目》依植物外形及用途将植物分为草、木、谷、果、菜等五部分。又如瑞典分类学家林奈（1707～1778）依据雄蕊的有无、数目及着生情况，将植物分为24个纲，其中1～23纲为显花植物（即被子植物），第24纲为隐花植物。按人为分类法建立的分类系统不能反映植物的亲缘关系和进化顺序，常把亲缘关系很远的植物归为一类，而把亲缘关系很近的则又分开了。

但是，为了某种应用上的需要，各种人为的分类方法及其系统至今仍在使用，如农业植物常分为作物、蔬菜、花卉及果树等，经济植物学中往往以油料、纤维、芳香及药用等进行分类。

2. 自然分类法

根据植物进化过程中亲缘关系的亲疏远近作为分类的标准，力求客观地反映出生物界的亲缘关系和演化发展过程的分类方法称为自然分类法。1859年达尔文的《物种起源》一书出版，提出进化学说。按照生物进化的观点，植物间形态、结构、习性等的相似是由于来自共同的祖先而具有相似的遗传性所致，即类型的统一说明来源的一致。因此，根据植物形态、结构、习性的相似程度就可判断它们之间亲缘关系的远近，如小麦与水稻相似的性状多，亲缘关系就近，而小麦与杨树的相同点少，则它们的亲缘关系必然远。

根据亲缘关系建立的分类系统称为自然分类系统或系统发育分类系统。百余年来建立的分类系统有数十个，尤其是很多分类学家根据各自的系统发育理论提出了许多不同的被子植物分类系统，其中有代表性的主要有：德国的恩格勒（Engler）系统；英国的哈钦松（Hutchinson）系统；前苏联的塔赫他间（Takhtajan）系统；美国的克郎奎斯特（Cronquist）系统等。

3. 近代植物分类学的发展

近代植物分类学的发展是随着各门学科的发展而发展的，从传统的根据植物的根、茎、叶营养器官和生殖器官的形态分类发展到从解剖、生理、生化、遗传及分子生物学等科学紧密相连的综合分类法。例如，从染色体的不同形态来分类；从植物对血清反应来分类；从植物体内某些化学物质的成分和这些物质的合成途径来分类等等，都将更好地、更符合客观实际地将分类系统完善起来。

4.1.2 植物分类的单位

植物分类常用的各级单位为界、门、纲、目、科、属、种。其中“种”是植物分类的基本单位，也称物种。由相近的种集合为属，相近的属集合为科，如此类推。根据实际需要，在主要分类单位中还可插入一些亚单位，如亚门、亚纲、亚科等。

每种植物都可在各级分类单位中表示出它的分类地位和从属关系。例如月季属于植物界、种子植物门、被子植物亚门、双子叶植物纲、蔷薇目、蔷薇科、蔷薇属、月季种；百合属于植物界、种子植物门、被子植物亚门、单子叶植物纲、百合目、百合科、百合属、百合种。

4.1.3 植物的命名

给植物以科学的命名是分类学的一大任务。植物的命名一般有两种方法：

一种是人们按照自己的习惯，根据植物某些特征给予命名，如“马尾松”是指该种植物带叶的长枝形如马尾而得名，这样的命名称为俗名。由于世界各个国家的语言和文字不同，每种植物各国都有自己的名称，就是在同一国家内，不同民族、不同地区常对同一种植物也有不同的名称，因而往往会出现将同一种植物叫成不同的名字即同物异名，也可把不同的植物叫成同一个名字即同名异物的混乱现象。由于俗名没有一定的命名法规，命名很不统一，例如银杏，据统计全国共有 20 多个俗名，如银杏、白果、公孙树、灵眼、鸭脚子、佛柑等等。全国的名称不统一，全世界就更乱了，极不利于植物分类学的研究和科学技术的交流。因此，给予每一种植物以统一的名称，是进一步研究和成果交流的必要前提。

另一种是“双名法”，瑞典生物学家林奈于 1753 年发表的《植物种志》中比较完善地创立了双名法。在双名法的基础上，经过反复修改和完善，制定了国际植物命名法规，为各国植物学工作者共同遵守。双名法共有几十条规定，其中主要精神有以下几条：

(1) 植物的各级分类单位一律采用拉丁文或拉丁化的文字拼写。

(2) 一种植物的学名为双名，即由种名加上所属于的属名构成，简称“双名法”。例如银杏的学名为 *Ginkgo biloba* L.。其中 *biloba* 是银杏的种名，*Ginkgo* 是银杏的属名。属名一般用名词，种名一般用形容词。

(3) 植物学名的属名第一个字母须大写，其余均小写，种名一般都小写。

(4) 一个完整的学名应同时附以定名人的姓氏，当姓氏长于 2 个音节以上时，可以缩写，如银杏的定名人 Linneus 缩写成 L.；若该种植物由二人共同定名，可在姓氏间用 et 连结，如水杉的学名为 *Metasequoia glyptostroboides* Hu et Cheng。其定名人是我国植物学家胡先骕和郑万均。定名人姓氏的第一个字母要大写。

(5) 一种植物只能有一个正式学名。正式学名以最早发表的学名为准，以后发表的不能

作为正式学名，这项规定简称优先律。

(6) 以畸形植物命名的学名必须取消，被取消的学名不能用于其他植物的命名。

(7) 植物学名一经确认不能随便更改，包括命名人在内，如发现错误确需更改时，应将原命名人同时记录在内。

(8) 种以下分类单位命名应在原学名后加上变种名或变型名。变种 varyetas 缩写成 var.，变型 forma 缩写成 f.。如千日白是千日红的变种，其学名为千日红学名加变种名，即 *Gomphrena globosa* L. var. *alba* Hort；又如碧桃是桃的变型，其学名为 *Prunus persica* Batsch f. duplex Rehd.。

(9) 杂种的命名应将 2 个原种的种名间用乘号表示。如杂种鹅掌楸(L. chinense × tulipifera)是鹅掌楸(*Liriodendron chinense* Sarg.)和北美鹅掌楸(L. *tulipifera* L.)的杂交种。

(10) 分类单位中科及科以上单位都有固定的词尾。如门 phyta；纲 atae；目 ales；科 aceae。

4.1.4 植物分类检索表

检索表是植物分类的重要手段，也是学习植物分类和识别植物的重要工具，一般在植物志、植物分类著作中都有检索表。

植物的各个等级都有检索表，但以科、属、种的检索表最常见。使用检索表时，通过一系列的从两个相互对立的性状中选择一个与被检索植物相符的性状，而放弃一个不符的性状的方法，达到鉴定的目的。

如以豆科槐属(Sophora)的 3 个种作检索表：

1. 乔木；小叶 7～15；花黄白色，圆锥花序 …………………………………………… 槐
1. 灌木或多年生草本，小叶 15～29，总状花序 ……………………………………… 2
   2. 亚灌木或多年生草本，托叶不成刺状，小叶线状披针形或窄卵形，花黄白色 …… 苦参
   2. 灌木；托叶变成刺状，小叶椭圆形或椭圆状长卵形，花白色或蓝白色 ……… 白刺花

又如蔷薇科的亚科分类检索表：

1. 果实为开裂的蓇葖果或蒴果；多无托叶 …………………………… 绣线菊亚科
1. 果实不开裂，具托叶 ………………………………………………………………… 2
   2. 子房下位，心皮 2～5，梨果 ……………………………………………… 梨亚科
   2. 子房上位，果实非梨果 …………………………………………………………… 3
      3. 心皮 2 枚，极少 2 或 5 个，核果 ………………………………………… 李亚科
      3. 心皮多数，分离，极少 1～2 枚，聚合瘦果或聚合小核果 ………… 蔷薇亚科

再如以水杉、女贞、广玉兰、白玉兰、悬铃木 5 个种作检索表：

1. 有显著的花，胚珠生于子房内 ……………………………………………………… 2
1. 无显著的花，胚珠裸露 ………………………………………………………… 水杉
   2. 落叶木本植物 ……………………………………………………………………… 3
   2. 常绿木本植物 ……………………………………………………………………… 4
      3. 顶芽缺，侧芽为柄下芽………………………………………………… 悬铃木
      3. 顶芽存，侧芽非柄下芽………………………………………………… 白玉兰
         4. 叶互生 ……………………………………………………………… 广玉兰
         4. 叶对生 ……………………………………………………………… 女贞

4.2 植物的基本类群

植物是地球发展到某一时期出现的。距今34亿年以前，就已经有了植物的祖先。最初出现的植物是单细胞的，以后才逐渐发展形成多细胞植物。在漫长的地质年代中，由于气候和地质条件的不断变化，有些植物衰亡了，有些则繁茂起来，同时不断产生新的植物种类，从而构成了现今丰富的植物界类群。

根据植物在长期演化过程中出现的形态结构、生活习性的差别，整个植物界可分为低等植物和高等植物两大类。低等植物中包括藻类植物、菌类植物和地衣；高等植物中包括苔藓植物、蕨类植物和种子植物(包括裸子植物及被子植物)。这些类别不单表明植物间的差异，而且也表明植物从单细胞到多细胞、从简单到复杂、从水生到陆生，从低等到高等的进化过程。

4.2.1 低等植物

低等植物在进化上是比较原始的类型，有单细胞植物和多细胞植物。多细胞类型是丝状体或叶状体，没有根、茎、叶等器官的分化。生殖细胞是单细胞的，极少数为多细胞的。有性生殖的合子不形成胚而直接萌发成新的植物体，它们常生活在水中或潮湿的环境条件下。根据植物体结构和营养方式的不同，可将低等植物分为藻类、菌类和地衣，现分别介绍如下：

4.2.1.1 藻类植物

藻类植物是最古老植物类群之一，现有的藻类植物约有18 000种，分布极其广泛，热带、温带、寒带均有分布。

藻类植物的个体大小和形态结构差异很大，小的只有几个微米长，大的可达几米至几百米长。有肉眼看不见的单细胞植物如衣藻、小球藻等；也有由许多单细胞的藻类个体胶合在一起而形成的多细胞群体如团藻等；有些为多细胞的丝状体或叶状体如水绵等；有的结构较复杂，形体也很大，如海带、紫菜等，但都没有根、茎、叶的分化(图4.1)，故它们是原植体植物。植物体的营养细胞都有吸收水分、无机盐的作用。

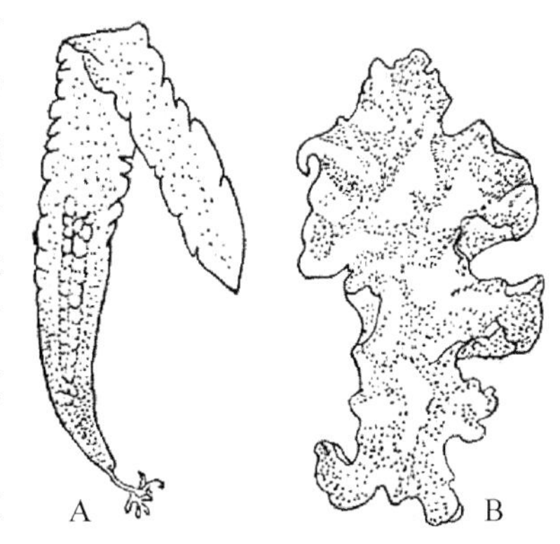

图4.1 藻类
A. 海带；B. 紫菜属

藻类植物含有光合作用色素，能进行光合作用，制造养分供本身需要。它们的生活方式是自养的，大多数生活在淡水或海水中，少部分生活在陆地上，如生活在潮湿的土壤、树皮、石头上等。

除叶绿素外，藻类还含有其他色素，如蓝藻门还含有蓝色的藻蓝素，故藻体呈蓝绿色；绿藻门所含色素与高等植物叶绿体的色素相同，如衣藻和水绵等都是绿藻；褐藻门还含有藻褐素，藻体呈褐色，常见的有海带；红藻门还含有藻红素，藻体呈红色，常见的有紫菜、石花菜等。藻类在水中的垂直分布由浅到深依次为绿藻、蓝藻、褐藻和红藻，形成这种情况的原因主要是不同波长的光在水中的穿透能力不同而造成的。

根据藻类植物含有的色素、贮藏的养料、植物体的细胞结构以及生殖方式等的不同，可分为蓝藻门、绿藻门、裸藻门、金藻门、甲藻门、红藻门、褐藻门共7门。蓝藻是藻类中最原始的一类，没有真正的细胞核，如可供食用的地木耳、发菜及在污水沟边的颤藻都是蓝藻。其他的藻类都有细胞核。

藻类属于绿色植物，它能利用太阳能来同化周围环境中无机物质制造糖、蛋白质、胶质和多种矿质营养，在自然生态系统中对物质循环和大气中氧与二氧化碳的平衡起着极其重要的作用。而且许多藻类可供食用，如葛仙米、发菜、地木耳、石纯、海带、紫菜等。海带中含有大量的碘，可医治甲状腺肿大。还有许多种藻类可提供工业原料，如硅藻的残体堆积起来的硅藻土是制造耐火砖的原料或作填充剂；多种红藻可提取琼胶，是食品工业和医学实验，尤其是组织培养不可缺少的成分；褐藻可提取褐藻胶、甘露醇和碘。小球藻和螺旋藻体内蛋白质含量高达50%以上，是颇有开发前途的藻类植物。有些蓝藻还有固氮作用。另外也有些藻类为水田杂草如水绵。

4.2.1.2 菌类植物

菌类植物是一群没有根、茎、叶分化，一般无光合色素，并依靠现存的有机物质而生活的一类低等植物。绝大部分菌类植物的营养方式是异养的。异养的方式有寄生和腐生。凡是从活的动植物体吸取养分的称为寄生。凡是从死亡的植物体或无生命的有机物质吸取养分的称为腐生。菌类植物约有9万余种，可分为细菌门、黏菌门和真菌门。

1. 细菌门

细菌是单细胞植物，有细胞壁，但没有细胞核，与蓝藻相似属于原核生物。细菌的大小约为1微米左右，在一滴水中，可以容纳几亿个细菌。细菌根据形态不同可分为球菌、杆菌和螺旋菌三种(图4.2)。绝大多数细菌不含叶绿素，为异养植物。有的细菌(如硫细菌、铁细菌等)是自养的，能利用 CO_2 及化学能自制养料。细菌的繁殖通过细胞分裂进行，没有有性生殖；有的可以形成芽孢度过不良环境，待环境适宜时重新发育成一个细菌。细菌分布很广，几乎遍布地球的各个角落，空气、水、土壤及生物体的内、外，一切物体的表面都有细菌存在。

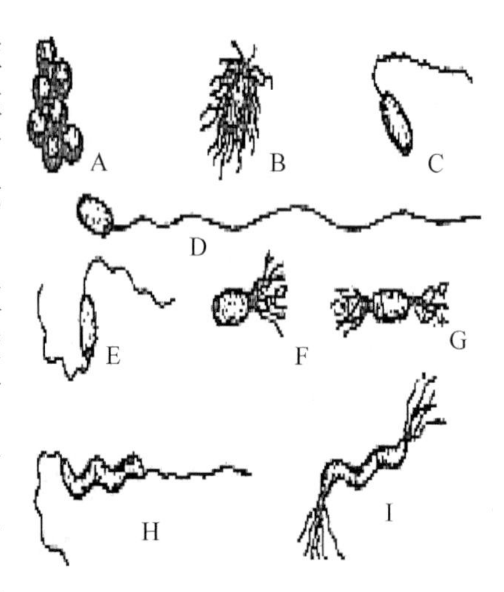

图4.2 细菌的三种类型

A. 球菌；B～G. 杆菌；H～I. 螺旋菌

细菌在自然界的物质循环中起重要的作用。细菌能分解有机物，使动植物的尸体和排泄物以及各种遗弃物分解成简单的有机物或无机物，重新供绿色植物利用，完成自然界的物质循环。

与豆科植物共生的根瘤菌也是细菌中的一类。根瘤菌可以把空气中的氮固定为含氮化合物供给豆科植物营养。磷细菌能将磷酸钙、磷灰石、磷灰土分解为植物容易吸收的养分。硅酸盐细菌能促进土壤中的磷、钾转化为植物可以吸收的物质。

细菌与人类有密切的关系。寄生细菌常使人、动物、植物致病，如人类的结核、伤寒、霍乱、白喉等；家畜的炭疽、结核等；白菜的软腐病、棉花角斑病等，都是由某些细菌引起的。但也有许多细菌对人类有益，如利用根瘤菌制成菌肥，利用杀螟杆菌治虫。工业上的造纸、制革、制醋、石油脱蜡、麻类纤维脱胶等都需要细菌的参与。在医药卫生方面，可以利用细菌生产各种药物，利用

杀死的病原菌或处理后丧失毒力的活病原菌，可制成各种预防和治疗疾病的疫苗和卡介苗。

放线菌类也是细菌中的一类。常见的药物如链霉素、四环素、土霉素等，都是从放线菌中提取出来的抗生素。

2. 黏菌门

黏菌门是介于动植物之间的一类生物，约500余种。在它们的生活史中，一段时间是动物性的，另一段时间是植物性的。它们的营养体是一团裸露的原生质体，含多数细胞核，没有细胞壁，人们称之为变形体。变形体能做变形虫式的运动，可吞食固体食物，这一点与动物相似。但在繁殖时期，黏菌又产生具有纤维素细胞壁的孢子，而具有植物性状。黏菌多数长在阴暗和潮湿的地方，如森林中的腐木、落叶及其他湿润的有机物上。

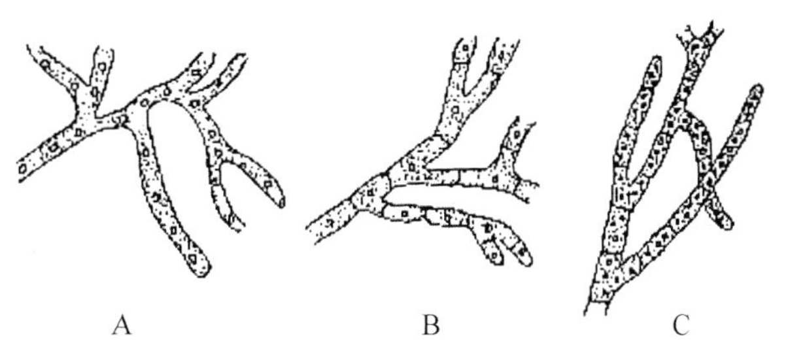

图 4.3　真菌营养菌丝的类型

A. 无隔多核菌丝；B. 有隔菌丝(单隔)；C. 有隔菌丝(多隔)

3. 真菌门

真菌有单细胞和多细胞，细胞具细胞核，不含叶绿素及任何质体，所以真菌也是营寄生或腐生生活的异养植物。

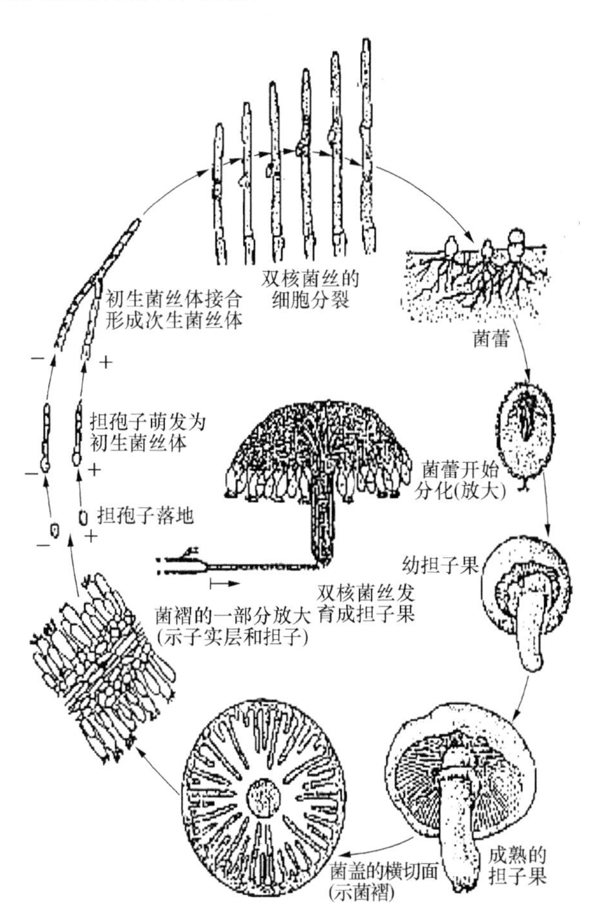

图 4.4　蘑菇的生活史

真菌的营养体大多是由菌丝构成的菌丝体(图 4.3)，高等类型真菌的菌丝体常形成子实体。菌丝有隔或无隔，不分隔的菌丝实为一个多核的大细胞。在日常生活中，我们所说的霉就是真菌的菌丝体，如多汁水果腐烂时，出现一种青绿色的霉，这是青霉；把馒头放在潮湿的环境中，过几天就长出白色的霉，以后还出现许多黑点，这就是黑霉，它们都是真菌。蘑菇也是真菌(图 4.4)。

真菌的生殖方式有营养繁殖、无性生殖和有性生殖三种，其中无性生殖极为发达，形成各种各样的孢子，有些孢子直接从菌丝上形成，有些孢子则要经过有性的接合过程才能形成。

真菌的分布极广，陆地、水中及大气中都有，尤其以土壤中最多。真菌的种类约有3 800多属，已知道的有70 000种以上，可分为4纲：藻菌纲、子囊菌纲、担子菌纲和半知菌纲。

真菌与人类有着密切的关系。许多真菌可直接供人食用或药用，如平菇、香菇、蘑菇、黑木耳、银耳等都可食用；麦

角、虫草、竹黄、灵芝、茯苓等为重要药物。利用真菌的生理特性在发展酿造工业、食品工业、生物制药工业方面有重要的应用价值。但是,也有不少真菌会引起植物病害,如葡萄霜霉病等,或使许多食品、木材、纺织品、纸张霉烂,还可引起人畜生病、中毒。

4.2.1.3 地衣

地衣是藻类和真菌共生的植物。共生的藻类主要是蓝藻(念珠藻等)和绿藻;共生的真菌绝大多数是子囊菌,少数有担子菌和半知菌。在共生体中,藻类为整个植物体制造养分;菌类吸收水分和无机盐,为藻类制造养分提供原料,并围裹藻类细胞,以保持一定的湿度,相互间形成特殊的生存关系。

现有地衣约 2 万种,根据外部形态可分为三类:壳状地衣,整个植物体紧贴基质,不容易取下来;叶状地衣,植物体为叶状体,仅以假根状的菌丝部分与基质相连,其他部分与基质不紧贴,容易取下来;枝状地衣,植物体直立或下垂多分枝(图 4.5)。

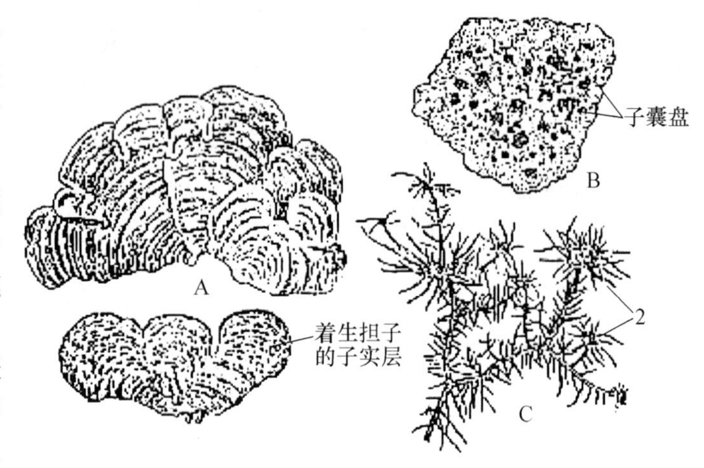

图 4.5 地衣的不同体型

A. 叶状地衣;B. 壳状地衣;C. 枝状地衣

地衣是多年生植物,生长缓慢,其繁衍主要依靠营养繁殖,即依靠植物体裂断,产生新的个体。此外,还可产生粉芽、珊瑚芽、小裂片进行营养繁殖。地衣的有性生殖由真菌进行,子囊菌产生子囊孢子,担子菌产生担孢子,称果体。这一果体必须与共生的藻相遇,才能发育成地衣。

地衣为自然界的先锋植物,具有很强的耐旱和耐寒的能力,能生长在裸露的岩石、土壤或树干上。生长在岩石上的地衣能分泌地衣酸腐蚀岩石,促使岩石风化和土壤形成。由于地衣对空气污染十分敏感,特别是 SO_2,在大城市或工业区不易有地衣生长。所以,地衣也可作为大气污染的监测指示植物。

地衣中有的可供食用,如石耳、石蕊、地茶等;有的可作药用,如松萝、石蕊等;地衣酸有抗菌作用;多种地衣体内的多糖有抗癌能力。石蕊、冰岛衣是驯鹿的重要饲料;也有的可作染料用。

地衣也有危害的一面,如云杉、冷杉林中,树冠上常被松萝挂满,导致树木死亡。有的地衣生长在茶树、柑橘上,危害较大。

4.2.2 高等植物

高等植物是进化系统上较为高级的一类植物,绝大多数植物为陆生,其结构较复杂,一般都有根、茎、叶的分化(除苔藓植物外),所以都具有适应陆生环境的维管系统。生活史具有明显的世代交替,即有性世代(配子体)和无性世代(孢子体)有规律地交替出现。生殖器官由多细胞构成。有性生殖的合子在母体内发育成胚,再由胚萌发为新的植物体。

4.2.2.1 苔藓植物

苔藓植物是高等植物中最原始的陆生类群，它们虽脱离水生环境进入陆地生活，但大多生长在阴暗潮湿的地方，如阴湿的墙壁、土壤及坡地上。所以它们是从水生到陆生的过渡类群。

苔藓植物的植物体为多细胞结构，但体形较小。苔藓植物有两种基本形态：一种为扁平的叶状体，如地钱(图 4.6)；一种是茎叶分化比较明显的茎叶体，如葫芦藓(图 4.7)。这两种形态的植物体都没有根的分化，仅在植物体与土壤接触的一面有一部分细胞凸起构成假根。假根具有根的一部分功能但没有根的完备构造。苔藓植物的茎内没有维管束，组织分化的水平不高。茎分为皮部与中轴，中轴由厚壁细胞构成，主要起支持作用，输导能力较差。苔藓植物的叶都兼有吸收水分和进行光合作用的功能。

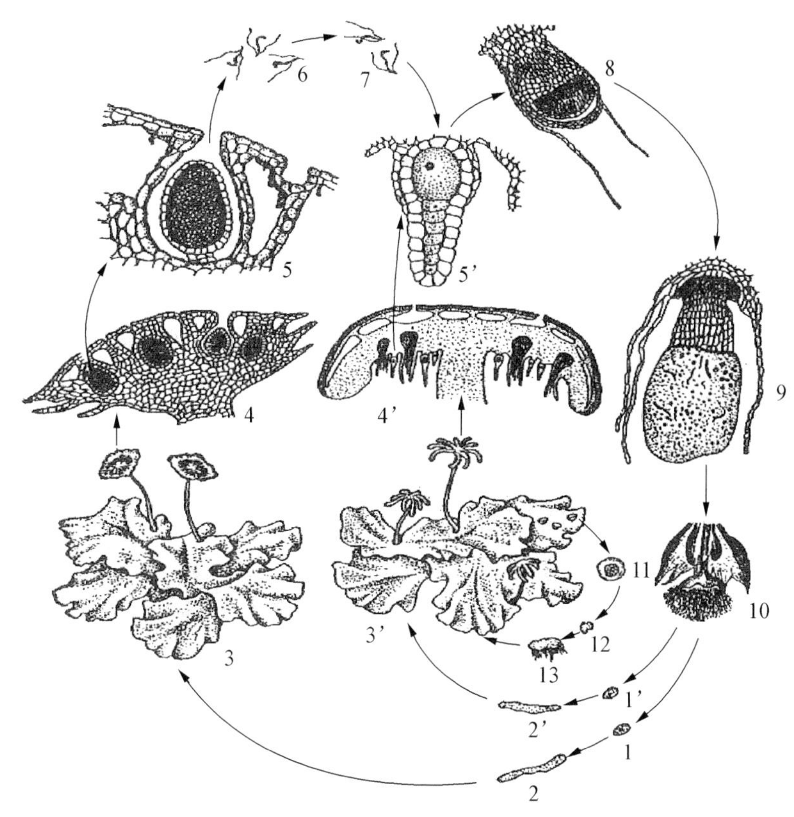

图 4.6 地钱的生活史

1，1′. 孢子；2，2′. 原丝体；3. 雄珠；3′. 雌珠；4. 精子器托纵切面；4′. 颈卵器托纵切面；
5. 精子器；5′. 颈卵器；6. 精子；7. 精子借水的作用与卵结合；8. 受精卵发育成胚；
9. 胚发育为孢子；10. 孢子体成熟后孢子及弹丝散发；11. 芽杯内胞芽成熟；
12. 胞芽脱离母体；13. 胞芽发育为新植物体

苔藓植物的生活史有明显的世代交替，配子体发达，具叶绿体，自养生活；孢子体不发达，不能离开配子体独立生活，必须寄生在配子体上。有性生殖时，配子体产生多细胞的雌性生殖器官和雄性生殖器官。雌性生殖器官称颈卵器，其形状如瓶，外围有一层细胞构成颈卵器的壁，上部称颈部，下部称腹部。在颈卵器成熟前，颈部有一串颈沟细胞，腹部有一个腹沟细胞和一个卵细胞；成熟时，颈沟细胞和腹沟细胞消失，仅有卵细胞留在底部。雄性生殖器官称精子器。精子器呈椭圆形或棒形，外有一层细胞构成精子器壁，内有许多精子，每个精子具两条鞭

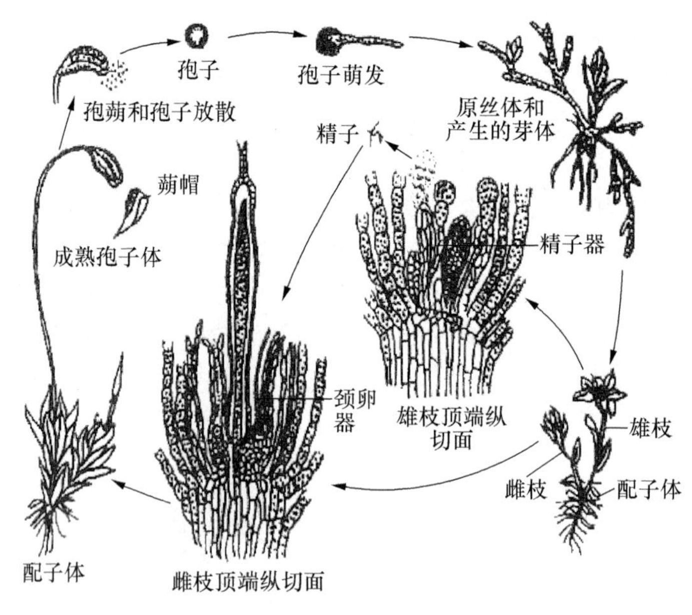

图 4.7 葫芦藓的生活史

毛，当精子成熟时，精子器破裂，精子溢出，借助于水进入颈卵器，并与卵结合成为合子。合子（染色体数为 $2n$）形成后不从母体脱落，也不经休眠随即发育成胚。再由胚发育成孢子体。孢子体包括孢子囊（又称孢蒴）、蒴柄和基足，基足伸入配子体的组织中吸收养料。孢子囊内的孢子成熟后释放出来，在适宜的环境条件下，又可萌发成新的配子体。

苔藓植物分为苔纲、藓纲和角苔纲，约有 40 000 种，我国约有 2 100 种，多生活于潮湿环境，生活力强，适应性广，从热带到寒带都有分布。苔藓植物能生长在几乎裸露的岩石上，腐蚀岩石表层，有利于土壤的形成，是植物界的拓荒者之一；苔藓植物往往成片、成丛生长，覆盖地面，对于水土保持特别有利；由于苔藓植物有很强的吸水能力，在园林中常被用作苗木根部保湿和山石盆景的装饰材料；苔藓植物对空气中 SO_2 和 HF 等有毒气体很敏感，可作监测大气污染的指示植物；苔藓的遗体进入土壤后可增加有机质的含量，在嫌气条件下能发育成泥炭，可作燃料和肥料；有些苔藓植物可作药用，如大金发藓，全草能乌发、利便、活血、止血。

4.2.2.2 蕨类植物

蕨类植物包括石松纲、水韭纲、松叶蕨纲、木贼纲和真蕨纲。其中真蕨纲在蕨类植物中进化水平最高，是现在地球上蕨类中最繁茂的一群。现有的蕨类植物约有 12 000 种，我国约有 2 600种。

蕨类植物具有根、茎、叶的分化，同时在孢子体中出现了维管系统，使植物体具有较强的输导能力，因此，可以在较干旱环境中生活。

蕨类植物的孢子体比配子体发达，孢子体为多年生或一年生，配子体寿命较短，结构也简单，称为原叶体。无论是孢子体还是配子体都具有叶绿体，都能独立营自养生活。蕨类植物的生活史中具有明显的世代交替现象（图 4.8），孢子囊通常发生在叶上或叶腋间，在囊内孢子母细胞经减数分裂形成孢子，孢子在适合的环境中发育成配子体。配子体能产生精子器和颈卵器，其基本结构与苔藓植物相似，只是精子数目较少，颈卵器颈部较短，通常只有 1 个颈沟细胞。精子有鞭毛，受精时必须借助于水。受精以后，合子发育成胚，再发育成新的孢子体。随着胚的发育，配子体逐渐死去。

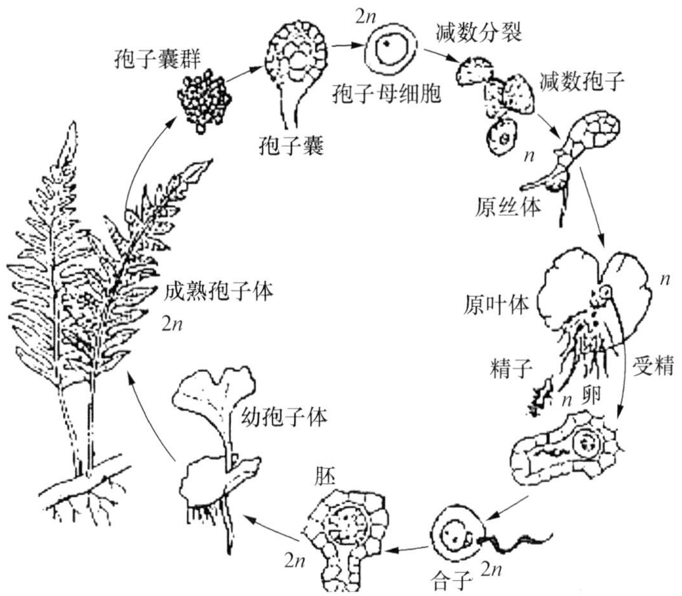

图 4.8　蕨的生活史

蕨类曾经是地球上十分茂盛的植物类群，在地质大变动的时代许多蕨类植物被埋入土下，经过长期的演变成为煤炭。直至今日，蕨类植物仍然是林下植被中的重要组成部分，如贯众、里白、海金砂等，具有极强的水土保持能力。不少种类可以作为土壤指示植物，如芒萁是强酸性红壤的指示植物；蜈蚣草为钙质土、石灰岩的指示植物。某些蕨类植物可以食用、药用和起固氮作用。蕨类叶大、干矮、茂密，可供观赏和作插花的材料。尤其是蕨类植物十分耐阴，可作为室内装饰的重要材料。常见的观赏蕨类有卷柏科、铁线蕨科、骨碎补科、碗蕨科、鳞毛蕨科和水龙骨科的一些植物。

4.2.2.3　种子植物

种子植物包括裸子植物和被子植物，这是现代地球上适应性最强、分布最广、种类最多、经济价值最大的一类植物。它们最突出的特征是用种子来繁殖，种子是由胚珠发育而来的，由于胚在种子内受到较好的保护，不但能够抵抗不适宜的环境条件，而且种子内还贮藏了胚发育时所必需的养料，保证胚在休眠后能继续发育，故种子是植物长期适应陆地生活的产物，也是保存种族适应陆地生活的最好方式。种子的出现是植物界进化过程中一次巨大的飞跃，是种子植物能够不断繁盛，广布于地球上的重要因素。种子植物的另一特征是受精过程中形成花粉管，精子由花粉管输送到胚囊并与卵细胞融合，使自我的有性生殖不再受水条件的限制。此外，种子植物的孢子体更加发达，有强大的根系，体内各种组织的分化越来越精细完善。配子体结构更加简化，并寄生在孢子体上，不能独立生活。

1. 裸子植物

裸子植物最显著的特征是产生种子，但胚珠和种子裸露，不形成果实。孢子体特别发达，绝大多数裸子植物是常绿木本植物，有形成层和次生生长。除买麻藤纲外，木质部中只有管胞而无导管和纤维；韧皮部中只有筛胞而无筛管和伴胞。配子体进一步简化，不能独立生活，寄生于孢子体上。大多数种类裸子植物的雌配子体中，尚有结构简化的颈卵器。有些种类的雄配子体形成了花粉管，花粉管可以把精子直接送到颈卵器中受精，受精作用已不受水的限制，使裸子植物更适应于陆地生活。少数种类如苏铁和银杏属植物，仍有多数鞭毛的游动精子，这说明裸子植物是一群介于蕨类植物与被子植物之间的维管植物。

种子植物与蕨类植物在有性生殖结构上的两套名词关系密切，在裸子植物中时常并用，现作如下对比：

蕨类植物	种子植物
孢子叶球	花
小孢子叶	雄蕊
小孢子囊	花粉囊
小孢子母细胞	花粉母细胞
小孢子	花粉粒(单细胞时期)
雄配子体	花粉粒(2细胞以上时期)和花粉管
大孢子叶	珠鳞(裸子)心皮(被子)
大孢子囊	胚珠(珠心)
大孢子母细胞	胚囊母细胞
大孢子	初期胚囊(单核期)
雌配子体	成熟胚囊

裸子植物可分为3纲：苏铁纲、松柏纲和买麻藤纲。现存的约650～700种，我国产约300余种，其中银杏、银杉、水杉、水松等均为我国特产。现以马尾松、苏铁和银杏为例说明裸子植物的一般特点。

(1) 马尾松　马尾松是江南山地常见的松柏纲植物，具强大根系和枝系(图4.9)。枝条有长枝、短枝之分，长枝生有鳞叶，呈螺旋状排列；短枝顶端长有针叶，二针一束，雌雄同株。小孢子叶球(雄花)群生于当年长枝的基部，它由小孢子叶呈螺旋状排列而成，每个小孢子叶背面有2个小孢子囊(花粉囊)，囊内有许多小孢子母细胞(花粉母细胞)，经减数分裂形成小孢子(花粉粒)。小孢子两侧由外壁形成2个气囊，增大在空中漂浮的力量。小孢子在小孢子囊内经几次分裂，发育为4细胞的成熟小孢子(花粉粒)，其内含有1个生殖细胞，此时也称雄配子体。小孢子囊裂开，小孢子借助风力传播。大孢子叶球(雌花)着生于每年新枝的顶部，是由大孢子叶螺旋排列而成。大孢子叶也称珠鳞，其腹部有一对胚珠，背面有一苞鳞。胚珠有一层珠被，内有珠心，珠心中有1个大孢子母细胞(胚囊母细胞)，由它经减数分裂形成4个大孢子，只有远离珠孔的那个大孢子继续发育，其核分裂形成许多游离核，然后再产生细胞壁，形成胚乳，即雌配子体。大孢子通常在

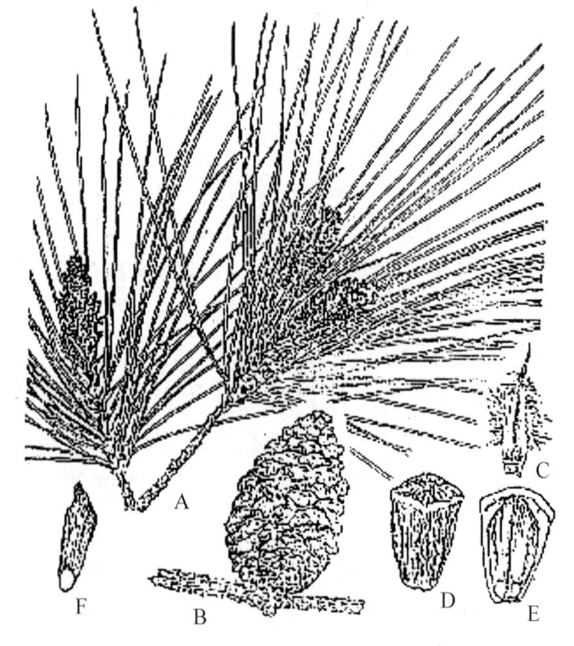

图4.9　马尾松

A. 雄球花枝；B. 球果枝；C. 芽鳞；D、E. 珠鳞背腹面；F. 种子

春天形成，但要到第二年春天才在发育中的雌配子体顶端出现 2～7 个颈卵器，成熟后的颈卵器含有大型卵细胞 1 个。所以，成熟的雌配子体包含 2～7 个颈卵器和大量的胚乳。

传粉发生在暮春，小孢子落到大孢子叶球上，随后长出花粉管，伸入珠心，待第二年初夏，颈卵器成熟，花粉管再行伸长抵达颈卵器。在此过程中，生殖细胞经分裂产生了精细胞，随着花粉管破裂，精细胞与卵融合成为合子。通常传粉 13 个月以后才开始受精，受精发生在大孢子叶球出现的第三个春天。

雌配子体的几个颈卵器中的卵都可受精，但只有 1 个发育成胚，其余均消失。成熟的胚有胚根、胚轴、胚芽和数目较多的子叶；胚外有胚乳，但这种胚乳是雌配子体的部分，不像被子植物的胚乳是双受精后的产物。珠被形成种皮。成熟种子已具有胚、胚乳和种皮等结构，种子常具翅。以后，大孢子叶(果鳞)松开，种子散出，落在适宜的环境中，萌发成幼苗，继而长成具根、茎、叶的新一代的孢子体。

(2) 苏铁　苏铁又称铁树(图 4.10)，属苏铁纲植物。孢子体为常绿小乔木，主干不分枝，顶生大型羽状复叶；雌雄异株，在栽植一定时间后，即可开花，长出大孢子叶球和小孢子叶球。

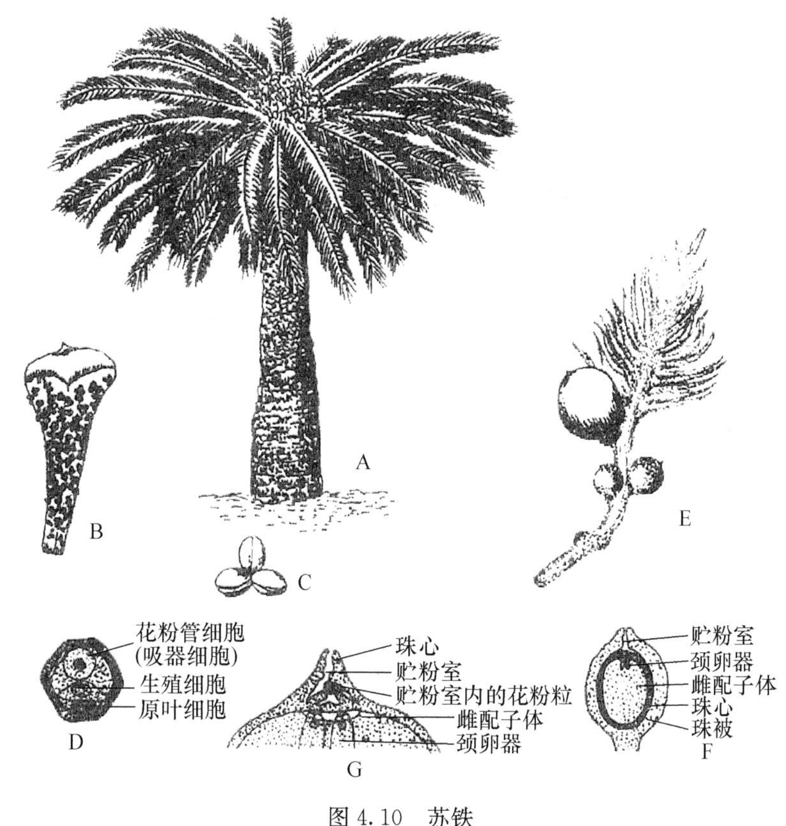

图 4.10　苏铁

A. 植株外形；B. 小孢子叶；C. 聚生的小孢子；D. 雄配子体；E. 大孢子叶；F. 胚珠纵切面；G. 珠心及雌配子体的部分放大

大孢子叶扁平，密被褐色茸毛，集生于雌株顶端，形成大孢子叶球。大孢子叶基部两侧有数个大型胚珠，胚珠的珠心中央有 1 个大孢子母细胞，经减数分裂形成一列 4 个大孢子，近珠孔 3 个消失，剩下 1 个发育成雌配子体，其中含 2～5 个颈卵器。颈卵器结构简化，内有 1 个卵细胞。

小孢子叶球生在雄株顶端，它由小孢子叶螺旋排列而成。每个小孢子叶背面有数个小孢子囊，囊内小孢子母细胞经减数分裂形成小孢子。当小孢子成熟后，从小孢子囊散出，随风落到胚珠的珠孔，长出花粉管，发育为雄配子体。雄配子体内有 2 个具鞭毛、忡陀螺形的精细胞。

当花粉管继续穿过珠心，靠近颈卵器时，其前端开裂，其中 1 个精细胞和卵结合形成合子，进一步发育成胚。培植则发育成种子，以后萌发为新的孢子体。

(3) 银杏　银杏又称白果树(图 4.11)，属松柏纲植物(有的系统归属银杏纲)，为我国著名孑遗植物。

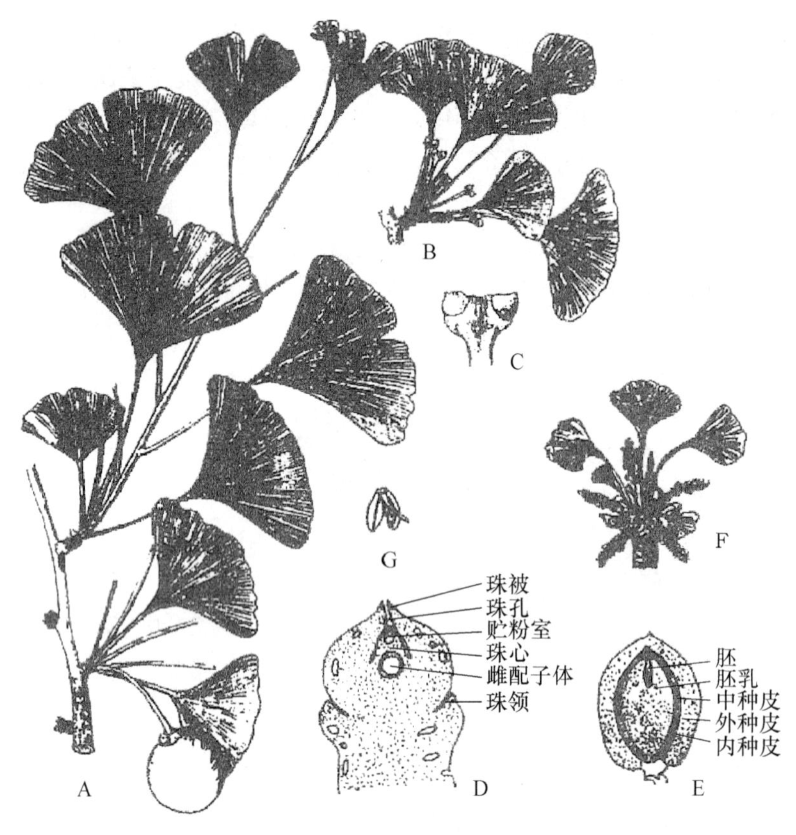

图 4.11　银杏

A. 长短枝及种子；B. 生雌球花的短枝；C. 雌球花；D. 胚珠和珠领纵切面；E. 种子纵切面；F. 生雄球花的短枝；G. 小孢子叶

银杏为落叶乔木，雌雄异株，枝有长、短枝之分，叶折扇形，叶脉二歧分叉。在春天，雄株的短枝上长有小孢子叶球，形似柔荑花序，每个小孢子叶上有一对小孢子囊。雌株的大孢子叶球也长在短枝顶端(也有学者认为整个短枝就是一个大孢子叶球)，但大孢子叶球极为简化，通常只有一个长柄，上有一对胚珠，胚珠下有 2 个环形的大孢子叶(也称珠领、珠座、珠托)，多数情况是一个大孢子叶球只有一个胚珠发育成种子。种子核果状，由肉质的外种皮、骨质的中种皮、膜质的内种皮和种皮内的胚乳及胚构成。去掉外种皮的种子，俗称白果。

历史上，裸子植物一度在地球上占优势地位，后来，由于气候的变化和冰川的发生，很多裸子植物埋于地下，形成煤炭，为人类提供了大量能源。现在的裸子植物虽然种类不多，但常大面积地组成针叶林，是构成北方和南方高山地区的主要树种，大多数裸子植物都是高大乔木，为林业生产上的主要树种；而且木材优质、坚硬，是建筑重要用材，也是造纸浆的上等材料。有些裸子植物的种子可供食用，如银杏、香榧、红松等，西谷椰子(苏铁的一种)其茎可制成西谷米。从针叶树木材中还可提取染料、酒精、松香、松节油等化工产品。银杏的子实以及麻黄可作药用。大多数裸子植物为常绿树，树冠美丽，在美化庭院、绿化环境上有很大价值。

2. 被子植物

被子植物是植物界最进化、结构最完善的类群，是现今世界上占绝对优势的植物类群，约有20多万种，我国约有3万种。被子植物能有如此众多的种类，有极其广泛的适应性，是和它结构的复杂化、完善化是分不开的，特别是生殖器官的结构和生殖过程的特点，提供了它适应抵御各种环境的内在条件。

被子植物最重要的特征是具有真正的花。有花被、雄蕊和雌蕊的分化，不仅为大自然增添了丰富的色彩，更重要的是花是被子植物适应自然界的一个重大进步。花的出现和花的千变万化，有利于花粉的传递，保证异花传粉提高种群的生活力和保证产生更多的变异。

被子植物的雌蕊由心皮组成，胚珠包藏在子房中，形成果实。种子包被在果实内不裸露，使种子得到更好的保护和传播。

被子植物在有性生殖的过程中出现了双受精现象，使胚和胚乳均含有父母双方的遗传物质，具有更强的生命力。

孢子体高度发达，在其解剖构造上木质部中有了导管、管胞、木纤维的分化，韧皮部内有筛管、伴胞、韧皮纤维的分化，使植物体的输导和支持功能大大加强，从而大大提高了它们对陆生生活的适应能力。由于输导能力的加强，被子植物的叶才可能多数成为阔叶型，阔叶增加了叶片的面积，使被子植物的光合作用的能力得到加强；由于光合效率的提高，积累了更多的营养物质，花和果实的生长才得以实现，被子植物因此能更有效地繁衍子孙后代。

配子体极其简化，雄配子体（成熟花粉粒）仅由2～3个细胞组成；雌配子体（胚囊）简化成7个细胞8个核（多数种类为此种类型）。这种简化在生物学上具有进化的意义。

生活史有明显的世代交替，但配子体不能脱离孢子体而独立生活。

与裸子植物相比，被子植物的形态和生活方式更具有多样性。乔木、灌木、草本俱全，多年生、一年生或二年生均有。被子植物中的一部分在生活过程中重新回到水中生活成为次生水生类型，如生活在淡水中的莲和生活在海水中的海韭菜，这在其他维管植物中还没有发现过。被子植物的营养方式有自养、寄生、附生和共生，甚至还能以动物作为补充营养，如捕虫植物茅膏菜等。

被子植物与人类的生活息息相关，人类赖以为生的粮、棉、油、糖、药等经济作物，绝大多数是被子植物。

4.3 植物界进化的概述

4.3.1 个体发育和系统发育

个体发育是指植物从它生命活动中某一阶段（孢子、合子、种子）开始，经过形态、结构和生殖上的一系列变化，然后再出现当初这一阶段的全过程。诸葛菜从种子萌发开始，长出幼苗，产生营养器官，经历开花、传粉、受精、结果、直至产生新的种子。这一整个生活过程，就是诸葛菜的个体发育。

系统发育就是物种种族的发展史,包括生物的起源,各类生物在地球上形成、演化的整个历史过程。它涉及到该物种的从无到有、个体由少到多以及结构由简到繁的全部内容。

个体发育和系统发育虽是两种不同的概念,但二者之间关系又是极其密切的。个体发育是系统发育的前提,而系统发育则是个体发育的结果。

4.3.2 植物进化的一般规律

植物界和宇宙中的任何事物一样,都是处在变化和发展之中,永远不会停止在一个水平上,这是自然界的普遍规律,也是植物界的规律。

植物的各大类群的进化,与环境变化、植物性状变异和自然选择有着密切关系。其进化的规律是:

(1) 在生态习性上,植物体由水生生活过渡到陆生生活。

生命起源于水中,最原始的植物一般在水中生活,如低等的藻类;到了苔藓植物,已能生长在潮湿的环境;蕨类植物能生长在干燥环境,但精子与卵结合还需借助于水;种子植物不仅能生长在干燥环境,其受精过程已不需要水的参与。

(2) 在形态结构上,植物体由简单到复杂,由原核到真核,由单细胞到群体再到多细胞的个体,并逐渐分化形成各种组织和器官。

随着植物由水域向陆地发展,生态环境的变化越来越复杂,植物体也相应发生了更适宜于陆地生活的形态结构转变。如真根的出现与输导组织的形成和完善,使陆生植物对水分的吸收和输导更有效;保护组织、机械组织的分化和加强,对调控水分的蒸腾、支持植物体直立于地面有重要作用。

(3) 在生殖方式上,植物体由以细胞分裂方式进行的营养繁殖,或通过产生各种孢子的无性繁殖方式,进化到通过配子结合的有性生殖。

植物的有性生殖,是从同配生殖进化到异配生殖,再进化到卵式生殖。

有性生殖是最进化的生殖方式,它的出现才能使两个亲本染色体的遗传基因重新组合,使后代获得更丰富的变异,从而使植物出现了飞跃式的进化。另外,被子植物的双受精作用,使胚和胚乳都具有丰富的遗传特性,增强了植物的生命力和适应性。

(4) 植物的生殖器官在进化过程中日益完善。

低等植物的生殖器官多数是单细胞的,精子与卵细胞结合形成合子以后即脱离母体进行发育,不形成胚而直接形成新的植物体。高等植物的生殖器官则是由多细胞组成,合子在母体内发育且形成胚,由胚再形成新的植物体。藻类、苔藓、蕨类植物产生游动精子,受精过程必须在水的条件下才能进行,而种子植物产生花粉管,使受精作用不再受水的限制。种子的出现使胚包被在中皮内,使胚免受外界不良环境的影响。

(5) 植物个体生活史的演化表现在由配子体世代占优势进化到孢子体世代占优势。

这也体现了植物从水生到陆生的重大发展。植物体向陆生过渡时,配子体逐渐缩小,在较短的有利时间内完成受精作用;而孢子体是由合子萌发形成,合子继承了父母的双重遗传性,具有较强的生活力,能更好地适应多变的陆生环境,如进化地位最高级的被子植物有极为发达的孢子体,而配子体极其简化,仅由几个细胞构成。

植物界在发展过程中,上述这些变化是互相影响、互相联系、互相制约的,它是一个有机整体的变化,不能孤立地以植物获取某一性状来作为衡量植物进化地位的唯一标准,也不能把植物界的发展理解成简单、直线的进化过程。实际上，植物界是在不断变化的，朝着各方向发展的，因而才形成了今天形形色色种类繁多的植物。

4.4 被子植物主要分科简介

根据被子植物形态结构上的异同，通常分为双子叶植物纲(Dicotyledoneae)和单子叶植物纲(Monocotyledoneae)。

4.4.1 双子叶植物纲(Dicotyledoneae)

双子叶植物种子的胚具有 2 片子叶。主根发达，多为直根系。茎内维管束环状排列，有形成层，能产生次生组织而增粗。叶多为网状脉。花部通常以 5 或 4 为基数。花粉常具 3 个萌发孔。

1. 木兰科(Magnoliaceae)

木本，单叶互生；托叶大，脱落后在枝上留有环状托叶痕。花大，单生，常两性，辐射对称；花被片常呈花瓣状，分离；雄蕊多数，分离，螺旋状排列于柱状花托的下半部，花丝短，花药长，2 室，纵裂；心皮常为多数，离生，螺旋状排列于柱状花托的上半部。果多为聚合蓇葖果，背缝开裂，稀为翅果。种子胚小，胚乳丰富。

本科是现代被子植物中最原始的类群。

常见植物：玉兰(*Magnolia denudata* Desr)(图 4.12)，落叶乔木，叶互生，倒卵形，先端突尖。花大，顶生，花被片 3 轮，每轮 3 片，白色，带肉质；雄蕊、雌蕊均为多数，离生，螺旋状排列于柱状花托上。聚合蓇葖果。花供观赏，花蕾入药。荷花玉兰(广玉兰)(*Magnolia grandiflora* L.)，常绿乔木，叶革质。辛夷(紫玉兰)(*Magnolia liliflora* Desr)，落叶小乔木，花紫色，有三片绿色萼片，花蕾入药，治鼻炎。厚朴(*Magnolia officinalis* Rehd. et Wils.)，落叶乔木，树皮、花蕾可入药，治腹胀等。含笑[*Michelia figo* (Lour.) Spreng.]，常绿灌木，花腋生，有雌蕊柄(即雌、雄蕊间有间隔)，花乳白色，芳香。白兰花(*Michelia alba* DC.)，常绿乔木，花白色、腋生，极香。鹅掌楸[*Liriodendron chinense* (Hemsl.) Sarg.]，落野乔木，叶形奇特，顶端平截如马褂形，故又叫马褂木。

图 4.12 玉兰

A. 玉兰；B. 聚合蓇葖果；C. 花图式

2. 腊梅科(Calycanthaceae)

落叶或常绿灌木，具油细胞，单叶对生，叶全缘，无托叶；两性花单生叶腋，花被螺旋状排列；雄蕊常多数，花药大，花丝短；分离心皮生于壶状花托内面，花柱凸出壶外；子房上位，瘦果，内含 1 种子，花托外形似蒴果，外壁明显具节。本科植物为著名园林观赏植物，如腊梅(*Chimonanthus praecox* Link.)(图 4.13)、素馨腊梅(*Chimonanthus praecoy* var. *lutea*

Makino)等各公园广泛栽培。夏季开花的夏腊梅(*Sinocalycanthus chinensis* Cheng et S. Y.)是我国特产。腊梅的花蕾和初开的花有解暑理气等功效。

图 4.13 腊梅

A. 腊梅枝；B. 花托膨大成的假果；C. 花纵切；D. 去除花被的花；E. 雄蕊；F. 雌蕊

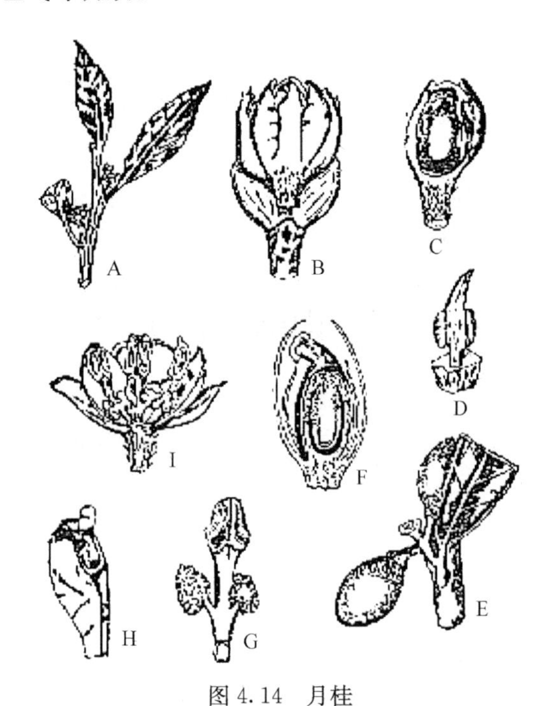

图 4.14 月桂

A. 花枝；B,C. 花；D. 退化雄蕊；E. 果实；F. 子房纵切；G. 雄蕊下的蜜腺；H. 花药瓣裂；I. 花纵切

3. 樟科(Lauraceae)

木本,具油细胞并散发樟脑香味。单叶全缘,有时分裂但裂片全缘,叶互生偶对生;花常两性,或单性,单被或同被;雄蕊常 4 轮,每轮 3 枚,外 2 轮花药内向,第三轮花药外向,且花丝基部具腺体,第四轮雄蕊常退化,花药瓣裂,具 2～4 个花粉囊,单性花时花药全部内向;1 心皮 1 室 1 枚胚珠;核果或浆果状核果,果柄基部常肥大;种子无胚乳。

樟科植物大多叶茂荫浓,园林中广为应用,如樟(*Cinnamomum camphora* Nees. et Eberm.)、月桂(*Laurus nobilis* L.)(图 4.14)等。樟科植物大多能提取香精油,最著名的樟能提取樟脑供药用和工业用。樟科的楠木(*Phoebe nanmu* G.)之材为优良建筑用材。

4. 毛茛科(Ranunculaceae)

草本草质藤本,稀木质藤本;叶基生、互生,少对生;单叶有裂或为复叶,无托叶。花两性,稀单性,多整齐花,花的各部均为分离;萼片 3 至多数;雄蕊多数,心皮多数,离生,均常呈螺旋状排列;子房 1 室,胚珠 1 至多个。果为聚合蓇葖果或聚合瘦果,稀浆果。种子胚小,胚乳丰富。

本科与木兰科相似,是具原始性状的科,科内有重要的观赏植物和多种药用植物。

毛茛(*Ranunculus japonicus* Thunb.)(图 4.15),多年生草本,基生叶常 3 深裂;萼片 5,花瓣 5,金黄色,基部具密槽;雄蕊和雌蕊均为多数,分离,螺旋状排列于花托上,每心皮含 1 胚珠。聚合瘦果近球形。杂草,有毒,可作外用发泡药或敷治淋巴结核。

本科常见栽培观赏种类有牡丹(*Paeonia suffruticosa* Andr.)和芍药(*Paeonia lactiflora* Pall.)。前者为灌木,后者为草本,它们的花大而美,均为著名花卉。飞燕草[*Consolida ajacis* (L.) Schur.],花蓝色,萼具长距,为观赏草花。白头翁[*Pulsatilla chinensis* (Bge.) Regel.],

全株密生白毛，花大紫色，瘦果集生为头状，花柱羽毛状宿存，下垂。根入药，能清热解毒，凉血止痢。药用植物有乌头(*Aconitum carmichaeli* Debx.)，块根入药称乌头，子根入药称附子，均有大毒，经加工炮制后，毒性降低，主治风寒湿痹等。黄连(*Coptis chinensis* Franch.)，根状茎黄色，可提取黄连素，治细菌性痢疾等。猫爪草(小毛茛)(*Ranunculus ternatus* Thunb.)，多年生草本，块根数个，纺锤形，似猫爪，茎生叶细裂。块根入药，治淋巴结核有特效。杂草有茴茴蒜(*Ranunculus chinensis* Bge.)，多年生草本，三出复叶，茎叶被开展长毛，聚合果椭圆形，全草有毒。石龙芮(*Ranunculus sceleratus* L.)一年生草本，植物体近无毛，茎生叶裂片较窄，聚合果长圆形，瘦果较小，长约1 mm，全草有毒。

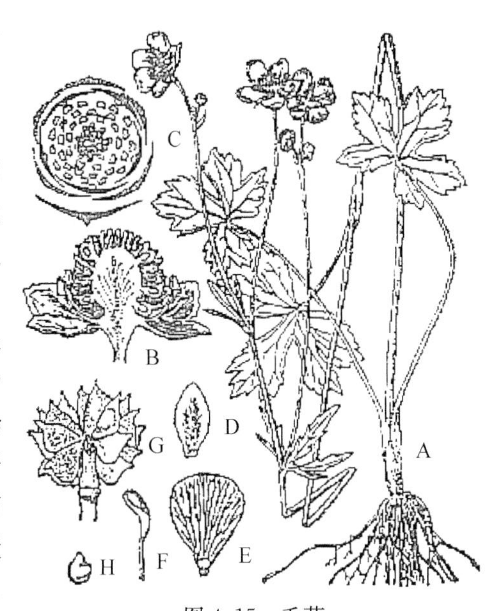

图 4.15　毛茛

A. 植株外形；B. 花的纵剖；C. 花图式；D. 萼片；E. 花瓣；F. 心皮；G. 聚合瘦果；H. 瘦果

5. 十字花科(Cruciferae)

多为草本，常具辛辣味；叶互生，基生叶常呈莲座状，无托叶。两性花，辐射对称，长成总状花序；萼片4，分离，2轮，花瓣4，具爪，排成十字形(十字形花冠)；雄蕊6，2短4长(四强雄蕊)；雌蕊2心皮合生，子房上位，侧膜胎座，中央被假隔膜(胎座延伸进去的薄膜)分成2室，每室常具多数胚珠。果常为长角果或短角果，种子无胚乳。

本科植物的经济价值很高，尤以芸苔属(*Brassica*)为重要的蔬菜。如青菜(*Brassica chinensis* L.)、大白菜(*Brassica pekinensis* Rupr.)、卷心菜(*Brassica oleracea* var. *capitata* L.)、花椰菜(*Brassica oleracea* var. *botrytis* L.)、瓢菜(塌棵菜)(*Brassica nurinosa* Bailey.)。油菜(*Brassica campestris* L.)的种子含油量高，供食用，为我国四大油料作物之一。芸苔属植物花部有蜜腺，为重要的蜜源植物。

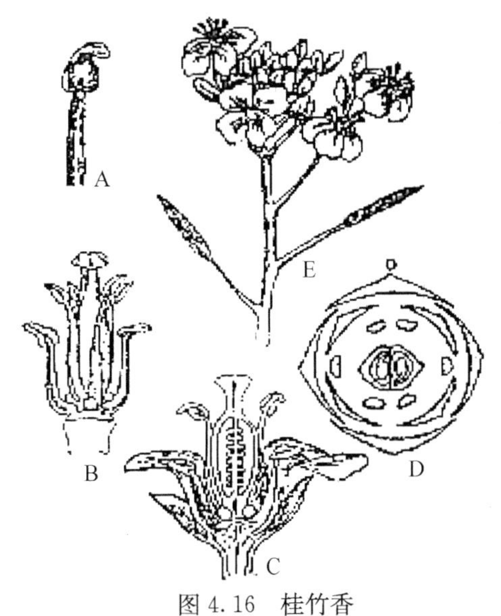

图 4.16　桂竹香

A. 雄蕊示花药、花丝；B. 示四强雄蕊；C. 花纵切；D. 花图式；E. 花枝及角果

本科其他属的常见蔬菜还有萝卜(*Raphanus sativus* L.)荠菜[*Capsella bursa-pastoris* (L.) Medic.]、豆瓣菜(西洋菜)(*Nasturtium officinale* R. Br.)等。

观赏植物有紫罗兰[*Matthiola incana* (L.) R. Br.]、桂竹香(*Cheiranthus cheiri* L.)(图4.16)、二月兰(*Orychophragmus violaceus* Schulz)、屈曲花(*Iberis amara* L.)、羽衣甘蓝(*Brassica oleracea* L. var. *acephala* DC. F. *tricolor* Hout.)、香雪球[*Lobularia maritime* (L.) Desv.]等。

田间杂草有播娘蒿[*Descurainia Sophia* (L.) Webb.]、独行菜(*Lepidium apetalum* Willd.)、离子草(*Chorispora tenella* Dc.)等。

6. 睡莲科(Nymphaeaceae)

多年生水生草本植物,地下根状茎;叶生于地下茎节上,叶柄长,叶片常浮于水面,叶心形、戟形到盾状;花大,单生,两性,辐射对称,浮于或伸出水面;萼片3～6片,花瓣3～多数;雄蕊多数;心皮2～多个,分离或结合成多室子房;子房上位、半下位或下位;果实浆果状。

常见植物有:睡莲(*Nymphaea tetragona* Georgi),叶片卵形,基部深裂,常浮于水面;花径2～7.5 cm,花有白、黄、蓝紫、紫红等色,为常见水生观赏植物。萍蓬草[*Nuphar pumilum* (Timm.) DC.],叶长卵形,基部箭形,子房上位,萼片5,花瓣状,黄色,可观赏。王莲(Victoria regia Lindl.),叶片圆形,直径可达100～250 cm,叶缘直立高起7～10 cm,全叶宛如大圆盘浮于水面,具很大浮力,可承重50 kg以上;花径25～35 cm,花色由初开时的白色逐渐变为淡红色,最后至深红色。王莲因其叶奇花大,是美化水体的 良好植物,为世界著名观赏植物。

7. 莲科(Nelumboaceae)

莲科原归属睡莲科,由于以下原因被单独立为一科:

(1) 根状茎粗壮多节,节间膨大;

(2) 叶盾形,叶柄具刺,叶出水面而生;

(3) 花同被,螺旋状着生;

(4) 花粉3萌发孔;

(5) 心皮分离,埋藏于海绵质的花托里;

(6) 种子无胚乳,坚果。

莲(*Nelumbo nucifera* Gaertn.),又被称为荷花(图4.17),色白或粉色,花朵大而美丽;地下茎称藕,可生食也可加工成佳肴,在园林中广泛种植。

图4.17 莲

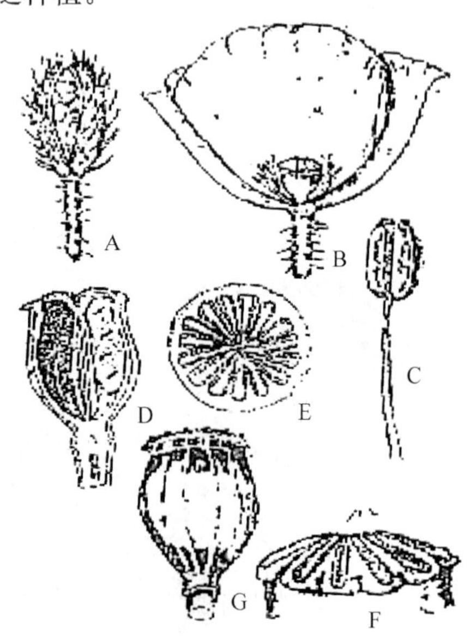

图4.18 罂粟

A. 花蕾; B. 花纵切; C. 雄蕊; D. 雌蕊纵切; E. 雌蕊横切; F. 柱头; G. 蒴果

8. 罂粟科(Papaveraceae)

草本,常具乳汁;叶互生或基出;花单生或成圆锥花序,萼2片早落,花瓣常4～6片,雄蕊多数,离生或6枚二体;子房上位1室,侧膜胎座,蒴果孔裂或瓣裂;柱头与心皮同数分裂(图4.18)。

本科植物虞美人(*Papaver rhoeas* L.)、花菱草(*Eschscholzia californica* Cham)等花朵

美丽，是著名的花卉。

9. 石竹科(Caryophyllaceae)

草本，茎节部膨大；单叶，全缘，对生，基部常横向相连。花两性，辐射对称，组成聚伞花序或单生；萼片4～5。分离或合生成管状，石竹形花冠，有时缺花瓣；雄蕊为花瓣的2倍，分离；心皮2～5，合生；子房上位1室，特立中央胎座。蒴果，常瓣裂或顶端齿裂，稀为浆果；胚弯曲，具外胚乳。

常见花卉及观赏植物有：石竹(*Dianthus chinensis* L.)(图4.19)，花瓣5，顶端齿裂，颜色多样。瞿麦(*Dianthus superbus* L.)，花瓣先端条状细裂，全草又可入药利尿。五彩石竹(须苞石竹、美国石竹)(*Dianthus barbatus* L.)，花小而多，密集成头状聚伞花序，花色有白、粉、红等；花下苞片先端须状。香石竹(康乃馨)(*Dianthus caryophyllus* L.)，花通常单生，花色多样，开花时具香气，花瓣连生，重瓣，是良好的鲜切花材料。锥花丝石竹(满天星)(*Gypsophila paniculata* L.)，花枝多，花小，白色，可作插花，颇为雅致。

常见田间杂草有：王不留行(麦蓝菜)[*Vaccaria segetalis* (Neck.) Garck]、麦瓶草(米瓦灌)(*Silene conoidea* L.)、繁缕[*Stellaria media* (L.) Cyr.]、蚤缀(*Arenaria serpyllifolia* L.)、鹅肠菜(*Malachium aquaticum* (L.) Fries)。

图4.19 石竹(Dianthus chinensis L.)

1. 花枝；2. 花纵切；3. 花瓣；4. 雌雄蕊；5. 花图式

图4.20 荞麦

10. 蓼科(Polygonaceae)

多为草本，茎的节部常膨大；单叶互生，全缘，少分裂，托叶膜质，鞘状或叶状，包茎成托叶鞘。花小型，常两性，花序穗状、圆锥状等；花被片3～6个，花瓣状宿存；雄蕊3～9个，常与花被片对生；子房上位，心皮2～3合生，1室，1胚珠，基生。瘦果，双凸镜形或三棱形，全部或部分包于宿存的花被内；种子含丰富的胚乳，胚弯曲。

常见栽培作物：荞麦(*Fagopyrum esculentum* Moench.)(图4.20)，一年生草本，叶常为卵

状三角形，瘦果三棱形，种子含60%～70%淀粉，既是粮食作物，又是蜜源植物。

常见观赏植物：竹节蓼（*Homalocladium platycadium* Bailey），枝扁平多节，绿色似叶，叶稀少或无，常盆栽观赏。红蓼（东方蓼）（*Polygonum orientale* L.），植株高大，叶宽大卵圆形，圆锥花序下垂，花粉红色，常庭院栽培。

常见药用植物：何首乌（*Polygonum multiflorum* Thunb.），多年生缠绕草本，叶卵状心形，块根入药，生用可解毒消肿，润肠通便，制首乌能补肝肾，益精血。大黄（*Rheum officinale* Baill.），多年生粗壮草本，基生叶掌状浅裂，根和根茎可入药，泻热通便。虎杖（*Polygonum cuspidatum* Sied. et Zucc.）、杠板归（*Polygonum perfoliatum* L.）等亦为常用中草药。

常见野生杂草：酸模叶蓼（*Polygonum lapathifolium* L.）、水蓼（*Polygonum hydropiper* L.）、两栖蓼（*Polygonum amphibium* L.）、萹蓄（*Polygonum aviculare* L.）、本氏蓼（*Polygonum bangeanum* Turcz.）等。

11. 藜科（Chenopodiaceae）

多为草本，植物体外常具粉粒状物；叶多互生，常肉质，扁平状或圆柱状，无托叶。花小，单被，常为绿色，多为两性，花单生或聚伞式密集簇生，再组成穗状或圆锥花序；有苞片或小苞片，有时无；萼裂片草质或肉质，2～5深裂，在果期常增大，宿存，无花瓣；雄蕊常与萼片同数而对生；常子房上位，由2～3心皮合生，1室，1胚珠。胞果，包于宿萼内，胚弯生，具外胚乳。

常见栽培作物：菠菜（*Spinacia oleracea* L.）（图4.21），一年生草本，雌雄异株；幼苗为大众蔬菜，富含维生素和磷、钾。甜菜（*Beta vulgare* L.），草本，根肥厚，纺锤形，多汁。根为制糖原料，叶可作蔬菜或饲料。莙达菜（*Beta vulgare* var *cicla* L.）为甜菜的变种，叶亦作蔬菜食用。

图4.21　菠菜

本科的杂草有：藜（*Chenopodium album* L.），恶性杂草，幼苗可作野菜食用，茎、叶可喂家畜。灰绿藜（*Chenopodium glaucum* L.）、碱蓬（*Suaeda glauca* Bge.）生于盐碱地，可为盐碱地指示植物。沙蓬［*Agriophyllum squarrosum* (L.) Moq.］、梭梭（*Haloxylon ammodendron* Bunge）生于沙丘或沙漠地区，可固沙。

12. 苋科（Amaranthaceae）

草本，单叶互生或对生，无托叶；花小常两性，单生或排成穗状、头状或圆锥状的聚伞花序；单被花，苞片与花被均为干膜质，常有色彩，雄蕊与萼片同数对生；子房上位，由2～3心皮合生为1室，1胚珠；胞果常盖裂，种子有胚乳。

常见观赏植物：鸡冠花（*Celosia cristata* L.），顶生穗状花序扁平如鸡冠，通常有淡红色、红色、紫色及黄色等。青葙（*Celosia argenta* L.），穗状花序圆柱形或塔形。千日红（*Gomphrena globosa* L.）叶对生，花序头状球形，红色，既可栽培观赏，又可作干花材料。锦绣苋（*Alternanthera bettzickiana* Nichols.）叶倒披针形，叶色有黄白色斑或紫褐色斑的变种，可作花坛组字及拼图的材料，供观赏。

常见栽培蔬菜：苋（*Amaranthus tricolor* L.）（图 4.22），单叶互生，嫩茎、叶可作蔬菜。繁穗苋（*Amaranthus paniculatus* L.），圆锥状花序直立；尾穗苋（*Amaranthus caudatus* L.），圆锥状花序下垂，均可栽培作蔬菜。

常见杂草：反枝苋（*Amaranthus retroflexus* L.）、皱果苋（*Amaranthus viridis* L.）、凹头苋（*Amaranthus lividus* L.）、刺苋（*Amaranthus spinosus* L.）等。

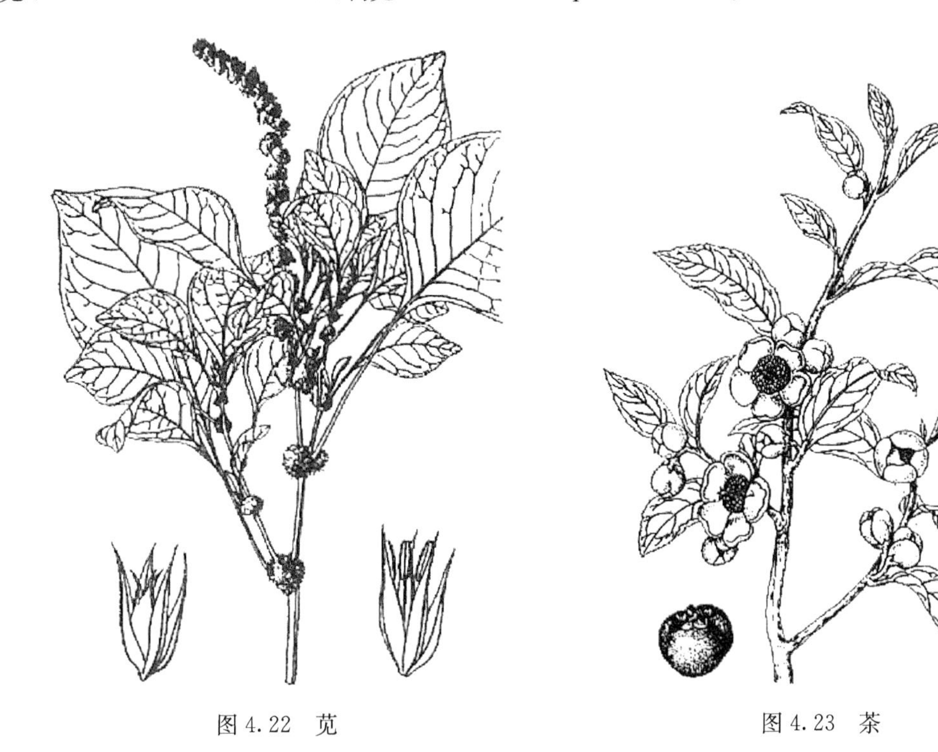

图 4.22　苋　　　　图 4.23　茶

13. 山茶科（Theaceae）

常绿木本，单叶互生，常革质，无托叶。花常两性，辐射对称，单生于叶腋或簇生；花萼 5～7，花瓣常为 5，少为 4 或多数，分离或基部连合，多复瓦状排列；雄蕊多数，分离或稍合生，基部与花瓣合生；子房上位 2～10 室，中轴胎座。蒴果、核果状或浆果。种子具胚乳。

常见植物：茶（*Camellia sinensis* O. Ktze.）（图 4.23），茶叶为四大饮料之一，我国已有 2 500多年的栽茶和制茶历史，闻名世界。油茶（*Camellia oleifera* Abel.），种子含油量高，可食用，为华南地区主要的木本油料植物，其花也很美丽。山茶（*Camellia japonica* L.），花大美丽，花瓣圆形，常红色，为我国十大名花之一。金花茶[*Camellia chrysantha* (Hu.) Tuyama]，花金黄色，仅产于广西西南部，为国家一级保护植物。

14. 锦葵科（Malvaceac）

木本或草本，单叶互生，常为掌状裂叶，托叶早落；花两性，5 基数，辐射对称，有副萼，花瓣旋转状排列；雄蕊多数，花丝基部连合成雄蕊管，为单体雄蕊，花药 1 室，花粉粒大且具刺；子房上位，3 室至多室，中轴胎座，蒴果或分果，种子有胚乳。

常见观赏植物：木槿（*syriacus* L. Hibiscus.），落叶灌木，花冠白色、粉红色或紫色，常见公园或庭院栽培。扶桑（*Hibiscus rosea-sinensis* L.），常绿小灌木，花大，红色，单生于叶腋，雄蕊柱超出花冠，常盆栽观赏。木芙蓉（*Hibiscus mutabilis* L.），木本，植株密被星状毛，叶掌状 5

裂，花梗短，花直立，花粉红色，花瓣不裂。锦葵(*Malva sinensis* Cav.)(图 4.24)，直立草本，叶肾形，花簇生叶腋，花径约 3 厘米。蜀葵[*Althaea rosea* (L.) Cav]，直立草本，高可达 3 米，花大而鲜艳，颜色多样。

常见杂草：野西瓜苗(*Hibiscus trionum* L.)，一年生草本，茎软弱或伏卧生长，全株具粗毛，叶形似西瓜叶。

15. 蔷薇科(rosaceae)

草本、灌木或乔木。单叶或复叶，多为互生，常有托叶。花两性，辐射对称，单生或排成伞房、圆锥花序；花托凸起或凹陷；花被与雄蕊下半部愈合成碟状、杯状、坛状或壶状的花筒(亦称萼筒或托杯)，花萼、花瓣和雄蕊均着生于花筒的边缘形成周位花；萼裂片、花瓣常为 5 片，覆瓦状排列；雄蕊常多数，花丝分离；心皮多数至 1 枚，离生或合生，子房上位至下位，每心皮有 2 至多数胚珠。果实为蓇葖果、瘦果、梨果、核果，稀为蒴果；种子无胚乳。

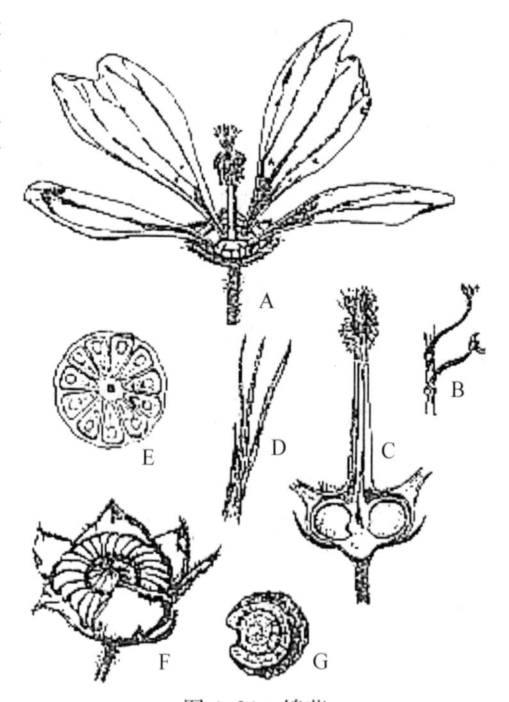

图 4.24 锦葵

A. 花外观；B. 单体雄蕊示花丝基部愈合成筒；C. 花丝筒及子房纵切；D. 柱头；E. 子房横切；F. 示分果；G. 种子

根据心皮数目与离合、子房位置、果实类型，本科又分为 4 个亚科(表 4.1)。

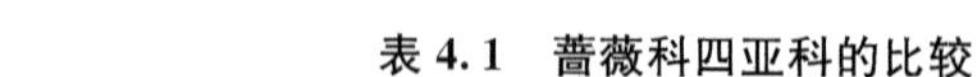

表 4.1 蔷薇科四亚科的比较

亚科名	托叶	花托	雌蕊群	子房位置	果实类型
绣线菊亚科(Spiraeoideae)	常无托叶	杯状	心皮 5，离生	子房上位	聚合蓇葖果或蒴果
蔷薇亚科(Rosoideae)	有托叶	壶状或凸起	心皮多数，离生	子房上位	聚合瘦果或蔷薇果
李亚科(Prunoideae)	有托叶	杯状	心皮 1 枚	子房上位	核果
苹果亚科(Maloideae)	有托叶	壶状	心皮 2～5，合生	子房下位	梨果

(1) 绣线菊亚科(Spiraeoideae) 灌木。多无托叶。花筒微凹成盘状，心皮通常 5，分离，子房上位。多为蓇葖果。

常见观赏植物有：珍珠梅 [*Sorbaria kirilowii* (Regel) Maxim.](图 4.25)，奇数羽状复叶，具托叶；顶生圆锥花序，花白色；心皮 5，分离；聚合蓇葖果。白鹃梅[*Exochorda racemosa* (Lindl.) Rehd.]，心皮 5，仅花柱分离；蒴果，有 5 棱脊等。

(2) 蔷薇亚科(Rosoideae) 灌木或草本。叶常为羽状复叶或深裂，互生，托叶发达。花托凸起或花筒壶状；心皮多数，离生，子房上位。聚合瘦果或聚合小核果(图 4.26)。

图 4.25　珍珠梅

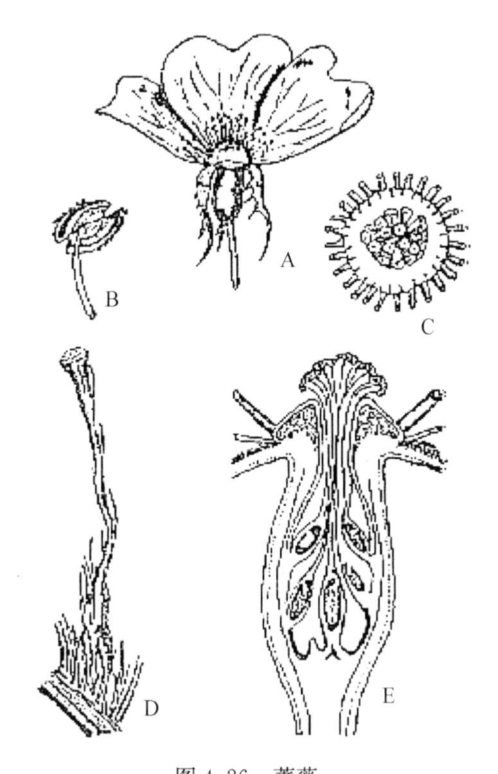

图 4.26　蔷薇

A. 花纵切；B. 雄蕊；C. 柱头俯视；D. 单个子房；E. 花托纵切

常见观赏植物有：月季（*Rosa chinensis* Jacq.），直立灌木，有皮刺，羽状复叶有 3～5 片小叶，叶面光亮，一年开多次花，花色多样。玫瑰（*Rosa rugosa* Thunb.），直立灌木，羽状复叶有 5～9 片小叶，叶面有皱纹，一年开花一次，花色为玫瑰红色。蔷薇（*Rosa multiflora* Thunb.），木质藤本，有刺，羽状复叶有 5～9 片小叶，叶面光亮，一年开花一次，花色为白色或红色。黄刺玫（*Rosa xanthina* Lindl.），直立灌木，有刺，一年开一次花，花黄色。以上四种植物的花托凹陷呈壶状，形成蔷薇果。

常见野生植物：蛇莓[*Duchesnea indica*（Andr.）Focke]，草本，匍匐茎，花黄色，花托隆起，成熟时肉质。水杨梅（*Geum aleppicum* Jacq.），直立草本，花黄色宿存花柱形成钩状长喙。地榆（*Sanguisorba officinalis* L.），直立草本植物，根入药具收敛止血作用。

（3）李亚科（Prunoideae）　灌木或小乔木。单叶互生，有托叶。花筒杯状，单雌蕊，子房上位。核果。

李亚科李属中的桃[*Prunus persica*（L.）Batsch.]（图 4.27）、梅[*Prunus mume*（Sieb.）Sieb. Et Zucc.]、杏（*Prunus armeniaca* L.）、李（*Prunus salicina* Lindl.）、日本樱花（*Prunus serrulata* Lindl.）、榆叶梅（*Prunus triloba* Lindl.）、郁李（*Prunus japonica* Thunb.）等为著名的观赏植物和水果。

（4）苹果亚科（Maloideae）　乔木。单叶，互生，有托叶。萼片、花瓣各为 5；雄蕊多数；心皮 2～5，合生，子房下位。梨果。

苹果亚科的苹果（*Malus pumilla* Mill.）（图 4.28）、白梨（*Pyrus bretschneideri* Rehd.）、洋梨（西洋梨）（*Pyrus communis* L.）、山楂（*Crataegus pinnatifida* Bge.）枇杷[*Eriobotrya japonica*（Thunb.）Lindl.]等为常见水果。

图 4.27　桃

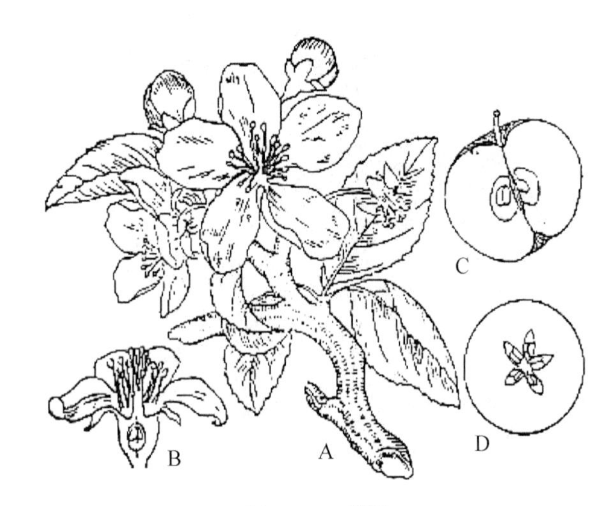

图 4.28　苹果

A. 花枝；B. 花纵切面；C. 果纵切面；D. 果横切面

16. 豆科(Leguminosae)

草本或木本，常具根瘤。羽状复叶或三出复叶，稀为单叶，有托叶。花两性，常两侧对称，少辐射对称；萼 5 裂，花瓣 5，分离，少合生；花冠多为蝶形或假蝶形，具有旗瓣 1、翼瓣 2、龙骨瓣 2；雄蕊多数至定数，通常 10 枚，成二体雄蕊(9 枚合生，1 枚分离)；雌蕊 1 心皮，子房上位，1 室，含多数或 1 个胚珠。荚果，种子无胚乳。

豆科分为三亚科(表 4.2)。

表 4.2　豆科三亚科的比较

亚 科 名	花冠类型	花瓣排列方式	雄 蕊 特 点
含羞草亚科(Mimosoideae)	辐射对称	镊合状排列	雄蕊常多数，合生或分离
云实亚科(Gaesalpinioideae)	假蝶形花冠	上升覆瓦状排列	雄蕊 10 枚，分离
蝶形花亚科(Papilionoideae)	蝶形花冠	下降覆瓦状排列	二体雄蕊

(1) 含羞草亚科(Mimosoideae)　花辐射对称，花瓣镊合状排列，基部常连合，雄蕊常多数。

常见植物有：合欢(*Albizia julibrissin* Durazz.)(图 4.29)，乔木；二回偶数羽状复叶，小叶镰刀形；头状花序集成伞房状；花小，萼片。花瓣均 5 数，合生；雄蕊多数，花丝细长，淡红色，下部稍合生。可供观赏，树皮和花可药用。含羞草(*Mimosa pudica* L.)，多年生草本，二回羽状复叶，小叶线形，触之，小叶闭合下垂，供观赏。台湾相思(*Acacia confuse* Merr.)，乔木，叶片退化，叶柄扁化成叶状；头状花序腋生，黄色。华南常见。

图 4.29　合欢

图 4.30　紫荆

(2) 云实亚科(Gaesalpinioideae)　多为木本。常为偶数羽状复叶，稀单叶；花稍两侧对称，花瓣常成上升覆瓦状排列，即最上 1 瓣在最内，形成假蝶形花冠；雄蕊 10 或较少，多分离。

常见植物有紫荆(*Cercis chinensis* Bge.)(图 4.30)，灌木，单叶全缘，圆心形；花簇生，紫色，先于叶开放，为春天观花灌木。香港市花洋紫荆(*Bauhina blakeana* Den.)，乔木，叶片阔心形，顶端两裂，花大美丽，为观赏植物。皂荚(*Gleditsia sinensis* Lam.)，落叶乔木，树干上常有枝刺，荚果浸汁可代肥皂。羊蹄甲(*Bauhina variegate* L.)，叶先端两裂似羊蹄状，是优美的行道树。

(3) 蝶形花亚科(Papilionoideae)　草本、灌木、乔木或藤本。根具根瘤。羽状复叶或三出复叶，稀为单叶；具托叶，叶枕发达，顶端小叶有时形成卷须。花两侧对称；花萼有不整齐 5 齿；蝶形花冠，下降覆瓦状排列，最上一片为旗瓣在最外方，两侧两片为翼瓣，最内两片稍合生为龙骨瓣；雄蕊通常 10 枚，结合成(9)+1 的二体雄蕊，稀 10 枚分离或全合生或成(5)+(5)的二体。荚果有各种形状，子叶发达。

本亚科的植物种类甚多，观赏、绿化植物有槐(国槐)(*Sophora japonica* L.)，乔木，为观赏树种，槐角、花蕾及花入药。紫穗槐(*Amoepha fruticosa* L.)，奇数羽状复叶，花紫色，花冠仅具 1 旗瓣，可做保土、固沙造林和防风林低层树种，也是良好的绿肥。刺槐(洋槐)(*Robinia pseudoacacia* L.)、紫藤[*Wisteria sinensis* (Sims.) Sweet.] 等也是常见的观赏、绿化植物。

粮食作物有大豆[*Glycine max* (L.) Merr.]、蚕豆(*Vicia faba* L.)、绿豆[*Vicia radiate* (Jacq.) Benth.]、赤豆(红小豆)[*Vigna angularis* (Willd.) Ohwi.] 等。

蔬菜作物有豌豆(*Pisum sativum* L.)(图 4.31)、菜豆(*Phaseolus vulgaris* L.)、豇豆[*Vigna unguiculata* (L.) Walp.]、扁豆(*Dolichos lablab* L.)等。

牧草和绿肥有紫苜蓿(*Medicago sativa* L.)、红三叶(红车轴草)(*Trifoleum pratense* L.)、紫

云英(*Astragalus sinicus* L.)等。

药用植物有甘草(*Glycyrrhiza uralensis* Fisch.)、内蒙黄芪(*Astragalus mongholicus* Bge.)、黄芪(膜荚黄芪)[*Astragalus membranaceus* (Fisch.) Bge.]等。

材用的有紫檀(*Pterocarpus indicus* Willd.)、花梨木(*Ormosia henryi* Prain.)、黄檀(*Dalbergia hupeana* Hance.)等,均为名贵的硬木家具用材。

图 4.31 豌豆

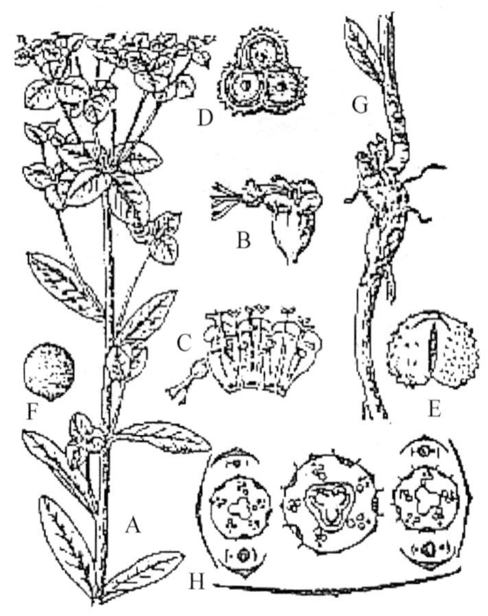

图 4.32 大戟属

A. 花枝;B. 杯状聚伞花序外观;C. 杯状聚伞花序展开;D. 子房横切面;E. 果;F. 种子;G. 根部;H. 花序图式

17. 大戟科(Euphorbiaceae)

草本、灌木或乔木,常含乳汁。单叶互生,间有对生,少数为复叶;叶基部常有腺体;托叶早落。花多单性,雌雄同株或异株,常为聚伞花序或大戟花序(杯花);花单被、双被或无花被;具花盘或腺体;雄蕊1至多枚,花丝分离或合生;雌蕊通常由3个心皮组成,子房上位,3室,中轴胎座,每室有2~1枚胚珠。蒴果,少数为浆果或核果,种子有胚乳(图4.32)。

常见观赏植物:一品红(圣诞花)(*Euphorbia pulcherrima* Willd.),灌木,开花时上部叶呈鲜红色,鲜艳美丽,花期一般在圣诞节前后。虎刺梅(*Euphorbia milii* Desmoul. ex Boiss.),肉质植物,茎上有硬刺,花序总苞洋红色。霸王鞭(*Euphorbia nerifolia* L.),肉质植物,茎上有硬刺,花序总苞绿色。银边翠(*Euphorbia marginata* Pursh.),灌木,花期茎上部叶全变为白色或叶缘变为白色。猩猩草(*Euphorbia heterophylla* L.),一年生直立草本,上部叶常基部红色或有红、白斑。

重要的经济植物:蓖麻(*Ricinus communis* L.),种子含油率达70%左右,供工业和医药用。橡胶树(*Hevea brasiliensis* Muell.-Arg.),乔木,掌状三出复叶,乳汁含橡胶,是最优良的橡胶植物,原产巴西,我国华南有栽培。油桐[*Vernicia fordii* (Hemsl.) Airy-Shaw.],种子可榨桐油,是优良的干性油,可制油漆、涂料、玻璃纸等,为我国特产,产量占世界70%。乌桕[*Sapium sebiferum* (L.) Roxb.],乔木,叶近菱形,种子油也为干性油,可作油漆原料、涂油纸、雨伞用,也可用作绿化树种。

常见野生杂草：泽漆（*Euphorbia helioscopia* L.）、地锦草（*Euphorbia humifusa* Willd.）、铁苋菜（*Acalypha australis* L.）、地构叶［*Speranskia tuberculata* (Bge.) Baill.］、雀儿舌头［*Leptopus chinensis* (Bge.) Pojark］等。

18. 杨柳科(Salicaceae)

落叶乔木或灌木。单叶互生有托叶。花单性，雌雄异株，葇荑花序，一般先叶开花；每花基部具一苞片，无花被，有蜜腺或花盘；雄花具 2 至多数雄蕊；雌花子房上位，2 心皮合生 1 室，侧膜胎座。蒴果，种子无胚乳，基部具丝状毛。

杨属(Populus)，具顶芽，芽鳞多片，葇荑花序下垂，苞片边缘多裂，花具花盘，风媒花，雄蕊多数。蒴果两裂，种子具丝状毛。常见绿化植物有毛白杨（*Populus tomentosa* Carr.）（图 4.33），树皮灰白色，叶三角状卵形，幼时叶背密被白色绒毛。银白杨（*Populus alba* L.）叶背密生银白色绵毛，叶具 3～5 裂。加拿大杨（*Populus Canadensis* Moench.），叶三角状卵形，可作行道树栽植。小叶杨（*Populus simonii* Carr.），叶倒卵形，主要造林树种之一。

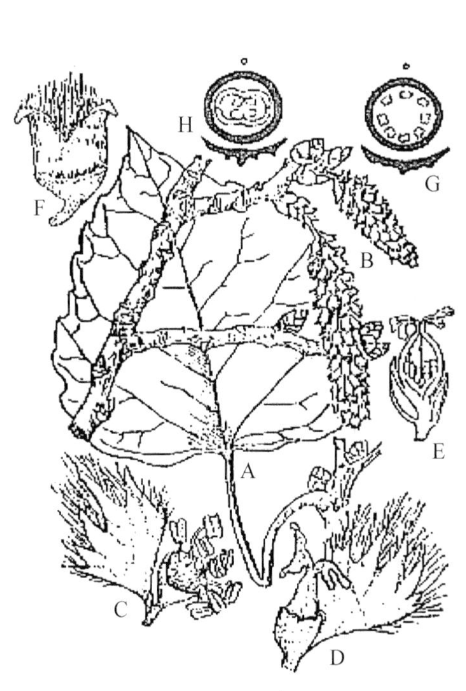

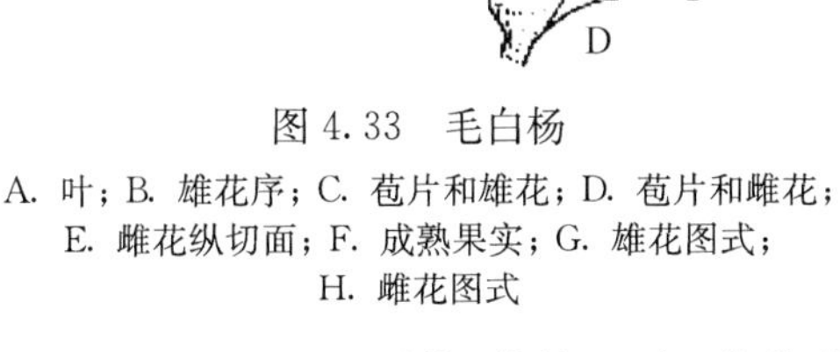

图 4.33　毛白杨

A. 叶；B. 雄花序；C. 苞片和雄花；D. 苞片和雌花；E. 雌花纵切面；F. 成熟果实；G. 雄花图式；H. 雌花图式

图 4.34　垂柳

柳属(Salix)，无顶芽，芽鳞 1 片，葇荑花序直立，苞片全缘，雄蕊常 2，花具蜜腺，虫媒花。常见绿化植物有垂柳（*Salix babylonica* L.）（图 4.34），枝条细弱下垂，叶狭披针形，雄花有 2 个腺体，雌花只有 1 个腺体，蒴果 2 裂，根系发达，保土力强，可作固堤造林树种。旱柳（*Salix matsudana* Koidz.），枝条直立，叶披针形，雄花和雌花均有 2 个腺体，蒴果 2 裂，为北方早春的主要蜜源植物、用材树和庭院、行道固堤树种。龙爪柳（*Salix matsudana* var. tortuosa Vilm.），枝条扭曲，为旱柳之变种。

19. 桑科(Moraceae)

木本,常具乳汁。单叶互生,托叶早落;花单性,雌雄同株或异株,常形成葇荑、穗状、头状或隐头花序;单被花,萼片 4 片,雄蕊与萼片同数而对生;雌蕊由 2 心皮合生,1 室,1 胚珠,子房上位,1 室,1 胚珠。聚花果,种子有胚乳。

常见植物:桑(*Morus alba* L.)(图 4.35),落叶乔木,叶卵形,叶缘具锯齿。雌雄异株,雄花为下垂的葇荑花序,雌花结聚花果(桑椹)。桑叶饲蚕,桑椹可食,茎韧皮纤维可造桑皮纸,根皮、枝、叶、果入药。构树[*Broussonetia papyrifera* (L.) Vent.],叶被粗绒毛,雌雄异株,雄花序为葇荑花序;雌花序头状,聚花果球形,成熟时子房柄伸长、肉质化、红色,从花被裂片中伸出。果、根皮入药,茎韧皮纤维是高级造纸原料。榕树(*Ficus microcarpa* L.),常绿乔木,叶革质,气生根发达,常形成“独木成林”的景观。柘[*Cudrania tricuspidata* (Carr.) Bureau ex Lavall.],落叶灌木或小乔木,聚花果红色,近球形,可食用或酿酒。薜荔(*Ficus pumifera* L.),攀缘或匍匐灌木,果大腋生,呈梨形或倒卵形。无花果(*Ficus carica* L.),落叶灌木,叶掌状,聚花果由隐头花序发育而来,成熟时紫黑色,可食用。

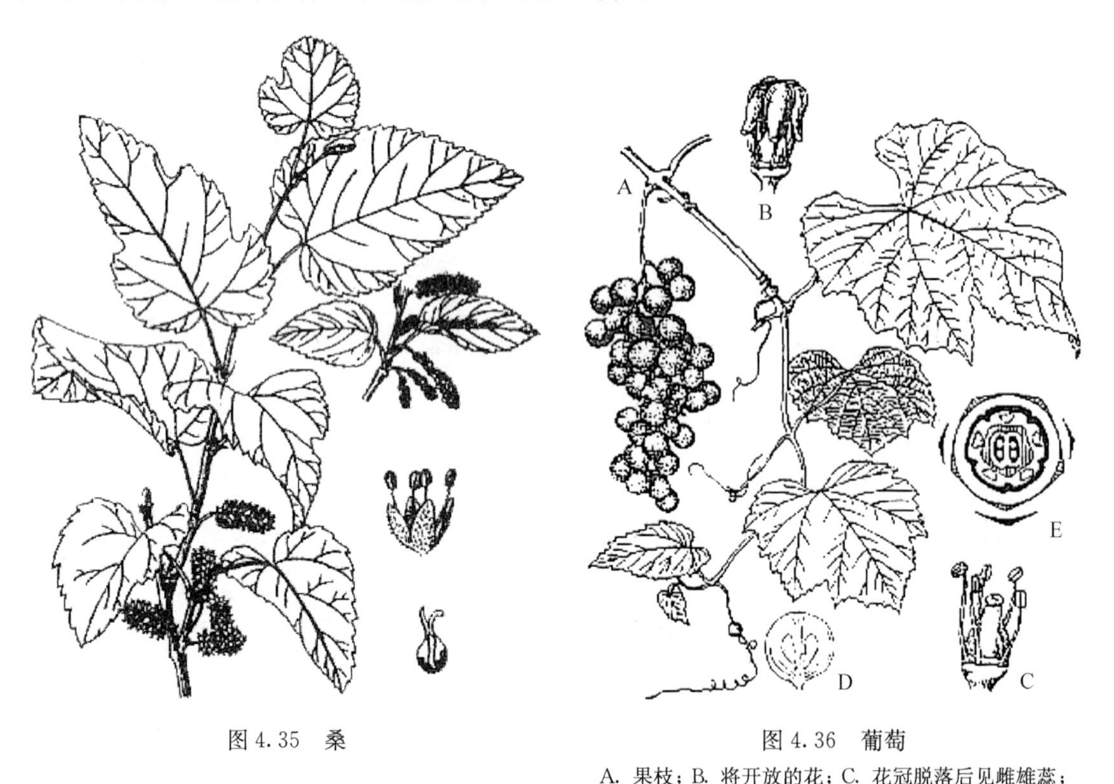

图 4.35　桑

图 4.36　葡萄

A. 果枝;B. 将开放的花;C. 花冠脱落后见雌雄蕊;D. 果实纵剖面;E. 花图式

20. 葡萄科(Vitaceae)

木质或草质藤本,茎具卷须与叶对生。单叶或复叶,互生。花通常两性,辐射对称,排成聚伞花序或圆锥花序,花序与叶对生;花萼 4～5 裂,细小,不明显;花瓣大,4～5,镊合状排列,分离或顶端结合成帽盖花冠;雄蕊 4～5,与花瓣对生;心皮 2,合生,子房上位,常 2 室,中轴胎座,每室有胚珠 2 个。浆果,种子有胚乳。

常见植物:葡萄(*Vitis vinifera* L.)(图 4.36),落叶木质藤本,叶掌状 3～5 裂,圆锥花序,花瓣顶端合生,成帽状脱落,有花盘;浆果圆球形或较长,熟时暗紫色或绿色。果可生食,又可

制葡萄酒、葡萄干等，富有营养。爬山虎[*Parthenocisissus tricuspidata* (Sieb. et Zucc.) Planch.]，木质藤本，叶常3裂，浆果蓝色，卷须顶端形成吸盘，常攀缘墙壁及岩石之上，是城市垂直绿化的优良材料。

21. 茄科(Solanaceae)

草本或灌木。叶互生，无托叶。花两性，常辐射对称；花单生、簇生或成聚伞花序；花萼常5裂，宿存；合瓣花冠常5裂，辐射状；雄蕊5，着生于花冠管的基部，并与花冠裂片互生，花药2室，纵裂或孔裂；2心皮合生，子房上位，通常2室，稀由假隔膜分成多室，中轴胎座，胚珠多数。浆果或蒴果。

马铃薯(*Solanum tuberosum* L.)(图4.37)，草本，奇数羽状复叶。花萼、花冠、雄蕊均5枚，花药顶孔开裂，浆果，球形；块茎富含淀粉，是重要粮食作物，且为蔬菜，又可制淀粉、糖浆、酿酒等。

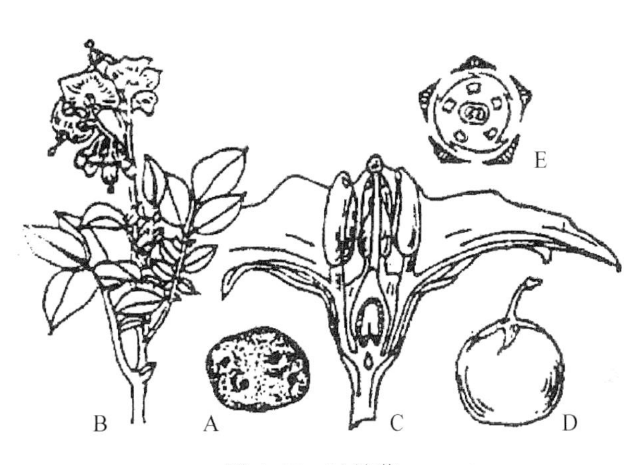

图4.37 马铃薯

A. 块茎；B. 花枝；C. 花纵切面；D. 果实；E. 花图式

观赏植物：矮牵牛(碧冬茄)(*Petunia hybrida* Vilm.)，直立草本植物，花冠漏斗状，似牵牛花，花色多样。瓶儿花(*Cestrum purpureum* Strndl.)、木本夜来香(*Cestrum nucturnum* L.)、冬珊瑚(*Solanum pseudocapsicum* L.)朝天椒(*Capsicum frutescens* var. fasciculatum Baile.)等。

22. 旋花科(Convolvulaceae)

多为缠绕草本，常具乳汁。单叶互生，无托叶；花两性，辐射对称，花单生或数朵集成聚伞花序；萼片5，常宿存；漏斗状花冠，5浅裂；雄蕊5，着生于花冠管基部，与花冠裂片互生；雌蕊多为2心皮合生，子房上位，常2室，每室2胚珠。蒴果。

甘薯[*Ipomoea batatas* (L.) Lam.](图4.38)，一年生蔓生草本，茎具乳汁，茎节常生不定根，单叶全缘或3～5裂。块根发达，可作粮食，还可制淀粉或酿酒及作工业原料，茎、叶可作饲料。

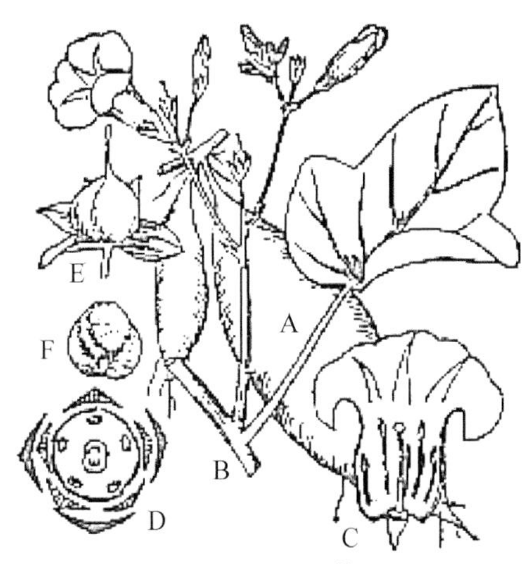

图4.38 甘薯

A. 块根；B. 花枝；C. 花的纵切；D. 花图式；E. 果实；F. 种子

观赏植物：圆叶牵牛[*Pharbitis purpurea* (L.) Voigt.]，叶为心脏圆形，全缘，花冠漏斗状。牵牛(喇叭花)[*Pharbitis nil* (L.) Choisy]。茑萝[*Quamoclit pennata* (Desr.) Bojer.]，茎细弱缠绕，叶羽状深裂或全裂，花冠高脚碟状，深红色。

野生杂草：打碗花(小旋花)(*Calystegia haderacea* Wall.)，叶掌状，苞片大，叶状，包围花萼。藤长苗[*Calystegia pellita* (Ledeb.) G. Don.]，植株密生硬毛，叶柄短，叶片全缘和戟形，苞片大，叶状。田旋花(*Convolvulus arvensis* L.)，叶戟形，苞片小，线形位于花下一段距离处着生。

寄生植物菟丝子(*Cuscuta chinensis* Lam.)，茎缠

绕,黄色细丝状,无叶,有吸器。常寄生于豆类植物上,危害很大。日本菟丝子(*Cuscuta japonica* Choisy),茎微红色或紫红色。

23. 唇形科(Labiatae)

多为草本,常含芳香性挥发油,茎四棱。叶对生,无托叶。花常腋生聚伞式排列成假轮生,称轮伞花序,然后再组成总状、穗状或圆锥状花序;花两性,两侧对称,唇形花冠;二强雄蕊或雄蕊 2 个;子房上位,由 2 心皮深裂成 4 室,每室 1 胚珠,花柱 1,插生于分裂子房的基部。果实为 4 个小坚果,种子无胚乳或有少量胚乳。

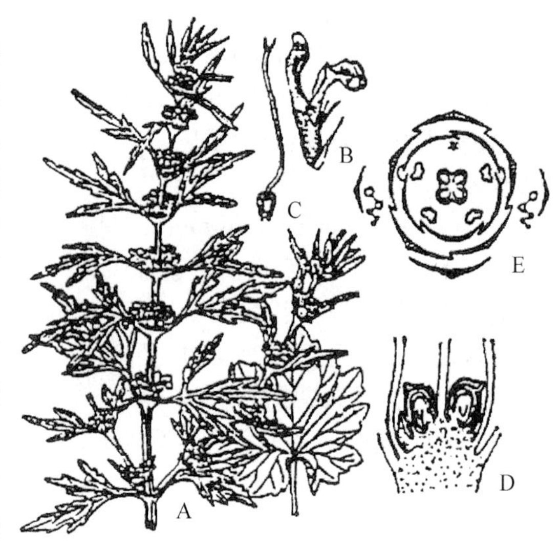

图 4.39 益母草

A. 花枝; B. 花; C. 雌蕊; D. 子房纵剖示意图; E. 花图式

益母草(*Leonurus japonicus* Houtt.)(图 4.39),茎生叶 3 深裂或全裂,轮伞花序,花冠淡紫红色,茎叶入药可活血调经、祛淤生新。

观赏植物:一串红(*Salvia splendens* Ker — Gawl.),花萼、花冠均为红色,雄蕊 2 枚,是布置花坛的良好材料。五彩苏[*Coleus scutellarioides* (L.) Benth.],叶色斑斓多彩。红花鼠尾草(*Salvia coccinea* L.)等。

24. 玄参科

多草本,稀木本。单叶对生、互生或轮生,无托叶。花两性,多为两侧对称,排成各种花序;花萼 4～5 裂,宿存;花冠裂片 4～5,多为唇形花冠;雄蕊 4,二强雄蕊,稀 2 或 5;子房上位,2 心皮合生为 2 室,中轴胎座,每室多数胚珠。蒴果。

图 4.40 泡桐

A. 叶; B. 花序; C. 展开的花冠示雄蕊; D. 去掉花冠的花萼和雌蕊; E. 果实; F. 种子

观赏植物:金鱼草(*Antirrhinum majus* L.),多年生草本,二唇形花冠基部膨大,喉部闭合似金鱼嘴,花色多样。荷包花(蒲包花)(*Calceolaria crenatiflora* Cav.),草本,二唇花冠的下唇囊状,上唇小盖状,花色多样。爆竹花(*Russelia equisetiformis* Schlecht et Cham.),灌木,多分枝,花序成叉生聚伞状,花冠鲜红色,筒长,端 5 裂,二唇形。还有草本象牙红(*Pentstemon barbatus* Nutt.)为常见观赏花卉。泡桐[*Paulownia tomentosa* (Thunb.) Steud.](图 4.40),落叶乔木,单叶对生,叶片心形,圆锥花序,花冠淡紫色,二唇形,为绿化造林的良好速生树种。

常见杂草:婆婆纳(*Veronica didyma* Tenore)、水苦荬(*Veronica anagallisaquatica* L.)、通泉草[*Mazus japonicus* (Thunb.) O. Kuntze]、弹刀子菜(*Mazus stachydifolius* Maxim.)、马先蒿(*Pedicularis striata* L.)等。

25. 木犀科(Oleaceae)

乔木、灌木或藤本。叶对生，极稀互生或轮生，无托叶；单叶、三出复叶或羽状复叶。花两性，稀单性，辐射对称；圆锥花序或聚伞花序，稀单生；花萼、花冠多为4裂；雄蕊多为2枚；子房上位，2心皮合生为2室，中轴胎座，每室多为2胚珠。蒴果、翅果、核果或浆果。

观赏植物：紫丁香(*Syringa oblata* Lindl.)(图4.41)，落叶灌木，单叶对生，花紫色，腋生圆锥花序。白丁香(*Syringa oblata* Lindl. var. affinis Lingdelsh.)，花白色，为紫丁香的变种。连翘[*Forsythia suspensa* (Thunb.) Vahl.]，落叶灌木，单叶对生，或具三小叶，花金黄色，花萼、花冠均4裂。茉莉花[*Jasminum sambac* (L.) Ait.]，常绿灌木，单叶对生，花白色，味清香。迎春(*Jasminum nudiflorum* Lindl.)，常绿蔓性灌木，复叶对生，小叶3枚，花单生叶腋，黄色，花萼、花冠均为6裂。桂花[*Osmanthus fragrans* (Thunb.) Lour.]，常绿灌木或小乔木，单叶对生，花小，簇生于叶腋，白色微带黄色，极芳香，可食用或作香料。小叶女贞(*Ligustrum quihoui* Carr.)，灌木，单叶对生，花成顶生圆锥花序或穗状花序，可作绿篱。白蜡树(*Fraxinus chinensis* Roxb.)，落叶乔木，羽状复叶对生，花单性，无花冠，圆锥花序顶生于当年生枝上，翅果。

图4.41 紫丁香

26. 菊科(Compositae)

多为草本稀灌木，有的具乳汁。叶互生，稀对生，无托叶。有具总苞的头状花序；花两性，少为单性或中性；辐射对称或两侧对称；花萼常退化为冠毛或鳞片；花冠合瓣，管状花或舌状花；聚药雄蕊；子房下位，2心皮1室，1胚珠。瘦果，种子无胚乳(图4.42)。

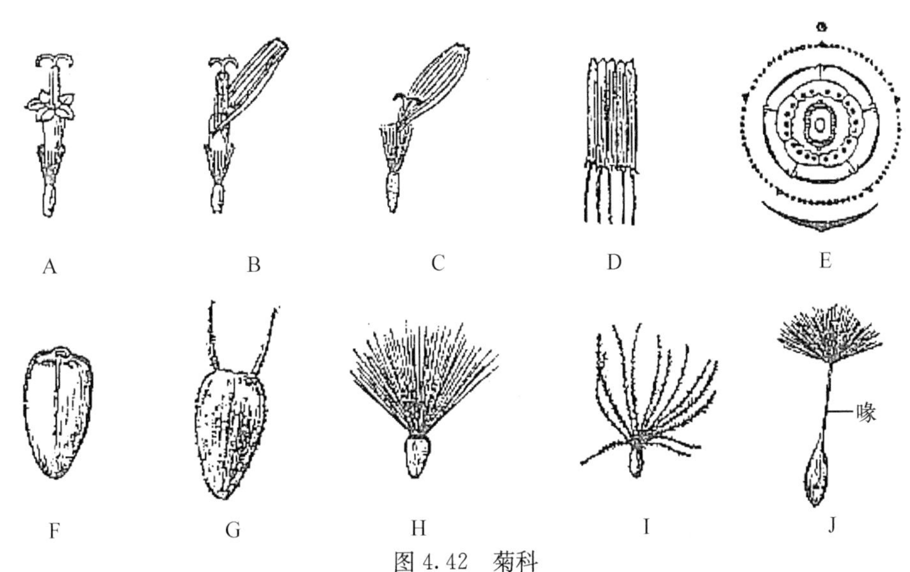

图4.42 菊科

A. 管状花；B. 舌状花；C. 假舌状花(花冠3齿裂)；D. 聚药雄蕊展开；E. 花图式；F. 无冠毛瘦果；G. 瘦果具倒刺芒冠毛；H. 瘦果具简单冠毛；I. 瘦果具羽状冠毛；J. 瘦果具喙

菊科又分为两个亚科。

(1) 管状花亚科(Tubuliflorae)　头状花序具同型小花(全为管状花),或异型小花(兼有管状花和舌状花);植物体无乳汁。

向日葵(*Helianthus annuus* L.)(图4.43),一年生高大草本,常不分枝;单叶互生,卵圆形;头状花序外有数层叶质苞片组成的总苞;边花舌状,黄色,中性(无性);盘花管状,黄色,两性;种子油质优良,为著名油料作物之一。

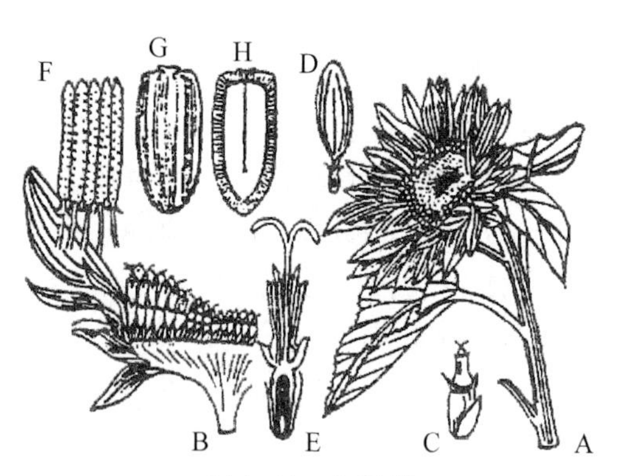

图4.43　向日葵

A. 花序; B. 花序的纵切; C. 管状花; D. 舌状花; E. 管状花的纵切; F. 聚药雄蕊; G. 果实; H. 果实的纵切面

常见观赏植物有菊花[*Dendranthema morifolium* (Ramat.) Tzvel.],原产我国,花色多样,顶霜开放,是秋季的重要花卉。园艺变种丰富,品种不计其数,是著名的观赏植物。大丽菊(*Dahlia pinnata* Cav.)有纺锤状块根,叶对生,舌状花有白色、红色或紫色。矢车菊(*Centaurea cyanus* L.),叶线形,边花的花冠偏漏斗状,不育,中央管状花能育。金盏菊(*Calendula officinalis* L.)花金黄色,边花可育,中央花不育。一枝黄花(*Solidago serotina* Ait.),头状花序小,聚生于枝顶,组成大型圆锥花序,花黄色,常作鲜切花用。还有如非洲菊(扶郎花)(*Gerbera jamesonii* Boluss ex Gard.)、雏菊(*Bellis perennis* L.)、万寿菊(*Tagetea erecta* L.)、瓜叶菊(*Cineraria cruenta* Mass.)、翠菊(*Callistephus chinensis* Nees.)等。

经济作物有菊芋(洋姜)(*Helianthus tuberosus* L.),块茎可食用。甜叶菊(*Stevia rebaudiana* (Bertoni) Hemsl.),叶内含6%～12%的糖苷,甜度为蔗糖的300倍,可作食品调味剂。

常见蔬菜有茼蒿(*Chrysanthemum spatiosum* Bailey.)、蒿子杆(*Chrysanthemum carinatum* Schousb.)等。

杂草有苍耳(*Xanthium sibiricum* Patrin ex Widd.)、刺儿菜(*Cirsium segetum* Bge.)等。危害性检疫杂草有三裂叶豚草(*Ambrosia trifida* L.)、豚草(*Ambrosia artemisiifolia* L.)等。

(2) 舌状花亚科(Liguliflorae)　头状花序全为舌状花,植物体具乳汁。

常见蔬菜有莴苣(*Lactuca sativa* L.),茎生叶倒卵圆形,基部戟形,抱茎。莴笋(*Lactuca sativa* var. angustata Irish.)、生菜(*Lactuca sativa* var. romana Hort.)均为莴苣的变种。

野生植物:蒲公英(*Taraxacum mongolicum* Hand.—Mazz.)(图4.44),多年生草本,叶基生,头状花序全由黄色舌状花组成。瘦果具长喙,喙顶具伞状冠毛,可随风传播。苦菜[*Ixeris chinensis* (Thunb.) Nakai],茎生叶不抱茎。鸦葱(*Scorzonera austriaca* Willd.)、毛连菜(*Picris japonica* Thunb.)等。

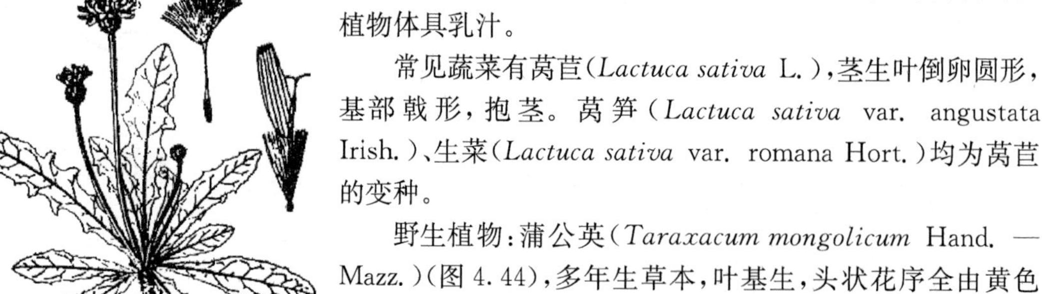
图4.44　蒲公英

菊科由于在形态结构上和繁殖上的种种特点,如萼片变成冠尖、刺毛，有利于果实远距离传播；部分种类具有块茎、块根、匍匐茎或根状茎，有利于营养繁殖的进行。此外，花序和花的构造与虫媒传粉的适应等，都表明菊科为双子叶植物中最进化的类群。

4.4.2 单子叶植物纲(Monocotyledoneae)

单子叶植物种子的胚具 1 枚子叶；草本稀木本；一般为须根系；维管束散生，通常无形成层；叶通常具平行脉或弧形脉，稀为网状脉；花通常 3 基数，稀为 4～5 基数。

1. 棕榈科(Palmae)

常绿乔木或灌木，稀为藤本，茎常不分枝。叶常绿，大型，互生，掌状分裂或羽状复叶，多集生于茎干顶部，叶柄基部常膨大成纤维状鞘。肉穗花序大型，多分枝，圆锥状；佛焰苞 1 至数片；花小，淡绿色，两性或单性；花被片 6，2 轮；雄蕊 6；子房上位，3 心皮分离或仅基部合生，1～3 室，每室 1 胚珠。浆果、核果或坚果。种子具丰富胚乳。

图 4.45　棕榈

绿化及观赏植物：棕榈[*Trachycarpus fortunei* (Hook. f.) W. Wendl.](图 4.45)，乔木，树干圆柱形，直立不分枝，叶团扇形掌状分裂，簇生于干顶，雌雄异株，圆锥状肉穗花序，花小而黄色。可作公路行道树及园林观赏树。鱼尾葵(*Caryota ochlandra* Hance)，叶大型，二回羽状复叶，小叶似鱼尾状，淡绿至翠绿色。还有蒲葵[*Livistona chinensis* (Jacq.) R. Br.]、棕竹(Rhapis humils Bl.)等。

常见经济植物：椰子(*Cocos nucifera* L.)，为热带果树。油棕(*Elaeis guineensis* Jacq.)为油料植物。槟榔(*Areca cathecu* L.)，嫩果可食用或药用。桄榔[*Arenga pinnata* (Wurmb.) Merr.]，为糖料作物。

2. 天南星科

图 4.46　天南星

常草本，具根状茎或块状茎。叶基生或茎叶互生，叶具长柄。肉穗花序，有佛焰苞；花小，单性或两性，单性花时雌雄同株，少雌雄异株；雌雄同株时雄花位于花序上部，雌花位于下部；两性花有花被片 4～6，单性花多无花被；雄蕊多 4 或 6，偶 1 或 8，分离或合生；子房上位，由 1 至多心皮组成，1 至多室，每室 1 至多数胚珠。浆果，种子有或无胚乳(图 4.46)。

观赏植物：马蹄莲(*Zantedeschia aethiopica* Spr.)，佛焰苞白色，美观，可作鲜切花或盆栽观赏。龟背竹(*Monstera delicioa* Liebm.)，大藤本，有绳状气生根，叶大型，羽状裂并有穿孔，形似龟背，为观叶植物。红鹤芋(*Anthurium andreanum* Lindl.)，叶鲜绿色，长椭圆状心脏形，佛焰苞阔心脏形，表面有像漆一样具有光泽的鲜朱红色，十分美丽，常作切花或盆花栽培。观叶植物还有海芋(*Alocasia macrorrhiza* Schott.)、广东万年青(*Aglaonema modestum* Schott.)等。

3. 禾本科(Gramineae)

除竹类为木本外,都为一年生、二年生或多年生草本植物,须根系。通常具根茎,地上茎称为秆,多为圆形;秆多中空,少实心;节和节间明显。单叶互生,2列,具叶片和叶鞘;叶片狭长,直出平行脉;叶鞘包秆,多开放;叶片和叶鞘连接处常具叶耳、叶舌。花小,多为两性,常由1至多花加上2～3枚颖片组成小穗,再以小穗为单位组成各种花序;每朵小花由外稃和内稃各1,浆片2,雄蕊3或6,雌蕊1组成;子房上位,心皮2～3合生1室,含1倒生胚珠。颖果。

禾本科通常分为竹亚科(Bambusoideae)和禾亚科(Agrostidoideae)。

(1) 竹亚科(Bambusoideae) 多年生木本,秆木质坚硬,节间常中空。主秆叶与普通叶不同,通常缩小,而普通叶片具短柄,与叶鞘连接处常具关节而易脱落。

常见植物有毛竹(*Phyllostachys pubescens* Mazel)(图4.47),可作风景林和用材林。阔叶箬竹[*Indocalanus latifolius* (Keng) Mcclure],常植于庭院观赏。佛肚竹(*Bambusa ventricosa* Mcclure),各地栽种和盆栽,供观赏。

(2) 禾亚科(Agrostidoideae) 一年生、二年生或多年生草本,秆通常为草质。秆生叶即是普通叶,常不具叶柄,与叶鞘连接处无明显的关节,叶不易自叶鞘处脱落。

图4.47 毛竹

常见粮食作物:小麦(Triticum aestivum L.)(图4.48),二年生草本,复穗状花序直立,花两性,具外稃和内稃,雄蕊3,雌蕊1,颖果。水稻(*Oryza sativa* L.),一年生草本,圆锥花序下垂,花两性,具外稃和内稃,雄蕊6,雌蕊1,颖果。玉蜀黍(玉米)(*Zea mays* L.)(图4.49),一年生高大草本,秆实心,花单性同株,秆顶着生雄性的圆锥花序,雌花序生于叶腋,肉穗状,外有数层苞片,颖果。还有高粱(*Sorghum vulgare* Pers.)、大麦(*Hordeum vulgare* L.)、粟(谷子)[*Setaria italica* (L.) Beauv.]、黑麦(*Secale cereale* L.)等。

图4.48 小麦

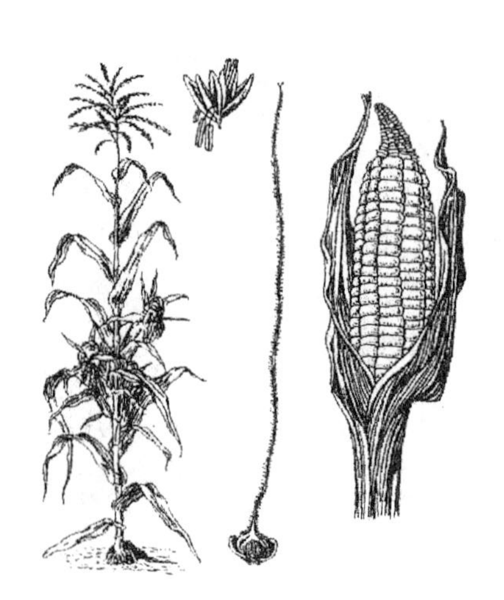

图4.49 玉米

草坪植物：早熟禾(*Poa annua* L.)、草地早熟禾(*Poa pratensis* L.)、野牛草[*Buchloe dactyloides* (Nutt.) Engelm.]、结缕草(*Zoysia japonica* Steud.)、狗牙根[*Cynodon dactylon* (L.) Pers.]、匍匐翦股颖(*Agrostis stolonifera* L.)、羊茅(*Festuca ovina* L.)、黑麦草(*Lolium perenne* L.)、假俭草[*Eremochloa ophiuroides* (Munro) Hack.]、地毯草[*Axonopus compressus* (Swartz) Baeuv.]等。

常见杂草：稗[*Echinochloa crusgalli* (L.) Beauv.]、狗尾草(*Setaria viridis* Beauv.)、马唐[*Digitaria adscendens* (H. B. K.) Hern.]、白茅[*Imperata cylindrica* (L.) Beauv. var. major (Nees) C. E. Hubb]、看麦娘(*Alopecurus aequalis* Sobol.)、蟋蟀草[*Eleusine indica* (L.) Gaetn.]、虎尾草(*Chloris virgata* Swartz)、画眉草[*Eragrostis pilosa* (L.) Beauv.]等。

有毒植物如毒麦(*Lolium temulemtum* L.)。

4. 百合科(Liliaceae)

常为多年生草本，具根茎、鳞茎或块茎；茎直立或攀援，有时退化为叶状枝。单叶互生，或为对生、轮生，或退化为鳞片状。花两性，辐射对称；花被片 6，排成 2 轮，离生或合生；雄蕊 6，花药 2 室；子房上位，3 心皮合生 3 室，中轴胎座。蒴果或浆果，种子内有丰富的胚乳。

百合(*Lilium brownii* F. E. Brown var. viridulum Baker)(图 4.50)，茎直立，具鳞茎，花大，白色，花冠漏斗状，蒴果。鳞茎富含淀粉，可食用或药用。园林栽培中常作为花坛种植，做切花、盆花观赏。

观赏植物：郁金香(*Tulipa gesneriana* L.)、文竹[*Asparagus setaceus* (Kunth) Jessop]、吊兰[*Chlorophytum comosum* (Thunb.) Jacques]、萱草(*Hemerocallis fulva* L.)、玉簪[*Hosta plantaginea* (Lam.) Aschers.]、万年青[*Rohdea japonica* (Thunb.) Roth]、风信子(*Hyacinthus orientalis* L.)等。

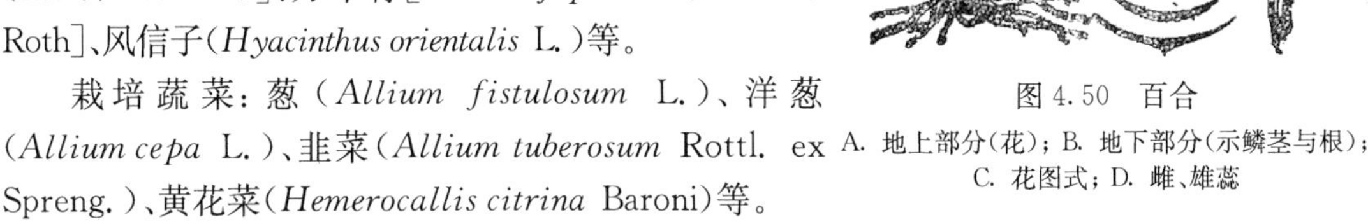

图 4.50 百合

A. 地上部分(花)；B. 地下部分(示鳞茎与根)；C. 花图式；D. 雌、雄蕊

栽培蔬菜：葱(*Allium fistulosum* L.)、洋葱(*Allium cepa* L.)、韭菜(*Allium tuberosum* Rottl. ex Spreng.)、黄花菜(*Hemerocallis citrina* Baroni)等。

思考题

1. 名词解释：人为分类法；自然分类法；种；世代交替；维管植物；非维管植物；种子植物。

2. 植物分类的段位有哪些？哪个是基本单位？

3. 植物的学名由哪几个部分组成？书写时应注意些什么？

4. 说出高等植物和低等植物的主要区别。

5. 裸子植物和被子植物的主要区别有哪些？为什么说被子植物是地球上最进化最发达的类群？

6. 举例说明植物进化的一般规律。

7. 列表写出藻类、细菌门、真菌门、地衣门、苔藓植物门、蕨类植物门、裸子植物门、被子植物门的生态分布、形态构造、营养类型、生殖方式等方面的主要特征，并列举代表植物。

5 植物的水分代谢

水和植物的生命活动是紧密联系的，没有水就没有生命，没有植物。植物的一切正常生命活动，只有在细胞含有足够水分的条件下才能进行。植物的水分代谢，包括植物对水分的吸收、运转、利用和散失的过程。了解植物水分代谢规律，经常保持植物体内的水分平衡，创造适于各种生理活动的水分环境，是农业生产稳产、高产的基础，具有重要意义。

5.1 水在植物生活中的重要性

5.1.1 水的物理化学性质

水分子由两个氢原子以共价键和一个氧原子组成，形成 H—O—H，氧端带负电荷，氢端带正电荷，故水分子之间可借氢键相互结合。由于水分子的这些特点，从而具有下列性质：

1. 高比热

与其他物质相比，1 g 水温度升高 1℃较 1 g 其他物质升高温度 1℃需要更多的热量，因为它需要额外的能量来破坏氢键。植物体内含有大量的水分，故在环境温度变动较大的条件下，植物体温仍相当稳定。

2. 高气化热

水分子具有较高的气化热，在 25℃时，1 g 液态水变为气态约需 580 kJ，因为水从液态变为气态同样需要额外的能量来破坏水分子间的氢键。由于水具有高气化热，故植物在烈日照射下，通过蒸腾作用散失水分就可降低体温，不易受高温危害。

3. 水分子是植物体内很好的溶剂

植物体内的氨基酸、蛋白质及碳水化合物都含有—OH，$—NH_2$ 及—COOH 基，能与水分子形成氢键。高分子量的碳水化合物及蛋白质分散在水中形成亲水胶体。水分子结合在带电荷的离子如大部分营养离子（K^+，Ca^{2+}，$H_2PO_4^-$，NO_3^- 等）周围，使其成为高度可溶的水化离子。此外，水分子还与植物细胞壁与质膜上的固定电荷相结合，形成结合水层。

4. 水具有很大的表面张力

这种表面张力能使水吸附到其他一些物质如纤维素、蛋白质、黏土等上面，所以水能在植物细胞壁及土壤中借毛细管力进行运动。

5.1.2 植物的含水量

水分是植物体的重要组成部分，其含量常常是控制生命活动强度的决定因素。生长活跃、代谢旺盛的组织和细胞里所含的水分，一般可达70%～80%，有时还超过90%，而休眠种子的含水量，则在12%～14%左右，甚至低于10%，因此其生命活动十分微弱。表5.1中列举了几种植物组织的含水量。植物的含水量因植物种类、生理状态、器官和部位而各不相同。

表5.1说明，植物生长活跃的部分如根尖及幼叶(肉质果实如番茄、西瓜等情况例外)含水较多，种子的含水量较低，很多作物的种子在含水10%以下时，仍不失去生活力。

表5.1 几种植物不同器官的含水量

器　官	植物及部位	含水量/%
根	大麦的根尖	93.0
	松树的根尖	90.2
	胡萝卜的可食部分	88.2
	向日葵全部根系平均	71.0
茎	向日葵(七周龄)的全部茎平均	87.5
	松的韧皮部	66.0
	松的木质部	50～60
	松的枝条	55～57
叶	向日葵(七周龄)的全部叶子平均	81.0
	莴苣内部叶子	94.8
	卷心白菜的成熟叶子	86.0
	玉米的成熟叶子	77.0
果　实	番茄	94.1
	西瓜	92.1
	草莓	89.0
	苹果	84.0
种　子	玉米的干种子	11.0
	大麦的去壳种子	10.2
	花生的脱皮种子	5.1

5.1.3 水在植物生活中的重要性

1. 水是原生质的重要组分

原生质的含水量在70%～90%，水使原生质呈溶胶状态，从而保证了代谢活动的正常进行。水分减少，原生质趋向凝胶状态，生命活动减弱，如休眠种子。如果植物严重失水，原生质的胶体结构会遭到破坏而导致细胞死亡。

2. 水是代谢作用的介质

水分子具有极性，是自然界中能溶解物质最多的良好溶剂。植物体内离子和气体的交换，有机物的合成和分解，矿物质和有机物的运输都必须在有水条件下进行。水分能不断地在植物体内各部分活动，在流动的同时，也将溶解于其中的各种物质运输到植物体的各个部分，从而把植物体各个部分联系起来，成为一个整体。

3. 水是一些代谢过程的原料

有机质的合成与分解，光合作用、呼吸作用等生理生化过程中均有水分参与。没有水，这些重要的生化过程都不能进行。

4. 水分能使植物保持固有的姿态

植物各器官中虽有一定的机械组织起支持作用，但这种支持还是不够的。植物保持固有姿态还要靠细胞的紧张度（即膨胀）来维持。只有细胞中含有足够的水分，才能使植物枝叶挺立，便于充分接受光照和交换气体，同时也使花朵张开，利于传粉，根系能在土壤中生长。如含水量不足，便造成萎蔫，不能维持固有的姿态，更不可能进行正常的生理活动。

5. 水具有特殊的理化性质

水的特殊的理化性质给植物的生命活动带来了各种有利条件。例如，水有很高的气化热和比热，又有较高的导热性，有利于植物发散能量和保持体温，避免植物在强光高温下或寒冷低温中，体温变化过大灼伤或冻伤植物体。因此，水对调节植物体温起重要作用，保证植物能在适宜的、基本恒定的温度下进行代谢活动。水又有很大的表面张力，对于吸附和物质的运输有很重要的意义。水又能让可见光和紫外光透过，对光合作用很重要。水分子还表现明显的极性，决定了多数化合物所特有的水合状态，而使原生质的亲水胶体得以稳定。

水分在植物体内的作用，不但与其含水量有关，也与水分的存在状态有关。水分在植物组织中通常以束缚水和自由水两种状态存在。束缚水是指比较牢固地附着在细胞胶体颗粒上而不易流动的水分。而未与原生质胶粒相结合能自由移动的水则称为自由水。自由水参与生理生化反应，而束缚水则不能。细胞中自由水和束缚水比例的大小，往往影响着原生质的物理性质、酶的活动等。所以当自由水与束缚水的比值高时，细胞原生质呈溶胶状态，植物代谢旺盛，生长较快；反之，细胞原生质呈凝胶状态，代谢减弱，生长减慢，但抗逆性相应增强。

5.2 植物细胞对水分的吸收

植物各个器官都可以吸收水分，它们吸水的基础是细胞对水分的吸收。

5.2.1 细胞吸水的方式

植物细胞吸水的方式有两种，即吸胀作用吸水和渗透作用吸水。

吸胀作用是亲水胶体吸水膨胀的现象。吸胀作用是亲水胶体的特性，而不是生命的特征。干燥的种子（死的或具有生活力的）都会通过吸胀作用吸收水分的。除了干燥种子外，吸胀作用吸水也常常发生于根尖、茎尖的分生组织，以及未形成液泡的其他细胞。

渗透作用是溶剂水通过半透膜（只能让水分子透过，而不能让任何溶质即任何分子或离子透过的膜)的扩散作用。

渗透作用是扩散作用的一种特殊形式,即溶剂分子通过半透膜的扩散作用。如图 5.1 所示,用长颈漏斗作一个简单的渗透计,漏斗口上紧扎着一块具有半透性的膜(如羊皮纸、火棉胶、膀胱等),在漏斗中注入溶液(如糖溶液),然后将漏斗放入蒸馏水中。因为水很容易透过半透膜,糖等溶质难以透过半透膜,而漏斗中的溶液有一定浓度,所以水就会进入漏斗,使溶液上升。溶液上升到一定高度(图 5.1 中的 h)后,就不再上升。这一现象就是渗透作用。

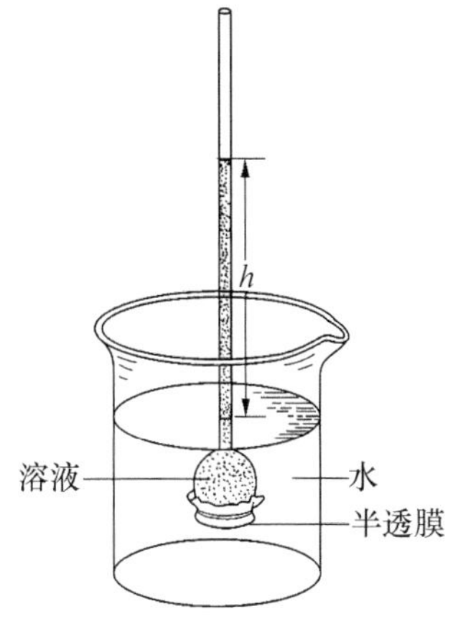

图 5.1　一个简单的渗透计

细胞任何一种吸水方式的机理,都与水的自由能、水势有着密切的联系。

5.2.2　植物细胞的水势

细胞无论通过何种形式吸水,其根本原因,都是由于水的自由能差即水势差引起的。水的这种能用于做功(例如通过半透膜而移动)的能量大小的度量,就是水势。

水势是水的化学势。化学势是每摩尔的任何物质,不论是纯的,或存在于溶液中时,或存在于任何一个复杂体系中时的自由能。而自由能是在温度不变的情况下,能用于做功的能量。所以,化学势是一种物质能够用于做功或发生反应的能量的度量。水势就是水中可用于做功或发生反应的能量的度量。在正常的生物学条件下,对于与水有关的反应(例如水解反应)来说,水势总是足够大的,不会影响这些反应的速度。但是,细胞中或细胞间水分的运动,则决定于水势的大小,水总是从水势高的区域向水势低的区域移动。水势的符号是 ϕ,水势的单位是:按国家法定计量单位为 Pa(帕(斯卡)),习用单位为 atm(标准大气压或 bar(巴))。1atm=760 mmHg=1.01 bar,1bar=10^5 Pa。

假如有两个区域 A 和 B,其水势分别为 ϕ_A 和 ϕ_B,则两者之间的水势差($\Delta\phi$)为 $\Delta\phi=\phi_A-\phi_B$。若 ϕ_A 大于 ϕ_B,则水由区域 A 向区域 B 移动。如 $\phi_A-\phi_B$ 为负值,那就是说区域 B 的水势大于区域 A 的水势,水将由 B 向 A 移动。

纯水(1 大气压,0℃)的水势规定为零。这里所说的纯水,是指自由水而言,也就是不以任何方式(物理的或化学的)与任何其他物质结合的水,例如,离子的水化层中的水或与胶体发生水化作用的水,都不是自由水,也就不是这里所说的纯水。当水中溶有任何物质时,其水势均降低,所以,任何溶液的水势均小于零,其 ϕ 均为负值。当然,这只是指在一大气压下的情况。一个体系的压力增加或降低,其水势自然也会增加或降低。例如,在一大气压下,纯水的水势为零,当温度不变而压力增为 2 bar 时,则纯水的水势为+1 bar。

一般来说,植物细胞的水势是由溶质势、压力势、衬质势三部分组成的。它们的关系是:$\phi_w=\phi_s+\phi_p+\phi_m$,其中,$\phi_s$ 是溶质势,ϕ_p 是压力势,ϕ_m是衬质势。

1. 溶质势

在水溶液中,由于溶质分子与水分子的相互吸引与碰撞,消耗了水分子的一部分能量,从而使水的自由能降低,溶液的水势也就低于纯水的水势。这种由于溶质的存在而引起水势降低的值,称为溶质势,以“ϕ_s”表示。溶质势小于纯水的水势,是负值。溶液的浓度越高,溶质势越低。据测定，草本植物根细胞的溶质势在 -5×10^5 Pa 左右。在渗透系统中，溶质势表示溶液中水分潜在的渗透能力的大小，因此，溶质势又可称为渗透势，溶质势越小，其吸水能力就越大，反之越小。

2. 压力势

当细胞吸水而发生膨胀时，对细胞壁产生一种叫膨压，与此同时，由于细胞壁有限的弹性，对内产生一种反压力，叫壁压，两者大小相等，方向相反。壁压会提高细胞内水的自由能而提高水势，同时能限制外来水分的进入。这种由于压力的存在而使水势改变的值叫压力势。它是正值。以 ψ_p 表示。纯水的 ψ_p 被规定为零。

一般草本植物叶细胞的压力势在晴天下午约为 $3\times10^5\sim5\times10^5$ Pa，在特殊情况下，压力势会等于零或负值，例如初始质壁分离时，压力势是零，剧烈蒸腾时，压力势会呈负值。

3. 衬质势

当水中存在衬质（淀粉、纤维素、蛋白质等一些能吸引水分子而不溶于水的物质）时，由于衬质对水分子的吸引，降低了水的自由能，水势下降。由于衬质存在所引起的水势降低值为衬质势，以“ψ_m”表示。衬质势与溶质势一样是小于零的负值。

以上所述是典型的细胞水势的组成情况。实际上，不同类型细胞的水势组分是有差异的。

只有液泡的细胞，其衬质势很小，常忽略不计，上述公式可简化为：$\psi_w=\psi_s+\psi_p$。

具有液泡的细胞，主要靠渗透吸水，当与外界溶液接触时，细胞能否吸水，取决于两者的水势差，现将植物细胞与外液的水分关系总结如下：

当外界溶液 ψ_w 大于细胞 ψ_w 时，表现为内渗透，细胞正常吸水。

当外界溶液 ψ_w 小于细胞 ψ_w 时，表现为反渗透，细胞失水。

当细胞严重脱水时，液泡体积变小，原生质和细胞壁跟着收缩，但由于细胞壁的伸缩性有限，当原生质继续收缩而细胞壁已停止收缩时，原生质便慢慢脱离细胞壁，这种现象叫质壁分离（图 5.2）。如果把发生了分离的细胞放在水势较高的稀溶液或清水中，外面的水分便进入细胞，液泡变大，使整个原生质慢慢恢复原来的状态，这种现象叫质壁分离复原。以上两种现象只能发生在活细胞，因死细胞原生质失去了选择透过的性质，因此不会发生质壁分离。借此可以用来判断细胞的死活。

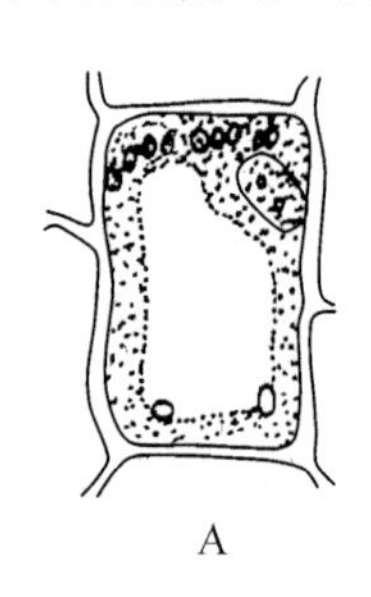

A

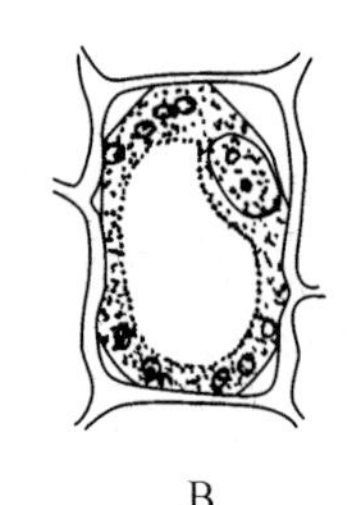

B

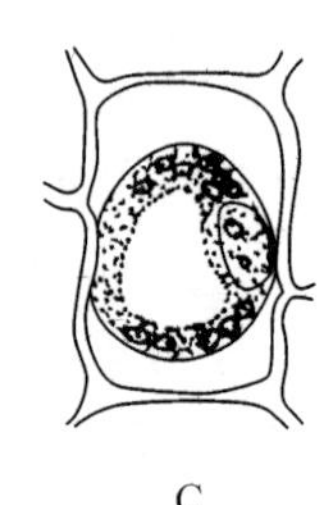

C

图 5.2　植物细胞的质壁分离现象

A. 正常细胞　B，C. 进行质壁分离中的细胞

当外界溶液 ψ_w 等于细胞 ψ_w 时，表现为等渗透，细胞既不吸水也不失水，处于动态平衡。

在一般情况下，植物根细胞的水势总是低于土壤溶液的水势，所以根能从土壤中吸收水分。但当施肥过多，使土壤溶液浓度过大，其水势低于根细胞的水势时，根细胞的水分便会反渗透到土壤中，使根细胞乃至整个植物体脱水，细胞发生质壁分离现象。由于细胞失去了应有的紧张度，地上叶片表现为萎蔫状态，严重时产生烧根现象而死亡。

无液泡细胞的水势（如干燥种子的细胞），细胞内仅有少量束缚水，不含自由水，因此衬质（原生质、细胞壁）对水分子的引力大，影响了水分子的运动，致使细胞衬质势（$\varnothing_{m}$）的绝对值增大。这类细胞不具有液泡，因此，$\varnothing_{s}=0$，$\varnothing_{p}=0$，所以 $\varnothing_{w}=\varnothing_{m}+\varnothing_{s}+\varnothing_{p}=\varnothing_{m}$。细胞的衬质势驱使种子通过吸胀作用，从环境中吸收水分。

细胞水势（$\varnothing_{w}$）及其组分 $\varnothing_{s}$，$\varnothing_{p}$ 与细胞相对体积的关系如图 5.3 所示。图 5.3 表明，一个具有相对体积为 1.0 的植物细胞在初始质壁分离时，其 $\varnothing_{p}=0$，$\varnothing_{w}=\varnothing_{s}$，图中为－16 bar。如将该细胞置纯水（$\varnothing_{w}=0$）中，它将从介质中吸水，随着含水量的增加，细胞液浓度减低，$\varnothing_{s}$ 相应增高；同时，细胞体积逐渐增大，$\varnothing_{p}$ 随之增高。当吸水达紧张状态时，细胞水分进出达动态平衡而不再吸水，是时图中 $\varnothing_{p}=12$ bar，$\varnothing_{s}=-12$ bar，$\varnothing_{w}=\varnothing_{s}+\varnothing_{p}=12-12=0$。可见细胞水势不是固定不变的，$\varnothing_{p}$ 及 $\varnothing_{s}$ 随含水量增加而增高，吸水能力相应减小。当细胞吸水达紧张状态，$\varnothing_{w}=0$ 时，即使细胞在纯水中亦不能吸水。细胞失水时，随着含水量减少，其水势亦降低，吸水能力又相应增加，所以植物细胞颇似一自动调节的渗透系统。

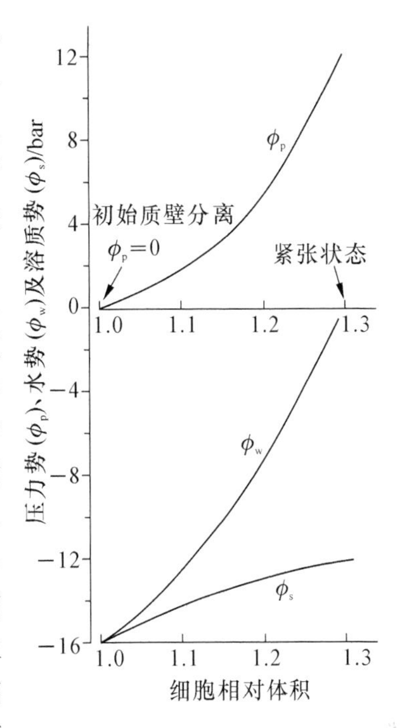

图 5.3 细胞水势及其组分 $\varnothing_{p}$，$\varnothing_{s}$ 与细胞相对体积的关系

5.2.3 相邻细胞间水分的移动

在植物体内相邻细胞水势的高低，决定着相邻细胞之间水分移动的方向（图 5.4）。

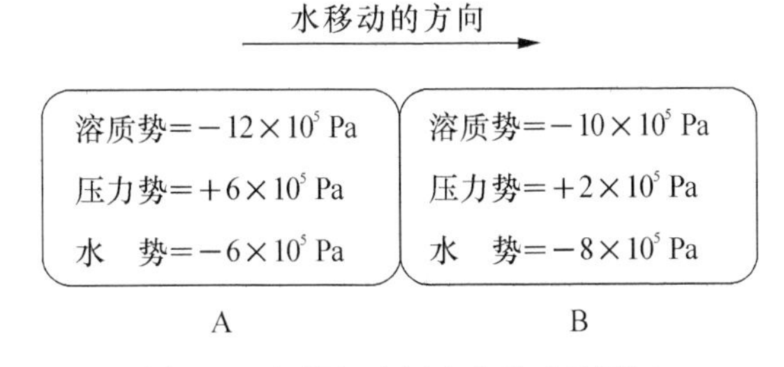

图 5.4 相邻细胞间水分移动的图解

细胞 A 的溶质势虽然低于细胞 B 溶质势，但是细胞 A 的压力势高于细胞 B 的压力势，因此细胞 A 的水势比 B 高，水由细胞 A 移向细胞 B。当多个细胞相连时，如果一端的细胞水势较高，则会依次形成一个递降的水势梯度，水分便从高水势的一端移向低水势的另一端。植物细胞之间水势递降的方向，就是水分运行的方向。

植物细胞水势的变化很大，一方面不同器官或同一器官的不同部位的细胞水势大小不同，另一方面，环境条件对水势的影响也很大。

一般来说，在同一植株上，地上器官的水势比根部的水势小，而生殖器官的更小。就不同层次的叶子而言，距地面越远，水势越低。就根部细胞而言，内部细胞的水势低于外部的；就叶肉细胞而言，距主脉越远，水势越低。这些差异对于水分进入植物体和在植物体内的移动都有

很大意义。图 5.5 和图 5.6 表明植物这种规律。

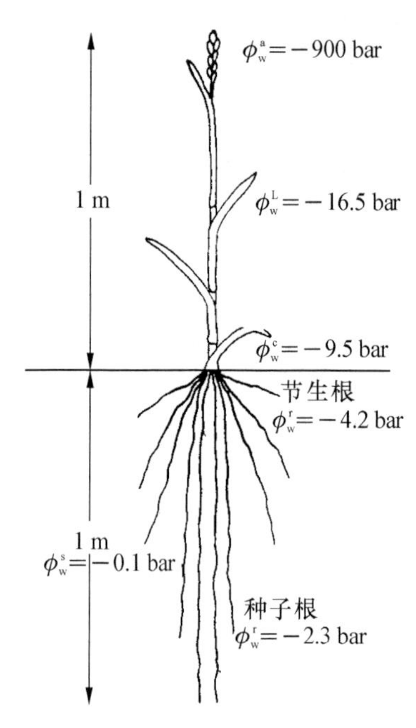

图 5.5　小麦植株各部分的水势图解

（生长在土壤水势为－0.1 bar 及大气水势为－900 bar 的条件下；ϕ_w^s 为土壤水势，ϕ_w^r 为根水势，ϕ_w^c 为冠部水势）

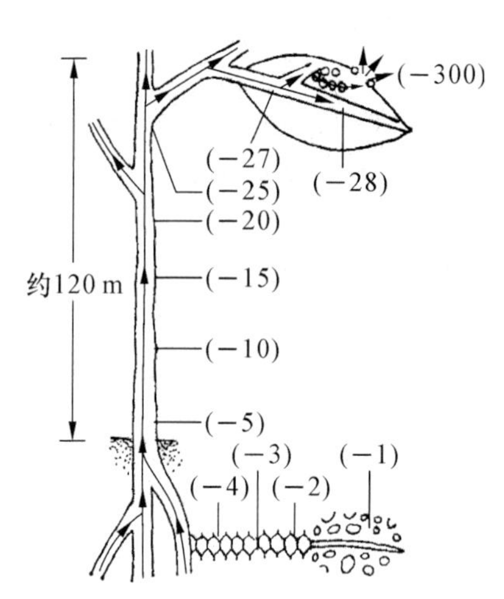

图 5.6　120 m 高大树不同部位的水势

（图中括号内数字为植株不同高度的水势（单位 bar），空气的相对湿度为 80%）

植物细胞水势的变化，在一定程度上反映了植物体的水分状况。当植物细胞的水势很小时，说明植物体内水分亏缺，这时必须灌溉，否则就可能导致减产。因此，植物细胞的水势，在一定程度上，可以作为合理灌溉的生理指标。

5.2.4　植物细胞的吸胀作用

植物细胞的吸胀作用是指原生质及细胞壁的组成成分吸水膨胀的作用。原生质及细胞壁的组成成分都是亲水的物质，它们与水分子间有很大亲和力，二者相互作用，其间存在着附着力、毛细管力、电化学作用等，其吸引水分子的力量很强，这种吸引水分子的力量称为吸胀力。不同物质与水分子间相互作用的力量不同，其吸胀力也有大小，蛋白质、淀粉和纤维素三者相比，纤维素、淀粉、蛋白质三者的亲水性依次递增，其衬质势依次递减。豆科植物种子较禾谷类种子含较多的蛋白质，故其吸胀力较禾谷类种子大。豆科植物种子的子叶中含有大量的蛋白质，而种皮中则有较多的纤维素，所以在豆科植物种子的吸胀过程中，由于子叶的吸胀力较种皮大而使种皮被胀破。

刚浸在水中的干燥种子吸水就是靠吸胀作用。分生组织中刚形成的幼嫩细胞，主要也是靠吸胀作用吸水。这时细胞溶质势 $\phi_s = 0$，压力势 $\phi_p = 0$，细胞的水势即等于衬质势 $\phi_w = \phi_m$。

5.3 植物体内水分的散失——蒸腾作用

5.3.1 蒸腾作用的概念

水分从植物地上部分以水蒸气状态向外界散失的过程称为蒸腾作用。陆生植物根系从土壤中吸收的水分用作植物组成成分的量还不到 1%，绝大部分都是通过蒸腾作用散失到环境中。蒸腾和蒸发不完全相同，蒸发是单纯的物理过程，而蒸腾是受植物生理活动所控制，它可通过气孔调节及非气孔调节，比蒸发过程更为复杂。

5.3.2 蒸腾作用及其指标

当植物幼小的时候，暴露在地面上的全部表面都能蒸腾。植物长大后，茎枝形成木栓，茎枝上的皮孔可以蒸腾，这种通过皮孔的蒸腾叫做皮孔蒸腾，木本植物具有这种现象。但是皮孔蒸腾的量非常微小，约占全部蒸腾量的 0.1%。而植物的蒸腾作用绝大部分是在叶片上进行的。

叶片的蒸腾作用有两种方式：一是通过角质层的蒸腾，叫做角质层蒸腾(草本植物的茎也有角质层蒸腾)；一是通过气孔的蒸腾叫做气孔蒸腾。角质层本身不易使水通过，但角质层中间杂有果胶质，同时角质层也有空隙，可使水分通过。

角质层蒸腾和气孔蒸腾在叶片蒸腾中所占的比重，是与植物的生态条件和叶片年龄有关的，实质上也就是和角质层厚薄有关。例如，生长在潮湿地方的植物，其角质层蒸腾往往超过气孔蒸腾；水生植物的角质层蒸腾也很强烈；遮阴叶子的角质层蒸腾能达总蒸腾量的 1/3；幼嫩叶子的角质层蒸腾可达总蒸腾量的 1/3 到 1/2。但是，除上述情况外，对于一般植物的成熟叶片，角质层蒸腾仅占总蒸腾量的 3%～5%。因此，气孔蒸腾是植物蒸腾作用的主要形式。

常用的蒸腾作用的量的指标有三种。

1. 蒸腾强度

植物在一定时间内，单位叶面积散失的水量称为蒸腾强度，常用 $g/(m^2 \cdot h)$，即克/(米^2 · 小时)表示。如果测定叶面积有困难，也可以叶的重量(干重或鲜重)表示，用时加以说明。大多数植物白天的蒸腾强度是 15～250 $g/(m^2 \cdot h)$，夜间为 1～20 $g/(m^2 \cdot h)$。

2. 蒸腾效率

植物每消耗一千克水时所形成干物质的克数，或者说，植物在一定的生长期累积的干物质和所消耗的水量的比率称为蒸腾效率。一般植物的蒸腾效率是 1～8 g(或者用比率表示，则为 1‰～8‰)。

3. 蒸腾系数

植物制造 1 克干物质所消耗水分的克数，称为蒸腾系数(或需水量)。它是蒸腾效率的倒数，一般植物的蒸腾系数是 125～1 000 g。

不同植物的蒸腾系数如表 5.2 所示，木本植物蒸腾系数较草本植物为小，草本植物中 C_4 植物的蒸腾系数又较 C_3 植物为小。

表 5.2　不同植物的蒸腾系数　　(单位:g)

草本植物		木本植物	
C_4 植物		落叶乔木	
玉米	370	栎	340
粟	300	桦	320
苋	300	山毛榉	170
马齿苋	280	针叶树	
C_3 植物		松	300
水稻	680	落叶松	260
小麦	540	云杉	230
燕麦	580	美国黄杉	170
苜蓿	840		
菜豆	700		
马铃薯	640		
向日葵	600		
西瓜	580		
棉花	570		

5.3.3　蒸腾作用的生理意义

① 蒸腾作用是植物吸收与转运水分的一个主要原动力。特别是高大的植物,如果没有蒸腾作用,植物的被动吸水过程便不能产生,植物较高部分也无法获得水分。

② 蒸腾作用能够降低植物体及叶面的温度。因为每蒸发 1 克水(在 20℃)需要 584 卡的能,所以叶的蒸腾作用对于热能的消散起着重要作用,使其在烈日下体温亦不致过高。

③ 由于蒸腾作用而引起的上升液流能使进入植物内并溶解在水里的各种矿质盐类,随之分布到各部分去,满足生命活动的需要。当然,矿质盐在各部分的分布并不与蒸腾强度成正比。

事实上,当空气中湿度很大时,植物的蒸腾作用很弱,因为蒸腾的强度最终决定于空气和气腔中水蒸气压力之差。但是事实证明,在这种高湿度的条件下,植物可能长得极为繁茂,例如热带雨林就是这种情况。

5.3.4　蒸腾作用的调节

1. 气孔的调节作用

气孔是蒸腾过程中水蒸气从体内排到体外的主要出口,也是光合作用吸收二氧化碳的主要入口,它是植物体与外界气体交换的大门,影响着光合、呼吸、蒸腾等生理过程。

(1) 光照　早晨随着光照的增强,叶面温度升高,气孔开度逐渐增大,蒸腾失水增多,从叶面带走热量增加,保证叶面温度基本恒定,促进光合作用。午后,随光照减弱,气孔逐渐关闭,蒸腾失水减少,与光合作用的逐渐停止相匹配。

(2) 叶温　气孔的开度随着温度的升高而增大，在30℃左右达到最大值。温度超过35℃，气孔常常完全关闭。炎夏中午叶温高达40℃以上，光合强度降低，相应的气孔也往往关闭1～2 h之久，避免植物体内水分的过分散失。

当气温近于0℃时，根系吸水基本停止，与之相适应，气孔关闭。

(3) 二氧化碳　二氧化碳对气孔开闭的影响十分明显。在低浓度的二氧化碳中，气孔张开吸收尽量多的二氧化碳供应光合作用。

在高浓度二氧化碳的环境中，气孔关闭，避免过多二氧化碳对叶片的伤害和对光合作用的抑制，降低了水分的散失。不同植物品种对二氧化碳浓度适应能力不同。例如，玉米的一个品种，当环境中二氧化碳的浓度提高到1 000 ppm($1ppm=10^{-6}$)时，不论在光下还是暗中，都会引起它的气孔关闭。而大豆的某些品种，在环境中二氧化碳的浓度提高到2 500 ppm时，气孔才完全关闭。

(4) 水分　由于某种原因如干旱，导致根系吸水困难，或受异常环境条件的影响，蒸腾作用过分增强时，都会引起气孔关闭，避免植物过多地散失水分。

2. 气孔的大小、数目及分布

气孔的大小、数目及分布，因植物种类、生态环境而异(表5.2)。气孔主要分布于叶的上、下表皮。幼茎、果实等的表皮也具有少量气孔。气孔分布在叶的下表面较多。每平方厘米叶面上少则几千，多则可达10万个以上。如苹果叶每平方厘米有4万个气孔，禾本科植物叶较直立，叶的两面都可受光，气孔在上下表面上分布数较接近；双子叶植物如棉花、蚕豆等，下表面上的气孔数较多，而上表面上较少。浮水植物，如菱角，叶片上气孔只分布在上表面。一棵植物上部叶片的气孔较下部为多，一片叶片气孔分布在叶缘、叶尖部分，阳性植物气孔较阴性植物为多。

表5.3　不同植物气孔的数目、大小及分布

植　物	每平方毫米气孔平均数		下表皮气孔大小(长×宽)(μm×μm)	全部气孔开放面积占叶面积的比例/%
	上表皮	下表皮		
小　麦	38	14	38×7	0.52
玉　米	52	68	19×5	0.82
向日葵	58	156	22×8	3.13
番　茄	12	130	13×6	0.85

气孔的总面积一般只占叶面积的1%～2%。但蒸腾量却比同面积的自由水面高几十倍甚至100倍。这是因为小孔的扩散速度不与面积成正比，而与小孔周长成正比。在小孔周缘处分子扩散出去互相碰撞的机会少，扩散的速度就快，如图5.7所示。

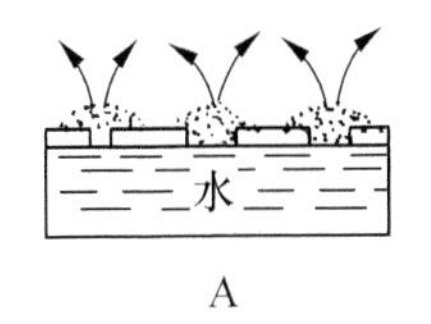

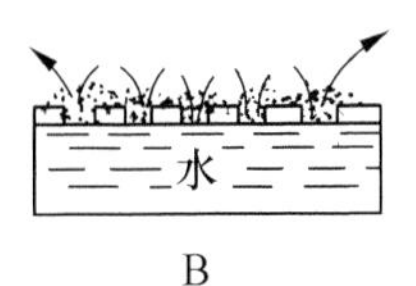

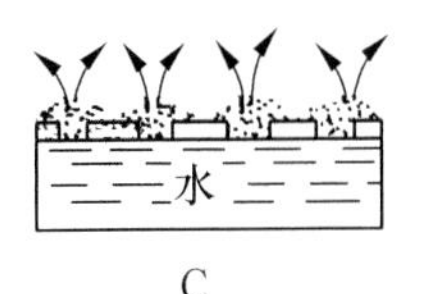

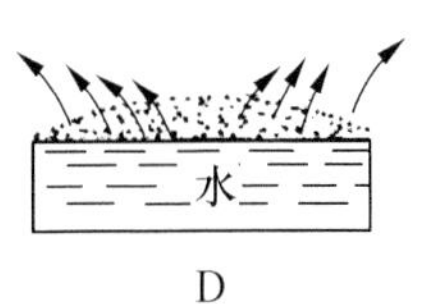

图5.7　水分通过自由水面与多孔表面蒸发的比较

A. 小孔分布很稀；B. 小孔分布很密；C. 小孔分布适当；D. 自由水面

3. 气孔蒸腾的过程

气孔蒸腾分两步进行，第一步是水分在叶肉细胞壁表面进行蒸发，水汽扩散到细胞间隙、气室中；第二步这些水汽从细胞间隙、气室通过气孔扩散到周围大气中去。

4. 气孔开闭原理

蒸腾作用的强弱是通过气孔开闭来调节的。气孔开闭是一个很复杂的生理过程，其原理尚未完全清楚。气孔开闭的原理有淀粉与糖的转化学说和钾离子吸收学说。气孔的开闭与保卫细胞结构有关。双子叶植物的气孔是由两个半月形的保卫细胞所组成(图 5.9)。保卫细胞含有叶绿体，近气孔的内壁厚而背气孔的壁薄。当保卫细胞吸水膨胀时，由于壁薄的一面比壁厚的一面膨胀要大，于是细胞就向外弯曲，而细胞间缝隙增大，气孔张开；当保卫细胞失水收缩时，细胞间缝隙变小，气孔就关闭。

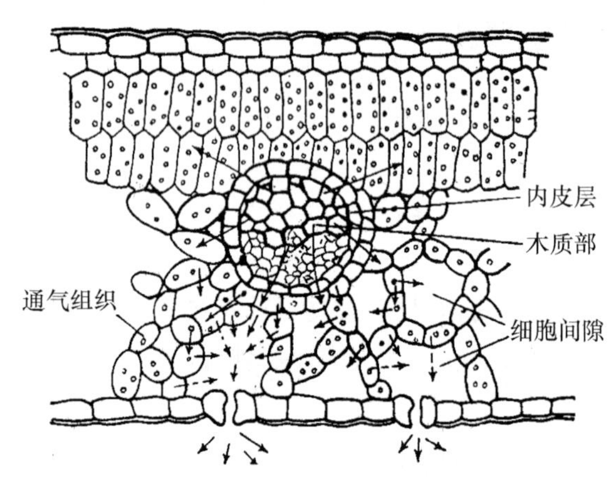

图 5.8　通过气孔散失水分的途径

图示气孔蒸腾的二步骤：1. 气孔下腔周围叶肉细胞水分的蒸发；2. 水蒸气通过气孔扩散至空气中

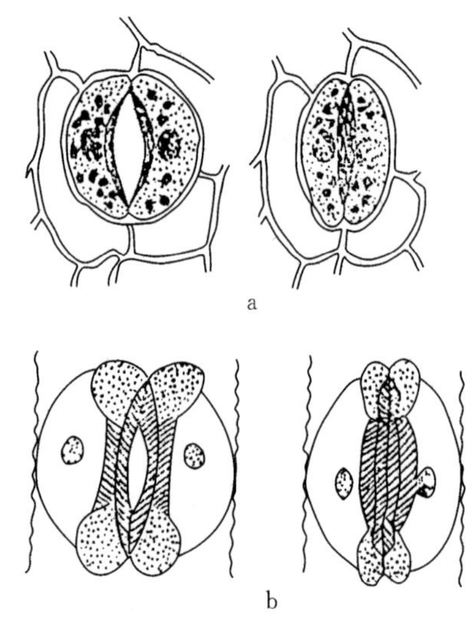

图 5.9　气孔开闭图示

a. 双子叶植物气孔开闭图；b. 单子叶植物气孔开闭图

单子叶植物如水稻、小麦的保卫细胞呈哑铃形，细胞壁中间厚而两头薄，当细胞吸水时，两端膨大而中间撑开，气孔张开。相反，当保卫细胞失水时两头体积缩小，中间部分拉直，气孔就关闭。这两种保卫细胞尽管结构不同，但引起气孔开闭都是由于保卫细胞的吸水膨胀或失水收缩造成的。也就是由于保卫细胞的水势变化而引起的。

影响气孔开闭的因素主要是光、CO_2 和水分。大部分植物在较强的光照及较低的 CO_2 浓度下，都可促进气孔张开。

保卫细胞与其他表面细胞不同，其中有叶绿体，在光照下能进行光合作用，使叶组织内 CO_2 浓度降低而 pH 值增高，促进淀粉转化为糖，使保卫细胞的水势降低，向周围细胞中吸水，引起含水量及膨压增加，因而气孔张开。淀粉转化为糖，使叶组织内 CO_2 浓度降低而 pH 值增高，促进淀粉转化为糖，使保卫细胞的水势降低，向周围细胞中吸水，引起含水量及膨压增加，因而气孔张开。淀粉转化为糖是由于淀粉磷酸化酶的催化作用，该酶在 pH ≈ 7.0 时，促进淀粉转变为 1-磷酸葡萄糖(G_1P)，而在 pH ≈ 5.0 时则促进 G_1P 转化为淀粉。G_1P 又可在酶作用下转变为葡萄糖。淀粉转化为糖的过程如下：

$$淀粉+Pi \xrightarrow[\text{pH} \leq 7.0]{\text{淀粉磷酸化酶}} G_1P$$

$$G_1P \xrightarrow{\text{磷酸葡萄糖变位酶}} G_6P$$

$$G_6P \xrightarrow{\text{磷酸脂酶}} 葡萄糖+Pi$$

在黑暗中，保卫细胞不能进行光合作用，而呼吸仍然进行，因而 CO_2 积累，pH 值减低，促进糖转化为淀粉，使其水势增高，引起保卫细胞失水，含水量及体积减小，膨压降低，气孔即关闭。黑暗中糖转化为淀粉的过程如下：

$$葡萄糖 \xrightarrow{\text{ATP} \quad \text{ADP}} G_1P$$

$$G_1P \xrightarrow[\text{淀粉磷酸化酶}]{\text{pH}\approx 5.0} 淀粉+Pi$$

现有资料证明，保卫细胞中水势的变化与 K^+ 的含量有明显的关系。在光下，保卫细胞内叶绿体通过光合作用，形成 ATP。ATP 不断供给保卫细胞质膜上的钾—氢离子交换泵做功，使保卫细胞逆着与其周围表皮细胞之间的离子浓度差而吸收钾离子，由于 K^+ 进入保卫细胞，使其水势降低，保卫细胞吸水而使气孔张开。

在黑暗中则 K^+ 从保卫细胞转移出来，使保卫细胞水势增高，因而失水引起气孔关闭。因为光、暗变化是影响气孔开闭的主要因素，所以很多植物的气孔运动都有昼夜节奏（图 5.10）。

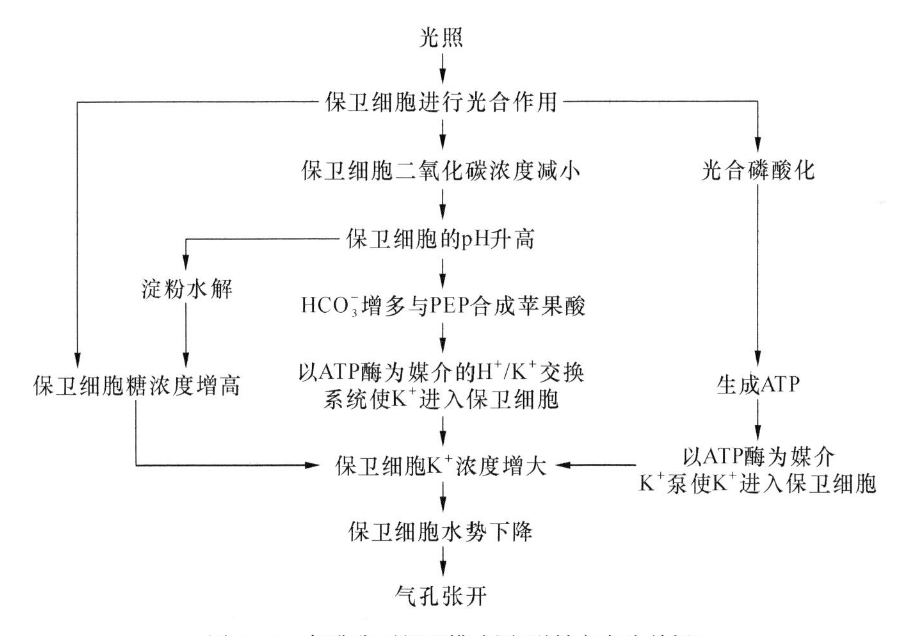

图 5.10　气孔张开机理模式图（逆转方向为关闭）

有时植物在气孔张开时也不一定进行蒸腾，棉花叶片常有此现象，在蒸腾失水过多或水分供应不足的条件下，叶肉细胞失水而水势降低，细胞的保水力增强，同时细胞壁的外层亦渐趋干燥，细胞间隙及气孔下腔不再为水汽所饱和，这时即使气孔张开，蒸腾作用也受到抑制，因为气孔蒸腾的两个步骤——蒸发和扩散都不易进行。这种现象称为“初干”。通过“初干”调节蒸腾的方式称为非气孔调节。

5.3.5 影响蒸腾作用的因素

影响蒸腾作用的环境因素主要是温度、空气湿度、风速、光照和土壤条件。

1. 温度

较温暖的环境中水从细胞表面蒸发及水蒸气分子通过气孔的扩散过程都加快，故促进蒸腾。

2. 空气湿度

空气相对湿度的高低影响叶外大气和气孔下腔间的蒸气压梯度；叶外大气的相对湿度较高，蒸气压梯度较低时，水蒸气分子不易扩散，蒸腾速度亦较低；大气相对湿度较低时则反之。

3. 风速

风速较大时，促进叶面水蒸气分子扩散，增加叶外与气孔下腔间的蒸气压梯度，促进蒸腾。但如风速过大往往引起气孔关闭反而抑制蒸腾。

4. 光强

光对于蒸腾的影响首先是引起气孔开放，其次是提高大气与叶子温度，增加叶内外蒸气压梯度，加速蒸腾速率。

在一天当中，光照情况有周期性的变化，且光照强弱影响到温度高低，又间接影响到空气湿度，同时又影响气孔开度。所以蒸腾速率的周期性变化与光强日变化基本一致。在温度较高的晴天，如土壤水分供应充足，则蒸腾作用为一单峰曲线，中午光照最强时达高峰；一般植物夜间气孔关闭，故蒸腾极低；黎明日出后，光照增强，温度亦较夜间升高，气孔逐渐张开，随着光强及温度的升高，气孔开度也增大，在中午前后蒸腾速率达高峰，然后随着光强减低，气孔开度逐渐减小，蒸腾又下降。但在晴天，相对湿度低，如水分供应缺乏时则蒸腾作用的日变化就可能呈双峰曲线，中午前后因水分不足气孔关闭而使蒸腾减弱，高峰往往出现在上午及下午(图 5.11)。

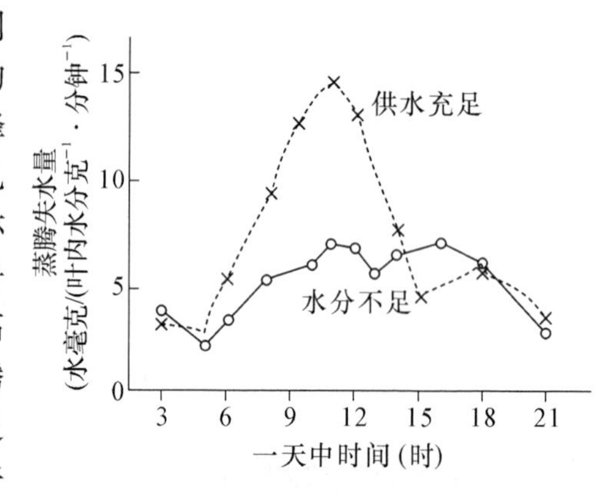

图 5.11 针茅(Stipa joannis)蒸腾速率的日变化

5.3.6 蒸腾作用的人工调节

蒸腾作用受到许多外界条件的影响。我们可以通过改变某些外界条件来调节或控制植物的蒸腾作用。除去前面提到的光、二氧化碳和温度外，空气的湿度也有很大影响。蒸腾速度大小决定于植物叶肉内的气室和外界空气间的蒸气压差。蒸气压差大时，蒸腾及快，反之则慢。也就是说，叶子的蒸腾强度与空气中的湿度关系很大，而后者又受温度、光和风等因素的影响。下面我们将要提到，灌溉除要满足植物的生理用水外，还要满足植物的生态用水。所谓生态用水就是指灌溉能改变植物的小气候(特别是湿度和温度)，从而影响蒸腾作用。

在生产实践上，我们应尽可能地维持作物体内水分的收支平衡。当移栽作物时，除了尽量减少根毛的损伤，以保证根的吸水功能外，还要设法降低蒸腾，以免失水过多，导致萎蔫。

降低蒸腾的办法有以下几种。一种办法是减少蒸腾面积，例如在移栽时，去掉一些枝叶。另一种办法是尽量避开促进蒸腾的外界条件，如不在太阳光强烈的中午移栽，移栽后将幼苗遮盖或把幼苗放在阴凉的地方等。

另一类人工调节蒸腾的方法是使用抗蒸腾剂，不过抗蒸腾剂的使用，到目前为止，成效不大。可能利用的抗蒸腾剂有乙酸苯汞、8-羟基喹啉硫酸盐等，它们能促使气孔关闭，减少蒸腾。以 10^{-4}mol 乙酸苯汞喷洒叶面，对叶子无毒害，气孔则部分关闭，药效可维持至少两周。另外，施用脱落酸也可引起气孔关闭。抗蒸腾剂的使用，虽可减少蒸腾，可是光合强度也相应地下降，所以，如何合理地使用抗蒸腾剂，协调好光合作用与蒸腾作用的关系，是值得研究的。

二氧化碳也是一种抗蒸腾剂。如前所述，空气中 CO_2 浓度提高，能使气孔部分关闭，减少蒸腾。二氧化碳的优点是它还能降低光呼吸，加强光合作用，所以若使用得当，应该是卓有成效的，但在大田施用二氧化碳，实际上是不可能的，只有在温室中，才有可能使用。不过温室中可以提高空气的湿度，并不需要使用抗蒸腾剂。

5.4 水在植物体中的运输

陆生植物根系从土壤中吸收水分，必须运到茎、叶和其他器官，少部分供植物各种代谢的需要，大部分通过蒸腾作用排出体外。

水分在植物体内的运输，主要是根系从土壤中吸收的水分，经过茎、叶，最后散失于大气中。

具体地说，运输途径是：土壤溶液中的水→根毛→根的皮层→根的中柱鞘→根的导管→茎的导管→叶柄的导管→叶脉导管→叶肉细胞→叶肉细胞间隙→气室(气孔下腔)→气孔→空气(图 5.12)。

水分通过以上各组织的运输是连续的，构成了土壤—植物—大气水分连续体。在这个水分的连续体中，关键是水分在植物体内如何上升。水分在植物体内的上升，一是由于根压的存在，根压能使水分沿导管上升，但根压一般不超过 2 bar，只能使水分上升 20.66 m。只有在早春芽叶尚未展开前，以及在土壤较高，水分充足，大气相对温度大，蒸腾作用很小时，根压对水分上升才起着较大的作用。二是由于蒸腾作用产生的蒸腾压力，根毛至气孔之间的水势梯度(图 5.6)。在根压和由根毛至气孔降低的水势梯度的驱动下，根系吸收的水分就发生自下而上的运动。另外，水分子间存在着分子引力——内聚力(据测定，植物细胞中水分子的内聚力可达 200 个大气压以上)，以及水分子与导管壁之间的强大附着力，这就使导管中的水形成了连续的水柱，使水分源源不断地由土壤经植物进入空气。同时，在流经植物体的过程中发挥着重要的生理功能，维持了植物正常的生命活动。

根系与地上部分之间的水势梯度是很陡的，其遵循以下模式：土壤溶液＞根细胞＞木质部汁液＞叶细胞＞大气。

据测定，迅速生长的叶片水势可降为 -2×10^5 ～-8×10^5 Pa，足以使沿导管上升的水柱

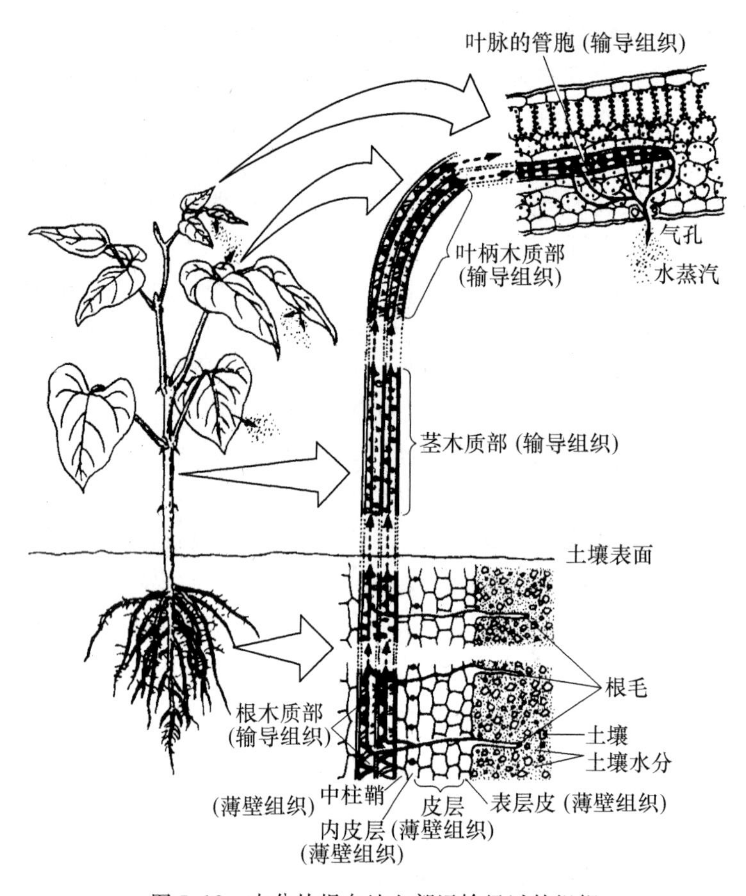

图 5.12　水分从根向地上部运输经过的组织

到达几百米高的树梢。

水分在植物体内的运输，主要通过共质体和质体外两条途径(图 5.13)。液泡在植物体内不能形成连续系统，一般只能发挥贮藏、调节作用，不具备运输功能。

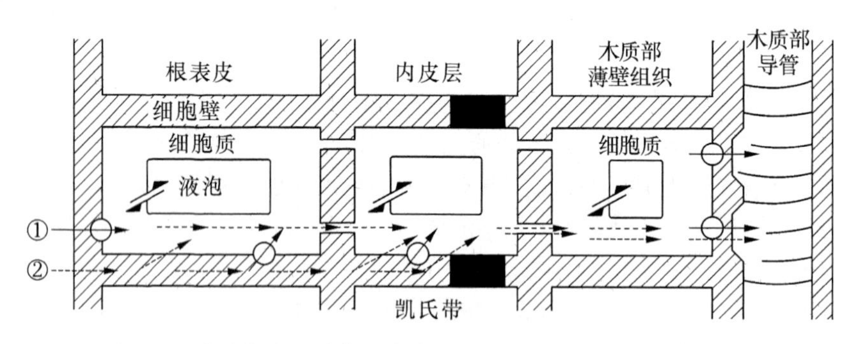

图 5.13　水分与离子从外界溶液长距离运输到根中柱的运输图解

离子跨越根部横向运输进入木质部的共质体①和质外体②途径的模式。——主动运输。

水分由土壤进入根内，沿着共质体和质外体两条途径进行运输。在共质体中的运输分为两段：一段是自根毛经皮层、内皮层、中柱鞘、中柱薄壁细胞到达根部导管；另一段是自叶脉末端到气孔下腔附近的叶肉细胞。由于水在共质体中运行受到的阻力大，所以运行速度低，一般只有 10^{-3} cm/h。水分在质外体运输，主要是通过质外体的自由空间运行。由土壤进入根内的部分水分，通过表皮、皮层等薄壁细胞的细胞壁空隙和细胞间隙，最终到达根的导管，进行长距离的运输，运至叶脉。水分在质外体特别是在导管中运行，受到阻力小，运行速度高，可以达到 5～45 m/h。

水分在植物体内运输过程中，输导组织内的水分可以和周围薄壁组织内的水分相互交往，周围的薄壁细胞可向输导组织内排出水分或吸取水分，所以水分的运输也是一个较为复杂的过程，但不论是侧向还是向上运输都是由水势梯度引起的，活细胞的代谢过程对水势梯度的组成起作用。

5.5 作物的水分平衡

保持作物水分动态平衡是作物正常生长及获得高产的基础。如根系吸收水分不足以补偿蒸腾作用的消耗时，则引起植物体内水分亏缺，对植物造成不利的影响。反之，如根系吸收的水分较多，而蒸腾作用又受到阻碍，由于体内含水量过多，则植物组织嫩弱，抵抗力较差。在农业生产上应根据作物的需要，通过合理灌溉调节植物的水分状况，达到高产优质的要求。

5.5.1 作物的需水规律

1. 作物的需水量

不同种作物或同一种作物的不同品种，其需水量不同，一般可根据蒸腾系数的大小来估计其对水分的需求量。试验证明，在同样用水量的条件下，C_4 植物积累的干物质比 C_3 植物高 1～2 倍。作物不同生长发育时期，需水量也有很大差异(表 5.4)。

表 5.4 几种作物各生长发育期需水情况

作物	生长发育阶段	各生长发育阶段日数占全生长发育日数比例/%	各生长发育阶段需水量占全生长发育期比例/%	平均每日耗水量/(m³/667 m²)
冬小麦	播种-出苗	2.65	2.01	0.99
	出苗-分蘖	4.54	4.94	1.29
	分蘖-越冬	23.10	9.37	0.53
	越冬期	32.95	5.44	0.22
	返青-拔节	12.87	12.07	1.23
	拔节-抽穗	10.61	30.09	3.74
	抽穗-开花	1.14	3.84	4.42
	开花-成熟	12.12	32.49	3.51
花生	播种-出苗	5.9～15.3	3.2～6.5	0.55～0.57
	出苗-开花	22.9～25.2	16.3～19.5	0.68～1.20
	开花-结荚	38.9～43.7	52.1～61.4	1.33～2.11
	结荚-成熟	22.9～25.2	14.4～25.1	0.82～1.34
甘蔗	发芽期	17.2	10.7	2.0
	分蘖期	18.4	15.4	2.7
	伸长期	45.0	53.4	3.9
	成熟期	19.4	19.6	3.2

蒸腾作用强的作物需水量大，因为作物吸收的水分主要通过蒸腾作用散失。需水量是合理灌溉的依据之一，但是作物的需水量不等于田间的灌水量，一般作物进行田间灌溉的灌水量是需水量的2～3倍。

2. 作物的水分临界期

作物一生中对水分缺乏最敏感、最易受害的时期，称为水分临界期。

在这个时期，作物各种代谢旺盛，性器官细胞的黏性、弹性下降，水势提高，吸水能力减弱。因此，抗旱能力降低，对缺水最敏感。一般植物水分临界期处于花粉母细胞四分体形成期。这个时期如果缺水，就会使性器官发育不正常。禾谷类作物一生有两个临界期，一是在拔节到抽穗期，如缺水可使性器官的形成受阻，降低产量。二是自灌浆到乳熟末期，如缺水就会造成籽粒瘦小。其他作物有各自的水分临界期。如油菜在开花期，马铃薯在开花至块茎形成期，棉花在开花结铃期等等。由于水分临界期缺水对产量影响很大，因此，灌溉上就应特别注意。

3. 作物的最大需水期

在作物的一生中，苗期、成熟末期需水都比较少。作物的最大需水期，一般来说，应该是作物生活周期中，叶面积最大、经济产量形成的时期，营养生长与生殖生长同时并进的时期。在这个时期，各种代谢如光合作用、呼吸作用、蒸腾作用等均达到高峰。干物质积累迅速增加，大量的营养物质向生殖器官转运。因此，必须根据合理灌溉的指标，进行适时灌溉，满足作物对水分的大量需要。

5.5.2 合理灌溉的指标

在农业生产中，作物是否需要灌溉，灌溉量的多少可依据气候特点、土壤墒情、作物形态及生理状况等指标加以判断。

1. 形态指标

在缺水的情况下，作物形态常常发生一系列的变化。人们常常根据经验把显而易见的形态变化作为合理灌溉的形态指标。常见的形态变化有以下几种：

① 幼嫩茎叶凋萎。幼嫩叶片的角质层薄，蒸腾作用相对较强，与植物的其他部分相比，更容易失去水分，破坏水分的动态平衡而凋萎。

② 茎叶颜色变深。幼茎和叶片中的叶绿素浓度与叶色纯成正相关，在作物水分亏缺时，细胞生长缓慢，细胞中叶绿素的浓度相对提高。根据经验，观察叶色的变化，可以确定灌溉的时间。

③ 茎叶颜色有时变红。这可能是由于干旱时，碳水化合物的分解大于合成，细胞中积累较多的可溶性糖，就会形成较多的花青素，致使茎叶显红色。

④ 植株生长速度下降。

2. 生理指标

一定的植物在特定的时间，某一部位叶片汁液的浓度、水势及气孔的开度，都可以作为合理灌溉的生理指标。生理指标可以比形态指标更及时、更准确地反映植物体的水分状况。

(1) 细胞汁液的浓度　测细胞汁液浓度的方法比较简单，适应于田间应用。利用平嘴钳压出一定部位叶组织的汁液，放在折光测定计中，测定汁液浓度。浓度越大，说明植物组织中含水量越少。例如，棉花主茎上，向下数第3～4片叶子，下午1～2点钟，细胞汁液浓度达到13%～14%时，则需灌水。冬小麦拔节至抽穗期，叶片细胞汁液浓度在6%以下，就有倒伏的可能，达到 9%就预示着需要灌水，抽穗后以 10%～11%为宜。

（2）水势　叶片的水势是合理灌溉最灵敏的生理指标。因为植株缺水时，叶片的水势最先发生反应。当小麦、棉花的水势降低到极限值时（表 5.5），必须立即灌水。

表 5.5　不同作物几种灌溉生理指标的临界值

作物生育期		叶片渗透势/$\times10^5$ Pa	叶片水势/$\times10^5$ Pa	叶片细胞液浓度/%
冬小麦	分蘖-孕穗期	−11～−10	−9～−8	5.5～6.5
	孕穗-抽穗期	−12～−11	−10～−9	6.5～7.5
	灌浆期	−15～−13	−12～−11	8～9
	成熟期	−16～−13	−15～−14	11～12
春小麦	分蘖-拔节期	−11～−10	−9～−8	5.5～6.5
	拔节-抽穗期	−12～−10	−10～−9	6.5～7.5
	灌浆期	−15～−13	−12～−11	8.0～9.0
棉　花	花前期	−12		
	花期-棉铃形成期	−14		
	成熟期	−16		

作物灌溉的生理指标因不同的地区、时间、作物种类、作物生长发育期、不同部位而异，因此在应用时，应结合当地实际情况，先做小型试验，测出临界值，然后才能指导灌溉的实施。

（3）气孔开度　当土壤水分亏缺时，根系吸收的水分减少，植物体乃至保卫细胞的含水量减少，气孔开度相应缩小甚至关闭。例如小麦气孔开度达到 5.5～6.5 μm 时，甜菜叶片气孔开度达到 5～7 μm 时，则需要灌溉。

3. 土壤指标

根据土壤含水量来确定灌水与否，一般作物生长较好的土壤适宜含水量为田间持水量的 60%～80%。如果低于此含水量时，应及时灌溉。土壤含水量对灌溉有一定的参考价值，但土壤含水量不一定能很好地反映出作物的水分状况，因为在许多时候，即使土壤含水量远远超出萎蔫系数时，作物已感到缺水了。所以最好应以作物本身的形态特征、生理指标和土壤含水量综合考虑。

思考题

1. 名词解释：自由水；束缚水；水势；渗透势；压力势；衬质势；渗透作用；吸涨作用；蒸腾拉力；蒸腾作用；小孔扩散律；根压。
2. 水在植物生活中起了哪些重要作用？
3. 植物体内水分的存在形式与植物的代谢和抗逆性有什么关系？
4. 说明溶液浓度、水势、渗透势、渗透压与吸水力之间的关系。
5. 以下论点是否正确？为什么？
   （1）一个细胞的溶质势与其所处的外界溶液的溶质势相等，则细胞的体积不变。
   （2）若细胞的 $\psi_p = -\psi_s$，将其放在某一溶液中，则体积不变。
   （3）若细胞的 $\psi_w = \psi_s$，将其放入纯水中，则体积不变。
6. 解释当化肥施用过多，植物会“烧苗”的原因。

7. 用水势的概念来说明产生根压和蒸腾拉力的原因。
8. 解释气孔开闭的机理，并试述植物气孔蒸腾是如何受光、温度、大气湿度调节的。
9. 试述蒸腾作用的方式及生理意义。
10. 影响蒸腾作用的外界因素有哪些？其作用方式是怎样的？
11. 什么叫作物需水量和水分临界期？水分临界期在生产中有什么意义？

6 植物的矿质营养

植物维持正常的生命活动，不仅需要不断从自然环境中吸收水和二氧化碳，还要从外界摄取矿质养分。虽然植物的很多部位都能吸收矿质养分，但是由于矿质营养是以无机盐的形式存在于土壤中，所以根成为植物吸收矿质养分的主要器官。

土壤中已有的矿质养分，往往不能满足作物的需要。在农业生产上，常常根据各矿质元素的生理作用及植物对其吸收、利用的规律进行施肥，为作物提供必要的矿质元素，以达到优质高产的目的。

6.1 植物体内的必需元素

6.1.1 植物的必需元素

植物体是由水分、有机物质和无机物质三种状态的物质所组成。若将植物材料放在105℃下烘干，失去的水分约占植物组织的75%～95%，剩下的干物质占5%～25%，就是无机物质和有机物质。再将干物质放在600℃高温下充分燃烧，有机物质中的碳、氢、氧、氮分别以二氧化碳、水、分子态氮和氮的氧化物形式挥发掉，剩下的白色灰烬中的元素，统称为灰分元素或矿质元素，约占干物质的1%～5%。

那么，植物体内究竟有哪些元素？据分析，地壳中存在的元素几乎都能在不同的植物体内找到，现在已发现70种以上的元素存在于不同植物中，但并不是每一种元素都是植物所必需的。

要确定植物体内各种元素是否为植物所必需，只根据灰分分析得到的数据是不够的。因为有些元素在植物生活上不太需要，但体内大量积累；相反的，有些元素在植物体内较少，却是植物绝对必需的。同时，由于土壤条件较为复杂，其中的元素成分很难控制，因此，用土培法无法正确地确定必需元素。采用无土培养的方法能很好地解决这个难题，目前常用的方法有溶液培养法、砂培法、气培法等。

溶液培养法亦称水培法，就是把含有植物必需元素的无机盐，按一定比例配成适于植物生长的营养液，用以培养植物的方法。砂基培养法（砂培法）则是以洁净的石英砂或细玻璃球代替土壤，加入含有全部或部分营养元素的溶液来栽培植物的方法。气培法是利用喷雾装置将营养液雾化，使植物的根系生长在黑暗条件下，悬空于雾化后的营养液环境中（图6.1）。研究植物的必需元素时，可在人工配成的混合营养液中除去或加入某些元素，观察植物的生长发育和生理性状的变化。当除去培养液中某种元素时，如植物生育正常，就表示这种元素是植物不需要的；如植物生长发育不正常，但当补充该元素后又恢复正常状态，即可断定该元素是植物必需的。因此，国际植物营养学会规定，当元素具备以下三个条件，才认为是必需的：

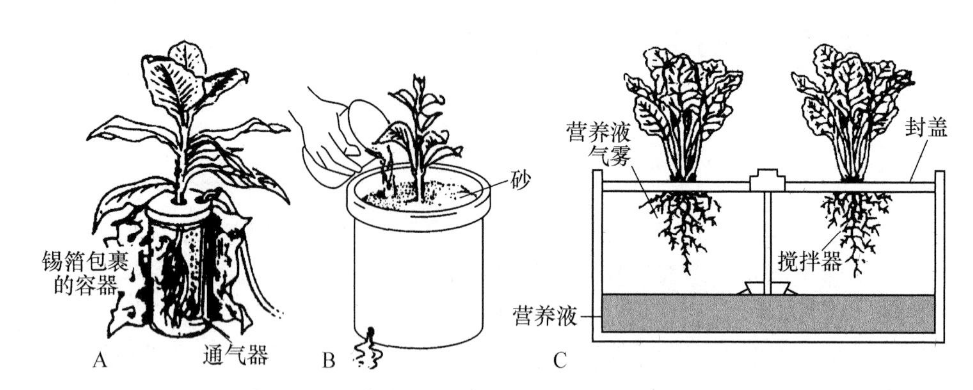

图 6.1 几种无土培养的方法

A. 溶液培养法：使用不透明的容器（或以锡箔包裹容器），以防止光照及避免藻类的繁殖，并经常通气；B. 砂培法；C. 根悬于营养液上方，营养液被搅起成雾状（引自 Salisbry Ross, Plant Physiology, 1992）

① 完全缺乏某种元素，植物不能正常地生长发育，即不能完成生活史。

② 完全缺乏某种元素，植物出现的缺素症是专一的，这种缺素症只有在加入这种元素后，才能使植物恢复正常。

③ 某种元素的生理功能必须是直接的，绝不是因其改变土壤或培养基的理化、微生物条件所产生的间接效果。

通过无土培养的方法，目前已经确定植物的必需元素有 16 种，分别是碳、氢、氧、氮、磷、钾、硫、钙、镁、铁、锌、铜、锰、钼、氯、硼。其中碳、氢、氧三种元素是植物从空气和水中摄入的，后 13 种是植物从土壤的矿物质中获得的，因此把后 13 种元素叫做必需矿质元素。在必需矿质元素中，氮、磷、钾、硫、钙、镁等六种元素在植物体中含量较高，它们占植物体干重的 0.1%以上，叫做大量元素；铁、锌、铜、锰、钼、硼、氯在植物体内的含量甚微，占植物体干重的 0.1%以下，叫做微量元素。此外，个别植物还需要其他一些元素，而且需要量还比较多，如水稻需要硅，当缺硅时，水稻生长不正常，并出现一定的症状，但它并不是所有植物的必需元素。

6.1.2 植物必需矿质元素的生理作用及其缺素症状

必需的矿质元素在植物体内的生理作用，总的说来，主要表现在以下三个方面：

(1) 是细胞结构物质的组成成分　例如，氮、硫、磷等参与组成了糖类、脂类、蛋白质和核酸等有机物。

(2) 从多方面调节植物的生命活动　许多元素成为酶的组成元素或酶的激活剂，加快了生化反应的速度。例如，铁、铜是多种氧化酶的活性中心；而钼、锰常常成为酶的激活剂，影响酶促反应；磷、锰、氯通过构成植物的渗透体系，维持细胞一定的水势；钙、钾、磷能有效地影响原生质的胶体特性；钾离子加强原生质的水合作用，而钙离子则降低原生质的水合作用。所有这些都说明矿质元素从各个不同的方面调节着植物的生命活动，从而保证了植物能正常地生长发育。

(3) 电化学作用,即离子浓度的平衡、胶体的稳定和电荷的中和等　一般说来,大量元素具有一、二两个方面的作用,而微量元素主要是具有第二方面的生理作用。通常非金属元素主要发挥第一方面的作用,而金属元素更多的是在第二方面发挥作用。但这种区别只是相对的,而不是绝对的。

6.1.2.1　大量元素

1. 氮(N)

根系从土壤中吸收的氮素主要是无机态氮,即铵态氮和硝态氮;也可以吸收利用有机态氮,如尿素等。氮在植物生命活动中占据着首要的位置,虽然氮在植物体中的含量甚少,约占植物干重的1%～3%,但它参与形成植物体内的多种重要有机化合物,因此,也把氮素称为生命元素。

(1) 形成蛋白质、核酸,构成了原生质　氮元素是构成蛋白质的主要成分,占蛋白质含量的16%～18%,氮元素形成的各类蛋白质在生命活动中发挥着多种作用:结构蛋白构成的生物膜,是多种生命过程进行的场所;酶蛋白直接影响着生理生化反应的进行;贮藏蛋白是营养物质的一种贮藏形式。氮元素参与形成的核酸是遗传信息的携带者,是细胞遗传的物质基础。因此氮元素在植物体内的含量,直接影响着植物的生长发育。

(2) 参与形成多种辅酶、辅基及 ATP　这些化合物在酶促反应中传递氢和原子团,在能量转化中也发挥着重要的作用,因此直接影响着光合作用、呼吸作用、有机物转化运输等重要生理过程。

(3) 形成各种生理活性物质,调控植物的生命活动　氮是生长素的组成元素,生长素能直接调控细胞的伸长生长和植物体的生长。氮参与形成的细胞分裂素、光敏素等,对调节细胞分化、花器官及块茎的形成等具有重要作用。光合作用的重要色素——叶绿素也含有氮元素。

植物缺氮时,植株矮小、叶小色淡(叶绿素含量少)或发红(氮少,用于形成氨基酸的糖类也少,余下较多的糖类形成较多花色素,故呈红色),分枝(分蘖)少,花少,籽实不饱满,产量低。

当氮肥供应充分时,叶大而鲜绿,光合作用旺盛,叶片功能期延长,分枝(分蘖)多,营养体健壮,花多,产量高。生产上常施用氮肥,加速植株生长。但氮肥也不能施用过多,否则,叶色深绿,生长剧增,营养体徒长,成熟期延迟。大部分糖类与氮素形成蛋白质,只有小部分糖类形成纤维素、木质素等。氮素较多,细胞质丰富而壁薄,易受病虫侵害,抵抗不良环境能力差,同时茎部机械组织不发达,易倒伏。但对叶菜类作物多施一些氮肥,还是有好处的。

2. 磷(P)

通常磷以正磷酸盐($H_2PO_4^-$)的形式被植物吸收。磷在植物体内分布不均匀,分布规律是:繁殖器官>营养器官,幼嫩器官>衰老器官,种子>叶片>根系>茎秆。磷元素具有建造植物体和调节代谢的双重功能。

(1) 构成原生质　磷不仅参与构成生物膜,而且与氮共同形成核苷酸,核苷酸是多种重要化合物如 NAD^+, $NADP^+$,ATP,核酸的基本单位。

(2) 调节植物代谢　磷以磷酸盐的形式存在于细胞中,维持细胞的渗透势,缓冲细胞的pH值;在原生质中的磷能提高原生质的水合度,增强原生质的保水能力,从而提高抗旱性;磷通过影响根中细胞分裂素的合成与运输,影响花芽分化;调节碳水化合物的转化和运输,来提高作物的产量和改善品质。在低温下,磷能促进碳水化合物的代谢,增加植物体内可溶性糖的

含量，降低原生质的冰点，从而增强原生质的抗寒性。

缺磷时，植株体内会因累积硝态氮而使蛋白质合成受阻，新的细胞质和细胞核形成较少，影响细胞分裂，植株幼芽和根部生长缓慢，叶小，分枝或分蘖减少，植株特别矮小。叶色暗绿，可能是细胞生长慢，叶绿素含量相对提高所致。某些植物(如油菜)叶子有时呈红色或紫色，是因为缺磷而阻碍糖分运输，使叶片积累大量糖分，有利于形成花色素。缺磷时，代谢过程不能正常进行，生长发育受阻，花、果实和种子都减少，开花期和成熟期都延迟，产量降低，抗性减弱。在缺磷的红壤上栽培玉米，有时发现秃顶现象，就是因缺磷造成雌穗生长慢，影响传粉的缘故。

施磷能促进各种代谢正常进行，植株生长发育良好，同时提高作物的抗寒性及抗旱性，提早成熟。由于磷对糖类、蛋白质和脂肪的代谢和三者相互转变都有关系，所以不论栽培粮食作物、豆类作物还是油料作物都需要磷肥。

3. 钾(K)

土壤中有 KCl, K_2SO_4 等盐类存在，被植物吸收后，以离子形式存在于植物体内，主要集中在生长最活跃的部位，起着调节生命活动的作用。

(1) 渗透调节作用　钾在细胞中流动性大，极为活跃。它参与维持细胞的渗透平衡，能够促进植物由环境中吸取水分。

(2) 促进碳水化合物的代谢　钾能激活淀粉合成酶，促进淀粉的合成。同时，对贮藏物质(如贮藏于茎、叶中的蛋白质、淀粉)和光合产物的运输，也有一定促进作用。因此增施钾肥，能促进块根、块茎的生长，对提高谷类作物产量有良好的作用。

(3) 增强植物的抗逆性　钾能增强植物对干旱、低温、盐碱、病虫害、倒伏等的抵御能力。因为钾能使原生质胶体吸水膨胀，提高原生质对水的束缚力，即增加原生质的水合度，使植物不易遭受旱害、冻害。钾促进碳水化合物的代谢，使植物合成更多的纤维素，使茎秆坚韧，抗倒性增强。钾增强作物的抗性，突出地表现在抗病性上，例如增施钾肥，则水稻对稻瘟病、小麦对赤霉病、棉花对红叶茎枯病的抗性显著增强。

在农业生产上，钾供应充分时，糖类合成加强，纤维素和木质素含量提高，茎秆坚韧，抗倒伏。由于钾能促进糖分转化和运输，使光合产物迅速运到块茎、块根或种子中，促进块茎、块根膨大，种子饱满，故栽培马铃薯、甘薯、甜菜等作物时施用钾肥，增产显著。钾不足时，植株茎秆柔弱易倒伏，抗旱性和抗寒性均差；叶片细胞失水，蛋白质解体，叶绿素破坏，所以叶色变黄，逐渐坏死；也有叶缘枯焦，生长较慢，而叶中部生长较快，整片叶子形成杯状弯卷或皱缩起来。钾也是易移动可重复利用的元素，故缺钾症首先出现在下部老叶。

4. 硫(S)

植物从土壤中吸收硫酸根离子。硫均匀分布于植物体内，在葱、蒜等植物中形成具有特殊气味的蒜油，在十字花科的植物中形成芥子油，这些“油”均有杀菌作用。硫更普遍的作用是：

(1) 参与形成蛋白质，稳定蛋白质的空间结构　硫与氮虽然共同形成蛋白质，但是，硫和氮在蛋白质中的作用不完全相同。硫通过形成二硫键(—S—S—)，稳定蛋白质的空间结构，这对发挥蛋白质的生理功能具有关键性的作用。

(2) 多种辅酶、辅基的成分　硫参与形成的辅酶、辅基在有机物转化、电子传递、氧化还原反应中起着重要的作用，巯基(—SH)是某些酶的活性中心。

硫不易移动，缺乏时一般在幼叶表现缺绿症状，且新叶均匀失绿，呈黄白色并易脱落。缺硫情况在农业上少见，因土壤中有足够的硫供给植物需要。

5. 钙(Ca)

植物从土壤中吸收 $CaCl_2$，$CaSO_4$ 等盐中的钙离子。钙在植物体内不易移动，一般有三种存在形式：离子、不溶性盐、与有机物结合，其不同的存在形式生理功能不同。

(1) 参与形成细胞壁，稳定细胞的某些结构　钙与果胶酸形成的果胶酸钙构成细胞壁的胞间层。存在于染色体中的钙，提高了染色体的稳定性。在膜系统内联结磷脂和蛋白质的钙，增强了膜系统的牢固性。

(2) 消除草酸等多余的物质　Ca^{2+} 与草酸在液泡中形成草酸钙结晶，亦可形成碳酸钙等，从原生质中清除了多余甚至有害的物质。

(3) 具有调节功能　Ca^{2+} 与 K^+ 在植物体内相互配合，调节原生质的物理性能：黏性、弹性、渗透性、水合度等。Ca^{2+} 具有降低原生质水合度的作用。

钙是一个不易移动的元素，缺乏时，病症首先出现在上部的幼嫩部位，幼叶呈淡绿色，继而叶尖出现典型的钩状，随后坏死。如大白菜缺钙时，心叶呈褐色。

6. 镁(Mg)

镁主要存在于植物幼嫩器官和组织中，植物成熟时则集中于种子中。

(1) 镁的主要生理功能是参与光合作用　这不仅因为镁是叶绿素的组成元素，而且还由于镁在光能的吸收、转换过程中起着重要的作用。

(2) Mg^{2+} 与 K^+ 共同维持叶绿体及细胞较高的 pH(6.5～7.5)环境　缺镁最明显的症状是叶片失绿，因镁在体内可移动，所以病症首先从下部叶片开始。往往是叶肉变黄，而叶脉仍保持绿色，可见到明显的绿色网状，这是与缺氮症状的主要区别。缺镁严重时，可引起叶片的早衰与脱落。

6.1.2.2　微量元素

微量元素一般不参与形成细胞的结构，主要起调节植物生理状态、代谢活动的作用。

1. 铁(Fe)

铁主要以 Fe^{2+} 的螯合物被吸收，在植物体内含量极少。它是形成叶绿素所必需的元素。同时，铁是许多酶和载体，如细胞色素、细胞色素氧化酶、过氧化物酶、铁氧还蛋白等的成分，它们在光合、呼吸、电子传递中起重要作用。

铁不易移动，缺铁时幼叶缺绿发黄，甚至变为黄白色，而下部叶片仍为绿色。土壤中一般不会缺乏铁，但在碱性土壤或石灰质土壤中，铁易形成不溶性化合物而影响植物对铁的吸收。

2. 硼(B)

硼以硼酸(H_3BO_4)的形式被植物吸收。一般在花的柱头和子房里含量最高。硼与花粉形成、花粉管萌发和受精有密切关系。硼参与糖的运转与代谢，还能促进根系发育，特别对豆类植物根瘤的形成影响较大，缺硼时，可阻碍根瘤形成。同时硼对蛋白质的形成也有一定影响。

不同植物对硼需量不同，如油菜、萝卜、葡萄等需量较多，而小麦、水稻、玉米等需量较少。

缺硼时，植物受精不良，籽粒减少。湖北、江苏等省甘蓝型油菜出现“花而不实”现象，就是缺硼所致。另外，茎、根尖分生组织会受害死亡。甜菜的干腐病、马铃薯的卷叶病、苹果的缩果病等都是缺硼产生的。

3. 铜

在透气性良好的土壤中，铜以 Cu^{2+} 的形式被吸收。铜是某些氧化酶的成分，如多酚氧化酶、抗坏血酸氧化酶等。在呼吸的氧化还原中起重要作用。铜还存在于叶绿体的质蓝素(PC)中，参与光合电子传递。

缺铜时，叶片生长缓慢，呈蓝绿色，幼叶缺绿，随后发生枯斑，最后死亡脱落。另外缺铜可使气孔下形成空腔，使叶片因水分过度蒸腾而萎蔫。

4. 钼

钼以钼酸盐(MoO_4^{2-})的形式被吸收。钼是硝酸还原酶的成分，缺钼时硝酸不能还原，呈现缺氮症状。钼又是固氮酶的成分，所以与固氮过程有关。施用钼肥(如钼酸铵)对花生、大豆等豆科植物有明显增产效果。

缺钼时，叶较小，脉间失绿，有坏死斑点，且叶缘焦枯向内卷曲。

5. 锌

锌以 Zn^{2+} 形式被吸收。锌是碳酸酐酶的成分，此酶存在于原生质和叶绿体中，因此锌与光合作用和呼吸有关。锌也是谷氨酸脱氢酶及羧肽酶的成分，在氮代谢中也起一定作用。同时，锌与生长素(吲哚乙酸)的合成有关。

缺锌时，苹果、桃、梨等果树易发生小叶病，且呈丛生状，叶上出现黄色斑点。

6. 锰

锰主要以 Mn^{2+} 形式被吸收。锰多分布在叶内，锰是光合放氧、叶绿素形成和维持叶绿体正常结构所必需的元素，因此与光合作用有密切关系。锰还是许多酶的活化剂，如酮戊二酸脱氨酶、柠檬酸脱氢酶等，故与呼吸作用有关。

缺锰时，叶绿素不能形成，叶脉呈绿色而脉间失绿。这是与缺铁症的主要区别。

7. 氯

氯是以 Cl^- 的形式被植物吸收的，在体内以离子态存在。氯与光合过程水的光解有关，根和叶细胞的分裂也不能缺少氯。氯还与钾一起参与调节渗透势，同时也能调节气孔开闭。

缺氯时，叶片萎蔫失绿坏死，最后变为褐色，根粗短，根尖成棒状。

上述各种必需元素在植物生命活动中都有自己的独特作用，不能为其他元素所代替。如钾和钠、钙和镁，它们的理化性质相似，但不能相互取代，不过这种不能代替性是相对，而不是绝对的。如锰可部分代替铁。

为简易检索植物的缺营养元素，可参见表 6.1。

表 6.1 植物营养元素缺乏症状检索简表

A. 老叶病症
　B. 病症常遍布整株，基部叶片干焦和死亡
　　C. 植株浅绿，基部叶片黄色，干燥时呈褐色，茎短而细…………………………………………… 氮
　　C. 植株深绿，常呈红或紫色，基部叶片黄色，干燥时暗绿，茎短而细 ………………………… 磷
　B. 病症常限于局部，基部叶片不干焦但杂色或缺绿，叶缘杯状卷起或卷皱
　　C. 叶杂色或缺绿，有时呈红色，有坏死斑点，茎细…………………………………………………… 镁
　　C. 叶杂色或缺绿，在叶脉间或叶尖和叶缘有坏死斑点，小，茎细………………………………… 钾
　　C. 坏死斑点大而普遍出现于叶脉间，最后出现于叶脉，叶厚，茎短……………………………… 锌
A. 嫩叶病症
　B. 顶芽死亡，嫩叶变形和坏死
　　C. 嫩叶初呈钩状，后从叶尖和叶缘向内死亡…………………………………………………………… 钙
　　C. 嫩叶基部浅绿，从叶基起枯死，叶卷曲 ……………………………………………………………… 硼
　B. 顶芽仍活但缺绿或萎蔫，无坏死斑点

（续表）

C. 嫩叶萎蔫，无失绿，茎尖弱 ………………………………………………………………… 铜
C. 嫩叶不萎蔫，有失绿
D. 坏死斑点小，叶脉仍绿 ……………………………………………………………………… 锰
D. 无坏死斑点
E. 叶脉仍绿 ………………………………………………………………………………………… 铁
E. 叶脉失绿 ………………………………………………………………………………………… 硫

6.2 植物对矿质元素的吸收和运输

植物的地上部分虽然可以吸收矿质养分，但在一般情况下，植物体内的矿质营养是通过根系吸收的。

6.2.1 根系对矿质元素的吸收

1. 根吸收矿质元素的特点

(1) 具有区域性　用同位素^{32}P饲喂植物根系，发现根吸收矿质元素最活跃的部位在根的伸长区。

(2) 吸收矿质元素与吸水既有联系，又相互独立　试验证明根吸收水分与吸收矿质元素的数量不成正相关，土壤中的矿质元素不是随水分一起被根吸收的。根吸收水和吸收矿质元素是两个相互独立的过程，但两者之间又有着密切的联系，存在着相互影响：一方面矿质元素只有溶于水，才能被根系吸收，随着根系吸入水分的增多，矿质离子被蒸腾流携带转移的速度就加快，根对矿质离子的吸收也就增加；另一方面根吸入的矿质离子降低了根系木质部的水势，又促进了根系对水分的吸收。

(3) 对矿质元素不同离子的吸收具有选择性　不同种植物的根系对不同离子的吸收量不同，例如在同一种培养液中培育水稻和番茄，前者吸收硅多，后者吸收钙、镁多。根吸收的选择性，还表现在对同一种盐的不同离子吸收量不相同，例如，在土壤中施入$(NH_4)_2SO_4$时，根吸收的NH_4^+多于SO_4^{2-}，若长期施用$(NH_4)_2SO_4$会使土壤呈酸性。这种由于根系的选择吸收而使土壤溶液变成酸性的盐，称为生理酸性盐。如果在土壤中长期施入$Ca(NO_3)_2$，由于根系对NO_3^-的吸收多于Ca^{2+}，而导致土壤变为碱性，这类盐叫做生理碱性盐。当在土壤中施用NH_4NO_3肥料时，根系对NH_4^+和NO_3^-几乎是等量吸收，不会使土壤的pH值发生变化，称这类盐为生理中性盐。

正因为根系能够选择性地吸收矿质元素，致使土壤的pH值发生变化，所以在生产实践中，切忌长期使用一种化肥，以免土壤酸化或碱化，同时，也可以防止发生单盐毒害。

(4) 单盐毒害与离子拮抗作用　如果把植物培养在单一的盐溶液中，即使这种溶液是由植物必需元素的无机盐配制的低浓度溶液，植物生长也会呈现异常，甚至死亡。这种植物生长在单一盐溶液中受到毒害直至死亡的现象，称为单盐毒害。例如，将植物培养在KCl的稀溶液中，植物体内会因迅速积累K^+而受到毒害：根停止生长，而后根生长区的细胞壁黏化，最后，细胞完全解体而成一团黏液，地上部分与根同时停止生长，最后整株植物死亡。但是，如果向这种溶液中加入微量的Ca^{2+}（如$CaCl_2$，就会大大减轻或消除单盐毒害现象。

同样，如果用单一的 $CaCl_2$ 溶液培养植物，也会发生单盐毒害现象。加入 K^+（如 KCl）后，由 Ca^{2+} 引起的毒害作用也会随之解除或减轻。这种不同离子间相互消除或减轻单盐毒害的现象叫离子拮抗作用。只有在元素周期表中，不同族元素的离子之间，才能发生离子拮抗作用（图 6.2）。

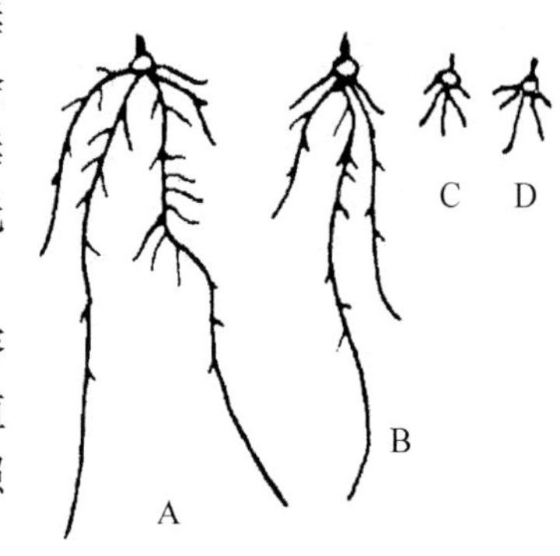

图 6.2 小麦根在单盐溶液和盐类混合液中的生长情况

A. $NaCl+KCl+CaCl_2$
B. $NaCl+CaCl_2$
C. $CaCl_2$
D. NaCl

生理平衡溶液 植物只有在含有适当比例的多种盐的溶液中，才能正常生长。通常，我们把消除了单盐毒害，适于植物生长的溶液叫做生理平衡溶液。土壤溶液、海水以及按照一定配方配制的各种培养液等都是生理平衡溶液。

2. 根吸收矿质元素的过程

根部吸收土壤溶液中的矿物质是经过以下几个步骤的：

（1）把离子吸附在根部细胞表面 根部细胞在吸收矿质离子的过程中，同时进行着离子的吸附与解吸附。这时，总有一部分离子被其他离子所置换。由于细胞的吸附离子具有交换性质，故称为交换吸附。根部之所以能进行交换吸附，是因根部细胞的质膜表层有阴阳离子，其中主要是 H^+ 和 HCO_3^-，这些离子主要是由呼吸放出的 CO_2 和 H_2O 生成的 H_2CO_3 所解离出来的，H^+ 和 HCO_3^- 便迅速地分别与根部周围土壤溶液的阳离子和阴离子进行“同荷等价”交换吸附，盐类离子即被吸附在细胞表面。这种交换吸附是不需要代谢能量的，吸附速度很快（几分之一秒），交换的方式主要有两种：

通过土壤溶液进行交换：根际表面吸附的 H^+ 和 HCO_3^- 同溶于土壤溶液中的离子，如 K^+，Cl^- 等进行交换，结果，土壤中的 K^+，Cl^- 离子换到了根表面，而根表面的 H^+ 和 HCO_3^- 则换到了土壤溶液中。

接触交换：当根系和土壤胶粒接触时，土壤表面所吸附的离子与根直接进行交换，因为根表面和土粒表面所吸附的离子，是在一定吸附力的范围内振动着，当两个离子的振动面部分重合时，便可相互交换（图 6.3）。

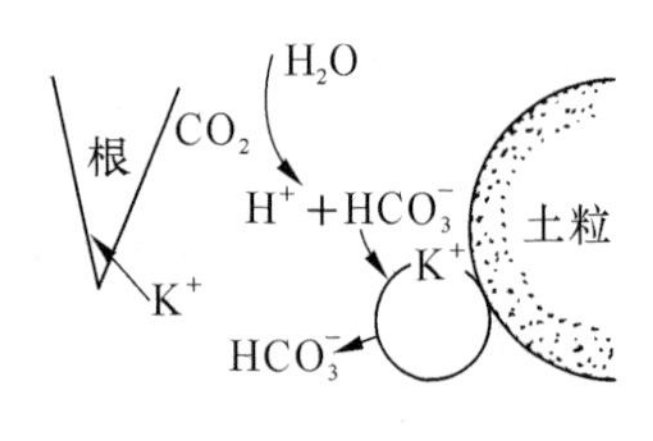

植物根部通过土壤溶液和土粒进行离子交换

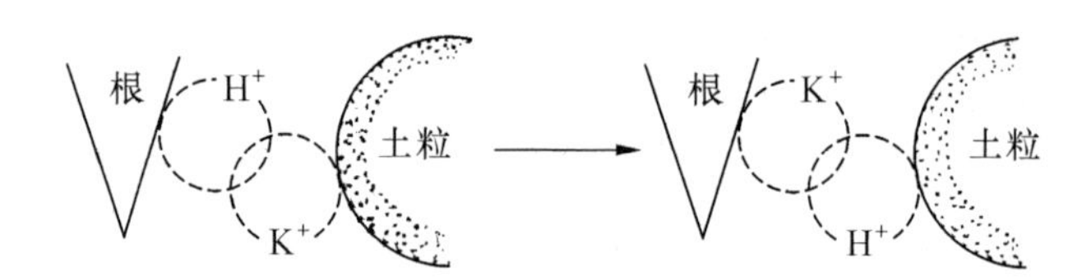

接触交换示意

图 6.3 离子交换吸附示意图

由于呼吸作用可不断产生 H^+ 和 HCO_3^-，它们与周围溶液和土粒的阴阳离子迅速交换，因此，无机盐离子就会被吸附在根表面。

（2）离子进入根部内部 离子从根部表面进入根部内部可通过质外体，也可通过共质体。

质外体途径：各种离子（和水分）通过扩散作用进入根部质外体（自由空间），但是，因为内皮层细胞上有凯氏带，离子和水分都不能通过。因此，质外体运输只限于根的内皮层以外，不能进入维管柱。离子和水分只有转入共质体，才能进入维管柱组织。不过，根幼嫩部分，其内皮层细胞尚未形成凯氏带前，离子和水分可经过质外体到达导管。另外，在内皮层中有个别细胞(通道细胞)的胞壁不加厚，可作为离子和水分的通道。

共质体途径：离子也可以通过膜系统(如内质网等)和胞间连丝，从根表皮细胞，经过内皮层进入木质部。

3. 根吸收矿质元素的机理

根对矿质元素的吸收，是通过被动吸收和主动吸收两种方式进行的。

(1) 被动吸收　被动吸收是指植物依靠扩散作用，或其他不需要消耗代谢能的吸收方式，如吸收矿质养分。当外界某种离子浓度大于根细胞内的浓度时，这种离子常常以扩散的方式进入根系的细胞。盐碱地的植物体内常常含有过多的 Na^+ 和 Cl^-，就是由于被动吸收的缘故。

(2) 主动吸收　主动吸收就是植物利用呼吸作用释放的能量，逆浓度梯度吸收无机盐的过程。这是根系吸收矿质营养的一种主要吸收方式。大量研究表明，暂时缺氧使有氧呼吸停顿，根系就会停止对矿质养分的主动吸收。关于根系对矿质养分的主动吸收，有几种学说，目前常用"载体学说"来解释。这个理论认为：细胞质膜上存在着一些能携带离子通过膜的活性物质，叫载体。载体具备四个特点：一是对离子具有很强的"识别"能力，对一定离子具有专一的结合部位；二是具有疏水性，不仅分布于膜上，而且能够在膜中移动；三是在膜外侧能与相应的离子结合，到达膜内侧又能释放它所结合的离子；四是与相应离子的结合，需要三磷酸腺苷(ATP)提供能量，ATP 则来自细胞的呼吸作用。正因为载体具备以上特点，所以能够反复运输离子，使离子通过质膜，进入细胞(图 6.4)。

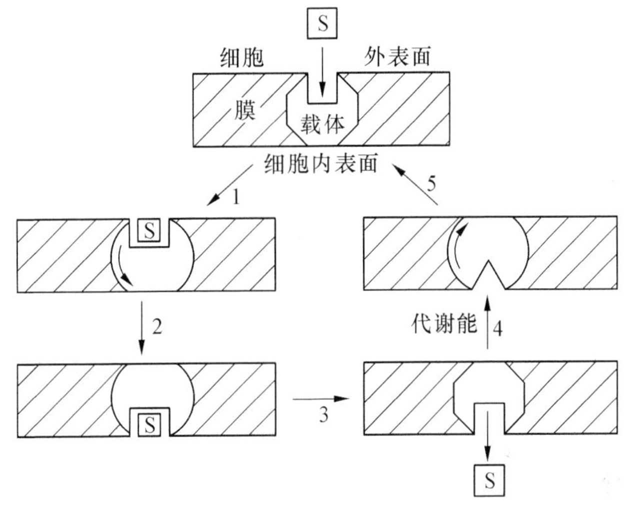

图 6.4　离子或分子(S)主动吸收机理的一种假说

1. 载体分子抓住 S 后形状发生变化；2. 由于变构作用产生旋转；3. S 被释放入细胞，载体分子回到不能运动的形状；4. 载体获得能量，成为可转动的原状；5. 载体恢复原状

4. 影响根吸收矿质营养的环境条件

植物吸收矿质元素与呼吸作用关系密切。因此，凡影响呼吸作用的各种条件，都影响植物对矿质的吸收。现将土壤条件对根系吸收矿质元素的影响分别说明如下：

(1) 土壤通气与水分　土壤通气状况直接影响根对养分的吸收。这是因为，一方面呼吸供给养分吸收与运转所需的能量；另一方面呼吸产生的中间产物增多，有利于物质转化，使蛋白质、核酸、磷脂等合成过程加强，从而促进了养分的吸收、利用。土壤板结或积水过多时，土壤通气状况恶化，造成氧气供应不足，影响根的生长和呼吸，从而影响营养的吸收，甚至呈现出营养缺乏症。因此需及时开沟排水及松土，改善土壤通气状况，以利根系吸收。这就是人们所说"以气养根"的道理。土壤水分过少也影响矿质的吸收。其原因：一是影响矿质的溶解释放；二是使蒸腾速率降低而影响到养分的向上运输。因此，降低或增加土壤含水量就能控制或促进植物对矿质的吸收，从而达到控制或促进植物生长的目的。在生产上"以水调肥，以水控肥"就是这个道理。

(2) 土壤温度　土壤温度对矿质元素的吸收有显著的影响。在一定范围内，根系吸收矿

质的速度随土温升高而不断增加，但温度过高或过低都会大大地降低养分的吸收量，如水稻幼苗，当温度从30℃降低到16℃时，对各种矿质的吸收明显减少，其中以磷最敏感，土温低影响养分吸收，其一是由于土温低使根系生长缓慢，降低了吸收面积；其二是较低的土温降低了根的呼吸强度，从而影响了主动吸收；其三是低温增大了原生质的黏性，加大了离子进入根系细胞的阻力。在接近0℃时，主动吸收几乎完全停止。土温过高(超过40℃)对根系的吸收也不利，因为高温使原生质的结构破坏，丧失半透膜的性质，使膜内外的物质交换失控；高温还会使酶钝化而影响正常代谢，因而大大降低根系的吸收作用。在水稻遇到土温过高时，应适时以水调温。

(3) 土壤pH值　土壤的pH值影响蛋白质的带电性。因此根系在酸性土壤中，容易吸收土壤溶液中的阴离子；在碱性环境中，容易吸收溶液中的阳离子。土壤pH值通过影响无机盐的溶解度而影响根系的吸收。在pH较高时，土壤溶液中的铁、钙、镁、铜、锌等呈不溶状态，不易被根利用。当土壤溶液pH较低时，土壤中的钾、磷、钙、镁等溶解较多，往往根系吸收不及，造成随水流失。另外在酸性土壤中重金属的溶解度也会增大，以至引起植物重金属中毒，红壤地区易发生的铝盐毒害就是这个原因。中性土壤利于提高大量元素的有效性。微酸性土壤提高铁、硼、铜、锌的有效性。多数植物生长的最适pH为6～7。茶、马铃薯、烟草等适应于较酸的环境，而像甘蔗、甜菜等作物适于在中性或偏碱性环境中生长。一般作物的最适pH值是4～8。

土壤的pH值影响微生物的活动，微生物的活动使土壤矿质营养的存在发生改变，从而影响根系的矿质吸收。例如，在酸性土壤中，可使根瘤菌失去固氮能力。在碱性土壤中，能促进反硝化细菌生长，使土壤中的氮素受到损失。

(4) 土壤溶液浓度　实验证明，在一定范围内，随着外界溶液浓度的提高，根系吸收的离子数量增多。但在较高浓度的溶液中，离子的吸收与离子浓度不呈正相关。因此，在生产上，施肥应掌握“勤施薄施”的原则，一次施用化肥不能过多，以免“烧”伤植物或造成肥料流失形成浪费。施肥时还要注意同时灌水，以保证土壤溶液的浓度适宜。

(5) 土壤内离子间的相互影响如下：

竞争与促进　土壤中离子之间的关系是错综复杂的。有时，某种离子的存在可能抑制另一种离子的吸收，而对其他的离子不一定发生影响。

浓缩效应与稀释效应　研究表明，植物往往由于某种元素的缺乏而生长减慢，或停止生长。这样，植物吸收的其他元素就在植物体生长受阻的部分积累，表现为浓缩效应，使根系对积累元素的吸收减少。可是，当原来最亏缺的必需元素得到补充后，植株会因此而迅速生长。随之，其他元素被迅速消耗，相对含量下降，呈现稀释效应。

(6) 土壤的有毒物质　有毒物质给植物造成的多种伤害，必然降低根系吸收离子的能力。常见的有毒物质有：硫化氢、某些有机酸、过多的二价铁以及重金属元素。

6.2.2　叶片对矿质营养的吸收

除根系外，植物的地上部分，特别是叶片也能吸收部分矿质养分。

叶片吸收无机盐的途径是气孔和角质膜。不过，气孔甚小而水的表面张力较大，水分难以通过气孔进入叶肉。另外，试验也证明，晚间气孔关闭后，叶片对离子的吸收速度高于白天(气孔张开)。因此，人们认为角质膜的缝隙不仅是水分出入表皮细胞的通道之一，而且是叶吸收无机盐的主要途径。

叶片吸收的养分与根吸收的养分一样，能在植物体内被运输、同化。因此常常通过在根外喷施肥料的方法，对作物进行追肥，并把这种方法叫根外施肥或根外追肥。

根外追肥具有肥料用量少、肥效快的特点，有利于在不同生长发育期使用，特别是作物生长后期，根系生活力降低、吸收机能衰退时；或土壤缺水，土壤施肥难以发挥效益时，叶面施肥的意义更大，同时还可避免肥料（如过磷酸钙）被土壤固定失效和随水流失的弊端。虽然根外施肥有诸多优越性，但也有一定的局限性，不能代替土壤施肥，作物需要的大量元素仍然应该以土壤施肥为主。因为根外施肥，若溶液浓度高，会伤害叶片；浓度低，不能满足作物大量需肥的要求。另外，喷施的溶液在空气中容易蒸发，不利于矿质元素的溶解吸收。

6.2.3 矿质养分在植物体内的运输与分配

根和叶片吸收的矿质元素，一部分留在根系或叶片中，但大部分运到植物体的其他部位。

1. 矿质元素运输的形态

不同矿质元素在植物体内的运输形态不同，根吸收的氮素，大部分在体内转变成氨基酸和酰胺，如天冬氨酸、天冬酰胺、谷氨酸、谷氨酰胺等，然后这些有机物再向上运输。磷酸盐主要以无机离子形式运输，但可能有少量先在植物体内合成磷酸胆碱和 ATP，ADP，AMP，6-磷酸葡萄糖等化合物后再上运。金属离子如 K^+，Ca^{2+} 等以离子态上运，硫则以 SO_4^- 的形式上运。

2. 矿质元素运输的途径

矿质元素由土壤溶液进入根系细胞后，在细胞内经共质体运输。共质体中的一些物质如多肽、磷脂，都有可能成为运输矿质养分的载体，使离子在细胞质内转移，或将离子转运到液泡内。这些载体转移或运输矿质养分的方式可能有两种：一种是，载体携带离子移至液泡；另一种是，载体不移动，它们以接力的方式将离子传递到液泡。这两种方式都需要消耗代谢产生的能量。

3. 矿质元素的分配与再分配

矿质元素虽随蒸腾液流向上运输，但是，矿质元素在植物体内积累最多的部位，并不是蒸腾最强的部位，而是生长最旺盛的部位（即生长中心），如生长点、嫩叶和正在生长的果实等。矿质元素进入上述生长中心之后，绝大部分进而合成各种复杂的有机物（钾则大部分仍以游离状态存在）。当某一部位的生理活动或代谢方向发生改变，部分化合物将分解，其中矿质元素被释放，可重新运输到新器官或组织中被重复利用，以合成新的有机物。有的甚至可多次被重复利用，如氮、磷、钾、镁等元素。在重复利用时，仍按照上述规律，即大部分矿质运向生长中心。但钙、铁等元素被固定后，不易释放，故不能进行再分配。

6.3 氮代谢

氮在植物体内的含量比碳、氢、氧少得多，但由于氮是构成一切生命物质的基本元素，所以地位和碳、氢、氧同等重要。

6.3.1 硝酸盐的还原

1. 植物体内氮素来源

尽管空气中含有高达79%的分子态氮(N_2),但一般不能被植物直接利用,植物只能利用土壤中化合态的氮。

植物的氮源主要是无机氮化物,其中又以铵盐和硝酸盐为主,它们约占土壤含量的1%～2%,铵态氮被植物吸收后,可直接利用它合成氨基酸。但硝态氮必须要经过代谢还原,转变为氨后才能合成氨基酸和蛋白质等。

2. 硝酸盐的还原

多数陆生植物主要氮源是硝酸盐,硝酸盐还原成氨的过程是在硝酸还原酶和亚硝酸还原酶的作用下进行的,其过程如下:

$$H\overset{+5}{N}O_3 \xrightarrow{+2e} H\overset{+3}{N}O_2 \xrightarrow{+6e} \overset{-3}{N}H_3$$

硝酸　硝酸还原酶　亚硝酸　亚硝酸还原酶　氨

还原过程在叶和根内都能进行,但以叶为主。在还原中,除需酶参与外,还需有钼、铁、铜、锰、镁等参加,缺乏这些元素时,其还原过程受阻,影响氮素同化。

6.3.2 植物体内氮代谢的部位与调节

土壤中的铵态氮,被根吸收后,利用地上部分运到根中的碳水化合物提供的分子受体和能量,在根内同化成氨基酸,然后转运到植株各部分。而被根吸收的硝态氮可在根内还原,亦可通过木质部运到地上叶内还原,或转移到液泡中贮藏,当需要时,又可从液泡中慢慢转运出来参与代谢(图6.5)。

光照能促进氮同化进程,因为光照能促进光合作用,形成较多的光合产物(如糖、3-磷酸甘油醛等),运至细胞质,参加糖酵解反应,形成NADH供硝酸还原用。此外,光还能活化谷氨酰胺合成酶的作用,有利于氮的同化。所以一般植物在白天对氮的同化快于夜晚。

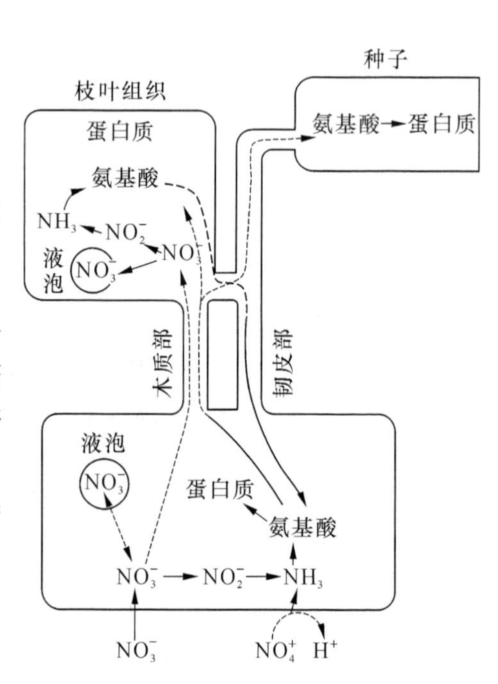

图6.5 根吸收的氮在植物体内的运转

6.3.3 氨的同化

还原成的氨或根系从土壤中吸收的氨在体内必须立即同化成氨基酸,否则积累过多,会产生毒害作用。氨的同化在根、根瘤和叶中进行,现已确定一切植物组织中,氨同化是通过谷氨酸合成酶循环进行的(图6.6)。此过程中,谷氨酰胺合成酶和谷氨酸合成酶起重要作用,它们催化的反应式如图 6.7。

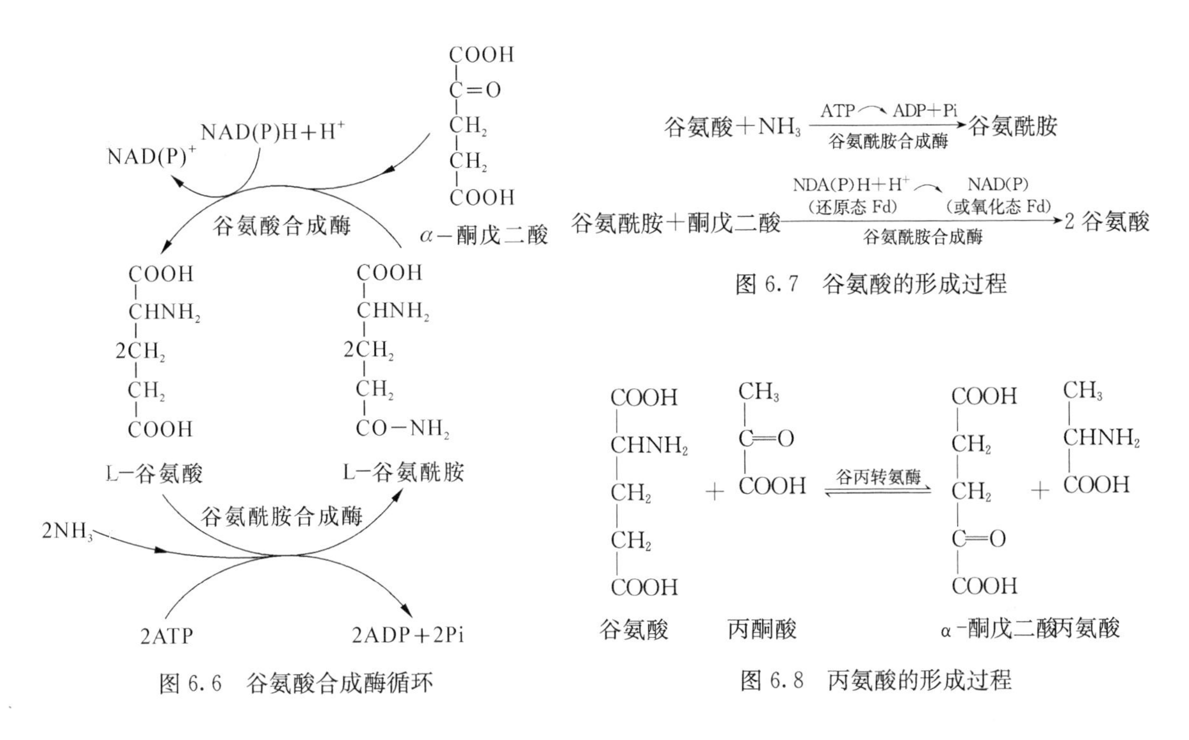

图 6.6 谷氨酸合成酶循环

图 6.7 谷氨酸的形成过程

图 6.8 丙氨酸的形成过程

所合成的谷氨酸，就成为体内其他各种氨基酸的主要氨基供体，它通过转氨基作用，把氨基转移到其他多种酮酸上，合成其他多种氨基酸。酮酸是呼吸过程中碳水化合物代谢的中间产物，如丙氨酸的形成过程如图 6.8。

所形成的各种氨基酸，又通过一系列的合成过程，去形成各种不同的蛋白质。

6.4 合理施肥的生理基础

植物不断从土壤中摄取营养物质，因此，必须通过施肥给予补充。合理施肥是提高植物产量的有效措施之一。

6.4.1 合理施肥的生理基础

合理施肥能使植物提高产量，不仅是因为矿质元素具有多种生理功能，而且还因合理施肥能改善植物整体代谢状况和土壤环境。

1. 改善植物的光合性能

施用氮肥和镁肥有利于增加叶绿素含量，从而提高作物的光合强度；施用氮、硫、磷和镁肥，能促进叶面积增大，扩大光合面积；施用硼、锌等某些微量元素能增加光合强度、延长叶片寿命，延长光照时间；施用磷、钾和硼肥，能促进光合产物运输转化，增强植物抗病能力，降低有机物消耗。总之，合理施肥能改善光合性能。

2. 调节代谢，控制生长发育

各种矿质元素不仅通过形成某些生理活性物质调节植物的生长发育，而且在生产上，常常通过适当的施肥方法，控制和协调植物各器官的生长发育，达到优质高产的目的。例如，甜菜生长的前期，供给氮肥，促进地上部分生长。块根形成后，则不施或少施氮肥，而施磷、钾肥，以促进光合产物运向块根。还可对糖用甜菜喷施硼肥，促进块根生长，加速可溶性糖向块根运输，提高甜菜的含糖量。

3. 改良土壤，增加土壤肥力

施有机肥可以改善土壤的物理性能。通过形成团粒结构，改善土壤的水、气、温状况。不仅可以促进根系生长和吸收养分，而且还能促进微生物的活动，加速有机物的分解和转化；在酸土壤中适当施入石灰、石膏等，可以提高土壤的 pH 值，造成适于根系吸收和生长的 pH 环境。

总之，合理施肥可以为根系的生长、吸收创造良好的土壤环境。

6.4.2 植物的需肥规律

1. 不同植物需肥不同

各种植物需要的矿质营养，从种类上看虽然基本相同，但对各种元素需要的相对数量不尽相同。因此，对不同类型的植物，需采取不同的施肥方案。

(1) 叶菜类　营养体是收获对象，为使其迅速生长，适当增施氮肥，有利于促进蛋白质的合成，可以使枝叶生长茂盛，不易衰老，机械组织少而幼嫩。

(2) 豆类　由于豆类植物能与根瘤菌共生固氮，所以只需在根瘤尚未形成的苗期供给适量的氮肥。其他生长时期只需供应磷、钾肥，特别是磷肥。

(3) 禾谷类　这类植物要求均衡地供应氮、磷、钾。且氮肥不宜过多，以防止营养生长过旺造成机械组织不发达而引起倒伏。适量的氮肥可以保证在籽粒中积累更多的光合产物。

(4) 经济植物　对碳水化合物含量较高的块根(甘薯)、块茎(马铃薯)，和以纤维(麻)为收获对象的植物，磷、钾、硼的供应必须充足、适时。因为碳水化合物的运输、合成、转化，都与这些元素有着极密切的关系。对这类植物施用氮肥不宜过多，否则，会妨碍糖的积累。

2. 不同生长发育时期需肥不同

同一植物的不同生长发育时期，生长中心不同，需肥情况也不同(表 6.2)。在种子萌发期间，因为种子内贮藏了营养物质，一般不需从外界吸收矿质元素。随着种子的萌发和幼苗的生长，贮藏的营养物质逐渐耗尽，从环境中摄取养分的量也就逐渐增多。至开花结实期，植物对主要矿质元素的吸收量达到最大值。此后，随着植株各部分的逐渐衰老，对矿质元素的吸收逐渐减弱，直至成熟，则停止吸收。植物衰老的后期，营养元素还常常从根系"倒流"向土壤。因此，施肥一般重在植物生长的前、中期。对于开花后仍继续生长的植物，如棉花前期不宜大量施肥，特别是氮肥，以免营养生长过旺造成徒长。在开花后仍需及时追肥，保证后期花、果生长的需要。植物生长前期，对矿质元素吸收的总量虽然不多，但植物体内的相对含量较高。随着植物的生长，体积的增大，重量的增加，矿质元素的相对含量逐渐降低。尤其是氮素，这种变化更为明显。这说明植物生长的前期对矿质元素需求虽少，但很迫切，需要更加注意施肥。

表 6.2 几种作物各生长发育期的氮、磷、钾吸收量(%)

作　物	生　　育	N	P_2O_5	K_2O
早　稻	移栽—分蘖期	35.5	18.7	21.9
	稻穗分化—出穗期	48.6	57.0	61.9
	结实成熟期	15.9	24.3	16.2
晚　稻	移栽—分蘖期	22.3	13.9	20.5
	稻穗分化—出穗期	58.7	47.4	51.8
	结实成熟期	19.0	36.7	27.7
冬小麦	出苗—返青	15	7	11
	返青—拔节	27	23	32
	拔节—开花	42	49	51
	开花—成熟	16	21	6
棉　花	出苗—着蕾	8.8	8.1	10.1
	着蕾—棉铃形成	59.6	58.3	63.5
	棉铃形成—成熟	31.1	33.5	26.4

3. 不同器官和部位需肥不同

即使是同一植物的同一生长发育时期,不同器官和部位的需肥量也不相同。生长中心生长得快,需肥量也就大。从种子萌发到植物衰老收获,生长中心可以发生多次改变。例如小麦和水稻在分蘖期的生长中心是腋芽。开花结实期,种子就是它们的生长中心了。由于不同生长发育时期,植物的生长中心不同,所以不同时期施肥的增产效果,往往会有很大差异。例如,对苹果追施氮肥,不论追施几次,不论什么时期施,虽然都有一定的增产效果,但是以花芽分化前追施氮肥的增产效果最佳。小麦、水稻在幼穗形成期,施肥比其他生长时期施肥的增产效果更明显。

4. 不同植物需要不同形态的肥料

一般植物难以利用硝态氮。但是,烟草既需铵态氮,又需硝态氮。硝态氮促进烟叶形成较多的有机酸,提高可燃性,铵态氮促进叶形成芳香挥发油,增加香味。因此在种植烟草的土壤中,施用硝酸铵效果最好。马铃薯、甘薯、甜菜、烟草、甘蔗、葡萄等植物忌氯,不宜用含氯离子肥料。因为氯过多会影响淀粉的转化和运输,使组织含水量增加,茎叶充水,有机物向叶片集中,降低收获物的品质。

6.4.3 合理施肥的指标

1. 形态指标

在生产实践中人们积累了根据叶色和植株长势、长相,进行施肥的经验。植株的长势、长相及叶色,作为植物氮素营养水平的指标,尤为灵敏。因为叶片绿色的深浅决定于叶绿素的含量,而叶绿素的含量与叶的含氮量成正相关。各种元素缺乏引起的缺素症,都可以作为合理施肥的形态指标。

2. 生理指标

通过化学分析的方法,分析植物体(一般是叶片)中某一有机物的含量,可以作为合理施肥

的生理指标。

(1) 叶绿素的含量　根据植物体内叶绿素的含量与含氮量成正相关的规律,用植物体内叶绿素的含量,作为诊断含氮量的指标。

(2) 淀粉含量　水稻体内含氮量与淀粉含量成负相关。叶鞘是水稻体内养分的中转部位,由叶鞘中淀粉含量的变化,可以判断土壤供应氮的水平。因此叶鞘中淀粉的含量可以作为合理施肥的生理指标。叶鞘中淀粉含量的测定方法是:先用酒精使叶鞘脱色,然后加碘-碘化钾(或稀释的碘酒)溶液染色,以叶鞘着色长度占总长度的比例来判断淀粉在叶鞘中的含量,即土壤的供氮水平。不过,水稻叶鞘在幼穗分化后才有明显的淀粉积累,所以这种方法只适应于幼穗分化以后的测试。

(3) 营养元素的含量　对叶片营养元素含量进行诊断是研究植物营养状况较有前途的途径之一。结合不同施肥水平,不同产量,通过化学分析,找出不同生长发育期、不同组织、不同营养浓度与产量的关系。如图 6.9 所示,养分严重缺乏时,产量甚低;养分适当时,产量最高;养分浓度如继续提高,产量亦不增,浪费肥料;如养分更多,产生毒害,产量反而下降。在严重缺乏与适量两个浓度之间有一个临界浓度,临界浓度是获得最高产量的最低养分浓度。不同作物、不同生长发育期、不同元素的临界浓度也不同,要根据大量的试验数据,绘制出各种曲线,找出它们的临界浓度,以便指导施肥工作。表 6.3 是几种作物矿质元素的临界浓度。

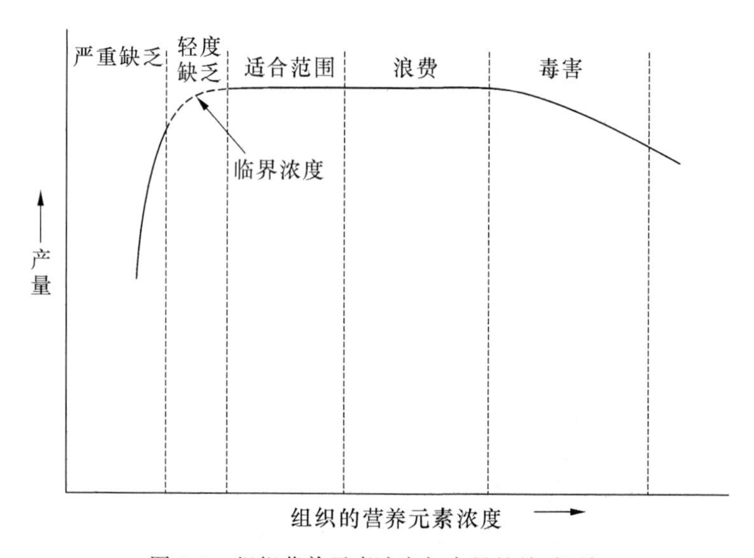

图 6.9　组织营养元素浓度与产量的关系图解

表 6.3　几种作物的矿质元素临界浓度(干重%)

作　物	测定时期	分析部位	N	P_2O_5	K_2O
春小麦	开花末期	叶　子	2.6～3.0	0.52～0.60	2.8～3.0
燕　麦	孕穗期	植　株	4.25	1.05	4.25
玉　米	抽　雄	果穗前一叶	3.10	0.72	1.67
花　生	开　花	叶　子	4.0～4.2	0.57	1.2

对田间栽培植物进行合理施肥,需考虑多方面的影响因素,而且其中有些因素难以控制。为此,人们为了获得农业的稳产和高产,就根据植物生理学的原理,使植物生长在人为创造的

条件下，这就是无土栽培。这种栽培方式现已在许多国家中推广应用，我国也正在应用、试验中。

6.4.4 发挥肥效的措施

除了合理施肥外，还应配合其他措施，使肥效充分发挥，常用的措施有：

1. 以水调肥，肥水配合

水与矿质的关系很密切。水是矿质的溶剂和向上运输的媒介，对生长具有重要作用，还能防止肥过多而产生"烧苗"。所以水直接或间接地影响着矿质的吸收和利用。施肥时，适量灌水或雨后施肥，能大大提高肥效，这就是以水促肥的道理。相反，如果氮肥过多，往往造成作物疯长，这时可适当减少水分供应，限制植物对矿质的吸收，从而达到以水控肥的效果。

2. 适当深耕，改良土壤环境

适当深耕，使土壤容纳更多的水和肥。而且有利于根系生长，增大吸收面积，有利于根系对矿质的吸收。

3. 改善光照条件，提高光合效率

施肥能改善光合性能，提高作物光合效率。所以，为了发挥肥效，必须改善光照条件。合理密植，通风透气，有利于改善光照条件，有利于增产，反之，密度太大，田间阴蔽，株间光照不足，肥水虽足，不但起不到增产的效果，相反，还会造成疯长、倒伏、病虫害增多，最后导致减产。

4. 改善施肥方法，促进作物吸收

改表施为深施。表层施肥植物的吸收率很低，如铵态氮易生成氨而直接挥发，硝态氮易随水流失及反硝化脱氮损失。磷在土壤中易固定，移动性小，表层施用不能适应植物根系向土壤深层扩展的生长特点。据测算，水稻对表施氮、磷、钾的利用率只有一半左右。而深施(根系周围 5～10 cm 的土层)，肥料挥发和流失少，供肥稳定，而且由于根的趋肥性而促进了根系下扎，有利于固着和吸收养分，所以有利于增产。

另外，根外施肥可起到肥少功效大的作用，也是一种经济的用肥方法。

思考题

1. 植物必需元素有哪些？它们有哪些共同的作用？
2. 试述氮、磷、钾的生理功能及缺素症状。
3. 植物缺乏哪些元素，病症从幼叶开始？而缺乏哪些元素，病症从下部老叶开始？为什么？
4. 影响矿质元素吸收的外界因素有哪些？如何影响？
5. 植物根系吸收矿质有哪些特点？为什么长期单一使用一种化肥，易造成土壤酸化或碱化？
6. 说明作物需肥规律及施肥增产的原因。
7. 生产中发挥肥效的措施有哪些？为什么？
8. 名词解释：必需元素；大量元素；微量元素；水培法；沙培法；生理酸性盐；生理碱性盐；单盐毒害；离子拮抗作用；平衡溶液。

7 光合作用

7.1 光合作用及其意义

7.1.1 光合作用的概念

绿色植物利用光能，将所吸收的二氧化碳和水合成有机物，并放出氧气的过程叫做光合作用。常用下式表示：

$$CO_2 + H_2O \xrightarrow[\text{叶绿体}]{\text{光}} (CH_2O) + O_2$$

式中(CH_2O)代表碳水化合物，它和氧气是光合作用的产物。

7.1.2 光合作用的意义

1. 蓄积太阳能量

光合作用是地球上转化太阳能的最主要过程，是我们一切食粮和燃料的最初来源。工、农业动力用的煤炭、石油及天然气等，均是很早以前植物通过光合作用积累的日光能。

2. 制造有机物

植物通过光合作用，将无机物转变为有机物。地球上的植物每年通过光合作用合成约2×10^{11} t有机物，其数量之大、种类之多，是任何过程都不能相比的。人类所需的粮食、蔬菜、水果、纤维、油料、木材及药材等等都来自植物光合作用。

3. 净化空气

人类和一切需氧生物的生活及有机物的氧化分解和燃烧都大量消耗O_2并释放CO_2，而绿色植物进行的光合作用则吸收大量CO_2，同时释放出大量O_2，使大气成分保持相对稳定，氧的含量维持在1/5左右，因而人们把绿色植物看成是一个自动的空气净化器。

由此可见，光合作用是地球上一切生命存在和发展的根本源泉，特别是人类生活和生产的物质和能量来源。

7.2 叶绿体及其色素

7.2.1 叶绿体

1. 叶绿体的形态结构

高等植物的叶绿体多为扁平椭圆形，平均直径约 5～7 μm，厚约 1～3 μm，主要分布在叶片的栅栏组织和海绵组织中，在每个叶肉细胞内约有 50～200 个叶绿体。据统计每平方毫米蓖麻叶片中，就有 $3\times10^7 \sim 5\times10^7$ 个叶绿体。这样叶绿体的总表面积比叶片要大得多，对吸收太阳光能和空气中的二氧化碳十分有利。

叶绿体由叶绿体膜、类囊体和基质组成(图 7.1)。

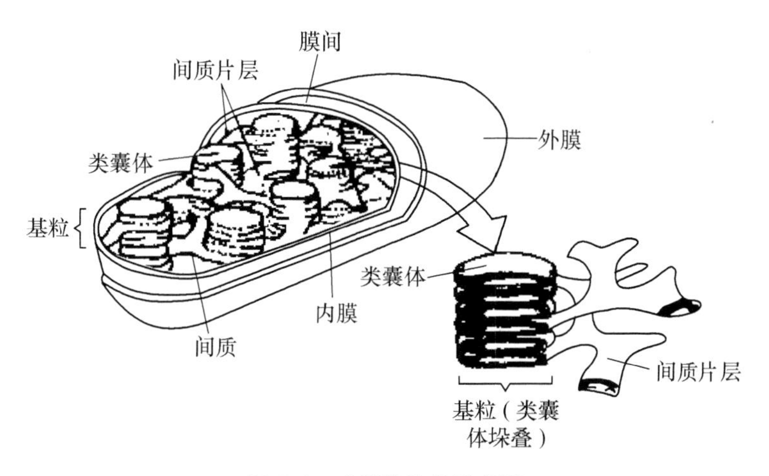

图 7.1 叶绿体结构示意图

(1) 叶绿体膜　叶绿体膜由两层单位膜(内膜和外膜)所构成。每层膜的厚度为 6～8 nm，内外两膜有 10～20 nm 宽的间隙，称为膜间隙。叶绿体的外膜通透性大，许多化合物如核苷、无机磷(Pi)、蔗糖等均可自由通过。内膜的通透性较差，是细胞质和叶绿体基质的功能屏障。在内膜上有特殊转运载体，称为转运体转运代谢物。

(2) 类囊体　叶绿体基质中有许多由单位膜封闭而成的扁平小囊，称为类囊体。它是叶绿体内部组织的基本结构单位，上面分布着许多光合作用色素，是光合作用的光反应场所。类囊体一般沿叶绿体长轴平行排列，在某些部位有许多圆盘状的类囊体堆积而成的柱形颗粒，称为基粒。构成基粒的类囊体称为基粒类囊体。一个基粒由 5～30 个基粒类囊体组成，最多的可达上百个，每一个叶绿体中约含 40～80 个基粒。

基质类囊体是由基粒类囊体延伸出来的网状或片层结构，与相邻的基粒类囊体相通，或称基质片层或基粒间类囊体。

类囊体膜的形成大大增加了膜片层的总面积，体膜含有叶绿素，是光合作用的基地。

在类囊体膜上分布着许多电子载体蛋白，包括 4 种细胞色素：质体醌(PQ)、质体蓝素(PC)和铁氧还蛋白(Fd)。

(3) 叶绿体基质　叶绿体内膜与类囊体之间的无定形的物质，称为叶绿体基质。基质的主要成分除水外，还有多种离子及可溶性蛋白，其中 RuBP 羧化酶加氧酶占可溶性蛋白总量的 60%。此外还有核糖体、DNA 和 RNA 等(图 7.2)。

2. 叶绿体的成分

叶绿体约含 75%的水分。在干物质中，以蛋白质、脂类、色素和无机盐为主。蛋白质是叶绿体的结构基础，一般占叶绿体干重的 30%～45%，蛋白质在叶绿体中最重要的功能是作为代谢过程中的催化剂，如酶本身就是由蛋白质组成的，又如起电子传递作用的细胞色素、质体蓝素等，都是与蛋白质结合起来的，所有色素也都与蛋白质相连成为复合体。叶绿体的色素很多，占干重 8%左右，在光合作用中起着决定性的作用。叶绿体还含有 20%～40%的脂类，它是组成膜的主要成分之一。叶绿体中还含有 10%～20%的贮藏物质(糖类等)，10%左右的灰分元素(铁、铜、锌、钾、磷、钙、镁等)。此外，叶绿体还含有各种核苷酸(如 NAD^+ 和 $NADP^+$)和醌(如质体醌)，它们在光合过程中起着传递氢原子(或电子)的作用。

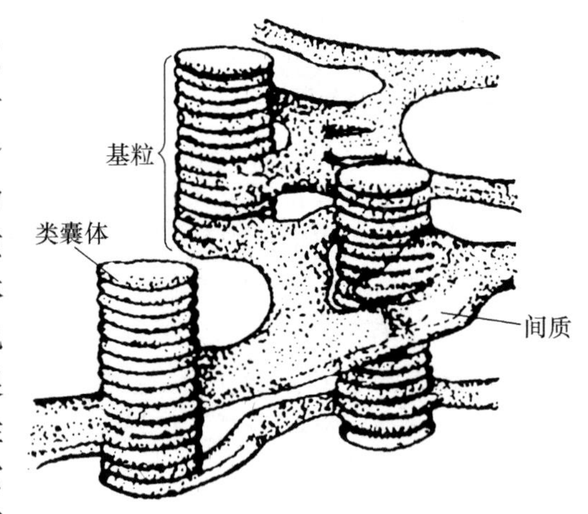

图 7.2　叶绿体中的基粒和间质结构示意图

由于叶绿体是进行光合作用的主要场所，许多反应都要有酶参与。现在已知，叶绿体中含有光合磷酸化酶系、二氧化碳固定和还原酶系等几十种酶，因此，叶绿体也是细胞里生物化学活动的中心之一。

7.2.2　叶绿体的色素及光学性质

1. 色素的种类

光合色素有 3 类，一为叶绿素，主要包含叶绿素 a 和叶绿素 b(图 7.3)；二为类胡萝卜素，其中有胡萝卜素和叶黄素；三为藻胆素。高等植物中含有前两类，藻胆素仅存在于藻类中。

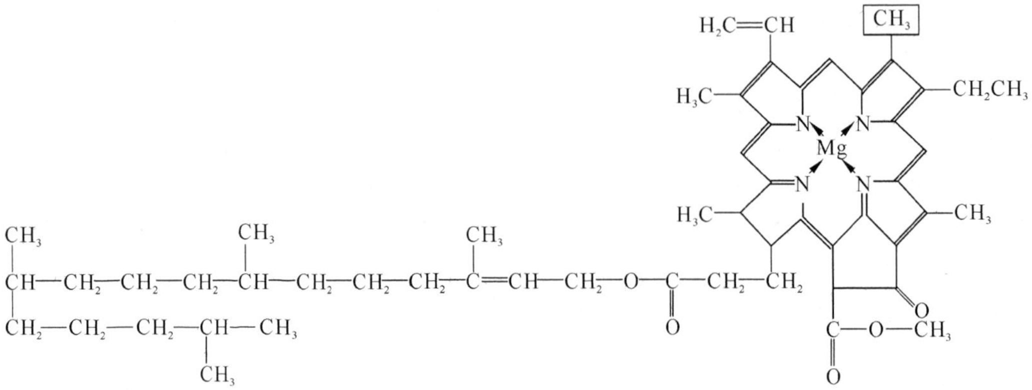

图 7.3　叶绿素 a 的结构式(—CHO 代替—CH_3 即为叶绿素 b)

在高等植物的叶绿体中，叶绿素的含量可占全部色素的 2/3，而叶绿素 a 又占叶绿素含量的 3/4。叶绿素是一种双羧酸的酯，它的一个羧基为甲醇所酯化，另一个羧基为叶绿醇所酯化。它们不溶于水，但能溶于酒精、丙酮和石油醚等有机溶剂。在颜色上，叶绿素 a 呈蓝绿色，而叶绿素 b 呈黄绿色。

2. 光合色素的光学性质

(1) 吸收光谱　太阳光不是单色光，到达地球的光是波长从 300 nm 的紫外光到 2 600 nm 的红外光。其中只有波长在 390～760 nm 之间的光是可见光。如在光源和光屏之间放一三棱镜，光即被分成红、橙、黄、绿、青、蓝、紫等单色光，这七色连续的光谱，叫做太阳光谱(图 7.4)。

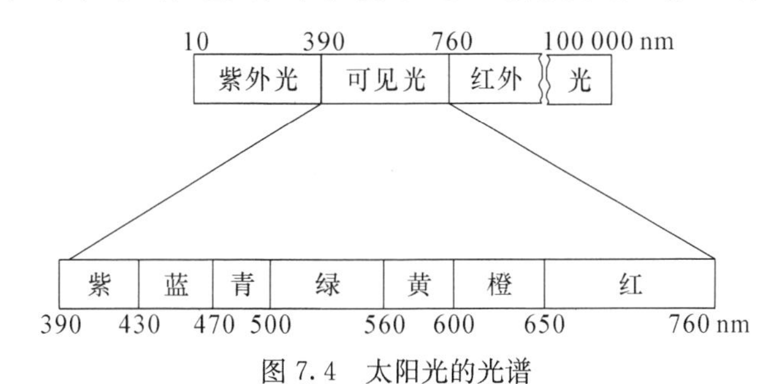

图 7.4　太阳光的光谱

色素物质可以对光进行吸收，如将光合色素提取液置于光源同分光镜之间，就可以看到光谱中有些波长的光线被吸收了。因此，在光谱上就出现黑线或暗带，这种光谱叫做吸收光谱。不同光合色素对不同波长光的吸收情况不同，所形成的吸收光谱也不一样(图 7.5)。

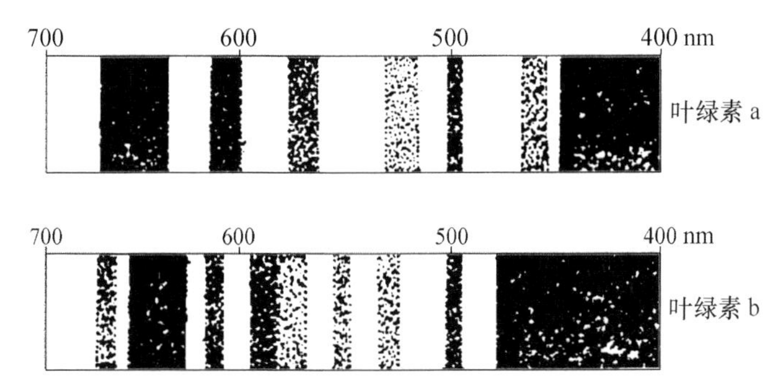

图 7.5　叶绿素的吸收光谱

从叶绿素 a 和 b 的吸收光谱，可以看到，红光部分呈现一条很宽的暗带，蓝紫光部分也有较宽的暗带，而绿光部分仍是绿的。说明它们吸收红光最多，其次是蓝紫光；而对绿光几乎不吸收。

从胡萝卜素和叶黄素的吸收光谱(图 7.6)，可以看到，它们只吸收蓝紫光，但蓝紫光部分吸收的范围比叶绿素宽一些。

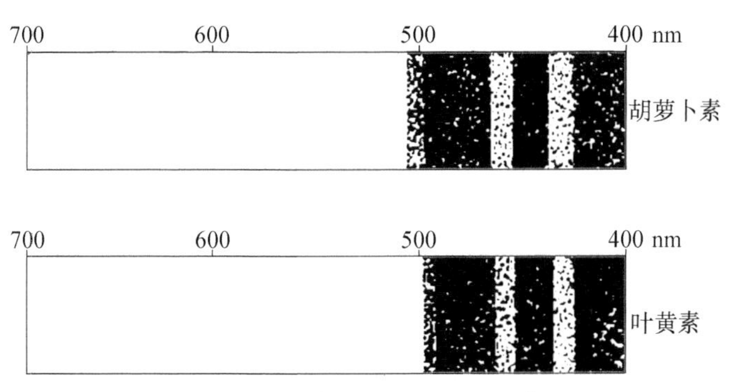

图 7.6　类胡萝卜素的吸收光谱

太阳光的直射光含红光较多，散射光含蓝紫光较多，因此，植物不但在直射光下可保持较强的光合作用，而且在阴天或背阴处，也可通过吸收蓝紫光进行一定强度的光合作用，这是植物在长期进化过程中形成的一种特性。

(2) 叶绿素的荧光现象　如果将叶绿素溶液盛于试管内，在透射光下看呈绿色，在反射光下看呈深红色，这种现象叫荧光现象。荧光现象是由于叶绿素分子吸收光能后，处于激发状态，激发状态的叶绿素分子很不稳定，它能将吸收到的光能，以比入射光较长的光波(呈深红色)发射出来，这就是所看到的荧光。荧光现象说明叶绿素能被光激发，因而有可能引起光化学反应。类胡萝卜素则没有荧光现象。

7.2.3　叶绿素的形成及其条件

叶绿素和植物体内其他有机物质一样，经常不断地更新，但是不同植物的叶绿素更新速度是不相同的。据测定，菠菜的叶绿素 72 小时后更新 95.8%；烟草的叶绿素 19 天后更新 50%。

叶绿素的形成和解体，与光照、温度和矿质营养的关系极为密切。

1. 光照

光是叶绿素形成的必要条件。生长在黑暗中的植物，绝大多数呈黄色，见光后很快转变为绿色，这是由于在黑暗中形成的原叶绿素(无色)，在光下被还原成为叶绿素的缘故。

2. 温度

叶绿素的形成要求一定的温度。早春的作物幼苗和萌发的树木幼芽，常呈黄绿色，就是因为低温影响着叶绿素的形成。一般叶绿素形成的最低温度范围为 2℃～4℃，最适温度为 26℃～30℃，最高温度为 40℃～48℃。

3. 水分

叶片缺水，不仅叶绿素的形成受阻，而且会加速分解。因此当干旱时叶片会变黄褐色。

4. 矿质营养

植物的矿质营养状况，特别是叶片含氮量与叶绿素含量和叶色成正相关，这是因为氮是叶绿素的组成元素，缺氮时，叶色浅绿；氮多时，叶色深绿，生产上常以叶色深浅判断植物的氮素营养状况。另外，植物缺镁、铁、铜、锰、锌等元素时，也表现缺绿，因为镁是叶绿素的组成成分，铁、锰等是形成叶绿素必不可少的条件。

7.3　光合作用的一般过程

根据现有的资料，整个光合作用大致可分为下列 3 大步骤：第一步原初反应，包括光能的吸收、传递和转换过程；第二步电子传递和光合磷酸化，即电能转变为活跃的化学能；第三步碳同化，即活跃的化学能转变为稳定的化学能过程。第一、二两个大步骤基本属于光反应，都是在光合膜上进行的，第三个大步骤属于暗反应，是在叶绿体间质中进行的。

7.3.1　原初反应

原初反应是光合作用的起点，是光合色素吸收日光能所引起的光物理及光化学过程，它是光合作用中直接与光能利用联系着的反应。其过程包括三个：一是天线色素吸收光能成为激发态；二是激发态天线色素将能量传递给作用中心色素；三是作用中心产生电荷分离。

1. 光能的吸收和传递

光能的吸收是任何一个光化学反应的开端，分子吸收或捕获光子之后，必定在它的原子结构内引起电子分布的重新排列。这个分子经过电子的重新排列形成新的状态称为激发态。因为电子轨道的数目是有限的，并且每一轨道有其特定的能量水平，所以任何一个原子或分子只吸收特定波长的光。

分子的激发态是不稳定的，一般最长只能保持 10^{-9} s，激发的电子依环境情况可以有几种去处。以光合作用最重要的叶绿素来说，如果激发态叶绿素分子的电子跳回到比较低的轨道，那么它吸收的能量就必须释放出来。如果激发能是以热或光(荧光或磷光)的形式释放，叶绿素分子即回到原始的基态，所吸收的能量就被浪费掉了。所以离体的叶绿素溶液可以发出强烈的荧光。在活体内激发态的叶绿素可以把激发能传递给其他的叶绿素直到作用中心，并发生光化学反应。

根据光合色素在光合作用中功能的不同，可将其分为集光色素和作用中心色素二种。集光色素是指只吸收和传递光能，不进行光化学反应的光合色素。它像一个漏斗一样，收集光能，最终把光能传给作用中心色素。光合色素中叶绿素 a，叶绿素 b 和类胡萝卜素都可作为集光色素，光合色素中绝大部分是集光色素。集光色素亦称天线色素或聚光色素。作用中心色素是指吸收光或由集光色素传递而来的激发能后，发生光化学反应引起电荷分离的光合色素，在高等植物中作用中心色素是吸收特定波长光子的叶绿素 a，它在光合色素中只占很少一部分。集光色素和作用中心的关系如图 7.7。

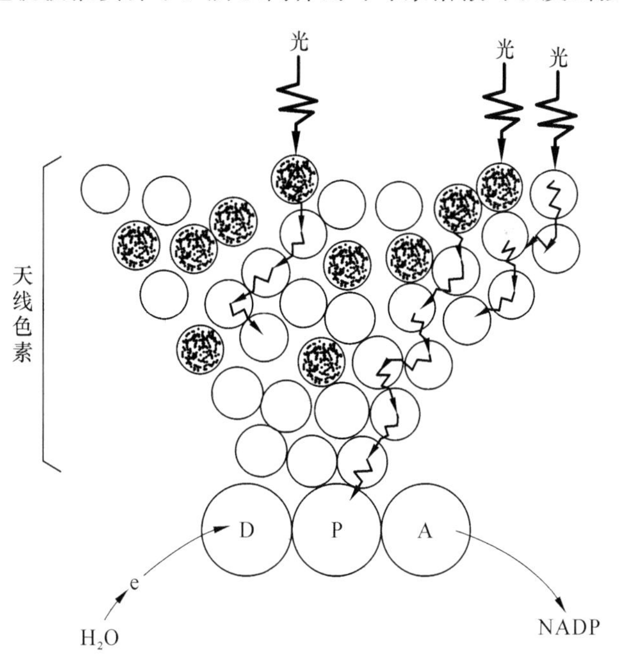

图 7.7 光合作用原初反应的能量吸收、传递和转换关系示意图

D. 原初电子供体；P. 作用中心色素分子；A. 原初电子受体；空心圆代表集光叶绿素分子，有黑点圆代表类胡萝卜素等辅助色素

2. 光化学反应

能量传到反应中心的色素 P680(光系统Ⅱ)和 P700(光系统Ⅰ)才起光化学反应，引起电荷分离，把电子交给一个受体，再从一个供体取回电子，也就是发生一个还原和氧化的反应。光系统Ⅱ的最终电子供体是水，光系统Ⅰ的最终电子受体是辅酶Ⅱ(NADP)，辅酶Ⅱ得到电子并还原成为还原态辅酶Ⅱ($NADPH^+$)。这样光能就转变成了电子的能量，贮存在电子受体中(图 7.8)。

3. 电子传递系统

在两个光反应之间(图 7.8)，有一系列的电子传递体，如质体醌(PQ)、细胞色素(Cyt)和质体蓝素(Pc)形成电子传递链。有的电子传递体在接收和送出电子的同时，还接收和释放氢离子(质子 H^+)，所以也是质子传递体如质体醌($PQ+H^++e \cdots\cdots PQH$)

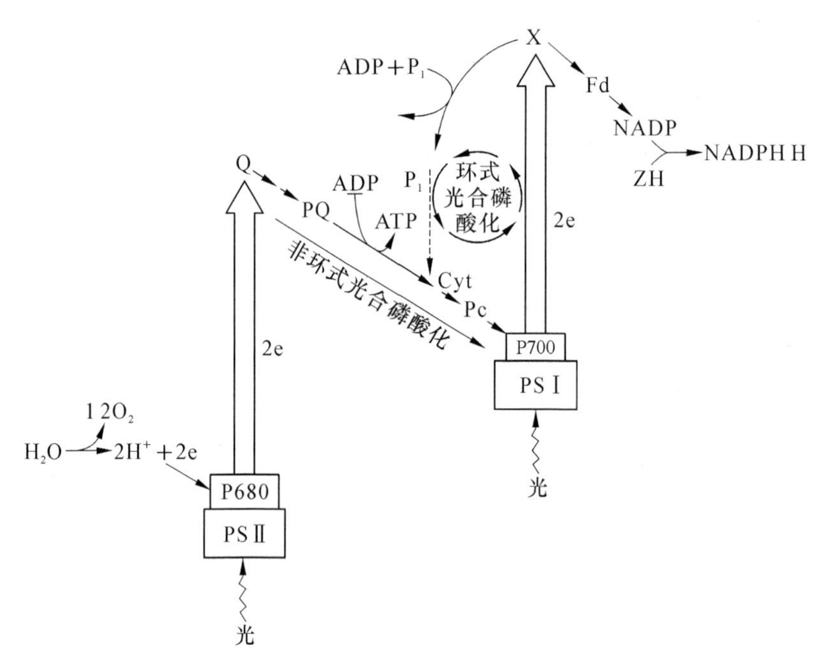

图 7.8　光合作用中的两个光化学反应和电子传递

Q 为光系统Ⅱ的电子受体；PQ 为质体醌；Cyt 为细胞色素；Pc 为质体蓝素；
X 为光系统Ⅰ的电子受体；Fd 为铁氧还蛋白

4. 光合磷酸化作用

光合磷酸化是无机磷酸与腺二磷合成腺三磷的过程，是与电子传递偶联起来的。光合磷酸化过程有两种，一种是非环式的，同时形成还原物和氧气；一种是环式的，它只形成腺三磷，不形成还原物和氧气。

在光化学反应和光合磷酸化作用中，形成的还原态辅酶Ⅱ(NADPH)和腺三磷(ATP)均是高能物质，氧化时会放出能量，两者将用于二氧化碳同化，所以统称为“同化力”。

7.3.3　光合碳同化

光合碳同化是植物利用光能产生的同化力，把 CO_2 还原成为碳水化合物的过程。根据碳同化过程中的最初产物所含碳原子的数目以及碳代谢的特点，将碳同化途径分为三类：C_3 途径、C_4 途径和 CAM(景天科酸代谢)途径。其中 C_3 途径是最基本和最普遍的，因为只有 C_3 途径具备合成蔗糖、淀粉以及脂肪和蛋白质等光合产物的能力；另外两条途径只起固定、运转或暂存二氧化碳的功能，不能单独形成碳水化合物。这里主要介绍 C_3 和 C_4 途径。

1. C_3 途径(光合碳循环或卡尔文循环)

这条途径是卡尔文等于 20 世纪 50 年代初提出的，故称为卡尔文循环(图 7.9)。由于这条途径中 CO_2 固定后形成的磷酸甘油酸(PGA)为三碳化合物，故又称 C_3 途径。

从 C_3 途径图中可以看出，空气中的 CO_2 在酶的催化下，与受体二磷酸核酮糖(RuBP)作用，生成两个磷酸甘油酸，然后还原为两个磷酸甘油醛，它们经过一系列转酮、转醛、磷酸化等反应，固定一个碳，又重新产生一个二磷酸核酮糖，再去结合 CO_2，这样需要 6 次循环，才能形成 1 个六碳糖，再聚合成蔗糖、淀粉。

只具有 C_3 循环的植物，称为 C_3 植物，如小麦、棉花、大豆和大多数树木等。

2. C_4 途径（C_4 二羧酸途径）

20 世纪 60 年代中期由哈奇·斯拉克等人发现一些起源于热带的植物如玉米、高粱、甘蔗等，它们固定 CO_2 的初产物不是磷酸甘油酸，而是草酰乙酸等四个碳的二羧酸，因此把这一固定 CO_2 的途径，叫 C_4 途径（图 7.10），而把通过 C_4 途径固定 CO_2 的植物，叫 C_4 植物。

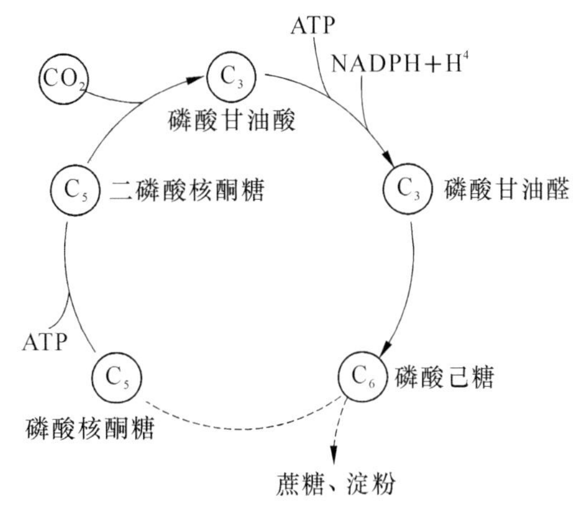

图 7.9　C_3 途径（卡尔文循环）

从图 7.10 中可以看出，空气中的 CO_2 在酶的催化下与受体磷酸烯醇式丙酮酸（PEP）作用生成草酰乙酸，草酰乙酸在脱氢酶催化下还原为苹果酸（也可在天门冬氨酸转氨酶催化下形成天门冬氨酸），苹果酸经脱羧释放 CO_2 进入卡尔文循环；脱羧后形成的丙酮酸转回到叶肉细胞，再转化为 CO_2 受体 PEP。

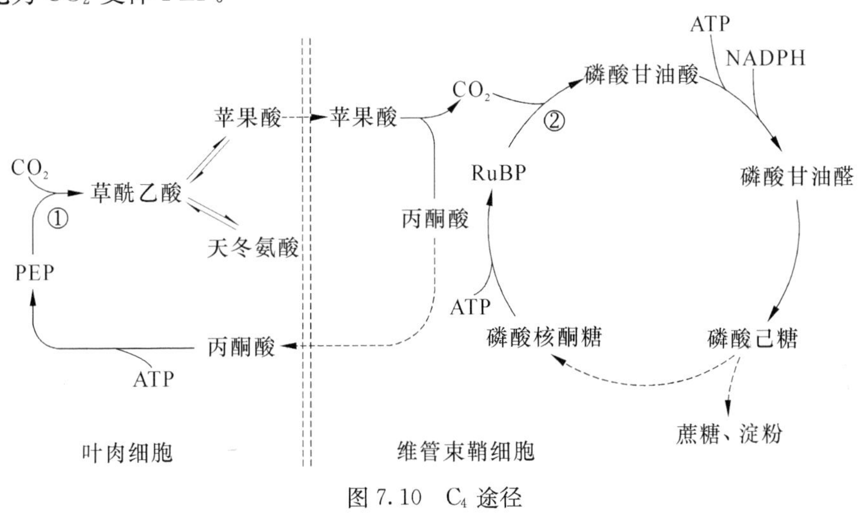

图 7.10　C_4 途径

C_4 植物同化 CO_2 的方式实际上是在 C_3 途径的基础上，多一个固定 CO_2 途径。叶肉细胞中的 C_4 途径起到了浓缩 CO_2（有人称它为 CO_2 泵）的作用，它为维管束鞘中进行的 C_3 途径提供较高浓度的 CO_2，从而使 C_4 植物同化 CO_2 的能力比 C_3 植物强，光合效率也比较高。

7.4　光呼吸

7.4.1　光呼吸的概念及意义

光呼吸是 20 世纪 50 年代发现的，它是指高等植物的绿色细胞在光下吸收氧气放出二氧化碳的过程。它与光合作用密切相关，是一种特殊的呼吸作用。

关于光呼吸的生理功能，目前尚未取得一致意见，鉴于光呼吸使 C_3 植物损失已固定碳素的25%～30%(有时甚至高达50%)，一度曾使人们认为光呼吸是一种浪费，对植物是有害无益的。但是，许多资料表明，光呼吸在高等植物中普遍存在，是不可避免的过程。从进化的观点出发，光呼吸可能是对内部环境(消除过多的乙醇酸和氧)的代谢调整，也可能是对外部条件(高光强)的主动适应。因此，对植物本身来说，光呼吸是一种自身防护体系。

1. 回收碳素

通过光呼吸可回收乙醇酸中3/4的碳(2个乙醇酸转化1个PGA，释放1个二氧化碳)。

2. 维持 C_3 途径的运转

在叶片气孔关闭或外界二氧化碳浓度低时，光呼吸释放的二氧化碳能被 C_3 途径再利用，以维持光合碳还原循环的运转。

3. 防止强光对光合机构的破坏作用

在强光下，光反应中形成的同化力会超过二氧化碳同化的需要，从而使叶绿体中 $NADPH/NADP^+$、ATP/ADP的比值增高。同时由光激发的高能电子会对光合膜、光合器官有伤害作用，而光呼吸则可消耗同化力与高能电子，降低氧的形成，从而保护叶绿体，免除或减少强光对光合机构的破坏。

4. 消除乙醇酸

乙醇酸对细胞有毒害，光呼吸则能消除乙醇酸，使细胞免遭毒害。

7.4.2 光呼吸过程——乙醇酸代谢

光呼吸的呼吸基质(呼吸时所氧化分解的物质叫呼吸基质)是乙醇酸，它是在叶绿体中由二磷酸核酮糖(RuBP)转化而来的。RuBP为什么能转化成乙醇酸呢？近年来发现，原来RuBP羧化酶具有双重活性，它既能催化RuBP的羧化(即加 CO_2)，又能催化RuBP的加氧。这种酶现称为RuBP羧化酶-加氧酶。当它催化RuBP加 CO_2 时，产生两分子磷酸甘油酸；当它催化RuBP加 O_2 时，产生一分子磷酸甘油酸和一分子磷酸乙醇酸，磷酸乙醇酸加水脱去磷酸便生成乙醇酸(见下式)。

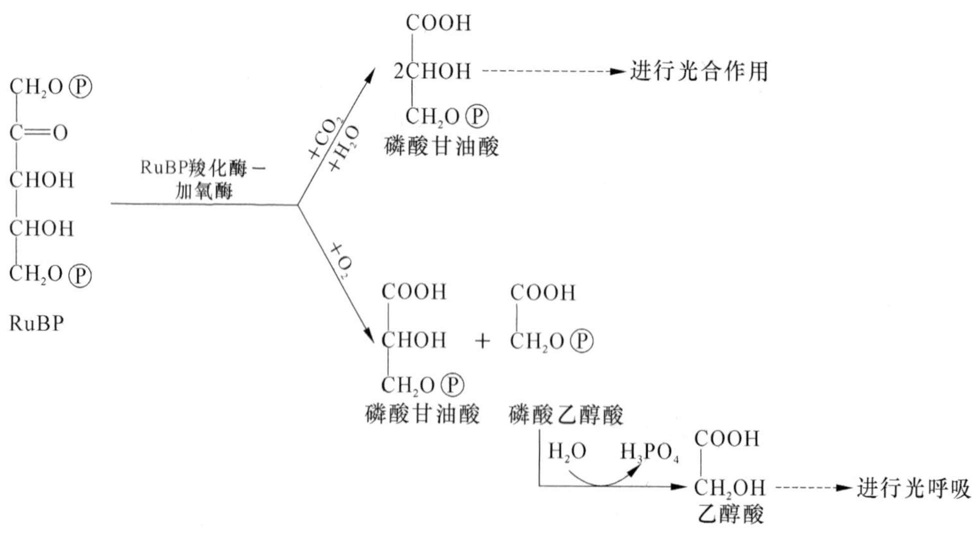

从反应式中可以看出：光呼吸在消耗RuBP，它必然影响光合产物的积累。有人计算，光呼吸

能把光合固定的CO_2约1/3以上释放掉；要减少光呼吸的消耗，关键决定于空气中CO_2和O_2的相对浓度，高浓度的CO_2及低浓度的O_2有利于羧化反应，促使光合作用加速，抑制光呼吸。而低浓度的CO_2及高浓度的O_2有利于加氧反应，从而抑制了光合作用，促进了光呼吸。

乙醇酸在叶绿体内形成后，就转移到过氧化物酶体中(图7.11)。在乙醇酸氧化酶作用下，乙醇酸被氧化为乙醛酸和过氧化氢。这一反应以及形成乙醇酸时的加氧反应，就是光呼吸中吸收氧气的反应。乙醛酸在转氨酶作用下，从谷氨酸得到氨基而形成甘氨酸。甘氨酸转移到线粒体内，由两分子甘氨酸转变为丝氨酸并释放二氧化碳。这就是光呼吸中放出二氧化碳的过程。

丝氨酸又在过氧化物酶体和叶绿体中得到NADH和ATP的供应，最后转变为3-磷酸甘油酸，重新参与卡尔文循环，进一步由二磷酸核酮糖又形成乙醇酸。乙醇酸代谢到此结束。

在整个光呼吸过程中，氧气的吸收发生于叶绿体和过氧化物酶体中，二氧化碳的释放发生在线粒体中。因此，乙醇酸代谢途径是在叶绿体、过氧化物酶体和线粒体三种细胞器的协同作用下完成的。

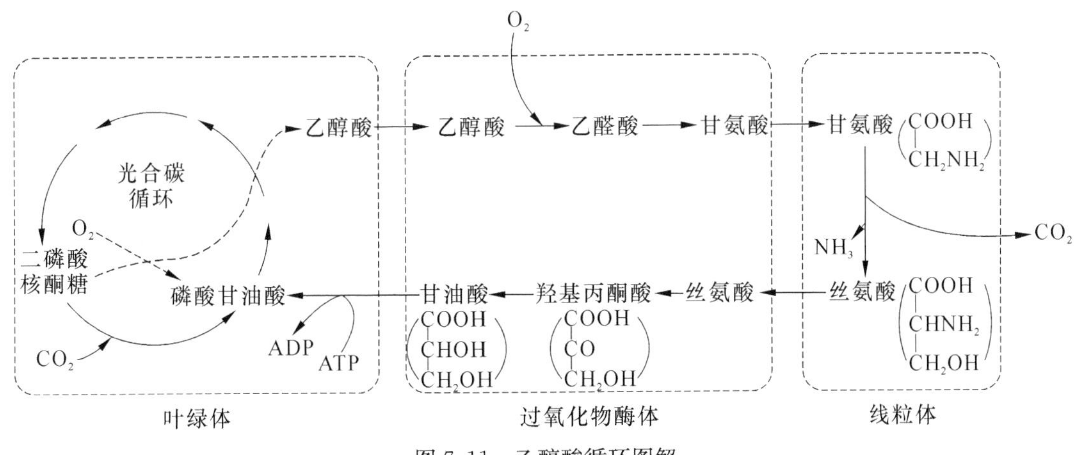

图7.11　乙醇酸循环图解

经过乙醇酸代谢，把2分子乙醇酸(C_2)变成1分子的PGA(C_3)。中间放出1分子二氧化碳，消耗了光合作用固定的碳素，同时消耗能量NADH和ATP。

7.4.3　低光呼吸植物(C_4植物)的光合特征

C_4植物具有光合效率高、光呼吸很低的特征。经过对大量植物测定结果，发现C_3植物的光呼吸比一般植物高3～5倍，因而称它为高光呼吸植物；而C_4植物的光呼吸仅为C_3植物的2%～5%左右，故相对地称它为低光呼吸植物。C_4植物的光呼吸很低，净光合强度高的原因是和它的叶片具有特殊结构密切相关的(图7.12)。

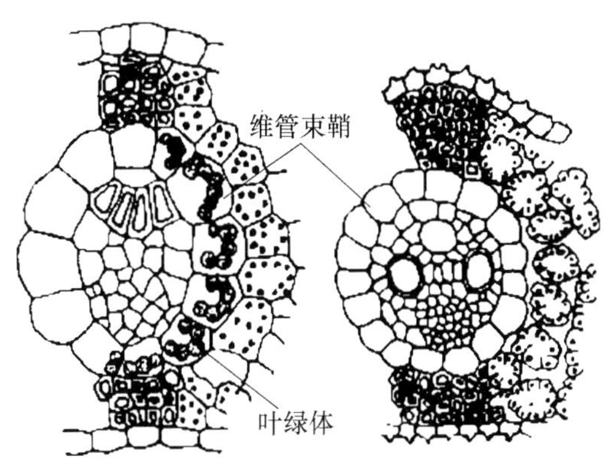

图7.12　C_4植物(玉米)和C_3植物(水稻)叶片解剖结构的差异

从图中可以看出，C_4植物叶子的维管束鞘发达并内含大型的叶绿体，维管束鞘外面有一圈排列紧密的叶肉细胞，它们之间有发达的胞

间连丝相通。C_4 植物的这种叶的结构特征，很容易说明为什么光呼吸很低而净光合强度高。第一，C_4 途径起 CO_2 泵的作用，使 C_3 途径可在 CO_2 浓度高于大气的微环境中进行，因而提高了合成有机物的速度。第二，由于维管束鞘细胞内 CO_2 浓度的提高，抑制了光呼吸基质乙醇酸的形成，因此降低了光呼吸，减少了消耗。第三，在维管束鞘细胞内伴随着 C_3 途径虽然也进行光呼吸，放出 CO_2，但由于叶肉细胞排列紧密，放出 CO_2 容易被叶肉细胞收集重新利用，因而 CO_2 由气孔放出很少或不放出。

应当指出，C_4 植物起源于热带，它的高光合效率是与高温、高光照强度的生态环境相适应的，如果在光照强度较弱和气候温和的条件下，其光合效率就有可能不如 C_3 植物。

7.5 影响光合作用的因素

7.5.1 光合速率

光合作用强弱一般用光合速率表示。早期的单位常用每小时每平方分米叶面积吸收的二氧化碳毫克数($mg \cdot dm^{-2} \cdot h^{-1}$)或放出氧的毫克数表示，现一般采用国际标准单位每平方米叶片每秒钟吸收的二氧化碳微摩尔数($\mu mol \cdot m^{-2} \cdot s^{-1}$)来表示。光合速率的测定可采用改良半叶法、红外线二氧化碳分析法和氧电极法。但这些方法测定的光合速率是净光合速率。因为在光合作用固定二氧化碳的同时，植物还在进行呼吸，因此净光合速率＝总(真)光合速率－呼吸速率。如要求总光合速率则必须测出呼吸速率，呼吸速率可在无光照下测出。

7.5.2 影响光合作用的内部因素

1. 叶绿素的含量

叶绿素是光合作用的必需条件。在一定范围内，叶绿素含量愈高，光合强度越大。但是当叶绿素含量超过一定限度之后，其含量对光合作用就没有影响了。这是因为叶绿素已经有余，与叶绿素密切相关的光化学反应，已不再是光合作用的限制因素。在研究叶绿素含量和光合作用的关系时，常用同化数来表示：

$$\text{同化数} = \frac{\text{每小时同化 } CO_2 \text{ 的克数}}{\text{叶子中含叶绿素的克数}}$$

一般深绿色的叶子同化数小，而浅绿色叶子的同化数大，差别可达十几倍。例如有的树种，深绿色叶子的同化数为 6.8，而浅绿色叶子的同化数为 78.9。植物叶中叶绿素含量有很大富余，可看作是一种适应特征，即使在阴天和早晚日光不强时，也可充分吸收日光。所以作物以叶绿素含量较多为健壮。

2. 叶片的年龄

叶子在幼嫩的时候，光合强度很低，随着叶子的成长，光合强度不断增强，当叶片衰老变黄时，光合强度则下降。根据这个原则，同一植株不同部位的叶片光合强度，因叶子发育状况不同而呈规律性的变化。

3. 不同生长发育期

一株作物不同生长发育期的光合强度，从苗期起，随植株的成长而逐渐增强，到现蕾开花期达到最高峰。开花后由于收获器官形成期间，同化物大量外运，从而也促进光合强度。到了生长发育后期，随着植株衰老，光合强度也逐渐下降。

4. 光合产物供求关系

二氧化碳同化速率还受到光合产物输出的调节。因此，当需求增加时（如开花结实、块根块茎膨大），叶片的光合速率提高。反之去除这些需要光合产物的器官时，光合速率立即会受到抑制。而去除部分叶片，剩余叶片的光合速率会由于需求的增加而上升。果穗叶的光合速率大于其他叶片也是由于其需求比其他非果穗叶大之故。这种光合产物的供求关系将在“源”、“库”关系中进一步讨论。此外根系活力，气孔状况等也会影响叶片的光合能力。

7.5.3 影响光合作用的主要外界因素

1. 光照

光是光合作用的能量来源，是叶绿体发育和叶绿素合成的必要条件。光的影响包括光质（光谱成分）及光照强度。自然界中太阳光的光质完全可以满足光合作用的需要。而光照强度则常常是限制光合速率的因素之一。在光照强度较低时，植物光合速率随光强的增加而相应增加，但光强进一步提高时，光合速率的增加幅度就逐渐减小，当光强超过一定值时，光合速率就不再增加，这种现象称为光饱和现象（图 7.13）。开始达到光饱和现象时的光照强度称为光饱和点。不同植物的光饱和点不同。例如，水稻和棉花的光饱和点在 4 万～5 万 lx（勒克斯），小麦、菜豆、烟草等的光饱和点比较低，约为 3 万 lx。但有些 C_4 植物的光饱和点可达 10 万 lx，而有些阴生植物或阴生叶在光照强度不到 1 万 lx 即达光饱和点。

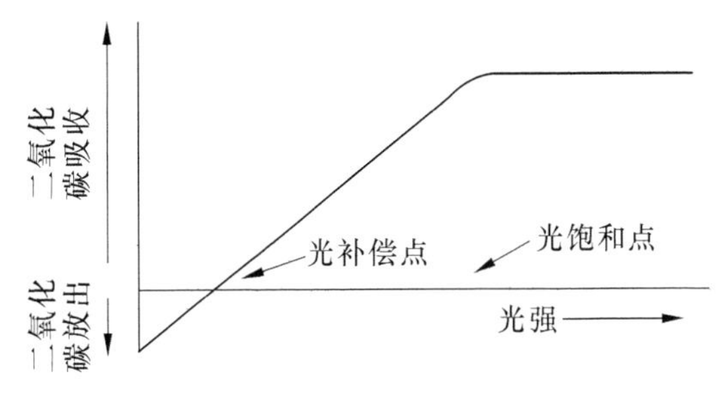

图 7.13　光照强度与光合速率的关系

光饱和现象产生的原因主要有两方面：第一方面，光合色素和光化学反应来不及利用过多的光能；第二方面，二氧化碳的固定及同化速度较慢，不能与光反应、电子传递及光合磷酸化的速度相协调。

植物达光饱和点以上时的光合速率表示植物同化二氧化碳的最大能力。在光饱和点以下，光合速率随光照强度的减少而降低，到某一光强时，光合作用中吸收的二氧化碳与呼吸作用中释放的二氧化碳达动态平衡，这时的光照强度称为光补偿点。在光补偿点时，光合生产和呼吸消耗相抵消，即光合作用中所形成的产物与呼吸作用中氧化分解的有机物在数量上恰好相等，无光合产物的积累；如果考虑到夜间的呼吸消耗，则光合产物还有亏空。所以，要使植物维持生长，光强度至少要高于光补偿点。不同植物或同种植物处在不同的生态条件下，光补偿点不同，并且随温度、水分和矿质营养等条件的不同而发生变化，其中温度的影响较显著，温度高时呼吸作用增强，光补偿点就被提高。光补偿点较低的植物在较

低的光强度下能够形成较多的光合产物;光饱和点较高的植物在较强的光照下能形成更多的光合产物。了解植物的光补偿点在生产实践上很有意义,如间作、套种时作物品种的搭配,林带树种的配置,间苗、修剪、冬季温室蔬菜合理栽培都与补偿点有关。又如在栽培作物时,由于密度过大或肥水过多,造成徒长,此时中下层叶片所接受的光照常在光补偿点以下,这些叶片非但不能制造养分,反而消耗养分,生产上应及时打去老叶,以改善透光通风条件,减少养分无谓消耗。

在低光强度下植物光合速率低的原因主要是由于光能供应不足,影响光化学反应及电子传递的进行。

此外,光不仅是光合作用中能量的来源,而且还具有调节气孔开放以及调节酶活性的作用。

2. 二氧化碳

二氧化碳是光合作用的原料之一。环境中二氧化碳浓度的高低明显影响光合速率。在一定范围内,植物的光合速率随二氧化碳浓度的增加而增加,但到达一定程度时再增加二氧化碳浓度,光合速率也不再增加,这时外界的二氧化碳浓度称为二氧化碳饱和点。二氧化碳浓度增高对植物的影响包括两个方面:一方面增加叶片内外二氧化碳浓度梯度,促进二氧化碳向叶内扩散;另一方面,二氧化碳浓度过高会引起气孔开度减小而使气孔阻力增大,阻止二氧化碳扩散到叶肉。因此,大气中二氧化碳浓度增至一定程度时即饱和。在二氧化碳饱和点以下,光合速率是随二氧化碳浓度的降低而降低,当二氧化碳浓度降低到一定值时,光合作用中吸收的二氧化碳与呼吸作用释放的二氧化碳达到动态平衡,这时环境中二氧化碳浓度即称为二氧化碳补偿点。C_4 植物的二氧化碳补偿点低于 C_3 植物,C_4 植物在低二氧化碳浓度下光合速率的增加比 C_3 植物快,二氧化碳的利用率高。

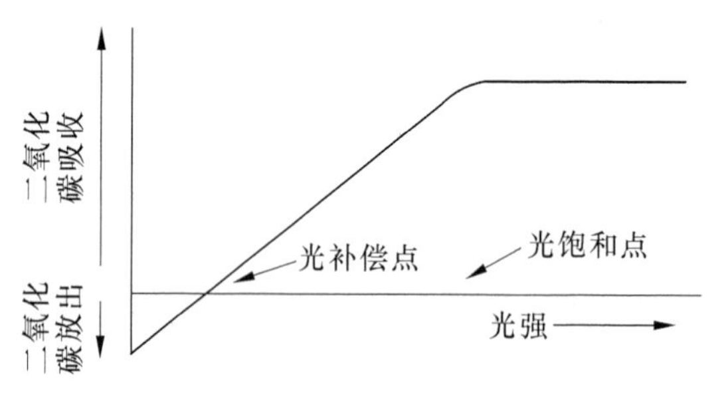

图 7.14　不同光强度下二氧化碳浓度对小麦光合强度的影响

二氧化碳浓度和光强度对植物光合速率的影响是相互联系的(图 7.14)。植物的二氧化碳饱和点是随着光强的增加而提高的;光饱和点也随着二氧化碳浓度的增加而提高。

3. 温度

温度对光合碳同化的影响甚大,当温度增高时,叶绿体内基质中的酶促反应速度会提高,但同时酶的变性或破坏速度也加快,所以光合碳同化与温度的关系也和任何酶促反应一样,有最高、最低和最适温度。图 7.15 为各种不同类型植物的净光合强度与温度的关系。热带植物在低于 5℃的温度下,即不能进行光合作用,而温带和寒带植物在 0℃以下,都能进行光合作用。光合作用的最适度也因植物而不同。C_3 植物一般在 10℃～35℃下可正常进行光合作用,最适温度为 25℃～30℃,到 35℃以上时光合作用就开始下降,在 40℃～50℃时光合作用几乎停止。C_4 植物则不同,它们光合作用的最适温度一般在 40℃左右。低温之所以影响光合作用,主要是因为酶促反应受到抑制。高温对光合作用的影响则是多方面的,它可使酶钝化,也可使叶绿体的结构破坏。

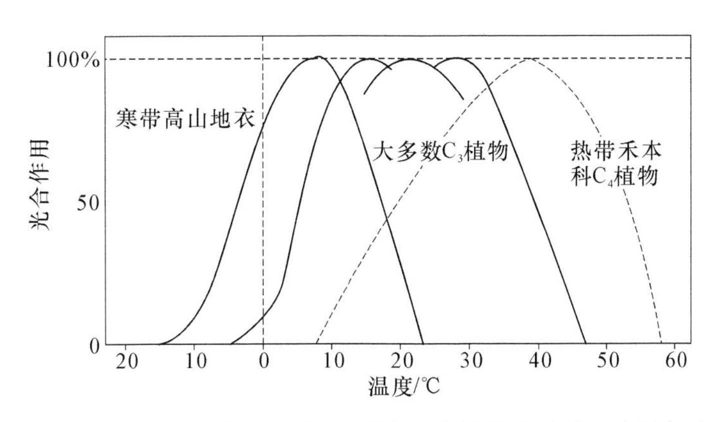

图 7.15　不同类型植物的净光合强度与温度的关系(在饱和光强度下)

4. 水分

水是光合作用的原料,但光合作用所利用的水比起植物所吸收的水来,只占极小的比例。所以,水分作为光合作用的原料是不会缺乏的,但当土壤干旱和大气湿度较低时,就直接影响叶片组织的含水量。叶片组织缺水时,对光合作用影响是多方面的,表现为:气孔关闭,CO_2不能进入叶子,叶子内淀粉的水解作用加强,光合产物运出又较缓慢,结果糖分累积,这些都会影响光合作用,使其减弱。小麦在土壤湿度为 1.0%时,下午就会萎蔫。在这种状态下,整株小麦的光合速率比水分充足时要低 35%～40%。叶片缺水过甚,会严重损害光合作用的进行。

5. 矿质元素

矿质元素直接或间接影响光合作用。氮、镁、铁、锰等是叶绿素生物合成所必需的矿质元素,钾、磷等参与碳水化合物代谢,缺乏时便影响糖类的转化和运输,这样也就间接影响了光合作用;同时,磷也参与光合作用中间产物的转化和能量传递,所以对光合作用影响很大。

6. 光合速率的日变化

一天中,外界的光强、温度、土壤和大气的水分状况、空气中的二氧化碳浓度以及植物体的水分与光合中间产物含量、气孔开度等都在不断地变化,这些变化会使光合速率发生日变化,其中光强日变化对光合速率日变化的影响最大。在温暖、水分供应充足的条件下,光合速率变化随光强日变化是单峰曲线,即日出后光合速率逐渐提高,中午前达到高峰,以后逐渐降低,日落后光合速率趋于负值(呼吸速率)。如果白天云量变化不定,则光合速率会随光强的变化而变化(图 7.16)。在相同光强时,通常下午的光合速率要低于上午的光合速率,这是由于经上午光合后,叶片中的光合产物有积累而发生反馈抑制的缘故。当光照强烈、气温过高时,光合速率日变化呈双峰曲线,大峰在上午,小峰在下午,中午前后,光合速率下降,呈现"午睡"现象。引起光合"午

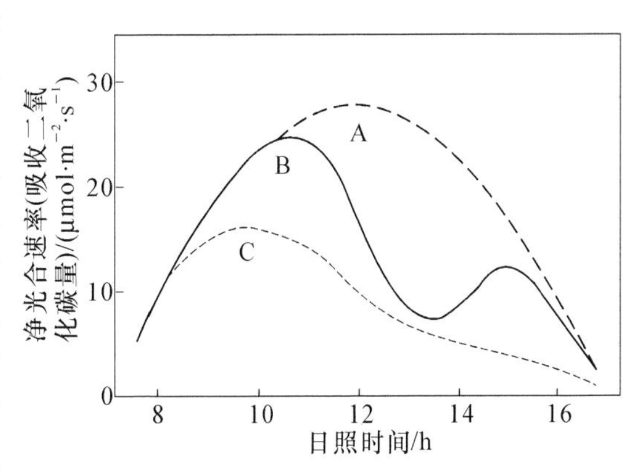

图 7.16　植物叶片净光合速率的日变化

A. 单峰的日进程曲线; B. 双峰的日进程,具有明显的光合"午睡"现象; C. 单峰的日进程,但是具有严重的光合"午睡"现象

睡”的主要因素是大气干旱和土壤干旱。在干热的中午，叶片蒸腾失水加剧，如此时土壤水分也亏缺，那么植株的失水大于吸水，就会引起萎蔫与气孔导度降低，使二氧化碳吸收减少。另外，中午及午后的强光、高温、低二氧化碳浓度等条件都会使光呼吸激增，光抑制产生，这些也都会使光合速率在中午或午后降低。

光合“午睡”是植物遇干旱时普遍发生的现象，也是植物对环境缺水的一种适应方式。但是“午睡”造成的损失可达光合生产的 30%，甚至更多，所以在生产上应适时灌溉，或选用抗旱品种，增强光合能力，以缓和“午睡”的影响。

7.6 光合作用与作物高产

7.6.1 作物产量的构成因素

人们栽种不同植物有其不同的经济目的。人们把直接作为收获物的这部分的产量称为经济产量。如禾谷类的籽粒、棉花的皮棉、叶菜的叶片、果树的果实等。而植物全部干物质的重量就是生物产量，经济产量占生物产量的比值称经济系数。它们的关系如下：

$$经济系数 = \frac{经济产量}{生物产量}$$

显然，经济系数是由光合产物分配到不同器官的比例决定的。农作物经过人类千百年的选育，其经济系数达到了相当高的水平，如有的水稻、小麦品种，经济系数达到甚至超过 0.5，植株的干物质有一半或更多些都集中在穗里。棉花按籽棉计算，可达 0.35～0.4，甜菜达 0.6，薯类在 0.7～0.85，叶菜类有的接近于 1。为了提高经济系数，减少倒伏，增加密度，农作物中越来越多地采用了矮秆、半矮秆品种；果树也采用了不少矮化砧、矮化中间砧，也便于果园管理。当然茎秆也不是越矮越好，茎秆过矮会恶化叶片的通风透光条件，干物质积累减少，结果经济系数虽能提高，但经济产量反而下降。

一般说来，经济系数是品种比较稳定的一个性状，因此品种的选择在农业生产上至关重要。但栽培条件与管理措施对经济系数也有很大影响。为使同化产物尽可能多地输入经济器官，就必须在经济产量形成的关键时期有良好的田间管理措施，如棉花、番茄、瓜果的整枝打顶，甘薯提蔓，马铃薯摘花等，使更多的同化产物顺利地运往经济器官贮存起来。相反，如果管理不善，植物生长衰弱或徒长，即使品种再好也会减产。

生物产量是作物一生中的全部光合产量扣去消耗的同化物（主要是呼吸消耗），而光合产量是由光合面积、光合强度、光合时间这三个因素组成的，也就是说：

$$生物产量 = 光合面积 \times 光合强度 \times 光合时间 - 光合产物消耗$$

$$或经济产量 = (光合面积 \times 光合强度 \times 光合时间 - 光合产物消耗) \times 经济系数$$

上式中的五个因素不是彼此孤立的，也不是固定不变的，因此一切农业措施都要兼顾到它们的相互关系，使之有利于经济产量的提高。通常把这五个因素合称为光合性能。一切农业措施，归根到底，主要是通过协调和改善这五个因素而起作用。

7.6.2 作物对光能的利用率

光能利用率是指照射到地面上的日光能，被光合作用转变为化学能而贮藏于有机物质中的百分数。

到达地面的太阳辐射能中，约有一半为红外线，另一半主要是可见光和少量的紫外线。只有可见光部分对光合作用有效，叶片又只能吸收照射到叶面的可见光大约85%，相当于全部辐射能的42.5%，而且大部分用于蒸腾作用或反射出去。根据计算，只有约0.5%～1%的辐射能用于光合作用，低产田对光能利用率只达0.1%～0.2%（森林植物也只有0.1%），即使亩产千斤以上的丰产田，光能利用率也只有3%左右。

植物的光能利用率最大可达多少？据报道，在世界上有些地区玉米可达4.6%；高粱可达4.5%；大豆可达4.4%；水稻可达3.2%。实际例子告诉我们农业上进一步提高光能利用率是可能的。当前作物对日光的利用率不高，分析其原因，主要有五方面。

1. 光合作用对光谱的选择性

由于光合作用对光谱的吸收有选择性，因而降低了叶片的光能利用率。植物光合作用只能利用波长为400～700 nm的可见光，约占太阳光总量的50%。而在被吸收的光中，又以400～500 nm和600～700 nm的光波对光合作用最有效，500～600 nm的光波效率低。

2. 漏光损失

作物生长初期植株较小，或由于单位面积上苗数不足，或肥水等条件较差，造成叶面积指数过小，漏光严重，使得大量投落到地面的光能未被利用。据调查，在一般稀植缺肥的稻麦田中，平均漏光率高达50%以上。

3. 反射和透射的损失

这与群体密度、作物株型，叶片厚薄和叶片着生角度等有关。例如水稻，若大田密植合理，作物株型较紧凑，叶片较直立，其反射光的损失则较小。至于透射光的损失，更与叶片厚薄有关，杂交水稻的叶片比一般品种厚且叶色较深，故透光损失较少。

4. 光饱和现象的限制

群体上层叶片虽处于良好的光照条件下，但这些叶片不能利用超过光饱和点的光能来提高光合速率，稻、麦等C_3作物的光饱和点约为全日照（100 000 lx）的1/3～1/2，由于光饱和现象而影响群体光能利用率是明显的。

5. 其他因素

如温度过高或过低，水分不足，某些矿质元素缺乏，二氧化碳供应不足及病虫为害等外因，都会影响光合速率。此外，某些作物或品种叶绿体的光能转化效率和羧化效率均低，对光合产物的运转、分配和贮藏能力较差等，也会降低群体光能利用率。

7.6.3 作物群体对光能的利用

大田作物是由许许多多个体组成的，但它并不是个体的简单总和，而是具有许多特点的。因此，必须把大田作物作为一个整体来看待，称为作物群体。作物群体比个体能够更充分地利用光能，因为在群体的结构中，叶片彼此交错排列，多层分布，上层叶片漏过的光，下层叶可以利用，各层叶片的透射光和反射光，可以反复吸收利用，光照越强，透射光和反射光也越强，就可使中下层叶子得到更多的光照。所以群体对光能的利用率较高，例如水稻群体光饱和点可达 $7\times10^4\sim9\times10^4$ Lx。

但群体对光能的利用，与群体的结构特别是叶面积的大小有关。如果作物过度密植，叶片过于郁闭，就会使群体下部光照不足，光合作用下降，而呼吸消耗仍在进行，致使整个群体积累减少。所以，只有在合理密植的情况下，才能使群体利用光能的优越性充分发挥出来。

7.6.4 提高作物光能利用率途径

1. 合理密植

栽种植物不要太稀、太密。太稀，个体发育较好，但漏光严重，群体产量低。太密，下层叶子受到光照少，在光补偿点以下，无光合产物积累，产量也低。苗期由于个体小，对于可食用蔬菜和有其他用途的林木，可植得密一些，采取逐步间苗和部分移栽，提高光能利用率。许多果树的矮化密集栽培、提早结果等都有利于提高光能利用率。

2. 延长光合时间

延长光合时间主要是指延长全年利用光能的时间。不同地区，由于一年中气候不一，有的季节没有作物生长，有的存在作物换季空隙，人造林地也有砍伐和重植空隙，正确利用这一空隙，有利提高光能利用率。生产上延长光合时间的措施有：

（1）提高复种指数　复种指数是指一年中收获作物的面积与土地总利用面积之比。如果一年一熟，复种指数就是 1。一年三熟，复种指数为 3。因此从提高光能利用率的角度，尽可能种几熟作物。大棚栽培有效地提高了南方（冬季）和北方地区的植物收获面积，是一项提高光能利用率行之有效的措施。

（2）合理的间套作　利用不同作物光饱和点的差异，在同一季节里、同一土地上种植高矮不同的植物，如高光饱和点的玉米田里套种低光饱和点的大豆。透过玉米冠层的光可防止高光强对大豆光合器官的危害，又可达大豆光饱和点，不影响大豆光合作用。而大豆的固氮，还可增加玉米的氮素营养，提高它们的光能利用率。在一季作物成熟前，播种下一季作物称套种。套种的结果是后季作物幼苗在前季作物中度过，大大减少了由播种出苗造成的光能浪费。麦套玉米，晚稻套麦，大菜套小菜等措施还可提高复种指数。

（3）延长光合时间　在不影响后作的情况下，适当延长生长发育期，可减少空地造成的光能损失。

3. 高光效育种

由于光合速率存在着种和品种的差异，因此人们试图通过育种手段培育高光效品种。高光效品种的特点是单叶和群体的光合速率均高，对强光和阴雨天气适应性好，光呼吸低。近年来国内外都试图通过分子生物学和遗传工程的手段改良 Rubisco，使其提高羧化速率，减少加氧活性，也有人试图把 C_4 途径的有关酶类引入 C_3 植物，但均未成功。

思考题

1. 什么叫光合作用？它实质上是一种什么过程？光合作用有何意义？
2. 叶片为什么都是绿色？叶绿体色素对光谱选择吸收具有什么特点？
3. 为什么叶绿素吸收红光和蓝紫光？
4. 说明光合作用过程：

(1) 光是如何被吸收与传递的？

(2) 光化学反应在哪里进行？

(3) 什么是电子传递学说？传递的结果是什么？

(4) 日光能怎样转变成电能？电能又怎样转变成化学能？

(5) C_3 植物和 C_3 过程是什么？

(6) 什么是 C_4 植物？

(7) 从叶解剖构造特点和生活特征上比较 C_4 和 C_3 植物。

5. 为什么 C_3 途径是植物光合作用的最基本途径？

6. 如何解释 C_4 植物比 C_3 植物的光呼吸低？

7. 试从原料、产物、需要条件、能量转换、电子传递途径等方面，列表比较光合作用与呼吸作用的差异。

8. 试述光、温、水、气与氮素对光合作用的影响。

9. 产生光合作用“午睡”现象的可能原因有哪些？如何缓和“午睡”程度？

10. 作物高产为什么要注意合理密植？

11. 作物产量构成因素有哪些？写出它们的关系式。

12. 什么叫光能利用率？

13. 解释下列名词或写出符号的中文名称：

(1) 激发态叶绿素

(2) 环式光合磷酸化与非环式光合磷酸化

(3) 同化力

(4) 光饱和点与光补偿点

(5) CO_2 补偿点与 CO_2 饱和点

(6) ADP 和 ATP

(7) $NADP^+$ 与 NADPH

14. 说明下列措施的生理依据

(1) 通风透光

(2) 阴天温室应适当降温

(3) 树木修剪

(4) 间作、套作、混作

8 植物的呼吸作用

植物经光合作用积存的有机物质和能量，多数须经过呼吸作用的降解转化才能为其所利用。所以，呼吸作用是一切生物所共有的生理功能，它遍及植物每个生活细胞，与植物的生理过程有着极其密切的联系。掌握呼吸作用的有关知识，对于控制植物生长发育、抗病免疫、农产品贮藏保鲜、改善农产品的质量等方面有广泛而实际的意义。

8.1 呼吸作用的概念、类型及生理意义

8.1.1 呼吸作用的概念

所谓呼吸作用，是指生活细胞里的有机物质在一系列酶的催化下，逐步氧化降解，同时放出能量的过程。呼吸作用不断将体内的有机物降解，释放能量供植物各种生理活动的需要；其中间产物在植物体内各主要物质之间的转化过程中起着枢纽作用。呼吸作用过程中被氧化降解的物质称为呼吸基质。植物体内的许多有机物质，如糖、蛋白质、脂肪等都可以作为呼吸基质，但最主要最直接的呼吸基质是葡萄糖。

8.1.2 呼吸作用的类型

植物的呼吸作用可以分为有氧呼吸和无氧呼吸两种类型。

1. 有氧呼吸

有氧呼吸是指生活细胞在氧气的参与下，将有机物彻底氧化降解为二氧化碳和水、并放出大量能量的过程。一般所说的呼吸作用，就是指的有氧呼吸。其反应式如下：

$$C_6H_{12}O_6 + 6O_2 \cdot 6CO_2 + 6HO \quad \Delta G^{o'} = -2\,870\ \mathrm{kJ \cdot mol^{-1}}$$

$\Delta G^{o'}$是指 pH 为 7 时标准自由能的变化。

有氧呼吸的突出特点是有氧气参加，基质降解彻底，放出能量多，中间产物多，最终产物为水和二氧化碳。

2. 无氧呼吸

无氧呼吸指在无氧条件下，生活细胞把某些有机物降解为不彻底的氧化产物，同时放出能量的过程。无氧呼吸一般也叫发酵，并根据产生的产物相应地称为酒精发酵、乳酸发酵等。高等植物无氧呼吸的主要途径是酒精发酵。反应式如下：

$$C_6H_{12}O_6 \cdot 2C_2H_5OH + 2CO_2 \qquad \Delta G^{o'} = -226\ kJ \cdot mol^{-1}$$

高等植物也可发生乳酸发酵，如马铃薯块茎、甜菜块根、玉米胚和青贮饲料在进行无氧呼吸时可产生乳酸，称乳酸发酵。其反应式如下：

$$C_6H_{12}O_6 \cdot 2CH_3CHOHCOOH \qquad \Delta G^{o'} = -197\ kJ \cdot mol^{-1}$$

呼吸作用的进化与地球上大气成分的变化有密切关系。地球上本来是没有游离的氧气的，生物只能进行无氧呼吸。由于光合生物的问世，大气中氧含量提高了，生物体的有氧呼吸才相伴而生。现今高等植物的呼吸类型主要是有氧呼吸，但仍保留着能进行无氧呼吸的能力。如种子吸水萌动，胚根、胚芽等在未突破种皮之前，主要进行无氧呼吸；成苗之后遇到淹水时，可进行短时期的无氧呼吸，以适应缺氧条件。

8.1.3 呼吸作用在植物生活中的意义

植物的任何一个生活细胞，任何一个生活时期，都在进行呼吸，一旦呼吸停止，生命也就停止。所以呼吸作用是与生命存在联系在一起的，呼吸作用具有重要的意义。

1. 提供生命活动所需能量

植物的吸收、合成、运输、生长、发育、繁殖等各种生理活动都需要能量。呼吸作用降解有机物中释放出能量的过程是缓慢进行的，这更适合植物对能量的需要。

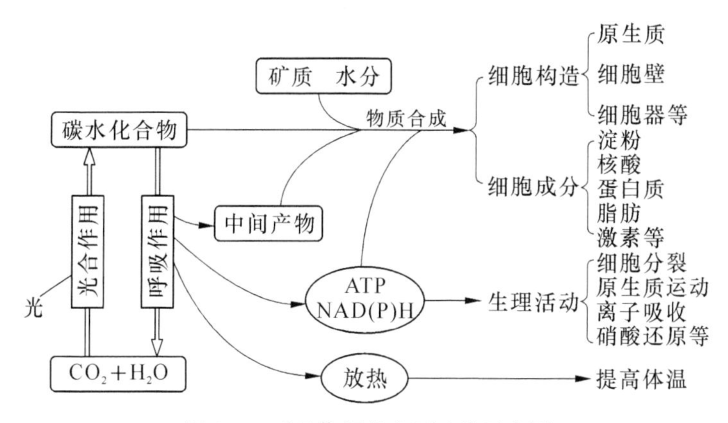

图 8.1 呼吸作用的主要功能示意图

2. 为合成作用提供原料

呼吸过程中能产生许多种类的中间产物，它们是合成体内重要物质如蛋白质、核酸、脂肪、激素等的原料。同时，由此也把蛋白质、糖、脂类、核酸等重要有机物的代谢互相联系起来，构成了一个物质代谢网。呼吸作用成为这个代谢网的中心枢纽。

8.2 呼吸作用的场所与一般过程

8.2.1 呼吸作用的场所

植物的呼吸作用是在细胞质和线粒体中进行的。由于与能量转换关系更为密切的一些步

骤是在线粒体中进行的，因此，常常把线粒体看成是细胞的能量供应中心和呼吸作用的主要场所。线粒体普遍存在于植物的生活细胞里。

1. 线粒体的形态

线粒体一般呈线状、粒状、杆状。长约 1～5 μm，直径约 0.5～1.0 μm。线粒体的形状和大小受环境条件的影响，pH 值、渗透压的不同均可使其发生改变。一般细胞内线粒体的数量为几十至几千个。如玉米根冠细胞的线粒体有 100～3 000 个。细胞生命活动旺盛时线粒体的数量多，衰老、休眠或病态的细胞线粒体的数量少。线粒体的寿命约为一周，可通过分裂、出芽等方式增加数量。

2. 线粒体的结构

在电子显微镜下可见线粒体是由双层膜围成的囊状结构(图 8.2)。它由外膜、内膜和基质三部分组成。

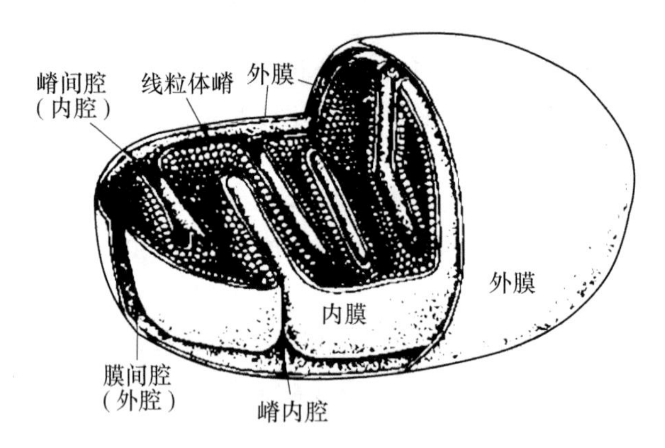

图 8.2　线粒体超微结构图

(1) 外膜　外膜表面光滑，上有小孔，通透性强，有利于线粒体内外物质的交换。

(2) 内膜和嵴　线粒体的内膜向内延伸摺叠形成片状或管状的嵴(图 8.3)。内外两'嵴膜'层膜之间的空腔称为膜间腔，嵴内的空腔称为嵴内腔。内膜的透性差，对物质的透过具有高度的选择性，可使酶存留于膜内，保证代谢正常进行。嵴的出现增加了内膜的表面积，有效地增大了酶分子附着的表面。内膜的内表面上附着许多排列规则的基粒，它可分为头部、柄部和基片三部分。它是偶联磷酸化的关键装置。

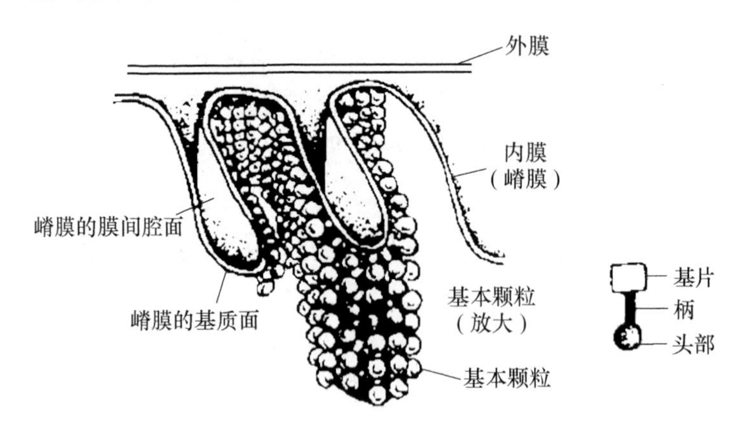

图 8.3　线粒体的嵴和基粒

(3) 基质　线粒体嵴间的空间称为嵴间腔，其内充满了基质。基质内含有脂类、蛋白质、核糖体、DNA 纤丝及三羧酸循环所需的酶系统。

3. 线粒体的功能

线粒体是植物的各种生命活动需要的能量的主要来源。催化这些供能生化过程所需要的各种酶多分布在线粒体中。细胞内的有机物质在线粒体中释放的能量，约 40%～50%储存在 ATP 分子中，随时供生命活动的需要；另一部分以热能的形式散失。

由上可知，线粒体是植物体的供能中心。

8.2.2　呼吸作用的一般过程

我国著名植物生理学家汤佩松教授于 60 年代曾提出过"高等植物呼吸代谢的多条路线"观点，认为高等植物可通过多条途径进行有氧呼吸。通常情况下，植物的呼吸作用在有氧条件下主要经糖酵解—三羧酸循环途径，它可分为糖酵解、三羧酸循环、电子传递和氧化磷酸化等阶段。此外，还有戊糖磷酸途径，脂肪酸氧化分解的乙醛酸循环及乙醇酸氧化途径。缺氧条件下进行酒精发酵和乳酸发酵。

1. 糖酵解

糖酵解指己糖降解成丙酮酸的过程，亦称 EMP 途径，以纪念对这方面工作贡献较大的三位生化学家：Embden、Meyerhof 和 Parnas。参与反应的酶都存在于细胞质中，所以糖酵解是在细胞质中进行的。

(1) 糖酵解的化学历程　糖酵解的底物己糖来自于淀粉、蔗糖或果聚糖。淀粉经磷酸化酶或淀粉酶降解成葡糖-1-磷酸或 D-葡萄糖；蔗糖在转化酶作用下可形成 D-葡萄糖和 D-果糖；果聚糖也可在 β-呋喃果糖酶作用下水解成 D-果糖。糖酵解的化学过程包括己糖经磷酸化作用活化形成 1,6-二磷酸果糖、六碳糖裂解成两分子三碳糖及三碳糖脱氢氧化成丙酮酸三个阶段共 11 个连续的酶促反应。整个过程如图 8.4。以葡萄糖为例，糖酵解总的反应可以概括成：

$$C_6H_{12}O_6 + 2NAD^+ + 2ADP + 2Pi \cdot 2\text{丙酮酸} + 2NADH + 2H^+ + 2ATP + 2H_2O$$

(2) 糖酵解的生理意义有以下几种：

① 糖酵解普遍存在。糖酵解普遍存在于生物体中，是有氧呼吸和无氧呼吸的共同途径。

② 糖酵解产物活跃。糖酵解的产物丙酮酸的化学性质十分活跃，可以通过各种代谢途径，生成不同的物质(图 8.5)。

③ 糖酵解是生物体获得能量的主要途径。通过糖酵解，生物体可获得生命活动所需的部分能量。对于厌氧生物来说，糖酵解是糖分解和获取能量的主要方式。

④ 糖酵解多数反应可逆转。糖酵解途径中，除了由己糖激酶、磷酸果糖激酶、丙酮酸激酶等所催化的反应以外，多数反应均可逆转，这就为糖异生作用提供了基本途径。

2. 三羧酸循环

三羧酸循环又称为克雷布斯循环(Krebs cycle)，是在细胞的线粒体中进行的，线粒体内膜所包围的物质中具有 TCA 循环中各反应的全部酶类。

(1) 三羧酸循环的化学历程　细胞质中形成的丙酮酸在透过线粒体膜进入线粒体后，首先在丙酮酸脱氢酶系(不同酶组成)的催化下形成乙酰辅酶 A(乙酰 CoA)再进入循环过程，与

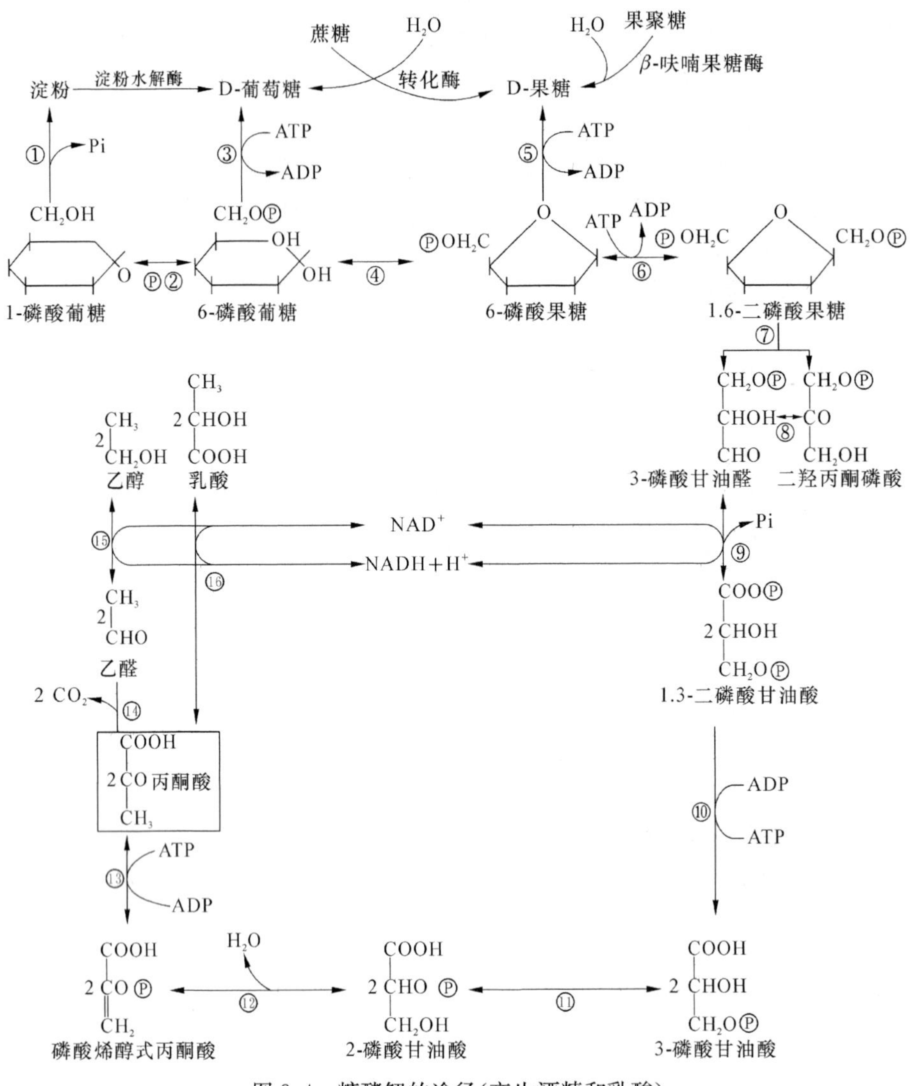

图 8.4　糖酵解的途径(产生酒精和乳酸)

参加各种反应的酶:①淀粉磷酸化酶;②磷酸葡萄糖变位酶;③己糖激酶;④磷酸葡萄糖异构酶;⑤果糖激酶;⑥磷酸果糖激酶;⑦醛缩酶;⑧磷酸丙糖异构酶;⑨磷酸甘油醛脱氢酶;⑩磷酸甘油酸激酶;⑪磷酸甘油酸变位酶;⑫烯醇化酶;⑬丙酮酸激酶;⑭丙酮酸脱羧酶;⑮乙醇脱氢酶;⑯乳酸脱氢酶

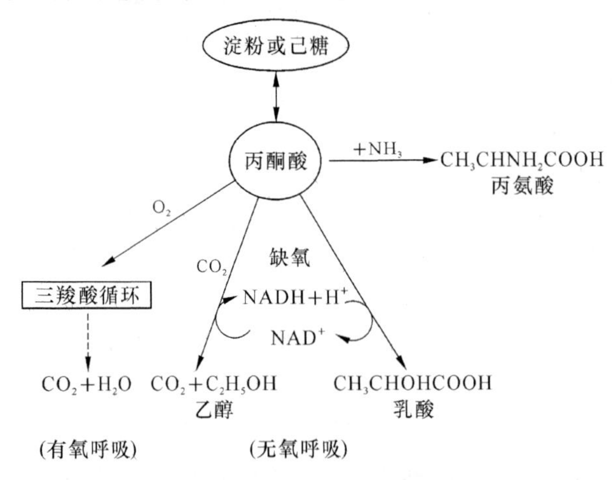

图 8.5　丙酮酸在呼吸代谢和物质转化中的作用

草酰乙酸缩合成柠檬酸，然后经过一系列反应至草酰乙酸的再生完成一次循环，每一循环将彻底分解1分子丙酮酸。整个化学历程如图8.6所示。由于糖酵解中1分子葡萄糖产生2分子丙酮酸，所以三羧酸循环可归纳为下列反应式：

$$2\text{丙酮酸} + 8NAD^{+} + 2FAD + 2ADP + 2Pi + 4H_2O \longrightarrow 6CO_2 + 2ATP + 8NADH + 8H^{+} + 2FADH_2$$

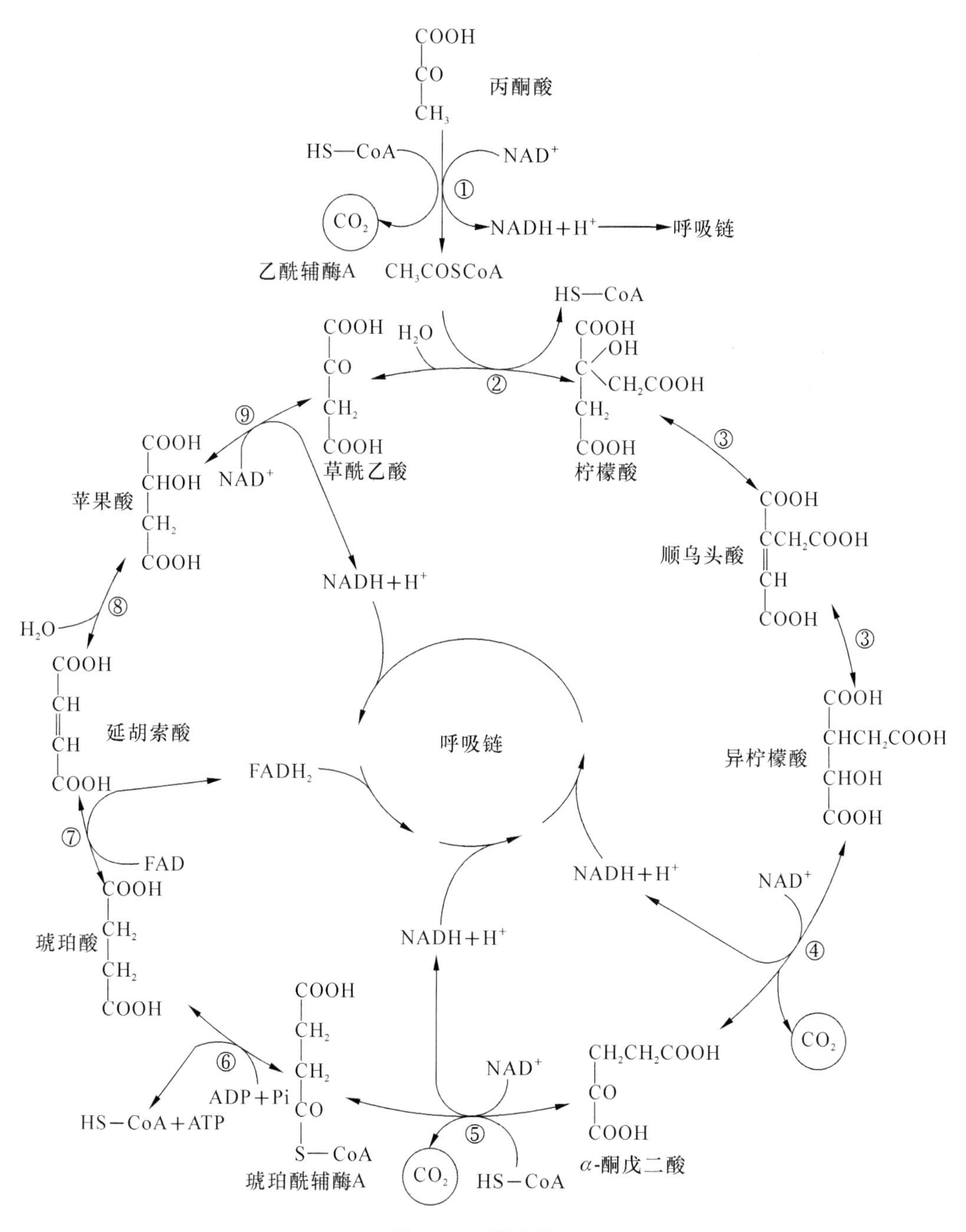

图8.6　三羧酸循环

参加各反应的酶：①丙酮酸脱氢酶复合体；②柠檬酸合成酶或称缩合酶；③顺乌头酸酶；④异柠檬酸脱氢酶；⑤α-酮戊二酸脱氢酶复合体；⑥琥珀酸硫激酶；⑦琥珀酸脱氢酶；⑧延胡索酸酶；⑨苹果酸脱氢酶

(2) 三羧酸循环的特点和生理意义。

① TCA 循环是生物体利用糖或其他物质氧化获得能量的有效途径。在 TCA 循环中底物(含丙酮酸)脱下 5 对氢原子,其中 4 对氢在丙酮酸、异柠檬酸、α-酮戊二酸氧化脱羧和苹果酸氧化时用以还原 NAD^+,一对氢在琥珀酸氧化时用以还原 FAD。生成的 NADH 和 $FADH_2$,经呼吸链将 H^+ 和电子传给氧生成水,同时偶联氧化磷酸化生成 ATP。此外,由琥珀酰辅酶 A 形成琥珀酸时通过底物水平磷酸化生成 ATP。

② 乙酰辅酶 A 与草酰乙酸缩合形成柠檬酸,使两个碳原子进入循环。在两次脱羧反应中,两个碳原子以二氧化碳的形式离开循环,加上丙酮酸脱羧反应中释放的二氧化碳,这就是有氧呼吸释放二氧化碳的来源,当外界环境中二氧化碳浓度增高时,脱羧反应减慢,呼吸作用就减弱。TCA 循环中释放的二氧化碳中的氧,不是直接来自空气中的氧,而是来自被氧化的底物和水中的氧。

③ 在每次循环中消耗 2 分子水。一分子用于柠檬酸的合成,另一分子用于延胡索酸加水生成苹果酸。水的加入相当于向中间产物注入了氧原子,促进了还原性碳原子的氧化。

④ TCA 循环中并没有分子氧的直接参与,但该循环必须在有氧条件下才能进行,因为只有氧的存在,才能使 NAD^+ 和 FAD 在线粒体中再生,否则 TCA 循环就会受阻。

⑤ 三羧酸循环的生理意义。该循环既是糖、脂肪、蛋白质彻底氧化分解的共同途径,又可通过代谢中间产物与其他代谢途径发生联系和相互转变。

3. 戊糖磷酸途径

20 世纪 50 年代初的研究发现,EMP-TCAC 途径并不是高等植物中有氧呼吸的惟一途径。实验证据是,当向植物组织匀浆中添加糖酵解抑制剂(氟化物和碘代乙酸等)时,不可能完全抑制呼吸。瓦伯格(Warburg)也发现,葡萄糖氧化为磷酸丙糖可不需经过醛缩酶的反应。此后不久,便发现了戊糖磷酸途径(简称 PPP),又称己糖磷酸途径(简称 HMP)或己糖磷酸支路。

(1) 戊糖磷酸途径的化学历程　戊糖磷酸途径是指葡萄糖在细胞质内直接氧化脱羧,并以戊糖磷酸为重要中间产物的有氧呼吸途径。整个化学过程见图 8.7。

戊糖磷酸途径经历葡萄糖活化成 6-磷酸葡萄糖后的氧化(反应①~③)及再生两个阶段(反应④~⑩)。第一阶段为不可逆反应,1 分子葡萄糖脱去 1 个羧基(放出 1 分子二氧化碳),并形成 1 分子 5-磷酸核酮糖;如果将 1 分子葡萄糖彻底氧化分解成 6 分子二氧化碳的话,那就相当于 6 分子葡萄糖为一组同时参加反应,生成 6 分子 5-磷酸核酮糖;在第二阶段,通过分子重排等一系列异构化及基团转移反应,经历三碳、四碳、五碳及七碳糖的磷酸酯阶段,最后生成 5 分子的 6-磷酸葡萄糖,此阶段为可逆反应。

戊糖磷酸途径的总反应是:

$$6G6P + 12NADP^+ + 7H_2O \longrightarrow 6CO_2 + 12NADPH + 12H + 5G6P + Pi$$

(2) 戊糖磷酸途径的特点和生理意义。

① PPP 是葡萄糖直接氧化分解的生化途径,每氧化 1 分子葡萄糖可产生 12 分子的 $NADPH+H^+$,有较高的能量转化效率。

② 戊糖磷酸途径在下列化学过程中起重要作用,戊糖磷酸途径中生成的 NADPH 在脂肪酸、固醇等的生物合成、非光合细胞的硝酸盐、亚硝酸盐的还原以及氨的同化、丙酮酸羧化还原

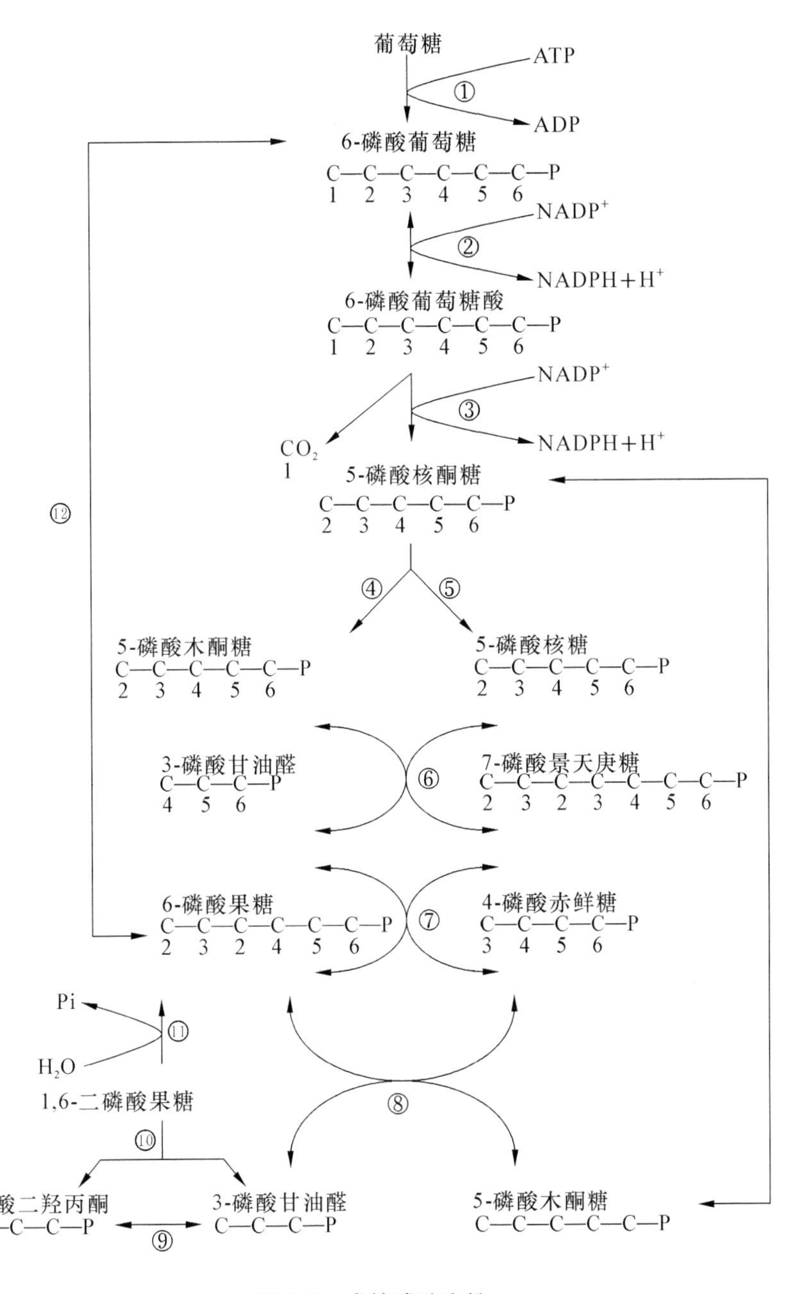

图 8.7　戊糖磷酸途径

参与各反应的酶：①已糖激酶；②6-磷酸葡萄糖脱氢酶；③6-磷酸葡萄糖酸脱氢酶；④5-磷酸木酮糖表异构酶；⑤5-磷酸核糖异构酶；⑥转羟乙醛基酶（即转酮醇酶）；⑦转二羟丙酮基酶（即转醛醇酶）；⑧转羟乙醛基酶；⑨磷酸丙糖异构酶；⑩醛缩酶；⑪磷酸果糖酯酶；⑫磷酸己糖异构酶

成苹果酸等过程中起重要作用。

③ 该途径中的一些中间产物是许多重要有机物质生物合成的原料，如5-磷酸核酮糖和5-磷酸核糖是合成核苷酸的原料。4-磷酸赤藓糖和EMP中的3-磷酸甘油酸可合成莽草酸，经莽草酸途径可合成芳香族氨基酸，还可合成与植物生长、抗病性有关的生长素、木质素、绿原酸、咖啡酸等。

④ 戊糖磷酸途径和光合作用可以联系起来，该途径分子重组阶段形成的丙糖、丁糖、戊

糖、己糖和庚糖的磷酸酯及酶类与卡尔文循环的中间产物和酶相同，因而戊糖磷酸途径和光合作用可以联系起来。

⑤ PPP在许多植物中普遍存在，特别是在植物染病、受伤、干旱时，该途径可占全部呼吸的50%以上。由于该途径和EMP-TCAC途径的酶系统不同，因此当EMP-TCAC途径受阻时，PPP的替代正常可进入有氧呼吸。在糖的有氧降解中，EMP-TCAC途径与PPP所占的比例，随植物的种类、器官、年龄和环境而发生变化，这也体现了植物呼吸代谢的多样性。

8.2.3 光合作用与呼吸作用的关系

光合作用与呼吸作用既相互独立又相互依存，光合作用制造有机物，贮藏能量，而呼吸作用分解有机物，释放能量。两者的区别如表8.1。

表8.1 光合作用与呼吸作用的区别

	光合作用	呼吸作用
原料	二氧化碳、水	氧、淀粉、己糖等有机物
产物	己糖、淀粉、蔗糖等有机物、氧	二氧化碳、水等
能量转换	贮藏能量的过程 光能→电能→活跃化学能→稳定化学能	释放能量过程 稳定化学能→活跃化学能
物质代谢类型	有机物合成作用	有机物降解过程
氧化还原反应	水被光解、二氧化碳被还原	呼吸底物被氧化、生成水
发生部位	绿色细胞、叶绿体、细胞质	生活细胞、线粒体、细胞质
发生条件	光照下才发生	光下、暗处都可发生

8.3 影响呼吸作用的因素

8.3.1 呼吸强度

呼吸强度又称呼吸速率，是表示呼吸强弱的定量指标。呼吸强度是指单位时间内、单位植物材料所放出的CO_2量或吸收的O_2量。时间单位多用小时；气体用毫克，也可用微升表示；植物材料可用干重、鲜重或面积。如

$$呼吸速率=吸收氧(\mu mol)\cdot g^{-1}\cdot h^{-1}$$

或

$$呼吸速率=释放二氧化碳(\mu mol)\cdot g^{-1}\cdot h^{-1}$$

究竟采用哪种单位，应根据具体情况，尽可能反映出呼吸作用的强弱变化。

8.3.2 影响呼吸强度的内部因素

植物的呼吸强度因植物种类、器官、组织及生长发育期的不同而有很大差异。

1. 植物种类

不同种类的植物，其代谢类型、内部结构及遗传性不会完全相同，必然造成呼吸强度的差异(表 8.2)。例如：喜光的玉米高于耐阴的蚕豆；柑橘高于苹果；玉米种子比小麦种子高近十倍。低等植物的呼吸强度远高于高等植物。总之，生长快的植物高于生长慢的植物。

表 8.2 不同植物(组织、器官)的呼吸强度

植物组织	O_2 μmoL·干重/($g^{-1}\cdot h^{-1}$)	植物组织	O_2 mm^3·鲜重/($g^{-1}\cdot h^{-1}$)
豌豆种子	0.005	仙人掌	6.8
大麦幼苗	70	景　天	16.6
甜菜切片	50	云　杉	44.1
向日葵植株	60	蚕　豆	96.6
番茄根尖	300	茉　莉	120.0
细　菌	10 000	小　麦	251.0

2. 器官、组织

在同一植物体上，幼年器官的呼吸强度高于老年器官，生殖器官高于营养器官，受伤组织高于正常组织。例如：花的呼吸强度高于叶 3～4 倍；雌蕊高于花瓣 18～20 倍；芋头的花序开花时呼吸强度增高 23～30 倍。

3. 生长发育期

呼吸强度还随生长发育期的变化而改变(图 8.8)。一年生植物初期生长迅速，呼吸强度升高。到一定时期，随着植物生长变慢，呼吸逐渐平稳并有所下降；生长后期开花时又有所升高。多年生植物的呼吸强度表现为有节奏的四季变化，在温带一般以春季发芽及开花时最高，冬季最低。

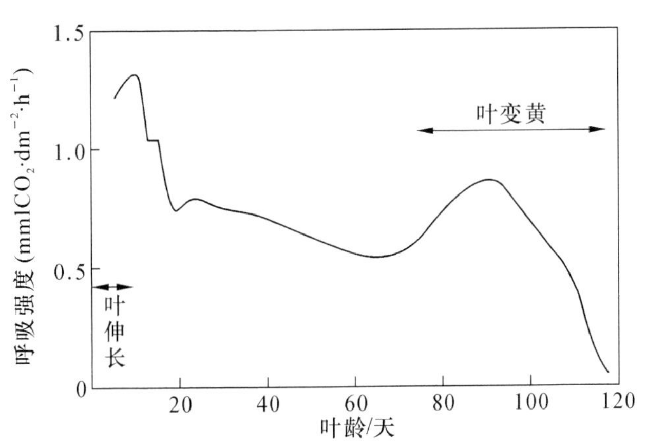

图 8.8 草莓叶片不同年龄的呼吸强度

呼吸强度之所以因植物的种类、器官组织及生长发育期不同而异，有多种原因。一是原生质含量不同。细胞内进行呼吸作用的主要是原生质，幼嫩组织原生质含量高，所以呼强度就高于衰老组织。其二是线粒体的数目及功能有差异。构成组织的细胞中线粒体数目多、成熟度高，功能强，呼吸强度就高。例如，构成雌蕊的细胞含线粒体多，且线粒体内分化出大量的嵴，雌蕊的呼吸强度就远高于其他器官。其三是细胞内 ATP/ADP 比值的高低，即 ATP 的消耗速度与 ADP 的供应速度之比。如果 ATP 产生的速度大于消耗速度，ADP 的供应必然减少，这反过来又会影响到 ATP 的合成，呼吸强度便降低。另外，细胞中呼吸基质含量的多少也是一个重要因素。

8.3.3 影响呼吸强度的外部因素

1. 温度

一般说来，植物的呼吸作用在接近 0℃时进行得很慢。大多数温带植物呼吸的最低温度约为－10℃。耐寒植物的越冬器官（如芽及针叶），在－20℃～－25℃时仍未停止呼吸。但是，如果夏季的温度降低到－4℃～－5℃，针叶的呼吸便完全停止。可见，呼吸作用的最低温度依植物体的生理状况而有差异。

呼吸作用的最适温度在 30℃～40℃。比光合作用的和生长的最适温度要高，一般随着经历时间的延长而逐渐下降，呼吸过强对生长反而不利。

呼吸作用的最高温度，一般在 45℃～55℃间。较高温度条件下，细胞质将受到破坏，酶的活性减弱，呼吸作用便会急剧下降。

2. 水分

水是植物体的组成成份，原生质被水饱和时，细胞生命活动才能旺盛进行。风干的种子不含自由水，呼吸作用极为微弱。当含水量稍提高一些时，强度就能增加数倍（图 8.9）。到种子充分吸水膨胀时，呼吸强度可比干燥的种子增加几千倍（表 8.3）。

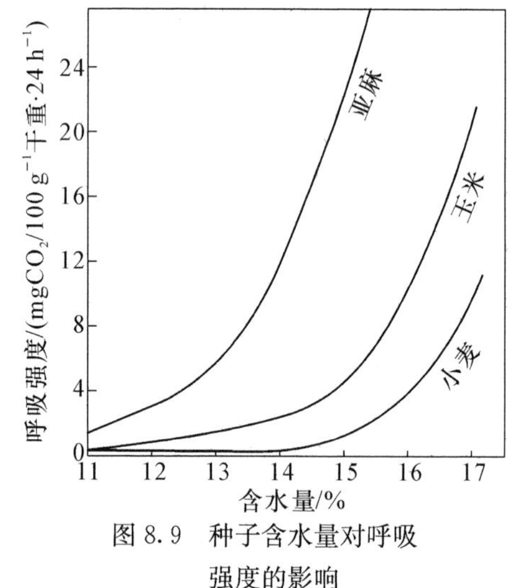

图 8.9 种子含水量对呼吸强度的影响

表 8.3 大麦种子在不同含水量时的呼吸强度

含水量/%	1 kg 种子 24 h 放出 CO_2 毫克数	增 加 倍 数
10～12	0.3～0.4	—
14～15	1.3～1.5	3～4
33	2 000	5 000 以上

植物的根、茎、叶和果实等含水量大的器官，会看到相反的情况。当含水量发生微小变动时，对呼吸作用影响不大；当水分严重缺乏时，它们的呼吸作用反而增强。这是由于细胞缺水时，酶的水解活性增强，淀粉水解为可溶性糖，使细胞水势降低，增强保水能力以适应干旱的环境。但是，可溶性糖是呼吸作用的直接基质，于是便引起呼吸作用增强。由此可见，水分的多少对不同器官呼吸作用的影响是不相同的。

3. 氧气和二氧化碳

大气中氧含量比较稳定，约为 21%，对于植物的地上器官来说，基本能保证氧的正常供应。当氧含量降低到 20%以下时，呼吸开始下降。氧含量降低到 5%～8%时，呼吸作用将显

著减弱(图 8.10)。但是,不同植物对环境缺氧的反应并不相同。比如,水稻种子萌发时缺氧呼吸本领较强,所需的氧含量仅为小麦种子萌发时需氧量的五分之一。

植物根系虽然能适应较低的氧浓度,但当氧含量低于 5%～8%时,其呼吸速度也将下降。一般通气不良的土壤中氧含量仅为 2%,而且很难透入土壤深层,从而影响根系的正常呼吸和生长。因此,生产上经常中耕松土,保证良好的通气状况是非常必要的。

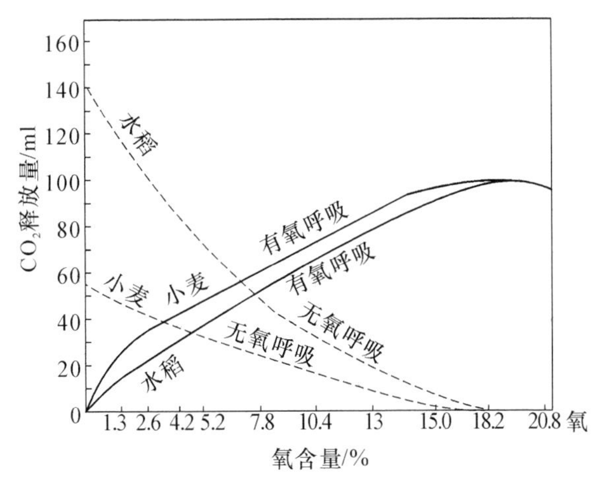

图 8.10 氧浓度对小麦、水稻幼苗有氧呼吸及无氧呼吸的影响

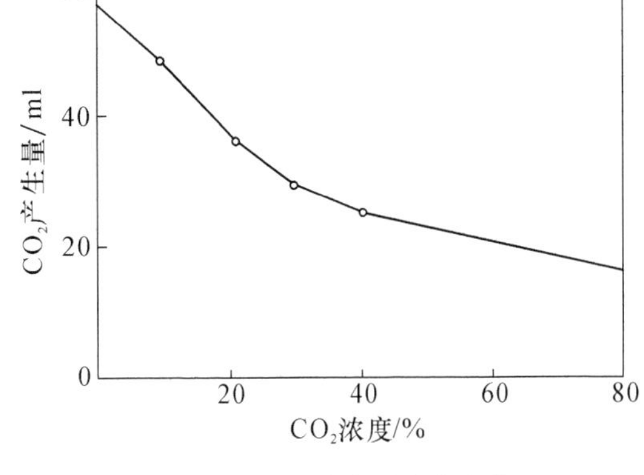

图 8.11 CO_2 浓度对白芥发芽种子呼吸强度的影响

二氧化碳是呼吸作用的产物,当环境中二氧化碳浓度增大时,三羧酸循环运转会受到抑制,因而影响呼吸强度(图 8.11)。

需要指出的是,以上所讨论的各种影响条件仅仅是就其单一因素而言。实际上,各种因素是相互作用的,植物接受到的最终影响是诸因素综合作用的结果。例如,植物组织含水量的变化对于温度所发生的效应有显著的影响,小麦种子的含水量从 14%增至 22%时,在同一温度下,呼吸强度相差甚大(图 8.12)。

一般地说,任何一个因素对于生理活动的影响都是通过全部因素的综合效应而反映出来的。当然,就处在某一环境中的植物来说,影响呼吸作用的诸因素中必然有其主导因素。在生产中要善于找出主导因素,采取针对性的措施,才能收到好的效果。

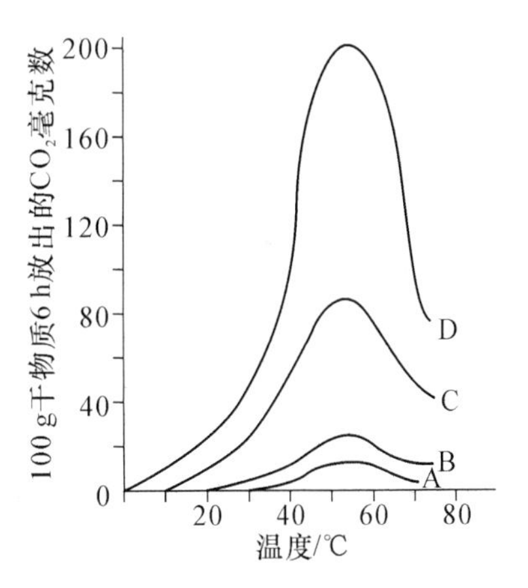

图 8.12 温度对不同含水量小麦籽粒呼吸强度的影响

A. 籽粒含水量 14%; B. 籽粒含水量 16%; C. 籽粒含水量 18%; D. 籽粒含水量 22%

8.4 呼吸作用在生产中的应用

农产品多为有生命的有机体,在贮藏过程中若呼吸强度控制不当,会引起发热、变质,甚至霉变烂掉,造成巨大损失。运用呼吸作用的知识,控制调节呼吸强度,是确保农产品安全贮藏的关键。

8.4.1 呼吸作用与农产品贮藏、保鲜

1. 粮油种子的贮藏

贮藏粮油种子的原则是保持“三低”，即降低种子的含水量、温度和空气中的含氧量。

(1) 水分。风干状态的粮油种子含水量较少。谷类种子为12%～14%，油料种子为7%～9%，此即其贮藏的安全水分标准。这时，种子中的水分处在束缚状态，各种代谢都不活跃，呼吸很微弱。当种子含水量增多超过某一限度时，例如谷类种子达15%～16%、油料种子达10%～11%时，呼吸作用便显著增强。若含水量继续升高，呼吸强度几乎直线上升(图8.9)。

(2) 温度。贮藏中如果温度升高，呼吸强度随温度的升高而增强，微生物亦随之活跃，易引起种子霉烂变质。因此，以较低的温度贮藏，可减弱呼吸并抑制微生物的活动，使贮藏时间延长(表8.4)。

表8.4 不同温度下粮油种子的贮藏年限

温度/℃	12	0	−12
时间/年	4～6	15	50

贮藏温度还与种子的安全含水量有关。安全含水量越高，贮藏温度要求越低。

(3) 气体调节。呼吸作用吸收氧，放出二氧化碳，二者均可影响呼吸强度。若能适当增高二氧化碳含量、降低氧含量，便可减弱呼吸作用，延长贮藏时间。近年来国内采用气调法取得明显效果。即将散装或袋装的粮油种子用塑料袋密封，先抽出袋中空气，再充入氮气，使内部缺氧以控制呼吸。因人力不足或阴雨不能及时晾晒的种子，可用此法进行短期保存。

2. 多汁果实和蔬菜的贮藏、保鲜

多汁果实和蔬菜含水分较多，与粮油种子贮藏的方法有很大的不同。其贮藏原则主要是在尽量避免机械损伤的基础上，控制温度、湿度和空气成分三个条件，降低呼吸消耗，使果实蔬菜保持新鲜状态。

有些果实在生长结束、成熟开始时，会出现呼吸强度突然升高的现象，称为呼吸高峰，也叫呼吸跃变期(图8.13)。苹果、梨、香蕉、蕃茄、西瓜等果实有呼吸高峰。有些果实则没有明显的呼吸高峰，如葡萄、黄瓜、柑橘、凤梨、无花果、樱桃等。目前一致认为，呼吸高峰的出现与乙烯产生有关。在果实呼吸高峰出现前，均有较多的乙烯生成。一般说来，当果实、蔬菜中乙烯达到一定浓度时，便会诱导呼吸高峰的出现。出现呼吸高峰时，呼吸强度可比前高出五倍以上，此时果实的食用品质最好。过此高峰品质下降，而且逐渐不耐贮藏。因此，贮藏时应尽量推迟呼吸高峰的出现。

呼吸高峰的出现和温度关系很大，降低温度可推迟呼吸高峰的出现。例如一种苹果在22.5℃贮藏时，呼吸高峰出现早而显著，在10℃下就不那么显著，而在2.5℃下几乎看不出来(图8.14)。但是，温度不能过低，否则会发生冻害。每种果实蔬菜都有其适宜贮藏温度。大多数在0℃～1℃。苹果为0℃～5℃，不可高于6℃。也有一些要求的温度相对高一些，如橙、柑以7℃～9℃为宜，梨为10℃～12℃，不可低于8℃，香蕉则要在12℃～14.5℃以上。

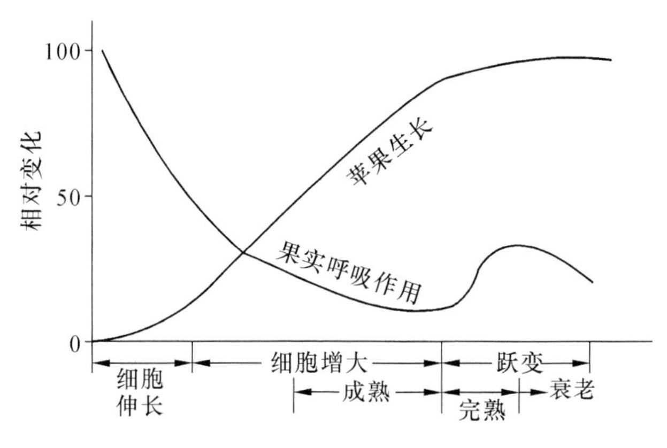

图 8.13　苹果的果实生长与呼吸高峰

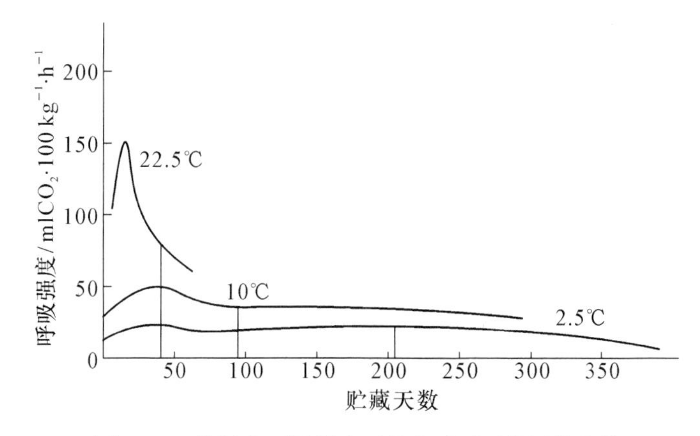

图 8.14　苹果在不同温度下贮藏时呼吸作用的变化

贮藏期间，还要保持一定的湿度，否则，果实失水萎蔫皱缩，呼吸增强，呼吸高峰提前到来，不利于贮藏。一般保持相对湿度在 80%～90%为宜。近年来国外试验成功了高湿贮藏法，即利用 98%～100%的高湿，降低在低湿（90%～95%）中贮藏的甘蓝、胡萝卜、花椰菜、韭菜、马铃薯以及苹果的腐烂率。在高湿中贮藏的产品，水分丧失减少，能保持鲜嫩的颜色，延长了蔬菜的贮藏寿命。若利用高湿再配合以气调贮藏，效果更好。例如甘蓝和芹菜在 1%～3% O_2 和 5% CO_2 气体组合再配合高湿，比在相同高湿的空气中贮藏寿命长得多。

气调法用于果实、蔬菜的贮藏效果也很好。一般的原则是降低氧浓度，增高二氧化碳浓度，大量增加氮的浓度，这样可抑制呼吸及微生物的活动。但二氧化碳浓度不能过高，维持在 10%为宜，超过 15%便对果实有害。例如：香蕉宜 10% CO_2，10% O_2。苹果在 5% CO_2，2% O_2 及 93% N_2 中，于 4℃～5℃下可贮藏 8～10 个月。蕃茄装箱用塑料薄膜密封，抽出空气，充入氮气，氧浓度调至 3%～6%，可贮藏三个月以上（表 8.5）。

表 8.5　空气调节贮藏法对蕃茄保鲜的效果

气体成分/%		数量/kg	全红的		半红的		绿的	
O_2	CO_2		个数	%	个数	%	个数	%
3—6	0.04	30	30	10	180	60	90	30
3—6	3.6	30	2	0.8	39	14.7	223	84.5

（续表）

气体成分/%		数量/kg	全红的		半红的		绿的	
O_2	CO_2		个数	%	个数	%	个数	%
5—7	0—0.4	30	114	51.1	99	44.4	10	4.5
5—7	3—7	30	9	2.6	160	50	152	47.4
1—3	0.04	15	0	0	1	0.7	165	99.3
10—7	0.6(对照)	30	235	85.5	39	14.2	1	0.3

注:贮藏室温为14℃～16℃,9月26日开始,存放33天的结果。对照组不调氧气,为自然变化

8.4.2 呼吸作用与作物栽培

在作物栽培过程中,应采取各种措施调控作物的呼吸作用,以促进作物的生长和发育。实际上,生产上的很多措施都是为达到这一目的而采用的。例如,早稻浸种催芽时定时淋水翻堆,是为了调整水气比例和降温,防止烧芽。秧田的湿润灌溉;早稻育秧寒潮过后适当排水;黏土掺沙;低洼地开沟排水等,这一切措施都是为使根系得到充分的氧气,促进呼吸作用的进行。

8.4.3 呼吸作用与作物抗病性

作物感染病害后,代谢过程发生一系列生理生化变化,其中呼吸作用升高尤为明显。呼吸作用升高与作物的抗病性有密切关系。作物染病后呼吸作用大大增强,染病组织比一般组织可增加十倍以上,这是因为:病原菌本身具有强烈的呼吸作用;它的侵入又打破了组织中酶与基质的间隔,使呼吸酶活性大大增强;染病部位附近的糖类都集中在感染部位,呼吸基质增多,加强了呼吸作用。凡是氧化酶活性高的作物品种,一般抗病力都较强。呼吸作用与抗病能力成正相关。查其原因,主要是旺盛的呼吸作用加强了氧化酶的活性,利于分解病原菌产生的毒素;提供足够的能量与中间产物,促进病伤愈合;抑制病原菌水解酶的活性,阻止作物体内有机物降解,使病原菌得不到充分的养料,病情扩展受到限制。

当然,作物受到病原菌的侵染后是否患病,决定于作物抗病能力与病原菌的毒性。若作物的抗病能力大于病原菌的毒性,作物便不发病。倘若病原菌的侵染能力超过了作物的抗病能力,作物就要发病。因此,增强作物的呼吸强度可提高作物的抗病性。

思考题

1. 什么叫植物的呼吸作用?有何重要意义?
2. 呼吸作用有哪些类型?
3. 试述线粒体的结构与功能之间的相互关系。
4. 植物呼吸为何以有氧呼吸为主?而无氧呼吸为何不能提供更多能量维持生命活动?
5. EMP途径产生的丙酮酸可能进入哪些反应途径?

6. 呼吸强度通常如何表示?
7. 外界因素如何影响呼吸强度?
8. 粮油种子与果实蔬菜的贮藏有什么异同之处?
9. 为什么高湿配合以气调贮藏可使蔬菜寿命长而且保持鲜嫩?
10. 呼吸作用与光合作用有何区别和联系?
11. 解释下列各种现象或农业措施的生理原因:
  (1) 植物长期淹水会死亡
  (2) 腌制雪里蕻时未着盐的叶子会发黄
  (3) 阴天时温室应适当降温
  (4) 种子收获后长期堆放会发热并产生酒味
12. 植物组织受伤时呼吸速率为何会加快?
13. 低温导致烂秧的原因是什么?
14. 在制绿茶时,为什么要把采下的茶叶立即培火杀青?

9 植物激素和植物生长调节剂

植物激素(plant hormones)和植物生长调节剂(plant growth regulators)总称为植物生长物质(plant growth substances)。

植物激素是指植物体内天然存在的一类化合物,它的微量存在便可影响和有效调控植物的生长和发育,包括从生根、发芽到开花、结实和成长等一切生命过程。在农业生产上,它不仅影响作物的生长发育进程,增加产量和改进品质,而且可调节作物与环境的互作关系,增强作物的抗逆性,诱导抗性基因表达。植物激素与蛋白质结合,对于植物细胞的信号感知与转导有重要作用。

除植物体内天然存在的植物激素物质外,随着科学的发展,人类已能通过化工合成和微生物发酵等方式,研究并生产出一些与天然植物激素有类似生理和生物学效应的有机物质,称为植物生长调节剂。为便于区别,天然植物激素称为植物内源激素(plant endogenous hormones);植物生长调节剂则称为植物外源激素(plant exogenous hormones)。两者在化学结构上可以相同,也可能有很大不同,不过其生理和生物学效应基本相同。有些植物生长调节剂本身就是植物激素。因此要深入认识植物生长调节剂的作用机理,就必须研究植物激素的作用与功能。

植物激素与其他营养物质和代谢产物比较,有以下四个特点:

1. 产生于植物体内的特定部位,是植物在正常发育过程中或特殊环境影响下的代谢产物;2. 被转移到作用部位并非只在生产场所起作用;3. 它不是营养物质,以极低浓度起作用;4. 多通过诱导基因表达或信号转导调控或启动生理、代谢过程。

维持植物体正常生长发育过程需要有各种物质的供给,其中有些物质需要量大,如水分、矿质元素、有机物质等,而另一些物质只要在植物体中浓度为 $10^{-6}\sim10^{-8}$mol 时就能对生长发育过程产生明显的影响。植物激素是植物正常的代谢产物,它在植物体的不同部位合成,并常常从产生部位移动到作用部位,在低浓度就对植物生长发育产生显著的影响。不像高等动物有神经系统和血液循环,在多细胞植物体内,作为沟通植物各部分的联系,执行细胞间通讯的化学信息激素在代谢、生长、形态建成等植物生理活动的各个方面均起着十分重要的作用。

到目前为止,植物激素主要包括生长素、赤霉素、细胞分裂素、脱落酸和乙烯五个大类。

9.1 生 长 素

9.1.1 生长素的发现实验

生长素(auxin)是发现最早、研究工作做得最多的一种植物生长物质,它普遍存在于植物体内。1880年英国著名科学家达尔文(Charles Darwin)及其子(Francis Darwin)首次发现。

用金丝慈草(Phalaris canariensis)胚芽鞘作实验材料(图9.1)。胚芽鞘在单方向照光下发生向光弯曲,但若将胚芽鞘的尖端切去或在尖端套以锡箔或黑纸小帽后,即使用单向光照射,胚芽鞘也不弯曲;相反,如单向光只照射胚芽鞘尖端而其下部不受光照时,胚芽鞘仍能向光弯曲(图9.2)。因此,他们提出胚芽梢在单向照光下,由于尖端受光刺激后产生某种影响并自上向下传递,引起胚芽鞘顶端伸长区细胞的背光面和向光面的生长速度不同,背光面生长加快而向光面生长慢,使胚芽鞘向光弯曲。

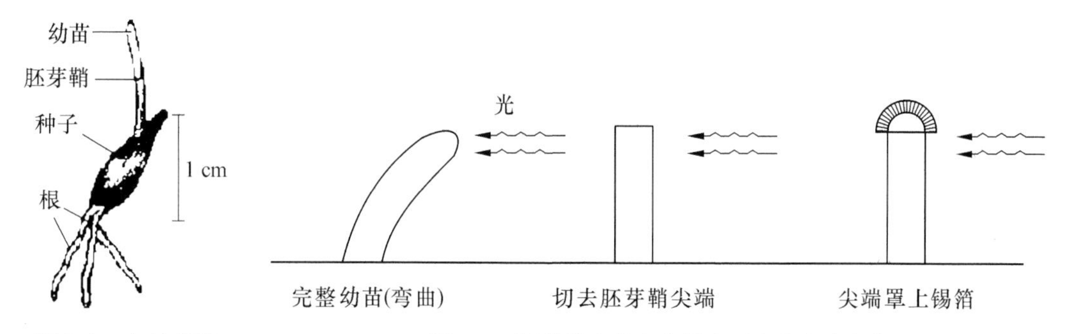

图9.1 金丝慈草　　图9.2 胚芽鞘在单方向照光下发生向光弯曲

1910～1913年丹麦P. Boysen发现,切去尖端的燕麦胚芽鞘不仅不能伸长生长,还失去向光弯曲的能力。如果将切下的胚芽鞘尖端用琼脂薄片粘着在顶芽鞘的切口上,用单向照光时,胚芽鞘又可恢复伸长生长和向光弯曲。

Boysen还发现,在胚芽鞘背光的一边用一小片云母隔断通过细胞而下降的物质流时,向光性丧失。如将云母片放在向光的一边,则不发生上述现象(图9.3),表明有促进生长的物质存在。以后匈牙利学者Paal(1914～1918)进一步验证,将切下的胚芽鞘顶端放在去掉芽鞘的一侧,即使不给予单向照光,放鞘尖的一边也比对边生长快,芽鞘向对边弯曲(图9.4)。他提出:吸收了光的芽鞘尖与有弯曲反应的基部之间有相关效应,是由于单侧光照。如将切下的燕麦胚芽鞘尖端放在3%的琼胶块上,约1 h后移去鞘尖,再将琼胶切成小块,取琼胶小块放在切去鞘尖的胚芽鞘上,发现该胚芽鞘的生长和完整的胚芽鞘的生长完全一样(图9.5);若将琼胶小块放在芽鞘切口的一侧,则发生相反方向的弯曲生长;相反,若放置一块未放过鞘尖的琼胶块(空白胶块),则切去尖端的胚芽鞘就很少伸长。

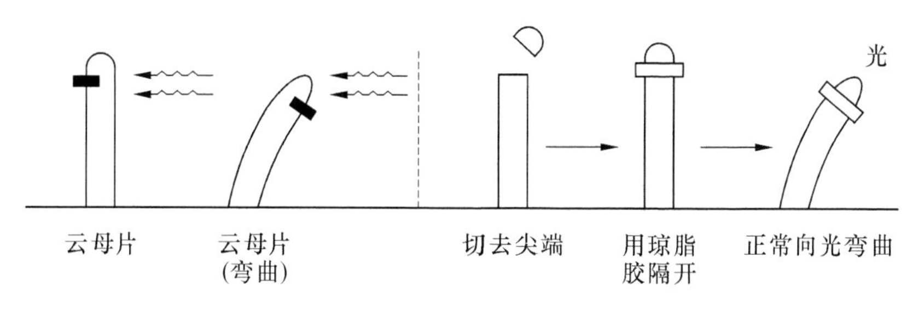

图9.3 云母片隔离实验　　图9.4 琼脂隔离实验

后来温特(Went)指出,经放置芽鞘尖的琼胶块中有自芽鞘尖扩散下来的某种促进生长的物资,他称该种物质为生长素。后来科学家分离出了一种天然植物生长物质并鉴定其化学结构为吲哚乙酸(indole acetic acid,简称IAA)。

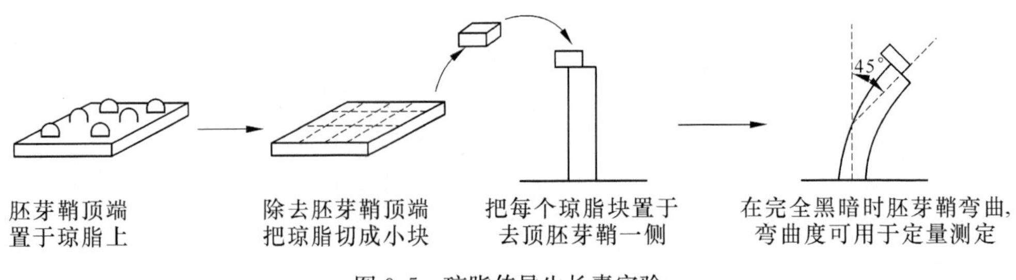

图 9.5　琼脂传导生长素实验

以后在高等植物中还相继发现了其他三种天然产生的化合物,它们在结构上与 IAA 相似,具有许多与 IAA 相同的生理作用,因而把它们归在一起,统称为生长素。至今认为 IAA 是生长素中最重要的。其中,4-氯吲哚乙酸是在未成熟的各种豆类种子中发现的;苯乙酸虽然在引起生长素类生理反应上活性比 IAA 小得多,但在植物中广泛分布,含量比 IAA 更丰富;IBA 是最晚发现的,它一直被认为是具生长素活性的人工合成的化合物,而现在知道它在玉米叶片和各种双子叶植物中均天然存在,很可能在植物界也广泛分布着。

此外,通过化学合成方法得到了一些化合物,它们也能引起许多与 IAA 相同的生理反应,例如 α-萘乙酸、2,4-D、2,4,5-T 和 MCPA 等,故归入植物生长调节剂。

9.1.2　生长素在植物体内的分布与运输

生长素在植物体内含量甚微,据推算,每克鲜重植物材料内仅含生长素 10～100 ng,但生物活性很高。它在植物体中分布甚广,植物的各种器官如根、茎、叶、花、果实、种子以及胚芽鞘等都含有生长素。一般说来,愈是生长旺盛的部分如茎尖、根尖的分生组织、胚芽鞘、嫩叶、受精的子房和未成熟的种子等部分中生长素的含量愈高,生长缓慢或衰老的组织和器官中则含量很少。从胚芽鞘的尖端到基部,生长素浓度逐渐下降,尖端的含量最高,基部最低。从胚芽基部到根尖端,生长素的含量又逐步上升,根尖的含量最高,但还不及胚芽鞘尖端的含量。

生长素在植物体内有两种存在形式:一种是游离态的或称自由型的生长素,这种形式的生长素具有生理活性,如前所述,能扩散至琼胶中的就是这种形式;另一种是暂无生理活性的生长素结合态,是束缚型的生长素,当它们被水解后即可分离成自由型的生长素,重新具有生理活性。结合态的生长素往往在贮藏器官中较多,如吲哚乙酸与天门冬氨酸结合形成的乙酰天冬氨酸。

生长素主要是在茎尖和嫩叶中产生的,然后运至其他部位。生长素具有极性运输的特性。所谓极性运输是指生长素只能从植物体形态上端向下端运输而不能逆方向运输。用放射性核素标记的生长素进行试验表明,生长素并不完全是极性运输,也有小部分可发生反方向运输,不过生长素的极性运输仍然是主要的运输传导方式。

生长素极性运输在茎尖和胚芽鞘幼嫩部分最为明显。这是一种特殊的运输方式,在缺氧或有呼吸抑制剂存在情况下,极性运输减缓甚至完全停止。可见,它与有氧呼吸密切相关。极性运输不是单纯的物质扩散,同时可逆浓淡陡度传递,在对大多数酶活性有利的温度条件(20℃～30℃)下,生长素极性运输亦快。可见,生长素在植物体内的极性运输是一个需能的主动生理过程。生长素在根中的运输,和在茎中一样也具有与代谢有关的极性运输特性,不过其运输方向是向根尖运输。

生长素在植物体内的运输途径，在不同器官内情况稍有不同，如在胚芽鞘内是通过薄壁组织，在茎中是通过韧皮部，而在叶子里则是通过叶脉。生长素运输速率也因植物种类、组织、器官及其所处的生理状态以及不同的外界条件等而异。

9.1.3 生长素的生理作用与作用机理

1. 生长素的生理作用

生长素的生理作用是广谱的，它影响细胞分裂、细胞伸长和分化，也影响营养器官及生殖器官的生长、成熟与衰老。

(1) 促进植物生长。生长素能促进茎和胚芽鞘伸长生长，对果实和块茎组织等细胞的扩大生长亦有明显的作用。外用生长素对生长的促进作用与其浓度有关。一般说来，生长素在低浓度下促进生长；中等浓度(指比促进生长的浓度约高 10～100 倍)抑制生长；而高浓度(比低浓度约高 1 000 倍)则导致植物受害甚至死亡。细胞年龄和不同器官对生长素的敏感程度不同，例如，幼嫩细胞或组织对生长素反应敏感，老细胞或组织则较迟钝；根对生长素最敏感。极低浓度的生长素 10^{-6} mg/L～10^{-3} mg/L 即可促进根的生长，在较高浓度下，根生长受抑制，茎的敏感性较差，在 10^{-2} mg/L～100 mg/L 浓度下，对茎的生长有促进作用，更高的浓度则抑制；芽对生长素的敏感性处于两者之间。

(2) 促进细胞分裂与分化。组织培养试验可知，生长素还可诱导愈伤组织分化出木质部。在丁香髓愈伤组织即可分化出管胞，这是由于茎尖中的自由生长素扩散到愈伤组织中并发挥了作用之故，其扩散的生长素量恰与管胞的增加量一致；若以外源生长素取代茎尖，可获得同样的诱导效果。生长素还有利于形成层组织分化成根。

(3) 防止器官脱落。低浓度的生长素(如 10 mg/L～50 mg/L)可延迟离层区细胞的成熟与衰老，因而防止由于营养失调或其他不利影响造成的不正常的器官脱落而影响产量。

(4) 促进子房膨大、形成种子果实。生长素最早用于促进番茄座果并结无籽果实。一般在雌蕊受精后，即内源产生大量生长素，促进果实的生长。我国北方冬季温室栽培番茄，常因光照不足或室温过高，引起花粉不育，造成落花，或南方早春农田栽培也常发生落花现象，用生长素稀溶液蘸花或喷洒花簇，即可促进未经受精的子房膨大形成无籽果实，既提早结实，又可增产。西瓜、茄子和草莓等亦可用这种处理收到相同效果。

(5) 促进插枝生根。处理植物扦插条可促进该处细胞分化出根，提高插枝成活率。在实践中用生长素处理插技促进生根已被广泛使用。

生长素还能延长休眠或抑制块根、块茎和鳞茎等延存器官的萌发，引起顶端优势，影响植物器官的向光和向地性弯曲生长。

生长素的生理作用总结见表 9.1。

表 9.1 生长素的生理作用总结

茎的向光性生长	根的向地性生长
促进茎的伸长生长	促进发根和不定根形成
促进顶芽优势(抑制侧芽生长)	促进着果和肥大生长

（续表）

阻止离层形成(叶侧施用)	诱导花芽形成
促进酶活性提高(纤维素酶、葡聚糖酶、果胶甲酯酶、ATP 酶等)	促进愈伤组织分化
促进核酸、蛋白质合成	促进木质部分化
促进细胞生长、分裂、分化	促进胞壁疏松、变为易生长状态
形成生长素结合蛋白,参与信号转导	促进基因表达

9.2 细胞分裂素

9.2.1 细胞分裂素的发现与化学结构

细胞分裂素是具有促进细胞分裂等生理功能的植物生长物质的总称。早在 20 世纪 40 年代初,Van Overbeek 就已发现在培养离体胚的培养基中加入椰子的液体胚乳汁时,可促进植物生长发育。Skoog 和崔徵等 1955 年在用烟草髓部组织进行组织培养时发现,在培养基中加入酵母提取液可促进髓组织的细胞分裂。经分析得知,在酵母提取液中有 DNA 的降解产物,估计这些降解产物是具有活性的。以后将 DNA 经高压灭菌处理分析,证明能促进细胞分裂的活性物质是 6-呋喃甲基腺嘌呤,被命名为激动素(kinetin)。但是,这种物质并非植物内源生长物质。在植物体内确实存在许多类似的腺嘌呤衍生物,它们都能引起细胞分裂,特称为细胞分裂素。

在相当长时期内,已经先后发现在萌发的种子、正发育的果实及幼嫩根尖中都有能促进细胞分裂的物质存在,却未获得纯结晶,直到 1962～1964 年 Lethem 首次从受精后 11～16 天的甜玉米灌浆初期的籽粒中分离出天然的细胞分裂素,命名玉米素(zeatin),并鉴定了它的化学结构。根据其结构,于 1964 年人工合成玉米素获得成功。此后又从甜玉米粒的 RNA 中和椰子乳汁中分离出一种玉米素核苷,从黄羽扁豆分离出二氢玉米素(dihydrozeatin),从菠菜和豌豆中分离出异戊烯基腺苷(isopentenyl adenine,简称 iPA)等。

细胞分裂素主要是一些腺嘌呤的衍生物,其基本结构都有一个腺嘌呤,其中的 6-氨基为不同的侧链所取代。各种天然细胞分裂素的区别在于侧链上有无不饱和键以及羟基所处的位置。人工合成的细胞分裂素一般在腺嘌呤上—NH_2 中的一个氢为环状化合物所取代,天然细胞分裂素则为链状化合物所取代,有的在第 9 位氮上的氢为核糖取代而形成玉米素核苷。

各种天然存在的细胞分裂素都有活性,一般来说,天然的较人工合成的活性高。天然细胞分裂素如玉米素、二氢玉米核苷等的侧链末端如与葡萄糖结合形成葡萄糖玉米素,这些结合态的细胞分裂素失去活性,或许是细胞分裂素的束缚型,作为暂时的贮存形式。

9.2.2 细胞分裂素的合成部位及体内运输

细胞分裂素在植物体内的含量甚微,据估算,大约只有 0.1～10 mg · g^{-1}(鲜重),但是它普遍存在于各种器官中。特别是旺盛生长的、正在进行细胞分裂的组织和器官(如茎尖和根尖分生组织)、未成熟的种子、萌发的种子以及生长中的果实中含量都较高。

从研究根系活性的实验证明,细胞分裂素的主要合成部位是根系。如许多植物(葡萄、向日葵、水稻、蕃茄和羽扇豆等)的伤流液中有细胞分裂素,而且在切去地上部分4天后,伤流液中的细胞分裂素的含量仍不下降,说明根系在不断地合成细胞分裂素并向上运送;从检测豌豆根切段内细胞分裂素含量的试验发现,在根尖0～1 mm切段中细胞分裂素含量比1～5 mm切段内的含量高40倍,而距根尖5 mm以上的切段内则没有细胞分裂素活性;当无菌培养水稻根尖时,根向培养基中分泌细胞分裂素。上述试验均证明细胞分裂素主要是在根尖合成的。

细胞分裂素在植株体内运输是没有极性的。在根部合成的细胞分裂素可经木质部随蒸腾流向上输送,其运输速率比IAA快10至数百倍。细胞分裂素的主要运输形式是玉米素和玉米素核苷。细胞分裂素从其他部位(如幼叶、果实和种子)向外运输很慢。外源细胞分裂素直接施于局部叶片或侧芽上则不能运输。若施于叶片的主脉部位,则可进入疏导系统并进行双向运输。

9.2.3 细胞分裂素的生理作用

当用细胞分裂素处理植物时,能引起植物的代谢、生理和发育过程的多种多样的变化,反映出细胞分裂素在植物体中有多种生理作用。由于植物体含有除细胞分裂素外的多种植物激素,因此在了解细胞分裂素生理作用时,必须考虑到某一种生物学反应是由一种激素的作用,还是两种或两种以上激素相互拮抗或共同作用的结果。下面讨论细胞分裂素的主要生理作用。

1. 促进细胞分裂

细胞分裂素之所以被发现,就是因为它具有促进细胞分裂的作用。在生长素存在下,细胞分裂素对烟草髓、胡萝卜根、豌豆根及其悬浮培养、大豆子叶等愈伤组织的细胞分裂均具有明显的促进作用,对莴苣幼根、马铃薯块茎、欧洲七叶树上胚轴形成层等一般组织细胞也有明显的促进细胞分裂的作用。

真核生物的细胞循环是一个复杂的过程。在一个分裂着的细胞群体中,例如活跃生长的分生组织,其细胞的平均大小保持恒定,在细胞从分裂形成以后,每个细胞逐渐加倍它的细胞质以及相应的所有细胞器,然后再进行分裂。其中,细胞质的增长主要发生在细胞循环的G1期,而DNA复制和核的其他成分复制产生在S期。有证据表明生长素和细胞分裂素参与了细胞周期的调节,生长素可能调节DNA复制,而细胞分裂素调节有丝分裂过程。培养的烟草髓组织,当只用生长素处理时,可能只启动DNA合成,但细胞不分裂,只有当加入生长素同时供给细胞分裂素,细胞才分裂。此外,在单独用细胞分裂素处理的组织中,只有DNA复制了的个别细胞才被细胞分裂素刺激引起分裂。由此看出,两种激素对保持细胞循环是必需的。

2. 控制培养组织的形态建成

切下的烟草髓、大豆和其他双子叶植物茎等,当被培养在带有生长素和相应营养物质的琼脂培养基上,会长出愈伤组织。如果在培养基中加入细胞分裂素,则大大促进细胞分裂。当提高培养基中细胞分裂素与生长素的比例时,在愈伤组织上会产生分生组织细胞,这些细胞进一步分裂,进而产生芽、茎和叶子。相反,当降低细胞分裂素与生长素的比例时,则有利于愈伤组织长出根来。在两者的比例处在上述两种比例之间时,愈伤组织保持不分化的状态。从中看出,两者之间的一定平衡控制着培养组织的形态建成。当选择适当比例的细胞分裂素和生长素时，许多植物，特别是双子叶植物愈伤组织能够发育成新的完整的植株。

近年来，利用分子生物学方法，研究了冠瘿瘤组织形态建成中细胞分裂素与生长素比例的重要性。其方法是使农杆菌 Ti 质粒的 T－DNA 造成突变，观察不同 T－DNA 基因对肿瘤生长和发育的作用。如前所述，T－DNA 含有一个细胞分裂素合成基因和两个 IAA 合成基因，当使这三个基因都发生突变时，基因失活，冠瘿瘤不发育和激素水平降低，瘤缓慢生长，通过器官发生形成许多根。相反，如果两个生长素合成基因的任何一个发生突变失活，瘤生长缓慢，形成很少的 IAA，产生几乎不带根的叶状枝条。这些结果进一步证实了细胞分裂素与生长素的比例在形态建成控制中的重要作用。

3. 延迟衰老和促进营养物质移动

当成熟的叶子摘下来后，即使通过叶柄提供它营养物质和水，与叶子未摘下来时相比，其叶子丧失叶绿素、RNA、蛋白质和类脂的速度要快得多，这个过程是叶子的衰老过程。一般来说，叶子在暗中比光下衰老快得多。双子叶植物叶柄基部常常形成不定根，这些不定根的形成使叶子的衰老过程大大延迟，不定根在衰老中起了什么作用呢？有人认为，新生的根显然提供了某些物质给叶片，使叶片保持生理活性状态，而这种物质含有经木质部运输来的细胞分裂素。这个观点可从两个实验结果得以证明：其一，在延迟衰老中，许多细胞分裂素可代替根的作用；其二，当不定根形成时，叶片细胞分裂素含量明显上升。

细胞分裂素对衰老的延迟作用可能与促进营养物质移动也有关系。例如，在正常情况下菜豆植株上老叶比它上部的三出复叶衰老要快得多，但当把菜豆最老的叶子每隔四天用苄基腺嘌呤涂抹一下，则衰老情况发生改变，细胞分裂素处理过的叶子从三出复叶中吸取营养，致使三出复叶比老叶更早衰老。黄瓜幼苗的实验也表明了细胞分裂素能改变植物组织中原有的源库关系(图 7.25)。当不能被代谢的、作放射性标记的氨基酸，如氨基异丁酸，施用到幼苗右侧子叶的一个确定点上，其他如图中所示作不同的处理，然后进行放射自显影。结果显示，示踪的放射性氨基酸在细胞分裂素处理的部位累积，说明细胞分裂素能把未处理的营养物质调运并积累在处理叶子部分。

4. 促进细胞扩大

当把许多双子叶植物的子叶切下来，如黄瓜、向日葵、芥子等，在含有细胞分裂素的溶液中培养，结果发现无论在光照还是黑暗下，生长速率可比对照增加 2～3 倍，而光下比暗中子叶扩大的更多。细胞分裂素促进子叶的扩大是通过促进细胞分裂，还是通过细胞扩大？研究结果指出，它既促进细胞分裂，也促进细胞扩大，而主要是细胞扩大。因为细胞分裂不易增加器官的生长，而生长需要细胞的扩大。细胞分裂素除了对子叶有扩大作用，对真叶也有某些促进作用，但作用相对较小，而且这种促进作用可能是通过从其他器官吸引营养物质达到的。

有人用小萝卜和黄瓜子叶作试验显示，细胞分裂素促进子叶生长是通过增加细胞壁的可塑性达到的，而没有改变细胞壁的弹性。也就是说，细胞壁变得松弛，使细胞得以吸收水分而扩大，但组织干重并未增加。目前有关细胞壁松弛的性质以及涉及这个过程的酶尚不清楚，但有人认为，细胞壁分裂素引起的可塑性增加不像生长素诱导生长那样是由细胞壁酸化引起的，而是由另一个机制引起的。生长素和 GA 均不促进子叶的细胞扩大，因而细胞分裂素的这种生理作用常用作生物鉴定。

5. 促进侧芽发育

当把细胞分裂素施加到顶端优势控制下的未生长的侧芽上时，侧芽开始生长。在早期对这种现象的研究中，多半是施用人工合成的激动素，它对侧芽生长的作用仅仅能持续几天，芽的继续生长只有在加入 IAA 或 GA 时才能进行。在几种植物中的研究表明，苄基腺嘌呤有时比激动素更能促进侧芽伸长。

值得注意的是，从细胞分裂素生理作用中可以看到，它的作用常常必须在其他激素参与下，如生长素的参与下才能实现，有时候几种激素同时控制着一个生理过程，各种激素的比例以及相互协调、相互拮抗调节着错综复杂的生理活动。

9.3 赤霉素

9.3.1 赤霉素特性

赤霉素属于双萜类化合物。这是一组化学结构上彼此非常近似的化合物，它们的共同骨架称赤霉烷(gibbane)。在赤霉烷环上，由于双键、羟基数目和位置的不同，形成各种赤霉素。根据赤霉素分子中碳原子总数的不同，分为 C19 和 C20 两类。C20 类的生理活性都不高。由于这两种赤霉素都含有羟基，所以赤霉素呈酸性，其中 GA3，GA4，GA7，GA14 等的生理活性都较高。最常见也最多的是赤霉酸(gibberellic acid，简称 GA3)，它的分子式为 $C_{19}H_{22}O_6$。

赤霉素普遍存在于高等植物的各种器官，但其含量甚微，一般仅有 0.1～10 $mg \cdot g^{-1}$ 鲜重。因此不易从植物体内获得大量赤霉素。赤霉素的结构复杂，人工合成困难，目前赤霉素生产都是通过赤霉菌的液体发酵来提取结晶的。

赤霉素活性最高的部位是植株生长旺盛的部位。如一株向日葵，顶端叶片中赤霉素的含量最高，下部老叶中则含量极低。营养芽、幼叶、幼根、未成熟的种子和胚等幼嫩组织中均有活跃的合成赤霉素。在植物体内的赤霉素可以是自由型的，也可与糖结合成赤霉素葡糖酯，则称为束缚型的赤霉素。束缚型赤霉素无生理活性，可看作是一种贮存形式，经水解再转变成为有活性的自由型赤霉素。赤霉素在植物体内没有极性运输现象，它可以进行上、下双向运输。在顶端合成的赤霉素可以通过韧皮部组织向下传递，根部合成的也可以通过木质部向上输送。

9.3.2 赤霉素的生理作用与作用机理

赤霉素对植物生长发育的效应是多方面的。

1. 促进细胞的伸长

赤霉素最突出的生理效应是促进植株茎叶伸长。这在矮生植物上表现得最明显，矮生玉米或矮生豌豆的矮生习性是由于单个基因突变而使植物体内缺少产生赤霉素的遗传潜力，赤霉素的合成代谢受阻，所以给予外施赤霉素时，可使植株明显增高，与正常玉米的株高相同。试验证明，赤霉素的作用从细胞水平上看，决定于作用的部位，若对分生区主要是促进细胞分裂，在伸长区则可促进细胞伸长，对已分化完全的细胞则没有作用或作用甚小。赤霉素对根的伸长无作用，但能促进禾本科植物叶的伸长，对双子叶植物叶片无明显的扩大作用，有促进叶柄伸长的作用。应用于茎、叶菜类(芹菜、菠菜等)、牧草和茶叶等植物上，可以提前收获并增加产量。

2. 诱导 α-淀粉酶的形成

禾谷类种子如大麦等，是以淀粉为主要贮藏物的，在萌发时，淀粉在 α-淀粉酶的作用下迅速水解为糖供幼胚生长。如果在发芽前将胚去掉，去胚种子不能形成淀粉酶，淀粉不能发生水解，若将外源赤霉素与无胚种子一起保温，淀粉仍可以水解。本试验证明了淀粉的水解是需要胚的，因赤霉素产生于胚，无胚种子外施赤霉素，代替了胚产生赤霉素而起作用。这是具有高度专一性的反应，由于在一定浓度范围内，α-淀粉酶活性与 GA 浓度的对数成正相关，所以可用于赤霉素的生物检测。大麦种胚中产生的赤霉素，通过胚乳扩散到糊粉层细胞而引起 α-淀粉酶的形成，酶再扩散到胚乳，使淀粉水解。

试验证明，赤霉素诱导淀粉酶只有当糊粉层存在时才能发生，若去掉糊粉层则赤霉素不能诱导淀粉酶的形成，说明糊粉层是淀粉酶的合成场所，而糊粉细胞是赤霉素反应的"靶细胞"。至于赤霉素如何诱导淀粉酶的形成问题，可从以下试验得到证明：将从大麦种子分离出来的糊粉层组织用一定浓度的赤霉素溶液进行保温培养，并在不同时间内测定糊粉层细胞和保温介质中的 α-淀粉酶活性。结果表明，大约在 8 小时后，糊粉层即有 α-淀粉酶出现，随后，在保温介质中也检测出 α-淀粉酶活性。到 24 小时，酶的总活性比对照高 10～20 倍，说明赤霉素是可以诱导淀粉酶形成的，而且还有约 8 小时的滞后期。除 α-淀粉酶外，赤霉素也可诱导其他水解酶的形成，例如蛋白酶、核糖核酸酶、磷酸化酶以及酯酶等。

赤霉素处理萌动大麦种子，促进其 α-淀粉酶的形成，加速糖化过程，这一发现已被广泛应用于啤酒生产中。既可节约粮食，降低成本，又缩短生产时间，提高效益。

3. 打破休眠

赤霉素能有效地打破许多延存器官（种子、块茎等）的休眠，促进萌发。在马铃薯生产中，赤霉素有很重要的应用意义，因为当年收获的马铃薯芽眼处于休眠状态，不能发芽，如用 10^{-7}mg/kg的赤霉素溶液浸泡处理 10～15 分钟，即可打破休眠，可用于马铃薯的二季栽培中，使一年收获两次，提高经济效益。

此外，赤霉素有与生长素同样的作用，可促使未受精的子房膨大产生无籽果实，如在葡萄生产中已有应用；赤霉素可代替某些长日植物（如萝卜、胡萝卜、芹菜、天仙子等）需要的低温或长日，促进开花，但对短日植物无作用；赤霉素还有提高梨和苹果座果率、防止棉花落花落铃以及促进黄瓜雄花的分化等作用。近年来，在我国杂交水稻生产中广泛应用，并收到良好效果。

赤霉素与生长素主要作用比较见表 9.2。

表 9.2　赤霉素与生长素主要作用比较

反　应	赤　霉　素	生　长　素
顶端优势	无作用	促　进
燕麦胚芽鞘生长	无作用	促　进
二年生长日植物抽茎与开花	促　进	无作用
烟草髓愈伤组织形成	无作用	促　进
离体叶片保绿	促　进	无作用
南瓜下胚轴生长	促　进	促　进
矮豌豆切茎生长	无作用	促　进

(续表)

反　　应	赤　霉　素	生　长　素
矮豌豆茎生长	促　进	无作用
偏上生长反应	无作用	促　进
叶片脱落	无作用	促进或抑制
番茄单性结实的生长	无作用	促　进
极性运输	对茎有时无作用对根通常无作用	对茎促进,对根无作用
根尖端	无作用	促　进
根生长	无作用	促　进
种子萌发打破休眠	促　进	无作用
促雌花的分化	无作用	促　进
促雄花的分化	促　进	无作用
腋芽生长	无作用	抑　制

9.4 脱落酸

9.4.1 脱落酸的发现与化学结构

美国 F. T. Addicoctt 等(1963 年)在研究棉花幼果脱落时,发现其中有一种抑制剂,它不但抑制由生长素诱导的燕麦胚芽鞘的弯曲生长,还促进器官的脱落,定名为脱落素。与此同时 P. F. Wareing 等从桦树、槭树将要脱落的叶片中分离出一种促进芽休眠的物质,命名为休眠素。后经证明,脱落素与休眠素为同一物质,1965 年已确定其化学结构式,于 1967 年第六届国际植物生长物质会议上统一定名为脱落酸(abscisic acid,简称 ABA)。

脱落酸是以异戊二烯为基本单位合成的 15 碳的倍半萜,分子式为 $C_{14}H_{10}O_4$,分子量为 264.3。在植物体内还发现一些与脱落酸类似的化合物,如 α-反式-脱落酸、菜豆酸(phaseic acid)、二氢菜豆酸(dihydrophaseic acid)等。

脱落酸是植物体内源生成的。试验证明,脱落酸的生物合成是在叶绿体中进行的,在根部与冠部也都可以合成脱落酸,它是一种抑制生长的物质。在植物体内还有某些酚类化合物也抑制生长,如香豆素、咖啡酸、水杨酸和龙胆酸等,而脱落酸的抑制活性远较这些物质高千倍。

9.4.2 脱落酸的分布与体内运输

脱落酸广泛分布在植物界,包括被子植物、裸子植物、蕨类和苔藓。在高等植物的各种器官和组织中都有脱落酸,但其含量变化幅度很大。脱落酸的含量一般约为 10～50 mg/g 鲜重。进入休眠或将要脱落的器官和组织中,或在逆境条件下,脱落酸的含量均较高。例如棉铃的脱落与脱落酸含量高峰有关。已发现在受精的子房中有一定量的脱落酸，受精第二天后其含量很快上升，在第10天的幼果中的含量达到高峰，此时恰是幼果容易脱落时期；随后脱落酸含量下降；幼果脱落也减少。脱落的幼果内脱落酸含量较不脱落的约高2～4倍：至第40～50天棉铃成熟时，其中脱落酸含量又明显地增加，这时棉铃成熟，果皮开始裂开，说明棉铃衰老也受脱落酸的调节。

脱落酸在植物体内的运输没有极性，且主要以游离型的脱落酸为运输形式。脱落酸在植物体内的运输速度很快，据测在茎或叶柄中的运输速度大约是20 mm/h。

9.4.3 脱落酸的生理作用及作用机理

脱落酸是植物体内最重要的生长抑制剂。其主要的生理效应是促进休眠、脱落、抑制生长、调节气孔运动以及提高抗逆性等。

1. 促进脱落

脱落酸可促进离层区细胞的成熟，从而加速器官的脱落。例如，棉铃的脱落与其中的脱落酸含量有关。从受精后以至棉桃的衰老成熟的全过程中，均表明其中脱落酸含量的变化。

如果用脱落棉铃的提取液徐在未脱落的棉铃上，可使后者大量脱落。如果施脱落酸处理叶片，能促进叶的脱落，而对于生长旺盛的幼龄植物，脱落酸促进落叶的效果则不明显。因为植物体内产生的生长素和细胞分裂素可将脱落酸的效应抵消。由于脱落酸具有促进脱落的作用，可作为脱落酸的一种生物鉴定方法。一般采用棉叶或豆叶进行实验。可取具有一对对生叶柄和主轴叶柄的豆叶外植体，将含一定量脱落酸的羊毛脂膏涂在对生叶柄切口处，观察其脱落速度。此外，根据脱落酸对燕麦胚芽鞘切段伸长的抑制作用，也可有效地对脱落酸进行生物鉴定。

2. 促进休眠

脱落酸与赤霉素的作用恰恰相反，它促进芽和种子休眠，抑制其萌发。研究表明，许多休眠器官中都含有较多的脱落酸。一般木本植物从秋季到冬季，体内脱落酸含量渐增，树芽进入休眠；越冬后，脱落酸含量逐渐减少，到春季树木发芽时，脱落酸消失。许多树木种子的种皮中含有脱落酸，一般需要经过低温层积（种子与湿砂相间分层埋于地下）处理，使种子内脱落酸含量下降，赤霉素含量增高，从而打破休眠促进萌发。

3. 促进气孔关闭提高抗逆性

植物在逆境条件下往往迅速形成脱落酸，导致体内发生某些变化来适应环境。如当植物缺水，叶片发生萎蔫，叶子或其他器官中脱落酸含量急剧增加。有试验指出，正常小麦叶片中的脱落酸含量为44 $\mu g \cdot kg^{-1}$（鲜重）。如果在干燥气流中使叶片萎蔫4小时，叶内脱落酸含量增至257 $\mu g \cdot kg^{-1}$（鲜重），比正常叶片高4倍多。在渍水和盐碱条件下，植物萎蔫叶片中的脱落酸含量也明显增加。脱落酸水平的提高，降低了保卫细胞对K^+的摄入，甚至导致保卫细胞中K^+的外渗，使其失去紧张度，引起气孔关闭，降低蒸腾，提高抗旱能力，所以脱落酸有抗蒸腾剂之称。也有试验报道，喷施脱落酸有提高抗寒性的作用；在逆境条件下，脱落酸还有增加脯氨酸含量、稳定膜结构的效应。关于脱落酸在植物体内的结合位点，也曾有过研究，但尚未获得统一的见解，有人认为脱落酸可专一地与质膜受体结合，也有试验表明脱落酸只与细胞核专一结合，而与质膜结合不专一。

9.5 乙 烯

9.5.1 乙烯的发现及其分布

早在 19 世纪末就已知道，空气中存在一种微量的气体能引起植物形态和生理生化的变化，如温室中使用“煤炉气”时，可促使青绿柠檬变黄。乙烯(ethylene，简写 Eth)是煤、石油等不完全燃烧所形成的挥发性气体之一，它也是许多天然气的成分，它有促进果实成熟的作用。高浓度的乙烯常常引起叶子脱落、叶片不正常卷曲、花瓣退色、茎膨大加粗、茎伸长和根生长受抑制等。直到 60 年代初，由于使用气相层析技术，确认乙烯是正常细胞的代谢产物，它不仅是与果实成熟有关的内源植物生长物质，而且还和细胞分裂和延长、种子的休眠和萌发以及开花、性别分化、器官衰老与脱落等生理过程有关。

植物各部分(包括根、茎、叶、花、果实、种子和块茎等)都能产生乙烯，但其含量甚少，一般在 0.1～10 ml・g^{-1}・h^{-1}范围内。在发芽的种子、黄化幼苗顶端以及正在生长和伸长的芽和幼叶中的含量较高，正在成熟的果实组织中含量更高。植物几乎在所有胁迫的条件下如切割、擦伤、碰撞、旱、涝、高低温以及病虫害等，都能诱导乙烯合成量增加。

9.5.2 乙烯的生理作用及作用机理

乙烯具有较广谱的生物效应，它既促进营养器官的生长，又能影响开花结实。大量的试验证明，它几乎参与植物的整个生长发育过程。由于乙烯是气体，容易通过植物扩散，在一般情况下，乙烯就在生成部位起作用，不再被运输。

1. 促进果实成熟、器官衰老和脱落

乙烯促使叶片衰老枯黄、果实成熟以及花凋落等衰老过程。幼嫩果实组织中乙烯含量很低，在果实成熟时，乙烯迅速增加。由于乙烯能增加细胞膜的透性，引起大量水解酶外渗，导致呼吸作用加强，果肉组织内的有机物迅速转化，最后达到成熟。在生产上已广泛应用乙烯来催熟果实(如香蕉、苹果、番茄、柿子、梨、菠萝等)。改变贮藏气体成分，如适当降低氧含量或提高二氧化碳含量均可控制乙烯的生成，减缓果实成熟，延长贮藏时间。乙烯能刺激叶绿素酶的合成并提高其活性，加速绿色组织失绿转黄，乙烯还促进离层区纤维素酶的形成，加速离层细胞成熟，导致叶片、花和果实等器官脱落。

2. 对生长的影响

乙烯能抑制茎的伸长，促进茎横向生长和引起叶柄偏上生长，将黄化豌豆幼苗放在装有微量乙烯的空气中，其上胚轴出现所谓“三重反应”，表现为抑制茎的伸长生长，促进上胚轴的横向加粗以及茎生长的负向地性消失，上胚轴呈水平方向生长(横向地性)，这是乙烯所特有的反应，可作为乙烯生物鉴定的方法。

如果将番茄、向日葵或棉花植株的茎和叶放入含有乙烯的空气中，数小时后，由于叶柄上方比下方生长快，叶柄向下弯曲呈水平方向，严重时叶柄与茎平行或下垂，这个现象称叶柄的偏上性反应(epinasty)。乙烯引起叶柄偏上性生长也是乙烯的特效作用。偏上反应是一种异常的生长反应,这种反应是可逆的,若除去乙烯又可恢复正常生长。

3. 乙烯的其他作用

乙烯可解除某些块茎、鳞茎、球茎以及休眠芽的休眠,促进萌发;乙烯还可促进菠萝等凤梨科植物开花,有利于葫芦科植物的雌花发育和增加雌花数;促进橡胶、漆树、松树和印度紫榴等植物次生物质的排泌并提高产量。

乙烯是气体,在生产上应用不方便,现已发现 2-氯乙基磷酸的液体化合物能释放乙烯,这种化合物的商品名为乙烯利(ethrel),它易进入细胞并被迅速分解,释放出乙烯气体。为实际应用提供了可能性。

乙烯能提高许多酶的活性。感染黑斑病菌的甘薯组织中,过氧化物酶活性显著增高,此时乙烯已大量增多。在果实成熟时有关的酶以及磷酸酯酶的活性均受乙烯所活化。在乙烯催熟的同时,也显著促进 RNA 种类的增多。乙烯还促进纤维素酶的更新合成,并通过质膜运送到离层区,促使离层细胞彼此分离,器官脱落。据测知,离层区的纤维素酶活性比周围组织高2~10 倍。

9.6 各种植物激素间的相互作用与协调

植物体内往往是几种植物激素同时存在的。它们之间有相互促进协调,也能相互拮抗抵消,可见,在植物生长发育的进程中不只是单一激素的调节,而是几种生长物质间的平衡关系影响着代谢过程。

9.6.1 植物激素间的比值对生理效应的影响

在组织培养中表现最明显的是生长素与细胞分裂素两类生长物质的比值,足以影响器官或组织生根或长芽,只有二者在适当比例配合下,才能既发根又长芽,表明这二者的相辅相成的关系。它们共同调控着植物器官的分化。从烟草茎部愈伤组织的培养实验证明,当细胞分裂素与生长素的比例高时,愈伤组织就分化出芽;比例低时,有利于分化出根;当二者比例处于中间水平,愈伤组织只生长而不分化,这种效应已被广泛应用于组织培养中。

赤霉素与生长素的比例控制形成层的分化,当 GA/IAA 比值高时,有利于韧皮部分化,反之则有利于木质部分化。植物激素对性别分化亦有影响,如赤霉素可诱导黄瓜雄花的分化,但这种诱导却可为脱落酸所抑制。试验发现,黄瓜茎端的脱落酸和赤霉素含量与花芽性别分化有关:当脱落酸/赤霉素比值较高时有利于雌花分化,较低时则有利于雄花分化。

在自然情况下,植物根部与叶片中形成的激素是保持平衡的,雄性植株与雌花植株出现的比例基本相同。由于根中主要合成细胞分裂素,叶片主要合成赤霉素,用雌雄异株的菠菜或大麻进行试验时发现,当去掉根系,叶片中合成的赤霉素直接运至顶芽并促其分化为雄花;当去掉叶片时,则根内合成的细胞分裂素直接运至顶芽并促其分化为雌花。可见,赤霉素与细胞分裂素的比值可影响雌雄异株植物的性别分化。

9.6.2 植物激素的对抗关系影响生理效应

生长素、细胞分裂素和赤霉素均有促进植物生长的效应，三者均与脱落酸有对抗关系，脱落酸有抵消前三者的促进效应。如赤霉素促进 α-淀粉酶形成并提高其活性，脱落酸却可抵消这种效应；细胞分裂素抑制叶绿素、核酸和蛋白质的降解，抑制叶片衰老，而脱落酸抑制核酸、蛋白质的合成并提高核酸酶活性，从而促进核酸的降解，使叶片衰老。因此，细胞分裂素与脱落酸对器官的衰老起调节作用。脱落酸与赤霉素的含量还调节休眠、萌发和一些果树的花芽分化；脱落酸和细胞分裂素还调节气孔的开闭，这些都证明脱落酸与生长素、赤霉素以及细胞分裂素间的对抗关系，直接影响某些生理效应。

生长素与赤霉素虽然都对生长有促进作用，但二者也有对抗的一面，例如生长素能促进插枝生根的作用可为赤霉素所控制，此外，生长素抑制侧芽萌发，维持植株的顶端优势，而细胞分裂素却可消除顶端优势，促侧芽生长。但细胞分裂素有加强生长素极性运输的作用，从而又有加强生长素的作用。

9.6.3 通过植物激素的代谢调节植物的生长发育

研究证明，赤霉素能促进蛋白质的降解并抑制生长素氧化酶的活性，从而产生较多的色氨酸，以利于合成生长素，且不易氧化分解，故赤霉素对生长素的形成与发挥其作用有利，赤霉素能提高组织中的生长素含量，促进生长。低浓度生长素对离体豌豆节间切段的伸长有促进作用，赤霉素也有相似的效果，当二者合并使用时，促进的效果更为明显。较高浓度的生长素促进合成酶的活性，所以促进乙烯的形成；但乙烯促进 IAA 氧化酶的活性，从而抑制生长素的合成和生长素的极性运输。因此，在乙烯作用下，生长素含量水平下降。从调节植物生长发育的角度看，是通过生长素与乙烯相互作用来实现的。

9.6.4 多种植物激素影响植物生长发育的顺序

种子休眠时，脱落酸含量很高，随着种子逐渐成熟，脱落酸含量亦逐渐下降变为束缚态，而赤霉素含量渐增。当完全后熟时，脱落酸含量下降到最低点，赤霉素水平很高，这时种子开始打破休眠，遇适宜条件，种子即开始萌发，此时生长素水平提高，促进萌发和幼苗生长，随着根系的生长，产生细胞分裂素向上运输，促进地上部分生长。

综上所述，植物生长发育过程受内源植物激素的多方面调节与控制，这种协调巧妙地配合，反映了生物界事物的奥妙。

9.7 植物生长调节剂

在农业生产中，为了提高作物产量，改善作物品质和提高其抗逆性，使用植物生长调节剂亦是有效途径之一。所以在大田作物和园艺林果生产上利用植物生长调节剂已受到广泛重视。但药物使用的浓度、时期以及对环境污染等方面亦应予以足够的重视，否则甚至会引起不良后果。

在农业生产中常用的生长调节剂有：

9.7.1 生长素类

人工合成的生长素类药剂有三类：

1. 与生长素结构近似的吲哚衍生物，如吲哚丙酸、吲哚丁酸。

2. 萘的衍生物，如 α-萘乙酸、萘乙酸钠等。

3. 氯代苯的衍生物，如 2,4-二氯苯氧乙酸(简称 2,4-D)，4-碘苯氧乙酸(又称增产灵)等。

生长素类药剂在农业上应用最早，随其浓度和用量的不同，同一植物组织可有完全不同的效果。例如，低浓度的 2,4-D 有促进座果和形成无籽果实的作用，若浓度过高就会引起生长畸形，再高的浓度则可杀死植物，因而又可用作除草剂。

9.7.2 赤霉素类

GA 是真菌发酵的产物，还不能人工合成。最常用的是 GA3。GA3 仅溶解于醇、丙酮等有机溶剂中，在低温和酸性条件下较稳定，遇碱则失效。

9.7.3 细胞分裂素类

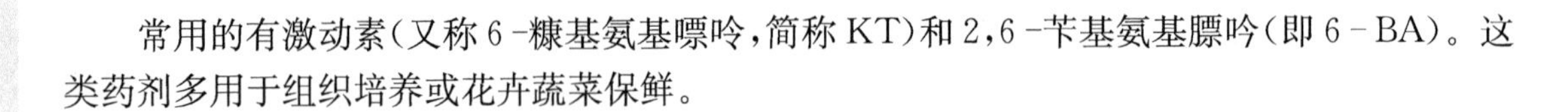

常用的有激动素(又称 6-糠基氨基嘌呤，简称 KT)和 2,6-苄基氨基膘呤(即 6-BA)。这类药剂多用于组织培养或花卉蔬菜保鲜。

9.7.4 乙烯释放剂

生产上常用的乙烯释放剂称乙烯利(简称 CBPA)，pH 3 以下时较稳定，随着溶液 pH 值增加，乙烯释放加快，当进入植物体后，则可随细胞内 pH 不同，释放乙烯的速度亦异。乙烯利主要用于果实与棉铃催熟和诱导雌花形成。

9.7.5 生长延缓剂与生长抑制剂

生长延缓剂对茎的顶端分生组织区的细胞分裂与扩展有特殊的抑制作用，它可使植物节间缩短，若再使用赤霉素，则茎的生长可以恢复，说明生长延缓剂有抑制赤霉素生物合成的作用。

在生产中常用的生长延缓剂有矮壮素(CCC)，缩节胺(Pix)、比久(二甲氨基琥珀酸酰胺，简称 B9)等。CCC 可抑制细胞伸长而不抑制细胞分裂，因此能缩短节间，使植株矮化，常用于防止作物徒长和倒伏。

缩节胺也能使节间缩短，抑制营养生长，药效较 CCC 缓和，时间较长，对人畜无毒，生产中用于防止棉花徒长和蕾铃脱落。

比久可抑制细胞分裂但不抑制细胞伸长，常用于抑制果树新梢生长，促进花芽分化，防止采前落果，增加果实着色，还可用于防止花生徒长。

生长抑制剂主要抑制顶端的细胞分裂，引起茎伸长停顿，破坏顶端优势。如 MH（青鲜素）、TIBA（2,3,5-三碘苯甲酸）和整形素（morphactin 又名形态素）等。青鲜素能抑制顶端分生组织的细胞分裂，破坏顶端优势，抑制生长。常可控制贮藏器官（马铃薯、洋葱等）在贮藏期间的发芽；MH 还抑制烟草侧芽生长；也可用作化学杀雄剂和除草剂。

TIBA 有抗生长素的作用，它抑制顶端分生组织细胞分裂，使植株矮化，消除顶端优势，增加分枝。TIBA 多用于大豆，使植株矮化，增加分枝数，提高结荚率，有显著增产效果。

整形素有拮抗赤霉素的作用，它能使植物消除顶端优势，促进腋芽生长，使植株发生矮化或丛生，还抑制种子萌发，抑制甘蓝、莴苣抽薹，促进结球。常可用于调整地下与地上器官的相关性，也可用于园艺作物造型艺术。

9.8 植物生长物质在花卉及苗木上的应用实例

植物生长物质在花卉、苗木上的应用十分广泛，包括打破种子休眠，促进插条、球根等营养繁殖材料生根，加速繁殖，促进花芽分化和着花，控制花期，枝型修饰和延长寿命等多方面的应用。

1. 促进插条生根

扦插是花卉、林木常用繁殖方法，为提高插条成活率和育成壮苗，促进不定根早发、快发、多发十分重要。迄今已发现有多种调节剂可促进插条生根，广泛应用于花卉和林木繁殖业。常用的植物生长剂为吲哚丁酸。它生根效果好，用量低，受酶系统降解速度相对较慢，并且在植物体内移动得慢，大多保留在施用的部位，是长效化合物。其他活性高的有萘乙酸，其毒性比吲哚丁酸大，用量过多有损伤植物的危险。

吲哚乙酸作用下产生的不定根细而长，是纤维质的；萘乙酸诱导产生的根少而粗。将吲哚乙酸与萘乙酸结合使用效果好。除这两种药剂外，用于插条生根的还有 2,4-D，ABT 生根粉，比久和石油助长剂等。

植物生长调节剂处理插条的方法见表 9.3。

表 9.3　花卉和苗木插枝生根用的植物生长调节剂使用方法

药　剂	浓　度	植　物	处理方法
萘乙酸	20～500 mg/L 20～100 mg/L 50 mg/L 1 000 mg/L 100 mg/L	龙柏 雪松、桂花、瑞香、橡皮树 水杉、池杉 山茶 仙人球	插前基部浸 5 秒 基部浸 6～24 小时 浸插条基部 20 小时 浸 3～5 秒 幼株浸泡 20 分钟
萘乙酸粉剂	原粉 2 g 加水 2L	大理花、蔷薇、杜鹃花、松、枫树、槲树	插后灌根
萘乙酸胺粉剂	制剂原粉	柳杉、扁柏、水杉、卫矛、菊等	原粉加水成糊状涂抹基部，或基部蘸水后再沾本粉剂

（续表）

药 剂	浓 度	植 物	处理方法
吲哚丁酸	500 mg/L 25～100 mg/L 50～100 mg/L 4 000 mg/L 1 000 mg/L 2 000 mg/L	桂花、山茶花、含笑 侧柏 大黄杨 大黄杨 满天星、杜鹃 满天星、杜鹃	基部浸 5 分钟 浸 12 小时 浸 3 小时 快蘸 10 秒 浸 3 小时 快蘸 20 秒
萘乙酸＋吲哚丁酸	两药以 1∶1 比例各75 mg 溶于 2 mL 酒精中	米兰、桂花等	用于空中压条，将药涂于环割处，再包囊苔藓或泥土，外套塑料袋
吲哚乙酸＋萘乙酸	2 500 mg/L＋2 500 mg/L 2 000 mg/L＋250 mg/L	龙船花 石竹	快蘸 10 秒 快蘸 10 秒
吲哚乙酸原粉	制剂原粉	西洋杉、黄杨、冬青、满天星、毛茛、桂花、山茶	插条切口用热水处理，再用本剂粉衣，立即扦插
比久	5 000 mg/L 2 500 mg/L	麝香、石竹、大丽花 一品红	快蘸 5 秒 快蘸 15 秒
吲哚乙酸＋比久	500 mg/L＋2 500 mg/L	菊花	快蘸 10 秒
2,4－滴	100 mg/L	山茶、月季、叶子花	插条基部浸 20 小时
ABT 生根粉 1 号	100 mg/L 50 mg/L	银杏、水杉、雪松、杜松、国槐 龙柏、泡桐	插条基部浸泡 2 小时 水杉浸泡 10～20 小时 浸 1～2 小时
ABT 生根粉 2 号	50 mg/L 100 mg/L	玫瑰、菊花、月季、白玉兰 茶花、海棠	插条浸 0.5～1 小时 白玉兰浸 3～6 小时 浸泡 0.5～1 小时
石油助长剂	50 mg/L 40～50 mg/L	天竺葵 杨、桦、榆	浸 6～24 小时 浸 4～6 小时

2. 打破休眠，促进萌发

高等植物种子及营养器官如块茎、鳞茎、球根等均可用来繁殖植物个体。这些繁殖器官都有休眠期。其萌发与休眠都是受植物体内的生长物质控制的。用赤霉素可以打破休眠，促进萌发。此外还有乙烯利、6－BA、萘乙酸等药剂。表 9.4 列出赤霉素等药剂打破休眠和促进萌发的处理方法。

表 9.4 药剂处理打破休眠、促进萌发的实例

药 剂	浓 度	植 物	处理方法
赤霉素	50 mg/L 100 mg/L 1 000 mg/L 100 mg/L 1 mg/L 10～100 mg/L	龙胆 菊花 杜鹃、山茶、欧榛、米心树 麝香、百合 蛇鞭菊 山毛榉 牡丹	浸种 喷洒植株 2～3 次 浸种 浸鳞茎 30 分 浸根株 浸种 处理有幼根的种子

（续表）

药剂	浓度	植物	处理方法
乙烯剂	0.5 μL/球茎 0.5 μL/球茎	水仙 郁金香	熏球茎 熏球茎 3 天
萘乙酸+6-BA	0.1 或 0.01 mg/L	野百合	浸球根

3. 控制开花

植物生长调节剂可促进花芽分化，增加花数和促进开花。如三十烷醇能促进水仙花、茉莉花和兰花着花与开花；乙烯利可促进菠萝着花、开花；GA 则能促进仙客来、报春、六月菊、夏菊、紫兰、杜鹃、郁金香等多种花卉的生长与开花，促进柳杉、扁柏等采种树花芽的分化，提高制种量。BA 能促进仙人掌、洋兰和仙客来着花与开花。

除了促进开花之外，植物生长调节剂还可以用来改变花期，使两种不同期开花的品种同步开花，以达到杂交育种的目的。还可以延缓一些木本植物在早春开花，减少冻害。植物生长调节剂在调控开花方面应用实例见表 9.5 和表 9.6。

表 9.5　植物生长调节剂在促进开花方面的应用方法

药剂	浓度	植物	使用方法
赤霉素	1～5 mg/L	仙客来	现蕾后喷花蕾
	10～20 mg/L	报春花	现蕾后喷植株中心部位
	10～50 mg/L	绣球花	秋天去叶后喷洒植株
	10～100 mg/L	紫罗兰	秋天短日照下叶面喷洒
	1 000～2 000 mg/L	山茶花	滴花蕾腋部
	400 mg/L	郁金香	株高 5～10 厘米时，滴在筒状中心
	50～100 mg/L	六月菊	从 1 月中旬开始叶面喷布，7～10 天 1 次，共 3 次
	5～50 mg/L	夏菊	生育初期每 10 天喷一次，共 2 次
	10～100 mg/L	天竺葵、石竹、大丽菊	叶面喷洒（可代长日照）
	50～150 mg/L	水杉、柳杉	叶面喷洒
	3 500 mg/L	鸢尾	从生芽到开花，喷 7 次
	20～50 mg/L	白芷	生育期浸植株 30 分
矮壮素	100 mg/L	番红花	处理球茎
	8 000 mg/L	唐菖蒲	种植后浇灌土壤，3 周一次功 3 次
		秋海棠	浇灌土壤，21℃下，20 小时光照
	1 800～2 300 mg/L	杜鹃	开花前 6～7 个月修剪后发新枝时叶面喷洒，8 小时短日照
乙烯剂	1 000～2 000 mg/L	风信子、水仙	浇灌土壤
三十烷醇	800～1 000 mg/L	观赏凤梨	花前 3 个月（20 片叶）叶面喷部
6-BA	0.1 mg/L	水仙花	摘心后叶面喷部 2～3 次
	0.5 mg/L	茉莉	着期、花期 7～10 天叶面喷部一次，共 7 次
	0.01～0.5 mg/L	兰花	苗高 3～5 cm，叶面喷部，每月 1 次，共 3 次
	100 mg/L	仙客来	9 月下旬喷花蕾
	50～100 mg/L	蟹爪兰	7—8 月份喷洒

(续表)

药　剂	浓　　度	植　　物	使 用 方 法
赤霉素 +6-BA	200 mg/L+5～ 10 mg/L	郁金香	株高 5～10 cm 时,滴入筒状中心
比久	5 000 mg/L	叶子花	叶面喷洒,8 小时短日照

表 9.6　在调控植物开花方面的应用实例

药　剂	浓　　度	植　　物	使 用 方 法
赤霉素	10～100 mg/L 40 mg/L	倒挂钟 品红	在长日照诱导下,隔天喷 1 次 在短日照诱导下,每周喷 1 次
比　久	1 000 mg/L	杜鹃	开花前 1～2 月,喷洒蕾部
吲哚乙酸	250 mg/L	落地生根	喷洒植株,延迟开花 2 周
吲哚丁酸	25～400 mg/L	菊花	9 小时光周期下,叶面喷洒
萘乙酸	50～100 mg/L	菊花	短日照处理后 6～9 天,每 3 天喷 1 次
2,4-滴	0.01～5 mg/L	菊花	叶面喷洒
脱落酸	1 000 mg/L	麝香石竹	每天喷洒,连续 15 天

4. 调控花卉、苗木株型

让花卉和苗木创造出优美的造型,更能显示良好的观赏效果。植物生长调节剂可使植株矮化、节间变矮、增加分枝和着花,叶色变绿,花色、果色艳丽,因而可造就优美株型。

多效哆可用来调控大叶黄杨、碗莲、菊花、四季海棠、文竹、一串红、水仙花等的株型:植株矮而紧凑,节间变矮,分枝、着花增多,花期增长,叶色浓绿,增强了观赏效果。

比久可用来调控小轮菊、大轮菊、一品红、叶牡丹、矮牵牛、杜鹃花、牵牛花株型;醇草定可用来调控郁金香、菊花、百合、一品红株型;高效哆可用以调控菊花、一品红、杜鹃花、石楠的株型;而矮壮素则用以调控杜鹃花、木槿、山茶花和百合的株型,使之按照人类的设计,建构千姿百态优美造型。

各种植物生长调节剂修饰花卉苗木枝型的使用实例详见表 9.7。

表 9.7　植物生长调节剂修饰花卉苗木枝型的实例

药　剂	浓　　度	植　　物	使 用 方 法
多效唑	2 000～4 000 mg/L 1 500 mg/L 20～50 mg/L 20 mg/L	大叶黄杨 一串红 水仙花 菊花、四季海棠、文竹	叶面喷布,注意不能连年用药 叶面喷布 浸球茎 36～48 小时 8 月下旬叶面喷布每半月 1 次,共 2 次
高效唑	1 000～2 000 mg/L 500～1 000 mg/L 2 000～5 000 mg/L 2 500～3 300 mg/L	菊花 菊花 一品红 杜鹃花、石楠	摘心后 10 天叶面喷布每盆 5～10 mL 土壤灌注每盆 50～100 mL 茎叶喷布每盆 5～10 mL 新梢初伸叶面喷布每盆 5～10 mL

（续表）

药　剂	浓　　度	植　　物	使用方法
比久	125～250 mg/L	大轮菊、小轮菊	摘心后7～10天以生长点为中心叶面喷布，每月1次
	250～500 mg/L	一品红、叶牡丹、矮牵牛	定植后叶面喷布
	250～300 mg/L	杜鹃花	摘心后30～40天叶面喷布
	60～120 mg/L	牵牛花	2～5片真叶时叶面喷布
醇草定	37～75倍液	郁金香	生育初期土壤灌注每盆75 mL
	5～10倍液	菊花	摘心后2周叶面喷布每盆5～10 mL
	20～25倍液	百合	苗高5 cm时茎叶喷布每盆75 mL
	37.5～75倍液	百合	现蕾期茎叶喷布
		一品红	摘心后1月内土壤灌注，每盆75 mL
矮壮素	1 500～2 000 mg/L	杜鹃	修剪后1周浇灌
	1 000 mg/L	木槿	新芽5～7 cm时叶面喷布
	3 000 mg/L	山茶花	新芽初生时浇灌

5. 防止盆栽落果和延迟成熟

盆栽花卉载果是盆景重要内容之一。GA和2,4-D具有防止盆栽橘脱落和延期成熟的效果，增加观赏时间。其使用方法见表9.8。

表9.8　防止盆栽落果和延迟成熟的实例

药　剂	浓　　度	植　　物	使用方法
赤霉素	15～20 mg/L	金橘、四季橘	全株喷布防落果
	20～30 mg/L	金橘、四季橘	果实刚退绿时喷果，延迟果实成熟
2,4-滴	15～20 mg/L	金橘、四季橘	盛花前全株喷布，防落果
	10～20 mg/L	金橘、四季橘	果变黄时喷果

6. 切花保鲜

切花已成为世界贸易庞大市场。仅荷兰、日本，鲜花贸易额每年就高达几十亿美元。我国随着人民生活水平的提高，切花市场日益走俏。切花保鲜已成为人们越来越关注的问题。

切花切离母株后，生理、生化过程都发生变化。除了水分和营养状况变化之外，激素之间的平衡发生改变，切伤会诱导乙烯产生，最终导致衰老，花瓣枯萎。根据切花采收的生理过程，筛选出不同的保鲜药物以延长切花的寿命。这些药物叫做保鲜剂。保鲜剂一般由水、无机盐、糖等营养物质，乙烯抑制剂，植物生长促进剂或生长延缓剂及杀菌剂等成分组成。根据使用时期和目的，保鲜剂可分为三种。

(1) 预处理液　切花采收分级后，贮藏运输或瓶插之前进行预处理，所用的保鲜液称为预处理液。使用预处理液的目的是促进花枝吸水，提供营养物质，灭菌等。其主要成分是蔗糖和硝酸银等。

(2) 催化液　有称开花液，是促使蕾期采收的切花开放的保鲜剂。其主要成分是糖分和杀菌剂。

(3) 瓶插液　又称保持液。是指切花在瓶插观赏期间所用的保鲜液，目的是延缓切花衰老。主要成分为8-羟基喹啉及其盐类和蔗糖。

以下介绍部分切花保鲜实例。

康乃馨——预处理液：1 000 mg/L 硝酸银溶液处理 10 min。催花液：550 mg/L 硫代硫酸银+10%蔗糖。瓶插液：5%蔗糖+200 mg/L8-羟基喹啉硫酸盐(8-HQS)+50 mg/L 硝酸银，或 3%蔗糖+300 mg/L8-HQS+500 mg/L 比久+20 mg/L BA+10 mg/L 青鲜素，或 4%蔗糖+0.1%明矾+0.02%尿素+0.02%KCl+0.02%NaCl。

月季——催花液：2%蔗糖+300 mg/L8-HQC。瓶插液：4%蔗糖+50 mg/L8-HQS+100 mg/L 抗坏血酸，或 5%蔗糖+200 mg/L8-HQS+50 mg/L 醋酸银，或 3%蔗糖+130 mg/L8-HQS+200 mg/L 柠檬酸+20 mg/L $AgNO_3$，或 2%蔗糖+250 mg/L8-HQS+500 mg/L柠檬酸+25 mg/L $AgNO_3$。

唐菖蒲——预处理液：1 000 mg/L $AgNO_3$ 处理 10 min 或 20%蔗糖处理 20 h。催花液及瓶插液：4%蔗糖+600 mg/L8-HQS 处理 24 h。瓶插液：4%蔗糖+150 μg/g 硼酸+100 μg/g$CoCl_2$。

郁金香——瓶插液：50%蔗糖+0.3%8-HQS+0.05%矮壮素。

牡丹——瓶插液：3%蔗糖+200 mg/L8-HQS+50 mg/L $CoCl_2$+20 mg/L 黄腐酸。

香石竹——瓶插液：5%蔗糖+200 mg/L8-HQ+100 mg/L 醋酸银。

思考题

1. 名词解释：植物激素；生长调节剂；极性运输；三重反应。
2. 五类激素各有哪些主要的生理作用？
3. 哪些激素与瓜类的性别分化有关？
4. 农业生产上常用的生长调节剂有哪些种类，其各自的作用是什么？在应用上要注意哪些事项？

5. 下列作用可采用什么生长调节物质处理？
   (1) 促进萌发，打破休眠
   (2) 促进插条生根
   (3) 促进雌花形成
   (4) 促进结实
   (5) 防止脱落
   (6) 矮化植株
   (7) 贮藏保鲜

10 植物的生长与分化

植物的生长与分化是植物各种生理与代谢活动的综合表现，它包括细胞的生长与分化、组织器官发育、形态建成、营养生长向生殖生长的过渡，以及个体最终走向衰老、成熟与死亡。研究这些历程的内部变化及其与环境的关系，对于控制植物的生长发育及提高作物生产力具有极其重要的作用。

10.1 植物细胞的生长与分化

10.1.1 植物细胞的生长

细胞分裂形成的新细胞，最初体积较小，只有原来细胞（母细胞）的一半，但它们能迅速地合成新的原生质（包括核物质和细胞质），细胞随着增大，其中某些细胞当恢复到母细胞一般大小时，便又继续分裂，但大部分细胞不再分裂，而进入生长时期。细胞生长就是指细胞体积的增长，包括细胞纵向的延长和横向的扩展。一个细胞经生长以后，体积可以增加到原来大小（分生状态的细胞大小）的几倍、几十倍，某些细胞如纤维，在纵向上可能增加几百倍、几千倍。由于细胞的这种生长，就使植物体表现出明显的伸长或扩大，例如根和茎的伸长，幼小叶子的扩展，果实的长大都是细胞数目增加和细胞生长的共同结果，但是，细胞生长常常在其中起主要的作用。

植物细胞在生长过程中，除了细胞体积明显扩大，在内部结构上也发生相应的变化，其中最突出的是液泡化程度明显增加，即细胞内原来小而分散的液泡逐渐长大和合并，最后成为中央液泡，细胞质的其余部分成为紧贴细胞壁的一薄层，细胞核随细胞质由中央移向侧面。在植物细胞生长过程中，液泡增大这一特征，一方面是由于细胞从周围吸收了大量的水分进入液泡，另一方面，也由于生长着的细胞具有旺盛的代谢能力，使它们的许多代谢产物积累于液泡中的缘故。因此，在细胞生长时，细胞的鲜重和干重都随着体积的增加而增加。在液泡变化的同时，细胞内的其他细胞器，在数量和分布上也发生着各种变化，例如内质网增加，由稀网状变成密网状；质体逐渐发育，由幼小的前质体发育成各类质体等等。原生质体在细胞生长过程中还不断地分泌壁物质，使细胞壁随原生质体长大而延展，同时壁的厚度和化学组成也发生变化，细胞壁（初生壁）厚度增加，并且由原来含有大量的果胶和半纤维素转变成有较多的纤维素和非纤维素多糖。

植物细胞的生长是有一定限度的，当体积达到一定大小后，便会停止生长。细胞最后的大小，随植物的种类和细胞的类型而异，这说明生长受遗传因子的控制。但是，细胞生长的速度和细胞的大小，也会受环境条件的影响，例如在水分充足、营养条件良好、温度适宜时，细胞生长迅速，体积亦较大，在植物体上反映出根、茎生长迅速，植株高大，叶宽而肥嫩。反之，水分缺乏、营养不良、温度偏低时，细胞生长缓慢，而且体积较小，在植物体上反映出生长缓慢、植株矮小、叶小而薄。

10.1.2 植物细胞的分化

多细胞生物中，细胞的功能是有分工的，与之相适应的，在细胞形态上就出现各种变化，例如绿色细胞专营光合作用，适应于这一功能，细胞中特有地发育出大量叶绿体。表皮细胞行使保护功能，细胞内不发育出叶绿体，而在细胞壁的结构上有所特化，发育出明显的角质层。贮藏功能的细胞，通常既没有叶绿体，也没有特化的壁，但往往具有大的液泡和大量的白色体等。细胞这种结构和功能上的特化，称为细胞分化。细胞分化表现在内部生理变化和形态外貌变化两个方面，生理变化是形态变化的基础，但是形态变化较生理变化容易察觉。细胞分化使多细胞植物中细胞功能趋向专门化，这样有利于提高各种生理功能的效率，因此，分化是进化的表现。

植物体的个体发育，是植物细胞不断分裂、生长和分化的结果。植物在受精卵发育成成年植株的过程中，最初，受精卵重复分裂，产生一团比较一致的分生细胞，以后，细胞分裂逐渐局限于植物体的某些特定部位，而大部分的细胞停止分裂，进行生长和分化。在种子植物的胚胎中，细胞在形态上已显示出初步的分化，在光学显微镜中可看到细胞的大小、形状、原生质的稀稠及细胞的排列方式等随细胞所处部位而不同。进而，在胚胎发育成幼苗的过程中，细胞分化更为明显，行使不同功能的细胞逐渐形成与之相适应的特有的形态，即在植物体中分化出了各种不同类型的细胞群，从而使植物体的成熟部分具有复杂的内部结构。

植物越进化，细胞分工越细致，细胞的分化就越剧烈，植物体的内部结构也就越复杂。单细胞和群体类型的植物，细胞不分化，植物体只由一种类型的细胞组成。多细胞植物，细胞或多或少分化，细胞类型增加，植物体的结构趋向复杂化。被子植物是最高等的植物，细胞分工最精细，物质的吸收、运输，养分的制造、贮藏，植物体的保护、支持等各种功能，几乎都由专一的细胞类型分别承担，因此，细胞的形态特化非常明显，细胞类型繁多，使被子植物成为结构最复杂，功能最完善的植物类型。

细胞分化是一个复杂的问题，同一植物的所有细胞均来自于受精卵，它们具有相同的遗传物质，但它们却可以分化成不同的形态；即使同一个细胞，在不同的内外条件下也可能分化成不同的类型。那么，细胞为什么会分化成不同的形态？如何去控制细胞的分化使其更好地为人类所利用？这些问题已成为当今植物学领域最使人感兴趣的问题之一。从本世纪初开始，在这一领域开展了广泛的探索，逐渐了解分化受多种内外因素的影响，例如，细胞的极性、细胞在植物体中的位置、细胞的发育时期、各种激素和某些化学物质，以及光照、温度、湿度等物理因素都能影响分化。

10.2 植物的生长周期

任何一个植物的个体总是循序地经历着发生、发展、直至死亡的过程。把植物个体发生、生殖的交替反复并传递生命的过程称为生活周期。植物生活周期包括许多顺序排列的阶段，一个阶段跟着一个阶段。在一个个体发育和下一个个体发育之间，以生殖细胞作为生命的渡桥。以高等植物为例，生活周期的基本过程在细胞水平上，包括细胞分裂、扩大和分化。从整体水平看，植物生活周期包括种子萌发、初生生长、次生生长、花的发育、受精、种子形成和休眠等不同阶段。习惯上把生活周期中呈现的种子萌发、生根、形成幼苗、茎叶生长，继而开花、结实、种子形成等植物体及其器官的结构形成过程称作形态建成。在生活周期中，伴随形态建成过程，植物个体经历着量变和质变的过程，即生长和发育的过程。目前对生长、发育尚无统一的定义，不同的作者赋予不完全相同的概念，但从量变与质变的辩证关系中容易把生长、发育的概念统一起来。生长主要是指由于细胞的分裂和扩大引起植物体体积、重量、长度等的不可逆增加，主要是量的变化，例如根的伸长、叶面扩展、茎升高、果实膨大等。伴随生长过程的量变，植物体一定会产生质的变化，这就引入了发育的概念。它是指伴随生长过程的量变，植物体在结构和功能上由简单至复杂的有序的质变过程。在发育的基础上通过细胞分化而形成不同的组织和器官，表现出形态建成的过程。可以说，植物体根、茎、叶、花、果的形态建成过程是发育过程的外部表现。

总之，生长和发育是相互紧密联系的，它们不是处在生活周期的不同时期，而是共处于一个植物体中而相伴发生的，在生长的量变过程中伴随着质的变化，在发育的质变过程中也需生长的量变作基础。

那么植物体怎样在这些代谢活动基础上完成生活周期的呢？是什么控制着生活周期从一个阶段向另一个阶段转化？生长、发育过程是怎样有序进行的？例如，种于是怎样萌发的？萌发的种子是怎样进行生长的？植物体是怎样从幼年期转入成年期，进而诱导花的形成？开花以后又是怎样导致果实、种子形成而完成生活周期的？目前认为，生活周期的顺序进行是由基因预先决定的并受内外因子的制约，在生活周期的不同阶段内不同的基因在起作用。因此，生活周期的有序进行可以认为是植物体所包含的基因受内部和外部环境的制约，在时间上和空间上有序表达的结果。

10.2.1 种子萌发

种子形成后，一般处于代谢活动缓慢的状态。种子含有一个胚，胚包括将来要成为地上部系统的组织和根系统的组织，即胚芽和胚根。除此以外，胚有一至多个子叶。许多双子叶植物其子叶占种子的绝大部分，含有许多贮藏物质，当胚开始生长时，提供胚以营养物质。许多单子叶植物子叶只占种子的一小部分。某些植物的子叶还是功能叶。胚乳是另一种贮藏组织，例如在大多数单子叶植物中，萌发所需的营养物质来自胚乳，而保留在种子中的子叶只起吸收器官的作用。

种子在感知环境信号后发芽，这种信号常常只是简单的水分因子，但有时其他因子也是重要的，例如光照条件、一个阶段的低温以及促使种皮破裂的因子等。种子发芽是个复杂的过程，它涉及到贮藏物质的移动，即它们被酶促降解为一些简单的化合物，然后运送到胚芽和胚根。例如，贮藏蛋白质转化为氨基酸，淀粉水解成葡萄糖。降解所需要的酶在有些种子中原本并不存在，只是当萌发时才从头合成。与贮藏物质转化和移动同步，胚芽和胚根的细胞开始分裂，穿破种皮而萌发。

10.2.2 初生生长

种子发芽后，植物体开始在特定区域生长，一般分为初生生长和次生生长两种类型。初生生长一般产生在茎和根的顶端以及胚等部位，而次生生长是植物茎和根直径上的增加。初生生长和次生生长都是与称作分生组织的细胞快速分裂的区域相联系的，分生组织是永久胚胎性的组织。

根和地上部的初生生长包括三个过程：细胞分裂、细胞扩大和细胞分化。根和地上部的细胞分裂最初发生在顶端分生组织。在细胞分裂完成后，分生组织离开这些细胞继续进行分裂。而刚形成的紧靠分生组织的细胞则开始扩大，在扩大过程中和扩大以后，细胞分化成特化的细胞，如木质部管胞、韧皮部筛管分子、进行光合作用的薄壁细胞等。细胞分裂、扩大和分化发生的区域在不同植物及植物不同部位是不相同的。双子叶植物只要地上部能获得足够的营养，只要环境信号没有改变分生组织的类型，则细胞分裂、扩大和分化就能继续不断地产生茎和叶。植物体能无限地生长。单子叶植物，如玉米，在形成确定数量的叶片后，营养生长就停止，继而开花，故属有限生长的类型。

根和地上部初生生长主要包括三种植物组织：表皮组织、基本组织（皮层和髓）、维管束（根中称中柱区）。在每一组织中有几种细胞类型，它们是分生组织产生的细胞经分化而形成的。地上部表皮组织包括起保护作用的特化表皮细胞（产生角质层）、保卫细胞、毛状体（毛细胞）等。基本组织包括薄壁细胞和一些作为支持作用的细胞，如厚角组织。维管束含有管胞和纤维，筛管分子和伴胞，导管分子和薄壁细胞。根中存在着与初生生长有关的持化器官根冠，它由分生组织产生，沿着根生长的方向移动。根冠细胞产生和分泌黏液，有助于根穿过土壤并保护顶端分生组织免受伤害。

根和地上部的初生生长也可形成分枝，这是由于新的顶端分生组织的形成或者休眠分生组织的激活。在根中，侧根起源于中柱鞘，中柱鞘具有分生能力，细胞分裂形成新的根原基，通过皮层和表皮外向生长，侧根基部的组织与主根的中柱形成维管相连。在地上部，分枝起源于具有强烈分生能力的生长锥，生长锥上的小突起发育成为定位于叶腋部位的腋芽，由腋芽陆续发出新的枝条，新枝上又可产生项芽和侧芽，继续形成第二级的分枝，最终形成植物体的整个地上部分。

10.2.3 次生生长

双子叶植物在初生生长之后，进而进行次生生长，使得地上部和根在径向加粗。在产生新细胞过程中涉及两种新的分生组织：一种是在初生维管束木质部和韧皮部之间的圆柱状细胞，即维管形成层。当形成层细胞分裂时，它在圆柱体的内侧和外侧产生不分裂的细胞，内侧的细胞分化成木质部细胞，大部分木质部细胞是管胞和导管分子，外侧的细胞分化成韧皮部细胞，包括筛管分子、伴胞和一些薄壁细胞。另一种是新分生组织木栓形成层，它是由表皮形成的或者由皮层的外侧细胞形成的，它们在维管形成层圆柱体外侧形成粗糙的圆柱体，其外侧形成的木栓细胞占据了初生表皮的位置并累积硬的蜡状物质木栓质。

单子叶植物茎中一般没有维管形成层和木栓形成层，终身只具初生构造，在初生分生组织分化成熟后也就不再增加了。单子叶植物在初生生长后少量的径向加粗主要来自非分生组织细胞直径的增加。

10.2.4 花器官的诱导和发育

茎的顶端分生组织从营养生长转变到生殖生长阶段，它在大小、形态和生长的速率等方面都有相当大的改变。一般来说，当植物体生长、发育到一定阶段，才能进入花熟状态。例如，常春藤的成熟枝条在叶子形状上很容易与幼年枝条区别开来。进入花熟状态的茎顶端分生组织一旦遇到适宜的环境条件就开始花的诱导。例如，有些植物经过一定时期的低温处理后就完成花的诱导，有些植物中，它要求日照长度的变化。通常对春季开花的植物，日照必须达到足够长，对秋季开花植物，日照必须足够短。经过花诱导，茎顶端分生组织从营养生长锥转变为生殖生长锥，进行花芽分化。

花可以在主茎的顶端产生，也可以在侧枝顶端产生，或者同时在这两个部位产生。草本一年生植物，花的发生和发育是在一个生长季节连续不断地进行，而多年生植物一般是在头一个生长季形成花芽，在另一个生长季完成它们的发育。

花器官包括萼片、花托、花冠、雄蕊群、雌蕊群等。在雌蕊群中，胚株中的一个细胞，即大孢子母细胞进行减数分裂，得到单倍体产物大孢子。一个大孢子经过三次顺序的有丝分裂得到八个核，其中一个卵核，两个极核，五个其他核，共同组成一个大配子体世代。与此同时。在花药中小孢子母细胞减数分裂产生小孢子，其中每个花粉粒中的核经分裂一至二次，形成单倍体的小配子，继而形成营养管核和两个精核。

10.2.5 果实和种子的形成

在雌蕊群和雄蕊群发育成熟后，花粉借助外界动力，如风和动物，而落到雌蕊群顶端的柱头，只有花粉与柱头匹配的植物种子才能完成受精过程，选择的过程可能涉及到柱头表面与花粉细胞壁上蛋白质之间的相互作用。如果两者是亲和的，则花粉发芽，形成花粉管，伸长并穿过心皮组织，达到胚珠和卵细胞，花粉释放出精核并与卵核融合，完成受精作用，形成合子，合子快速分裂形成胚。而第二个精核与大配子的两个极核融合形成胚乳。胚乳快速生长，从母体植株得到许多营养物质，并转化成蛋白质、淀粉、脂肪等贮藏起来。此后，珠被变硬，形成种皮。

伴随受精作用，子房也迅速发育形成果实。一般单由子房形成的果实叫真果。有的果实除了子房外，另外还有花萼、花托或花序等部分共同发育而形成，这种果实叫假果，如苹果、梨等，其食用部分由花托发育而成，草莓果实大部分由肉质花托组成。

10.2.6 植物休眠

1. 营养体休眠

许多植物交替进行着营养生长（初生和次生生长）和休眠。一般来说，在冬天当光和温度对生长不利时植物进入休眠，作为休眠的准备，顶端分生组织停止正常的营养生长过程并形成特化器官休眠芽。休眠芽有几层起保护作用的鳞片，复盖着活的但不活动的分生组织。春天，光照充足，温度回升，分生组织又恢复细胞分裂，引起地上部的初生生长。

叶的衰老和脱落常伴随着休眠进行。在休眠准备中,叶逐渐衰老,叶中许多物质,如叶绿素和蛋白质,分解并被运输到茎、根中贮藏起来。叶柄基部的特化层产生水解酶,破坏那里的细胞壁,使叶柄的支持结构减弱,在一定外力下叶脱落。春天,新叶必须从新的茎初生生长中形成。

2. 种子休眠

种子休眠是指在充分满足各种发芽条件时,健全种子不能马上发芽的现象。

植物种子生理休眠也是自然界长期选择的结果,是植物在系统发育过程中所形成的抵抗不良环境条件的适应性。导致种子休眠的原因是各种各样、错综复杂的,而且有些是能够遗传的。种子休眠状态可能是由一种或几种原因造成的,在后者情况下,即使某种原因被解除,但其他原因依然存在时,种子依旧不能发芽。种子休眠可以归纳六大方面的原因:

(1) 种子后熟。种子形态上成熟后,胚还需经过一段时期才能真正成熟。

有些植物种子脱离了母体,从形态上看种胚似乎也已充分发育了,但种胚尚未完成最后生理成熟阶段,种子内部还需要完成一系列的生物化学转化过程。

(2) 种皮的不透水性。有些种子种皮极为坚硬,或者很厚,无法透水,种子因不能吸胀而不能萌发。

(3) 种皮的不透气性。种皮具有良好的透水性,但不一定具有良好的透气性,影响种皮不透气性的原因是多方面的,但主要是幼胚被种皮紧紧包被所致。以苍耳为例,其果实含两粒种子,上位的种子小,具不透气性,限制氧的进入;下位的种子大,氧气较易透过,故小粒种子的休眠程度更深,需更高的氧分压才能打破休眠。其次种皮表面附生的脂类和绒毛也直接阻碍氧气进入胚部。这些种皮氧气不能正常吸入,二氧化碳又不能及时排出,种子内不断积累二氧化碳而使种子无法萌发。

(4) 种皮的机械作用。有些植物的种子种皮的透水性、透气性均良好,但由于其种皮外部存在的机械约束力量,阻碍了胚向外生长,从而导致种子处于休眠状态。例如,未成熟的白蜡树种子因种皮的机械阻力而妨碍胚的继续发育进而引起休眠。

(5) 发芽抑制物质。某些植物在果实、种皮、胚乳中积累了一些复杂的代谢产物,如氨、氰化氢、乙烯、芳香油类、植物碱类以及各种有机酸类物质,它们都抑制种子发芽而使种子处于长短不一的休眠状态。如甜菜种子种皮含发芽抑制物,因此种子经浸泡或漂洗而去掉抑制物后才能萌发。

10.3 植物各部分生长的相关性

植物体作为一个有机体,它是一个统一的整体。高等陆生植物各部分之间保持着相当恒定的比例和相对确定的空间位置,植株不同部分的生长既相互制约,又相互依赖、相互促进,这种现象称为生长的相关现象。相关现象广泛存在于细胞与细胞、组织与组织、器官与器官之间。在农业生产上,为了使植物各部分能协调地生长,并按人类生产活动的要求获取植物体相应的产量部位,就必须深入研究如顶芽与侧芽、地上部与地下部、生殖器官与营养器官、果实与种子等各部分的关系。当然,在研究植物各部分生长的相关性同时,必须注意植物体与动物体不同,其各部分之间还具有相对独立性,细胞全能性学说即植物每一部分均有发展成完整植物的能力就是最好的证明。

在植物各部分的相关性中，这里着重讨论植物体地下部分与地上部分的关系。

植物的地上部分和地下部分各处在不同的外部环境中，地上部分所处的环境可以使它获得充足的阳光、空气，而地下部分可从土壤中吸取足够的水分和矿质营养，在长期的进化过程中，地上部分和地下部分各自发展出特殊的生理功能，相互间既相互依赖，又相互制约。因此，在一株植物中，地上部分和地下部分必须保持适当的比例和空间位置。通常只把植物根部看作地下部分，故一般把植株根系与地上部分干重（或鲜重）的比值称作根冠比。对于一定的植物体，或一定的生长发育阶段，根冠比应保持一个适当的数值。根冠比反映了作物的生长状况以及环境条件对作物地上部和地下部生长的不同影响。地上部和地下部的关系总起来说是通过相互间大量物质的相互交换和特殊信息的传递来实现的。

10.3.1 地上部和地下部之间的大量物质的相互交换

常可见到一株树的树冠被砍去后，侧芽萌发长成的枝条生长特别快，叶子也比正常的大几倍。在盆景艺术中，在小小的花盆生存空间里，植株在几十年的时间也不长高多少。上述这些现象说明在根冠之间的相互关系中，根系供给地上部以大量的物质，其中以水分和矿质营养为主。

作为陆生植物地下部分的根系，它处在土地湿润的环境中，根系本身水分不易亏缺，但当土壤干旱或大气干旱时，根系对地上部水分的供应就会不足，结果造成地上部枝叶生长量下降，根冠比提高。反之，如果土壤水分过多，使通气不良，根系生长受阻，根冠比降低。生产上在玉米苗期进行蹲苗，即适当控制水分供应，限制幼苗地上部生长，而促进根系生长，有利于后期生长，当然，如长期控制水分供应，则不利于地上部分光合作用，影响有机物质累积。

从根系供给地上部矿质营养的角度考虑，根系在吸水的同时，从周围土壤吸取矿质元素。例如，根系吸收的氮素营养中，一部分以无机氮化物形式运输到地上部，而另一部分以氨基酸等形式运输到地上部分。因此，当氮素营养多，水分又十分充足的情况下，叶子光合作用合成的碳水化合物与根系供应的氮素迅速合成蛋白质促进地上部茎叶生长，减少了光合产物对根系的供应，使根冠比下降。在一些作物成熟阶段，必须控制对根系水和氮肥的供应，以防止地上部枝叶徒长，影响生殖器官的产量。磷肥的作用与氮肥不同，它有利于根系生长，多施磷肥常使根冠比增大。

综上所述，根系供应地上部的大量物质主要是水、肥，那么反过来地上部供应根系的大量物质是什么呢？地上部依靠它伸展在空气中和休浴在阳光下的叶子进行光合作用，合成的有机物质是生长发育需要的主要构成物质和能量来源，其中一部分通过韧皮部下运到根系，供应根系生长的需要。在从地上部下运到根系的有机物质中还包括一些维生素类物质，它对调节根的代谢活动起着重要的作用。根据地上部对地下部生长的重要作用，在农业生产上，对甘薯、胡萝卜、甜菜等以收获根部为主的作物，调整根冠比对产量形成至关重要。一般在生长前期保证水、氮肥供应，使地上部生长良好，生长后期施磷、钾肥，促进地上部合成的有机物质贮藏到根部。值得提出的是，马铃薯块茎不属于根，但也处在地下部，它的一些水肥要求常与甘薯类相似。在马铃薯抽出芽条后的早期生长阶段，如果有充足的阳光、水分和氮素供应，就可促进地上部茎叶生长，叶面积扩大，推迟块茎的形成，此时地上部与地下部之比较高。当生长至块茎形成期，短日、低温、充足的阳光、低氮素水平将会有利于结薯，继而有利于后期养分往块茎中运输和淀粉的积累。如果保持高氮肥条件、则促进繁茂的茎叶生长，不利于块茎形成。

此时低温可使结薯加快，数量增多。在温室中培育的薯苗此时移栽到大田较低温度条件时，可导致块茎的快速形成。

10.3.2 地上部和地下部之间的信息传递

植物体要成为一个完整的有机体，不仅需要各部位之间进行物质和能量的交换，而且必须在各部位之间进行信息的传递。植物虽然不像动物那样具有神经系统，但也具有信息传递的能力。维管束在沟通根冠之间的信息传递中起着重要的作用。这里以干旱胁迫时的生长变化为例说明根冠间的信息传递。

有人在对无性系苹果树叶片特征的研究中，把一株苹果根系等分在两个容器中生长。其中，一半根给以干旱处理，另一半根保持良好的灌水。此时，与未处理前相比，叶片水分状况没有任何可检测到的变化，但意外的是叶片生长开始下降，叶片水导也下降。如果此时再对干旱的根系进行两种处理：一种是恢复供水，发现叶片生长恢复，水导开始上升；另一种是将处于干旱土壤中的半数根系切除，结果与重新供水的处理相同。对这种现象的合理解释是：干旱土壤中的根会产生某种化学信号，传递到地上部阻止了叶片的生长和降低了叶片的水导，使叶片对于旱作出反应。根据与此类似的一些实验结果，提出了根与冠间通讯的化学信号假说。

那么什么是根冠通讯中的化学信号呢？从分析未浇水植株木质部汁液的组成表明，土壤干旱对阳离子、阴离子、pH、缓冲能力、氨基酸和植物激素的影响中，大部分成分在根周围土壤干旱时浓度下降，唯一例外是脱落酸的浓度大幅度增加。此外实验还表明，未浇水植株的叶片水导、生长速率与导管汁液中的脱落酸浓度呈显著负相关。据此推测脱落酸可在土壤干旱时由根合成，经木质部向上运输，而改变地上部生理功能的化学信号。在土壤干旱时，会发出化学信号，运输到地上部，影响到地上部生长。反过来，地上部的变化又会反馈信息，化学信号也从地上部运到根中，影响根的生理功能。除了脱落酸以外，根系合成的细胞分裂素在该过程中也可能起着某些作用。根系还从地上部获得影响其生长的化学信号生长素。除根冠间有化学信号存在外，有报道根冠间还有电波信号传递。目前关于根冠间的信息传递以及相互影响生理功能的研究正方兴未艾。

总之，地上部和地下部通过大量物质的相互交换以及各种信息的传递，在生长过程中相互促进、相互制约。在生产实践上如何对不同的植物或不同的生长发育阶段采取适当的栽培措施，使根冠比向有利于经济器官方向发展是需要认真考虑的问题。

思考题

1. 名词解释：休眠；温度三基点；生长；分化；发育；生长周期性。
2. 举例说明植物休眠在农业生产中的实践意义。
3. 试述在实践中如何打破植物的休眠。
4. 简述种子萌发的三个阶段及其代谢特点。
5. 影响种子萌发的因素有哪些？生产上如何加快种子的萌发速度？
6. 试述生长、分化和发育三者之间的区别与联系。
7. 举例说明如何将植物生长的区域性和周期性应用于实践中。

11 成花生理

高等植物的发育是从种子萌发开始的，经历幼苗、成株、生殖体形成、开花、结实，最后形成种子的整个过程。在这个发育的过程中，从营养生长过渡到生殖发育是一个关键的时刻。花芽分化及开花是达到生殖发育的标志。虽然植物有一年生、二年生、多年生之分，但它们的共同特点是在开花之前都要达到一定年龄或是处在一定的生理状态，然后才可感受外界条件而达到开花。开花之前达到的生理状态，称为花熟状态。有的植物在花熟状态之前的时期特别短促，如日本牵牛，在子叶期在适当的条件下就可开花，而木本多年生植物则要经过相当长的时期才开花。

植物达到花熟状态，一旦遇到适宜的环境条件，就开始花芽分化，即茎端分生组织从营养生长转变成生殖生长锥。花芽分化的时期和方式，是由植物的基因型决定的，而适宜的环境条件（低温、日照长度等），是花芽分化的外因。

植物在开花之前，对环境的反应相当敏感。对开花最有影响的环境因子是日照长度与温度。

11.1 光周期现象

光周期指的是一昼夜间光照与黑暗的交替（昼夜的相对长度）。

植物对日照长短发生反应的现象，称为光周期现象。除了开花之外，树叶的秋季落叶、芽的休眠以及地下贮藏器官（块根、块茎、鳞茎等）的形成，也都有光周期现象。其中研究得较多也较重要的就是植物成花的光周期性。很多植物在开花前的一段时期内，每天都需一定的光照或一定时间的黑暗才能开花，这种现象就称为植物成花的光周期性。

1. 光周期现象的特点

根据植物开花对光周期反应不同，一般可将植物分为三种主要类型。即短日植物、长日植物、日中性植物。

(1) 短日植物（short-day plant） 日照长度短于一定的临界值时才能开花。如果适当地延长黑暗，缩短光照可提早开花。相反，如果延长日照，则延迟开花或不能分化花芽。属于这类植物有大豆、紫苏、晚稻、黄麻、大麻、苍耳、烟草、菊等。

(2) 长日植物（long-day plant） 在日长度长于一定的临界值时开花。如果延长光照缩短黑暗可提早开花。而延长黑暗，则延迟开花或不能分化花芽。属于这类植物的有小麦、燕麦、菠菜、油菜、天仙子、金光菊、烟草等。

(3) 日中性植物（day-neutral plant） 开花之前并不要求一定的昼夜长短，在自然条件下四季均能开花。番茄、四季豆、黄瓜、烟草等属于这类。

上述分类并不是说长日植物开花所需的临界日长一定长于短日植物所需要的临界日长，而主要根据植物在超过或短于这一临界日长时的反应。长日植物一般在比临界日长更长的条件下，日照愈长开花愈早；在连续日照下开花最早。短日植物在比临界日长更长的条件下，不能开花，只有在比临界日长更短的条件下才能开花。日照愈短开花愈早。以短日植物大豆 Biloxi 变种为例，它的临界日长为 14 小时，如果日照长度不超过此临界值就能开花。长日植物冬小麦的临界日长为 12 小时，当日照长度超过此临界值才开花。将这两种植物都放在 13 小时的日照长度条件下，它们都开花。因此，重要的不是它们所受光照时数的绝对值，而是在于超过还是短于其临界日长时开花，见表 11.1。

应该说明的是，临界日长往往随着同一种植物的不同品种，不同年龄的植株和环境条件的改变而有很大变化。

表 11.1　一些长日植物和短日植物的临界日长

长日植物	24 h 周期中的临界日长/h	短日植物	24 h 周期中的临界日长/h
冬小麦	12	早熟种	17
		大豆　中熟种	15
天仙子 28.5℃	11.5	晚熟种	13～14
15.5℃	8.5	美洲烟草	14
白芥菜	14	草莓	10.5～11.5
菠菜	13	菊花	16
甜菜	13～14	苍耳	15.5

2. 光周期诱导

植物只要得到足够日数的适合光周期，以后再放置不适合的光周期条件下仍可开花，这种现象叫做光周期诱导。

(1) 光周期的诱导日数　光周期的诱导日数随植物不同而异。有的短日植物如苍耳、日本牵牛，只要一个短光周期处理，即使以后在不适合的光周期下，仍可诱导花原基发生。长日植物白芥、毒麦也只需一个长日照处理，就可诱导开花。多数植物光周期诱导需要几天、十几天到二十余天。例如，短日植物大豆约需 2～3 天，水稻 1 天，大麻 4 天，菊花 12 天；长日植物菠菜、油菜 1 天，甜菜 15～20 天等。这是最起码的诱导周期数，少于这个数不能开花，但是，周期数再增加，对开花更有利(开花期提前，花数增加)

通常植物必须长到一定大小，才能接受光周期诱导，以晚稻来说，植株达到 5～6 叶时才开始。冬性作物需经春化作用后才能接受光周期诱导。

(2) 光周期诱导中光期与暗期的作用　临界暗期是相对临界光期(或临界日长)而言的，就是指在光暗交替中长日植物能开花的最长暗期长度或短日植物能开花的最短暗期长度。许多试验证明，在诱导植物开花中暗期比光期的作用大。许多中断光期和暗期的试验则进一步证明了临界暗期的决定作用，若用短时间的黑暗打断光期，并不影响光周期诱导成花，但用闪光中断暗期，则使短日植物不能开花，却诱导长日植物开花(图 11.1)。

用灯光打断暗期，最有效的时间以午夜为最好。较早或较晚效果都差，靠近暗期的开端或终了几乎无效。闪光的光照强度不需很高，约在 50～100 Lx，但不同的植物反应不同，短日植

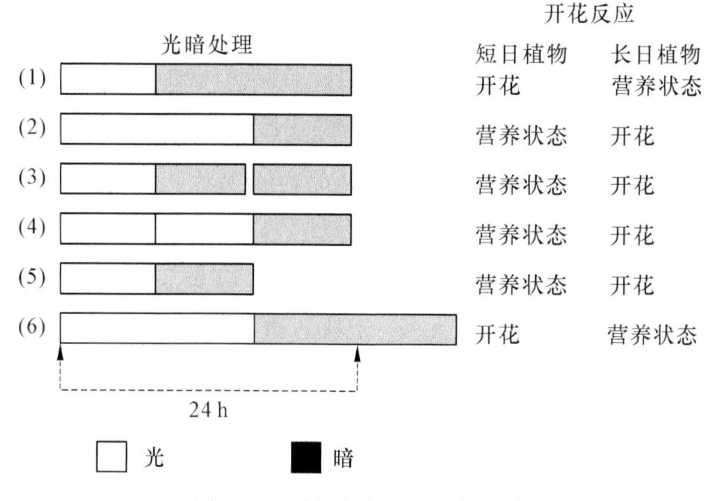

图 11.1　暗期间断对开花的影响

物晚稻对夜间 8～10 Lx 光强就有反应，所以，靠马路边灯下的晚稻常有迟抽穗的现象。

由于暗期闪光可促进或延迟开花，在选育上如要促进长日植物小麦、油菜等开花，不需补充光照，只要在半夜闪光即可。如要延迟晚稻、棉花等短日植物开花，也不必用补充光照的办法，只要半夜照光 5 min 即可达到目的。

生产上用闪光打断暗期抑制开花的办法已在甘蔗种植中试用，由于半夜闪光抑制了甘蔗开花，使之继续营养生长，从而使茎秆产量提高。

暗期虽然对植物的成花诱导起着决定性的作用，但光期也必不可少，只有在适当的暗期和光期交替条件下，植物才能正常开花。试验证明，暗期长度决定花原基的发生，而花的发育需要光合作用为它提供足够的营养物质，因此，光期的长度会影响植物成花的数量。

3. 光周期刺激的感受和传递

植物感受光周期的部位是叶片。以短日植物菊花的试验(图 11.2)即可证明：菊花的叶片处于短日条件下，而茎顶端给予长日照时，可开花；叶片处于长日条件下而茎顶端给予短日照时，则不能开花。这个实验充分说明：植物感受光周期的部位是叶片而不是茎顶端生长点。叶片对光周期的敏感性与叶片的发育程度有关，幼嫩和衰老的叶片对光周期的感受能力较成长叶片弱。

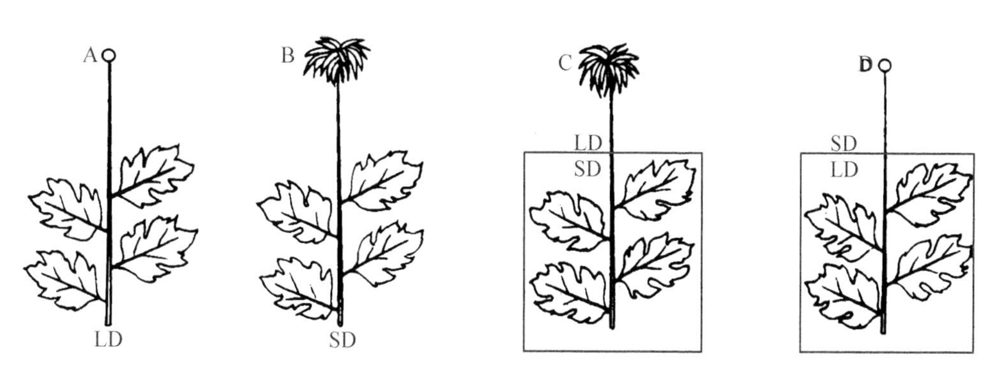

图 11.2　叶片和营养芽的光周期处理对菊花开花的影响

A～D. 4 种处理；LD. 长日照；SD. 短日照

由于感受光周期的部位是叶片，而形成花的部位是茎顶端分生组织，说明叶片感受光的刺激后能传导到分生区。嫁接试验可以证明这种推测：将5株苍耳嫁接串联在一起，只要其中一株上的一片叶子接受适宜的短日光周期诱导后，即使其他植株都种植于长日照条件下，最后所有的植株也都能开花(图11.3)，就证明了确实有某种或某些刺激开花的物质通过嫁接作用在植株间传递并发生作用。

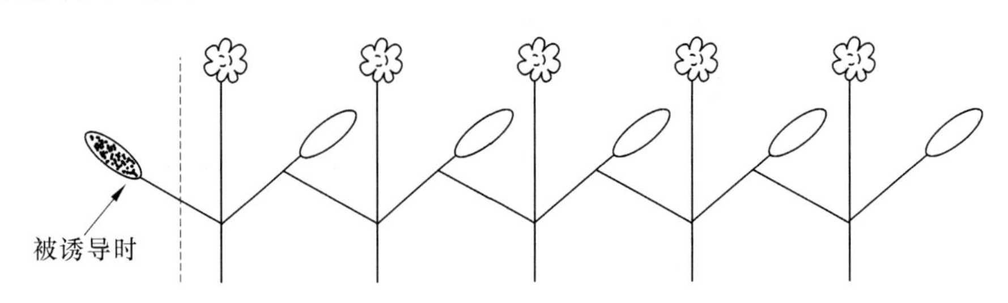

图11.3　苍耳嫁接试验

苍耳开花刺激物的嫁接传递，第一株的叶片在短日下，其余全部在长日下，所有的植株都开了花。

4. 光敏素

让植物处于适宜的光照条件下诱导成花，并用各种单色光在暗期进行闪光间断处理，几天后观察花原基的发生，结果发现：促进长日植物(冬大麦)和阻碍短日植物(大豆和苍耳)成花的作用光谱都以600～660 nm波长的红光最有效；但红光促进开花的反应又可被远红光逆转。例如，在每天的长暗期中间给予短暂的红光，短日植物不能开花，长日植物能开花。若红光照射后立即又用远红光短暂照射，则短日植物仍可开花，而长日植物却不能开花。但当红光和远红光交替处理植物时，植物能否开花则决定于最后处理的光是红光还是远红光(图11.4)。

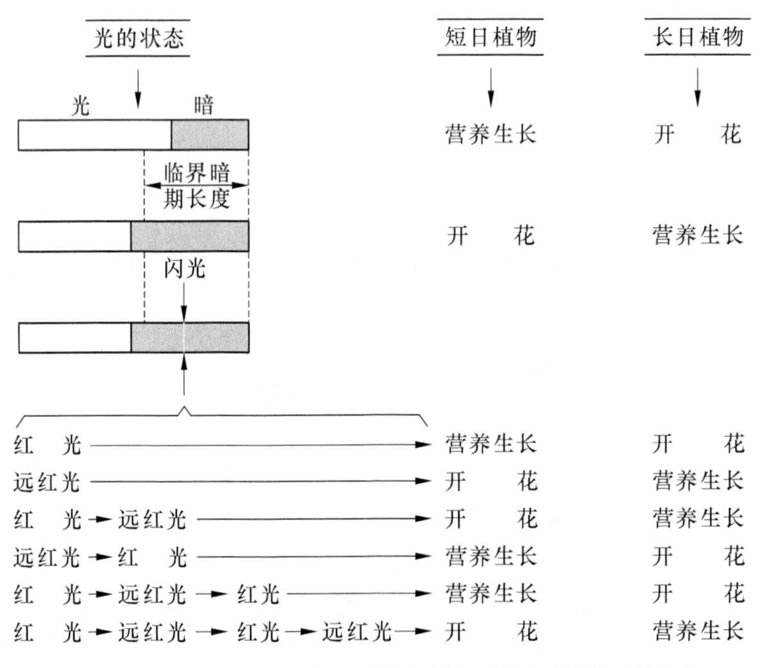

图11.4　红光和远红光对短日植物及长日植物开花的可逆控制

红光和远红光这两种光波能对植物产生生理效应。说明植物体内存在某种能够吸收这两种光波的物质，它就是光敏素。光敏素可以对红光和远红光进行可逆的吸收反应。通过对植物各部分检测，表明光敏素广泛存在于植物体的许多部位，如叶片、胚芽鞘、种子、根、茎、下胚轴、子叶、芽、花及发育中的果实中等。

光敏素在植物体内有两种存在状态：一种是最大吸收峰为波长 660 nm 的红光吸收型，以 Pr 表示；另一种是最大吸收峰为波长 730 nm 的远红光吸收型，以 Pfr 表示。两种状态随光照条件的变化而相互转变，光敏素 Pr 生理活性较弱，经红光和白光照射后转变为生理活性较强的 Pfr；Pfr 经远红光照射和在黑暗中又可转变为 Pr，但在黑暗中转变很慢，即暗转化。两者的关系可用下式表示：

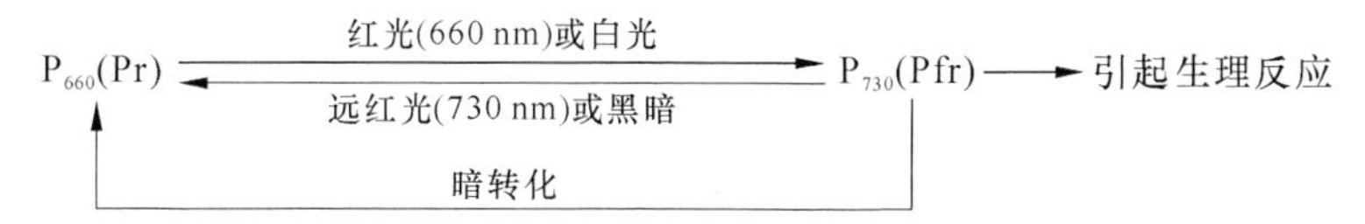

光敏素虽不是成花激素，但影响成花过程。光敏素对成花的作用并不是决定于 Pr 和 Pfr 的绝对量，而是受 P_{fr}/P_r 比值的影响。短日植物要求较低的 P_{fr}/P_r 比值。光期结束时，光敏素主要呈 Pfr 型，此时 P_{fr}/P_r 比值逐渐降低，当 P_{fr}/P_r 比值随暗期延长而降到一定阈值水平时，就可促进成花刺激物质的形成而促进开花。长日植物成花刺激物质的形成，则要求相对较高的 Pfr/Pr 比值，因此，当夜晚长于临界暗期时，P_{730} 转化为 P_{660} 的数量增多，使这一比值变小，对于短日植物便能促进开花，而对长日植物却抑制开花。但当用闪光间断长暗期时，由于闪光使 P_{660} 迅速又转化为 P_{730}，因此 P_{660} 的含量减少，提高了这一比值，从而使短日植物开花受到抑制，而长日植物开花得到促进。

5. 光周期现象的应用

(1) 植物的地理起源和分布与光周期特性　植物界的光周期决定了植物的地理分布与生长季节，植物对光周期反应的类型是植物对自然光周期长期适应的结果。在同一纬度上，长日植物多在春末夏初开花，而短日植物多在秋季开花，都是与当时的日照条件相适应的。低纬度地区因为没有长日条件，所以只有短日植物分布；高纬度地区因为只有长日照的时期植物可以生长，所以分布着许多长日植物；中纬度地区(即温带)长日和短日条件都有，所以长日和短日植物都能生存。这些都是与原产地生长季节的日照条件相适应的。

(2) 正确地引种和育种　在不同纬度地区间引种时，首先要了解被引种品种的光周期特性。同时还要了解作物原产地与引种地生长季节的日照条件的差异。如在我国将短日植物从北方引种到南方会提前开花，如果所引品种是为了收获果实或种子，则应选择晚熟品种。若原产地与引入地区光周期条件差异太大，会造成过早或过晚开花，都会引起减产甚至颗粒无收。

以收获营养为主的短日作物，如烟草、黄麻、红麻，可以提早播种或向北移栽，由于日照较长，营养生长期延长，可以增加产量。但如引种地区与原产地相距过远，便有留种问题。如广东、广西的红麻引种到北方种植，9 月下旬才能现蕾，种子不能及时成熟。可在留种地采用苗期短日处理方法，解决种子问题。

育种工作中还可利用光周期现象来调节作物的开花期，使父母本植物同时开花，以利于杂交授粉。

(3) 控制花期　在花卉栽培中，已经广泛采用人为控制光周期的办法来提早或推迟花卉植物开花。例如使菊花在一年之内的任何时期开花，供观赏之需要。

(4) 加速世代繁育，缩短育种年限　为了加速世代繁育，缩短育种年限，创造了南繁北育的方法，这是根据我国气候多样的特点，利用异地种植满足作物发育的条件(主要是温度和日长)，达到一年内育两代或三代的目的。短日作物品种(如玉米、水稻)，冬季到海南岛繁育；长日作物品种(如小麦)，夏季到黑龙江，冬季到云南繁育。

11.2 春化作用

春化作用是许多温带植物发育过程中表现出来的要求低温的特性，但是一些喜温作物，如水稻、棉花等的发育过程中，开花对温度并没有严格要求，这些作物可能并不存在春化现象。

1. 春化作用的特性

人们很早就注意到，冬小麦必须在秋季播种，出苗后经过冬季低温的作用，次年夏初才能抽穗开花。如果将冬小麦改在春季播种，它便只繁茂地生长枝叶，而不能开花结实。对冬小麦来说，秋末冬初的低温就能成为花诱导的必需条件。这种需要一定时间给予人工低温处理萌动的种子，使它完成春化作用的过程，就叫春化处理。图 11.5 为未经春化处理和已经春化处理的冬小麦在春季播种后的情况。

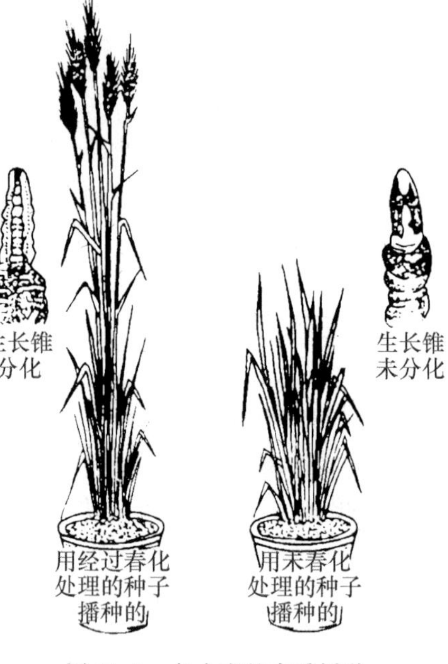

图 11.5　冬小麦的春季播种

现在春化一词不仅限于种子对低温的要求，也包括其他时期植物对低温的感受。

需要春化的植物包括冬性一年生植物(如冬性谷类作物)、大多数二年生植物(甜菜、芹菜、白菜)和有些多年生植物(牧草)。这些植物通过低温春化之后，还要在较高温度下，并且多数还要求在长日条件下才能开花。因此春化过程只对开花起诱导作用。

(1) 植物对低温反应的类型　植物开花对低温的要求大致有两种类型：一类植物对低温的要求是绝对的，如二年生或多年生植物，假如不经过一定天数的低温，植物就不能开花；另一类植物对低温的要求是相对的，低温处理可促进它们开花，未经低温处理的植株虽然营养生长期延长，但最终也能开花。

各种植物春化所要求的温度不同，这种特性是在植物系统发育中形成的。根据春化过程对低温的要求不同，可将小麦分成冬性、半冬性和春性三种类型。不同类型的小麦所要求的低温范围和时间都有所不同，一般而言，冬性越强，要求的春化温度越低，春化的天数也越长(表 11.2)。

表 11.2　不同类型小麦通过春化需要的温度及天数

类　　型	春化温度范围/℃	春 化 天 数
冬性	0～3	40～45
半冬性	3～6	10～15
春性	8～15	5～8

(2) 春化温度和时间　对大多数要求低温的植物来说，1℃～2℃是最有效的春化温度。

但只要有足够的时间，−1℃～9℃范围内也同样有效。各类植物通过春化要求的期限有所不同，在一定期限内春化的效应随低温处理时间的延长而增强（图 11.6，图 11.7）。

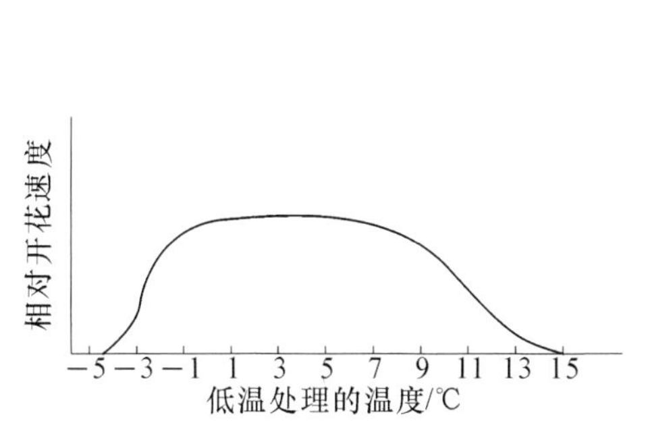

图 11.6　相对开花反应（在长日条件下）与春化期间温度的关系

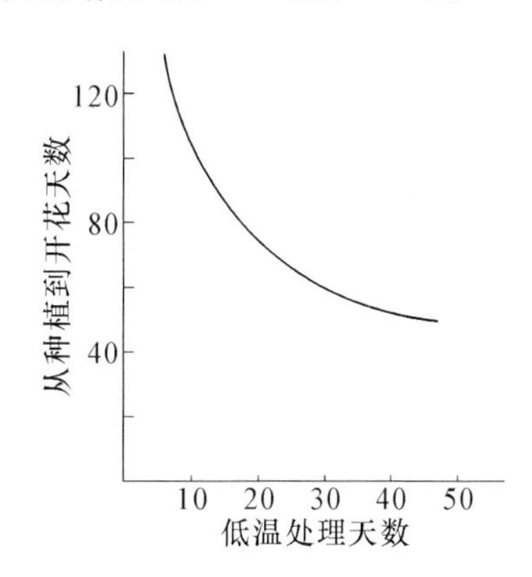

图 11.7　冬黑麦种子低温处理时间对开花的影响

（3）解除春化作用　在春化过程结束之前，把植物放到较高温度下，低温的效果被消除，这叫解除春化。一般解除春化的温度为 25℃～40℃，冬黑麦在 35℃下 4～5 天即可解除春化。在国外利用解除春化的现象于洋葱生产。越冬贮藏的洋葱鳞茎在春季种植前先用高温处理以解除春化，便可以防止生长期开花而获得大鳞茎。

（4）春化作用与光周期　许多要求低温春化的植物都是属于长日植物，如冬小麦、菠菜等，这些植物在感受低温之后，必须在长日照下才能开花。但菊花是例外。菊花是需春化的短日植物。

春化与光周期的效应有时可以相互代替或相互影响。如甜菜是长日植物，如果春化期限延长，能在短日照下开花。大蒜鳞茎形成也有光周期现象。一般情况下鳞茎是在长日照下形成的。但用低温处理，在短日照下也可形成鳞茎。这些都说明低温代替了光周期。

2. 春化作用的机理

（1）春化作用的时期和部位　一般植物在种子萌发后到植物营养生长的苗期都可感受低温而通过春化。如冬小麦、冬黑麦等除了在营养体生长时期外，在种子吸胀萌动时就能进行春化。但甘蓝、胡萝卜和芹菜等植物只有当幼苗长到一定大小时才能进行春化。

芹菜等幼苗感受低温影响的部位是茎尖生长点，所以芹菜种在温室中，只要对茎尖生长点进行低温处理，就能通过春化。若将芹菜种植在低温条件下，茎尖却处于高温下，则植株不能通过春化。某些植物的叶片感受低温的部位是在可进行细胞分裂的组织内。因此，春化处理感受低温的部位是分生组织和某些能进行细胞分裂的部位。

（2）春化效应的传递　将菊花的已春化植株和未春化植株嫁接，未春化植株不能开花；若将春化植株的芽移植到未春化的萝卜植株上，则这个芽长出的枝梢能开花。但将未春化的萝卜植株的顶芽嫁接到已春化的萝卜植株上，该顶芽长出的枝梢不能开花，这说明春化效应只能随细胞分裂的传递而传递。但在天仙子试验中，将已春化的天仙子枝条或叶子嫁接到未春化的植株上，就能诱导未春化的植株开花。说明通过低温处理的植株可能产生了某种可传递的开花诱导物质，但至今尚未分离到这种物质。

（3）春化作用的机理　春化过程可用下列图式表示：

$$前体 \xrightarrow{\text{I}} 中间产物 \xrightarrow{\text{II}} 最终产物$$

↓ Ⅲ

中间产物分解(解除春化)

上述反应的温度系数不同,在低温下,反应Ⅰ的速率较低,反应Ⅱ的速率比反应Ⅰ的更低,因此,反应Ⅱ和Ⅲ竞争中间产物,并使反应Ⅱ得以进行,形成稳定的最终产物,促使开花。高温下,反应Ⅲ的速率超过反应Ⅰ,中间产物被分解或钝化,春化作用被解除,对开花无效。

在春化过程中植物体内发生了一系列生理生化变化,包括呼吸途径、呼吸酶、核酸代谢、蛋白质代谢等的变化。一般是,蒸腾作用增强,水分代谢加快;叶绿素含量增多,光合速率加快,许多酶的活性增强,呼吸增高。由于春化后植物的代谢旺盛,因而抗逆性特别是抗寒性便显著降低,以小麦而言,主茎和分蘖因生长有先有后,所以在通过春化作用的时间上,也就有先有后。这样,在有晚霜危害和寒潮侵袭时,主茎和完全通过春化的分蘖可能被冻死,而某些未完全通过春化的分蘖,仍具较强的抗寒性,因此在生产上,如受冻的麦株主茎已死,仍可保留,只要加强水肥管理未冻死的分蘖仍可成穗,并可获得较好的收成,“霜打麦子不用愁,一棵麦子九个头”,就是这个意思。

11.3 花芽分化

1. 花芽分化的概念

植物经过营养生长后,在适宜的外界条件下,就能分化出生殖器官(花),最后结出果实。尽管植物有一年生、两年生和多年生之分,但它们的共同特点是在开花之前都要达到一定的生理状态,然后才可感受外界条件进行花芽分化。花原基形成、花芽各部分分化与成熟的过程,就称为花器官的形成或花芽分化。花芽分化是植物从营养生长过渡到生殖生长的标志。在花芽分化期间,茎端生长点的形态发生了显著变化,即生长锥伸长和表面积增大。从营养生长锥变成生殖生长锥,即开始花芽分化。

小麦、水稻、玉米、粟和高粱等禾本科植物的穗分化过程,都是从生长锥的伸长开始的。棉花、苹果等双子叶植物花芽形成的早期标志,也是生长锥伸长。胡萝卜则是另一种情况,花芽分化开始时,生长锥不是伸长,而是变扁平,其他伞形科植物也基本如此。但无论哪种情况,这时生长锥的表面积都变大。细胞学观察表明,这时生长锥表面的一层或数层细胞(即形态学上的原套部分)分裂加速,细胞小而原生质浓,中部(即形态学上的原体部分)的一些细胞则分裂慢慢减少,细胞变大,原生质变薄,有的慢慢出现液泡,甚至发生细胞间隙。在小麦等植物中还观察到,淀粉的积累在营养生长时期是在分蘖节内,而在这时则是在生长锥的中部细胞内。分生组织表层细胞内则没有淀粉积累,但蛋白质和 RNA 的含量较高。在菜花中也可观察到经过低温诱导的生长锥中积累了大量的淀粉,而营养生长锥中几乎没有淀粉。淀粉可能是作为分生组织细胞分裂的能源和代谢的底物,而 RNA 和蛋白质则是通过分裂产生的新细胞的组成物质。

由于分生组织表层的细胞分裂快,而中部的细胞分裂渐趋停止,这就使得生长锥表面出现皱折,在原来形成叶原基的地方形成花原基。在花原基上再分化出花的各部分的原基。

图 11.8 是短日照植物苍耳在接受短日诱导后生长锥由营养状态转变为生殖状态的变化

过程。苍耳接受短日诱导后，首先是生长锥膨大，然后自基部周围形成球状突起并逐渐向上部推移，形成一朵朵小花。另外，花芽开始分化后，生理生化方面也变化显著，如细胞代谢增强，有机物剧烈转化等。

图 11.8 苍耳接受短日诱导后生长锥的变化
图中的数字为发育阶段，0 阶段为营养生长时的茎尖

2. 植物性别的分化规律及其调控

在花芽的分化过程中，进行着性别分化，大多数高等植物的花芽逐渐在同一花内形成雌蕊和雄蕊，成为雌雄同花。但是，也有不少雌雄异株植物，即这些植物一株的花只形成雌蕊或雄蕊。也有一些植物在同一株中有两种花，一种是雄花，另一种是雌花，成为雌雄同株植物，多数植物在花的分生组织都产生雌蕊或雄蕊的雏形，但以后某一性器官退化了。

调控植物性别形成的外界条件，主要是光周期、营养、温度和激素的施用。

光周期对花内雌雄器官的分化影响较大。一般说来，短日照促使短日植物多开雌花，长日植物多开雄花；长日照使长日植物多开雌花，短日植物多开雄花。在相当多的植物种类中，光周期对性别的分化具有显著的影响。短日照将使玉米的雄花序上形成雌花，在雄花序中央复总状花序发育成为一个小的但发育很好的雌穗（缺少苞叶）。菠菜是一种雌雄异株的长日植物，但如果在诱导的长日照后紧接着的是短日照，在雌株上可以形成雄花。

土壤条件对不同植物性别的分化有比较明显的调控作用。氮肥多，水分充足的土壤促进雌花的分化，如秋海棠。但却促进另一些植物雄花分化，如黄瓜。夜间低温促进许多植物如菠菜、大麻和葫芦等的雌花分化，但却促进黄瓜雄花分化。

植物激素对花性别分化效应是广泛的。生长素可促进黄瓜雌花的分化，赤霉素则促其雄花的分化。三碘苯甲酸及马来酰肼抑制雌花的分化，矮壮素抑制雄花的分化。乙烯能促进黄瓜雌花的分化。在生产中，烟熏植物可以增加雌花，因烟中有效成分是乙烯和一氧化碳。一氧化碳的作用是抑制吲哚乙酸氧化酶的活性，减少吲哚乙酸的破坏，提高生长素的含量，所以促进雌花分化。细胞分裂素有利雌花分化，例如，它可使葡萄的雄株的雄花中产生雌蕊。

此外，伤害也可使雄株转变为雌株。番木瓜雄株伤根或折伤地上部分，新产生的全是雌株。黄瓜茎折断后，长出的新枝条全开雌花。这大概是损伤引起乙烯产生的缘故。

3. 影响花芽分化的因素

(1) 营养状况　营养是花芽分化及花器官形成与生长的物质基础。其中碳水化合物对花芽分化的形成尤为重要。花器官形成需要大量的蛋白质，氮素营养不足，花芽分化慢且开花少；但氮素过多，C/N 比失调，植株贪青徒长，花反而发育不好。也有报道精氨酸和精胺对花芽分化有利，磷的化合物和核酸也参与了花芽分化的过程。

(2) 内激素对花芽分化的调控　CTK、ABA 和乙烯可促进果树的花芽分化。GA 则可抑制各种果树的花芽分化。IAA 的作用较复杂，低浓度的 IAA 对花芽分化起促进作用，而高浓度起抑制作用。GA 可提高淀粉酶活性，促进淀粉水解，而 ABA 的作用则与 GA 相反，有利于淀粉积累。在夏季对果树新梢进行摘心，GA 和 IAA 含量减少，CTK 含量增加，这样能促进营养物质的分配，促进花芽分化。

此外，花芽分化还受植物体内营养状况与激素间平衡状况的影响，在一定的营养水平条件下，内源激素的平衡对成花起主导作用。在营养缺乏时，花芽分化则要受营养状况左右。当植物体内营养物质丰富，CKT 和 ABA 含量高而 GA 含量低时，则有利于花芽分化。

(3) 环境因素　主要包括光照、温度、水分和矿质营养等。其中光对花芽分化影响最大。光照充足时，有机物合成多，有利于花芽分化；反之则花芽分化受阻。农业生产上对果树整形修剪、棉花整枝打杈就是为了改善光照条件，以利于花芽分化。

一般情况下，在一定范围内，植物的花芽分化随温度升高而加快。温度主要通过影响光合作用、呼吸作用和物质转化运输等过程，从而间接影响花芽分化。如水稻减数分裂期间，若遇上 17℃以下的低温就形成不育花粉。低于 10℃时，苹果的花芽分化则处于停滞状态。

不同植物的花芽分化对水分需求不同，稻、麦等作物孕穗期对缺水相当敏感，此时若水分不足会导致颖化退化。而夏季适度干旱可提高果树 C/N 比，有利于花芽分化。

氮肥过少不能形成花芽，氮肥过多枝叶旺长，花芽分化受阻；增施磷肥，可增加花数，缺鳞则抑制花芽分化。因此，在施肥中应注意合理配施氮、钾肥，并注意补充锰、铼等微量元素，以利于花牙分化。

思考题

1. 名词解释：春化作用；解除春化；再春化作用；光周期现象；长日植物；短日植物；日中性植物；临界日长；临界暗期；光周期诱导。
2. 设计一个简单的实验来证明植物感受低温的部位是茎生长点。
3. 举例说明常见植物的主要光周期类型。
4. 如何确定一种植物是短日照植物、长日照植物还是日中性植物？
5. 试述光敏素在植物成花诱导中所起的作用。
6. 根据所学的知识说明异地引种须考虑哪些因素。

12 生殖、衰老与脱落

植物的有性生殖过程包括花的形成和开放、授粉和受精、胚和胚乳发育、果实和种子的形成与成熟等阶段。许多植物以种子和果实繁殖后代，多数作物的生产也以收获种子和果实为目的，因而了解植物生殖器官的发育特点、生殖和衰老的生理过程及其影响因素，进而采取相应的农艺措施，促进生殖器官的建成和发育，无疑是十分重要的。

12.1 授粉与受精

12.1.1 花粉的生理特点

花粉是花粉粒的总称，花粉粒是由小孢子发育而成的雄配子体。经分析证明，花粉的化学组成极为丰富，含有碳水化合物、油脂、蛋白质、各类大量元素和微量元素。花粉中还含有合成蛋白质的各种氨基酸，其中游离脯氨酸含量特别高，脯氨酸的存在对维持花粉育性有重要作用，如不育的小麦中就不含脯氨酸。花粉中还含有丰富的维生素 E，C，B_1，B_2 等及生长素、赤霉素、细胞分裂素与乙烯等植物激素。这些激素对花粉的萌发、花粉管的伸长及受精、结实都起着重要调节作用。另外，成熟的花粉具有颜色，这是因为花粉外壁中含有色素，如类胡萝卜素和花色素苷等色素具有招引昆虫传粉的作用。另外，据试验统计表明，在花粉中已鉴定出 80 多种酶。正因为花粉中维生素含量高，又富含蛋白质和糖类，因而花粉制品已成为保健食品。

12.1.2 花粉的生活力与贮藏

花粉成熟离开花药以后，其生活力还保持一定的时期。由于植物种类不同，成熟的花粉离开花药以后生活力差异较大。禾谷类作物的花粉生活力较弱，水稻花药裂开 5 分钟后，花粉生活力便下降 50%以上；玉米花粉生活力较强，能维持 1 天之久；果树的花粉则可维持几周到几个月。所以，延长花粉生活力，贮藏花粉，以克服杂交亲本花期不遇已成为生产上的一个亟待解决的问题。

花粉生活力也与外界条件有关，一般干燥、低温、二氧化碳浓度高和氧浓度低时，最有利于花粉的贮藏。许多研究表明，在比较干燥的环境(相对湿度 30%～40%)下，代谢过程减弱和呼吸作用降低，能够较长时间保持花粉的生活力。湿度过高或过低，对保持花粉的生活力都不利。如苹果花粉在 3℃，相对湿度 25%以下，可保存 350 天，萌发能力仍在 60%以上。温度是影响花粉贮存的另外一个重要环境因素。一般认为，1℃～5℃是花粉贮存的最适温度。低温可使花粉降低呼吸作用，减少贮藏物质的消耗，以延长其寿命。例如，小麦花粉在 20℃时，只能生活 15 分钟左右，如贮存于0℃时，则可生活2天。又如，玉米花粉的寿命在一般情况下也只有1天多，但在相对湿度60%情况下，温度降为7℃，即可贮存10天。某些果树（如苹果、梨）和蔬菜（如番茄）的花粉，在零下低温保存，效果很好。例如，苹果花粉在−15℃下贮存9个月，还有95%可以萌发。增加空气中CO_2的浓度，例如，在干冰（固体状态的CO_2）上贮存的花粉，可延长花粉的寿命。在纯氧中贮存的花粉，则缩短花粉的寿命。减少氧分压也可使某些花粉的寿命延长。当前在花粉贮存上也有用真空干燥法的，如苜蓿花粉在−21℃下真空贮存，经11年后尚有一定的生活力，其他如豌豆、马铃薯、番茄、桃、李、柑橘等植物的花粉，也都有贮存1～3年的记录。

此外，光线对花粉的贮存也有影响，一般以遮阴或在黑暗处贮存较好。例如，苹果花粉在黑暗处贮存的，萌发率是33.4%，在散光下是30.7%，而在日光直射下仅是1.2%。

一般来说，1℃～5℃的温度、6%～40%相对湿度，贮藏花粉最好。但禾本科植物的花粉贮藏要求40%以上的相对湿度。在花粉贮藏期间，花粉生活力的逐渐降低是由于花粉内贮藏物质消耗过多、酶活性下降和水分过度缺乏造成的。

12.1.3 花粉的萌发与花粉管的伸长

成熟花粉从花药中散出，而后借助外力（地心引力、风、动物传播等）落到柱头上的过程，称为授粉。授粉是受精的前提。花粉传到同一花的雌蕊柱头上称自花授粉；而传到另一花的雌蕊柱头上称异花授粉，包括同株异花授粉及异株异花授粉。然而在栽培及育种实践中，异花援粉是异株异花间的传粉，而同株异花授粉则视为自花授粉。只有经异株异花授粉后才能发生受精作用的称为自交不亲和或自交不育。

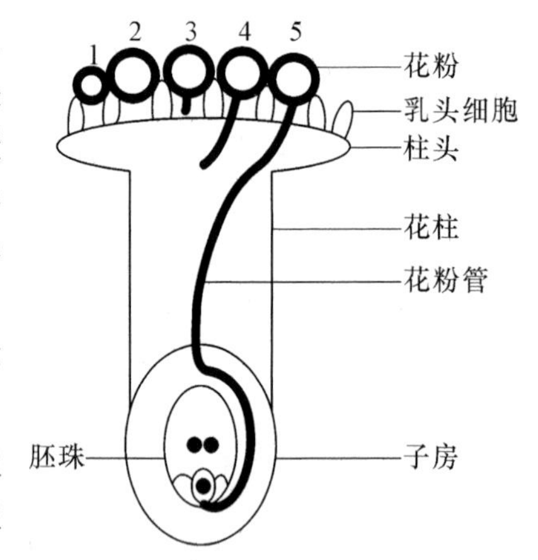

图12.1　雌蕊的结构模式及其花粉的萌发过程

1. 花粉落在柱头上；2. 吸水；3. 萌发；4. 侵入花柱细胞；5. 花粉管伸长至胚囊

具有生活力的花粉粒落到柱头上，被柱头表皮细胞吸附后，吸收表皮细胞分泌物中的水分，由于营养细胞的吸胀作用，使花粉内壁及营养细胞的质膜在萌发孔处外突，形成花粉管乳状顶端的过程称为花粉萌发（图12.1）。

随后花粉管侵入柱头细胞间隙进入花柱的引导组织，花粉管在生长过程中，除消耗花粉粒本身的贮藏物质外，还要消耗花柱介质中的大量营养。

许多生长促进物质影响花粉管的生长。试验证明花粉中的生长素、赤霉素可促进花粉的萌发和花粉管的生长。硼对花粉的萌发有显著促进效应。因此在花粉培养基中加入硼和钙有利于花粉的萌发，子房中的钙可能是作为引导花粉管向着胚珠生长的一种化学刺激物。

花粉的萌发和花粉管的生长，表现出集体效应，即在一定的面积内，花粉的数量越多，萌发和生长的效果越好。人工辅助授粉增加了柱头上的花粉密度，有利于花粉萌发的集体效应的发挥，因而提高了受精率。

12.1.4 花粉和雌蕊的相互识别

花粉落在雌蕊柱头上能否正常萌发，导致受精，决定于双方的亲和性，即花粉和雌蕊组织之间的“认可”或“拒绝”的“识别”反应。这个识别反应决定于花粉壁中蛋白质和柱头乳突细胞表面的蛋白质表膜之间的相互关系。试验得知，花粉壁蛋白可分为外壁蛋白和内壁蛋白，都易溶于水，不过外壁蛋白溶解速度比内壁蛋白快得多。当花粉受到潮湿时，外壁蛋白迅速释放。因此，花粉的识别物质是外壁蛋白。而雌蕊的识别感受器是柱头表面的亲水的蛋白质，其表膜具黏性，易捕捉花粉。当种内进行杂交时，亲和性花粉释放出外壁蛋白并扩散入柱头表面，与柱头表层感受器——蛋白质表膜相互作用，相互“认识”。如认可，花粉管便萌发穿过柱头，直至受精。如果是远缘杂交，不亲和性花粉的外壁蛋白和柱头表面的蛋白质表膜不相认识，相互拒绝，花粉管生长受阻，不能穿入柱头；而柱头乳突细胞也产生胼胝质，阻碍花粉管穿入，而且花粉管尖端也被胼胝质封闭，使受精失败。这些花粉与柱头的相互识别的机能，是植物在长期进化过程中形成的，可保证物种稳定与繁衍。

12.1.5 外界条件对授粉的影响

授粉是受精结实的先决条件，如果不能正常授粉，就谈不上受精结实，因此，了解外界条件对授粉的影响，具有重要的实践意义。

1. 温度

温度对各种植物授粉的影响很大。一般来说，授粉的最适温度在20℃～30℃之间。如水稻抽穗开花期的最适温度为25℃～30℃，当温度低于15℃时，花药就不能开裂，授粉极难进行；当温度超过40℃～45℃时，花药开裂后会干枯死亡。番茄花粉管生长速度在21℃时最快，低于或高于这个温度时，花粉管的生长都逐渐减慢。

2. 湿度

湿度对授粉影响是多方面的。例如玉米开花时若遇上阴雨天气，雨水洗去柱头上的分泌物，花粉吸水过多膨胀破裂，花丝（花柱）及柱头得不到花粉，将继续伸长。由于花丝向侧面下垂，以致雌穗下侧面的花丝被遮盖，不易得到花粉，造成了侧面穗轴整行不结实。另外，在相对湿度低于30%或有旱风的情况下，如果此时温度又超过32℃～35℃，则花粉在1～2小时内就会失去生活力，雌穗花丝也会很快干枯不能接受花粉。水稻开花的最适湿度为70%～80%，否则将影响授粉。

12.1.6 双受精过程

在花粉粒与柱头具有亲和力的情况下，花粉粒萌发穿入柱头，沿着花柱进入胚囊后就可受精。花粉管靠尖端的区域伸长生长一直到达子房，随着花粉管的破裂，释放出两个精细胞，其中一个精细胞与卵细胞结合形成合子，另一个精细胞与胚囊中部的两个极核融合形成初生胚乳核，被子植物的这种受精方式又称为双受精。

12.2 种子与果实成熟时的生理变化

植物受精后，受精卵发育成胚，胚珠发育成种子，子房及其周围的组织（包括花被、胎座等）膨大形成果实。果实和种子形成时，不仅在形态上发生了很大变化，而且在生理生化上也发生了剧烈变化。果实和种子生长的好坏不仅会影响植物下一代的生长发育，还影响着作物的产量和品质，因此了解果实和种子成熟时的生理变化具有重要意义。所以，这方面的研究，在理论上和实践上都有重大的意义。多数植物种子和某些植物的营养繁殖器官(如马铃薯、洋葱等)，在成熟后进入休眠，不能立即发芽。这是植物对环境的一种有利的适应现象，使它们在外界条件适宜时才发芽。但为了生产上的要求，有时就需要人为地破除休眠或延长休眠。因此，这方面的研究就具有重要的实践价值。此外，随着植株年龄的增长，植物发生衰老和器官脱落现象。这方面的研究对预防衰老和器官脱落，有着重要的理论及应用意义。

12.2.1 种子成熟时的生理变化

在种子形成初期，呼吸作用旺盛，因而有足够的能量供应种子生长和有机物的转化与运输。随着种子的成熟，呼吸作用逐渐降低，代谢过程也随之减弱(图 12.2)。

种子成熟时干物质的转化过程是：随着种子体积增大，其他部位运来的简单可溶性有机物，如葡萄糖、蔗糖和氨基酸等在种子内逐渐转化为复杂的有机物，如淀粉、脂肪和蛋白质等。

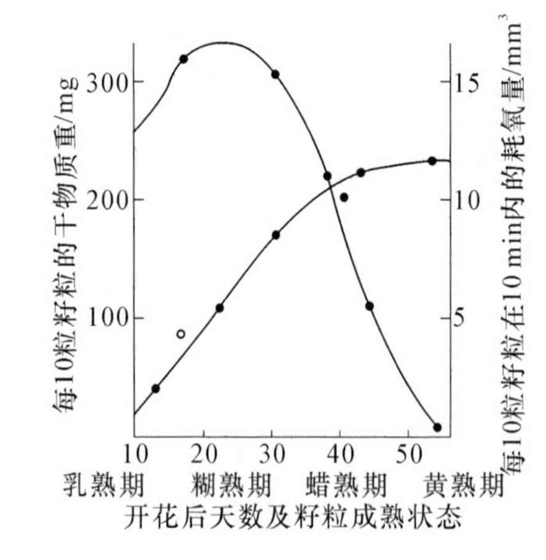

图 12.2 水稻籽粒成熟过程中干物质及呼吸作用的变化

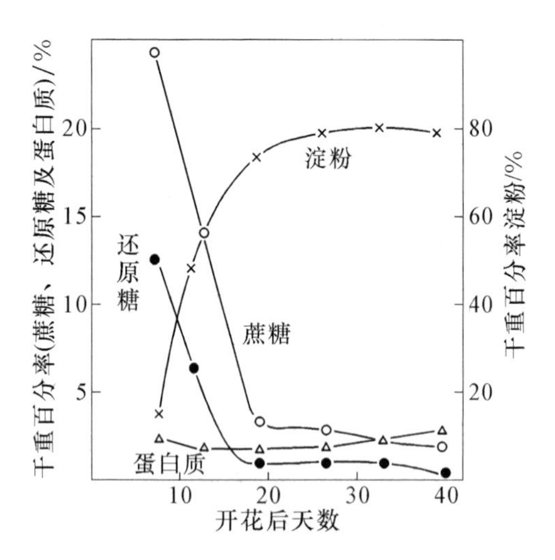

图 12.3 正在发育的小麦籽粒胚乳中几种有机物的变化

淀粉种子在成熟时，其他部位运来的可溶性糖主要转化为淀粉，因而种子可积累大量淀粉，同时也可积累少量的蛋白质和脂肪(图 12.3)，另外，种子中也能积累各种矿质元素，如磷、钙、钾、镁、硫及微量元素，其中以磷为主。例如当水稻籽粒成熟时，植株中磷含量的 80%转移到籽粒中去。

脂肪种子在成熟时，先在种子内积累碳水化合物，包括可溶性糖及淀粉，然后再转化成脂肪(图 12.4)。碳水化合物转为脂肪时先形成游离的饱和脂肪酸，然后再形成不饱和脂肪酸。因此油料种子要充分成熟，才能完成这些转化过程。若种子未完全成熟就收获，种子不仅含油量低，而且油脂的质量也差。在油料作物的种子中也含有由其他部位运来的氨基酸及酰胺合成的蛋白质。

蛋白质种子中积累的蛋白质也是由氨基酸及酰胺合成的。豆科种子成熟时，先在荚中合成蛋白质，处于暂时贮存状态，然后再以酰胺态运到种子中，转变成氨基酸，合成蛋白质(图 12.5)。

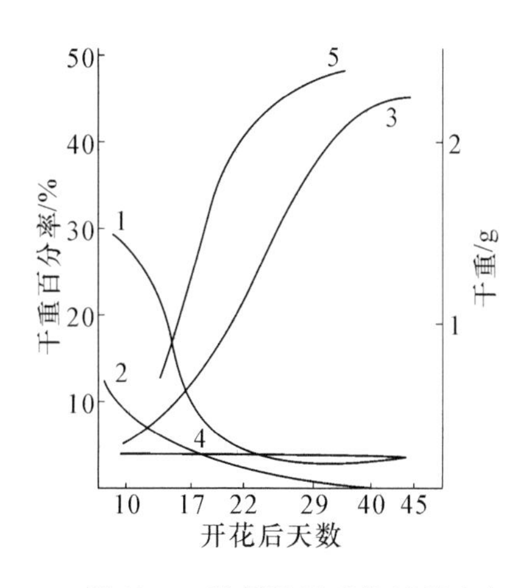

图 12.4　油菜种子成熟过程中各种有机物质的变化

1. 可溶性糖；2. 淀粉；3. 不饱和脂肪酸；4. 蛋白质；5. 饱和脂肪酸

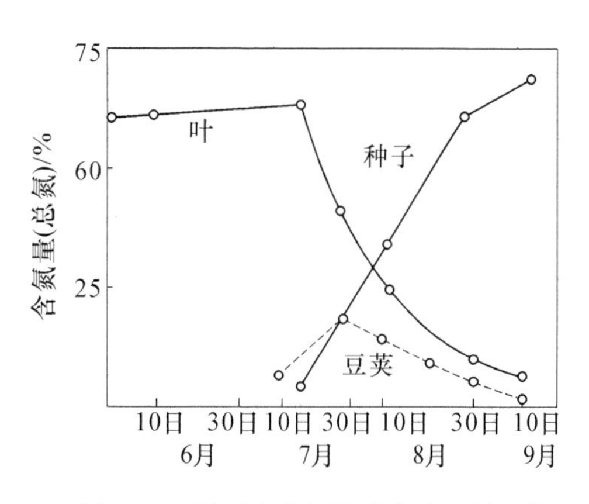

图 12.5　蚕豆中含氮物质由叶运到豆荚，然后又由豆荚运到种子的情况

禾谷类种子中积累的有机物约有 2/3 或更多来自开花后植株各部分的光合产物，其中主要是叶的光合产物，少部分是茎和穗的光合产物。其余一小部分来自茎、叶和鞘在生育前期所积累的有机物。由此可见，促进开花以后植株的光合作用，对水稻获得高产是十分重要的。

12.2.2　果实成熟时的生理变化

果实的成熟过程包括果实的生长发育及其内部发生的一系列的生理变化。

1. 生长模式

果实的生长主要有两种模式：单“S”型生长曲线和双“S”型生长曲线（图 12.6）。单“S”型生长模式的果实有苹果、梨、草莓、香蕉和番茄等。这类果实在开始生长时速度较慢，以后逐渐加快，达到高峰后又逐渐减慢，最后停止生长。双“S”型生长模式的果实有桃、李、杏、梅、樱桃等。这类果实在生长期有一段缓慢生长时期，这是果肉暂时停止生长，而内果皮木质化、果核变硬和胚迅速增长的时期。果实第二次迅速生长的时期，主要进行中果皮细胞的膨大和营养物质的大量积累。

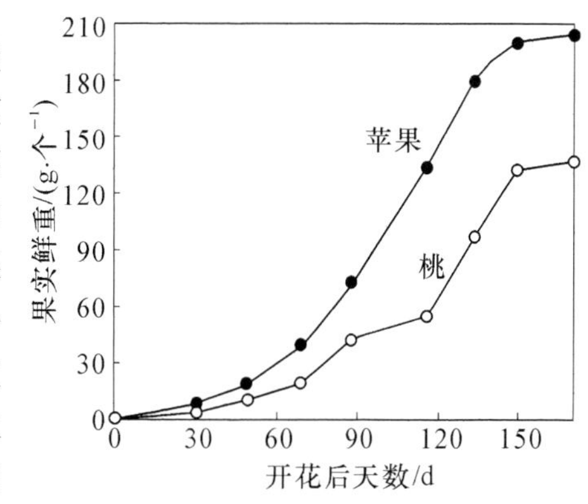

图 12.6　果实的生长曲线模式

苹果为“S”形　桃为双“S”形

果实生长与受精后子房生长素含量增多有关。在大多数情况下，如果不受精，子房是不会膨大形成果实的。可是，也有不受精而结实的。这种不经受精作用而形成不含种子的果实的，称为单性结实。单性结实有天然的单性结实和刺激性单性结实之分。

天然的单性结实是指不需要经过受精作用就产生无子果实的，如无子的香蕉、蜜柑、葡萄等。本来，这些植物的祖先都是靠种子传种的，由于种种原因，个别植株或枝条发生突变，结成无子果实。人们发现这些无子果实，采用营养繁殖法保存下来，形成无子的品种。据分析，同

一种植物，无子种的子房中生长素含量较有子种的为高。如一种柑橘，有子种的生长素含量为0.58 g/kg 鲜重，而无子种的为 2.39 g/kg。

刺激性单性结实是指必须给以某种刺激才能产生无子果实。在生产上通常用植物生长物质处理。生长素类(如 IAA、NAA、2,4 - D)可诱导一些果实如番茄、茄子、辣椒、无花果及西瓜等单性结实。赤霉素也可以诱导单性结实。赤霉素能促使无子品种的果实增大，如新疆无子葡萄品种“无核白”通过大量喷施赤霉素，提高了产量。在喷施不同浓度的赤霉素后，葡萄果实都有所增大，但以 50 mg/L 赤霉素处理最好。

2. 果实成熟时的生理变化

在成熟过程中，果实从外观到内部发生了一系列变化，如呼吸速率的变化、乙烯的产生、贮藏物质的转化、色泽和风味的变化等，表现出特有的色、香、味，使果实达到最适食用的状态。

(1) 果实由酸变甜，由硬变软，涩味消失　在果实形成初期，从茎、叶运来的可溶性糖转变为淀粉贮存在果肉细胞中。果实中还有单宁和各种有机酸，这些有机酸包括苹果酸、酒石酸等，同时细胞壁和胞间层含有很多不溶性的果胶物质，故未成熟的果实往往生硬、酸、涩而无甜味。随着果实的成熟，淀粉再转化为可溶性糖，有机酸一部分由于呼吸作用而氧化，另一部分也转变为糖，故有机酸含量降低，糖含量增加。单宁则被氧化，或凝结成不溶性物质使涩味消失。果胶性物质则转化成可溶性物质果胶酸等，使细胞易于彼此分离。因此，果实成熟时，具甜味，而酸味减少，涩味消失，同时由硬变软。

(2) 色泽变化　随着果实成熟，多数果色由绿色逐渐变黄、橙、红、紫或褐色。果色变化常作为果实成熟度的直观标准。成熟时，果色的形成一方面是由于叶绿素的破坏，使类胡萝卜素的颜色显现出来；另一方面是由于花色素形成的结果。较低的温度和充足的光照有利于花色素的形成，因而向阳面的果实常常着色较好。

(3) 香味的产生　果实成熟时产生微量的挥发性物质，如乙酸乙酯和乙酸戊酯等，使果实变香。未成熟果实则没有或很少有这些香气挥发物，如果过早收获，果实香味就差。

(4) 乙烯的产生　在果实成熟过程中还产生乙烯气体，乙烯能加强果皮的透性，使氧气易于进入果实内，故能加速单宁、有机酸类物质的氧化，加快淀粉和果胶物质的分解。因而乙烯可促进果实正常成熟的代谢过程。

(5) 呼吸强度的变化　果实成熟时呼吸强度最初有一个时期下降，然后突然上升，最后又下降，此时果实进入完全成熟阶段，这种现象即称为呼吸跃变期(图 12.7)。具有呼吸跃变期的果实有香蕉、梨、苹果等，不具呼吸跃变期的果实有橙、凤梨、葡萄、草莓和柠檬等。主要区别是，前者含有复杂的贮藏物质(淀粉或脂肪)，在摘果后达到完全可食状态前，贮藏物质强烈水解，呼吸加强，而后者并不如此。具有呼吸跃变期的果实成熟比较迅速，不具有呼吸跃变期的果实成熟比较缓慢。研究指出，呼吸跃变期的出现与乙烯的产生有密切关系，在果实呼吸跃变正进行或正要开始前，果实内乙烯的含量有明显的升高，因此，人们认为果实发生呼吸跃变是由于果实中产生乙烯的结果。乙烯可增加果皮细胞的透性，加强内部氧化过程，促进果实的呼吸作用，加速果实成熟。

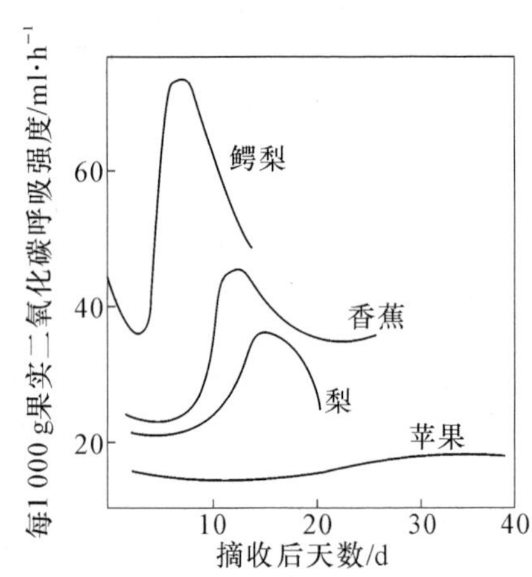

图 12.7　果实成熟过程中的呼吸跃变

许多肉质果实呼吸跃变的出现，标志着果实成熟达到了可食的程度，有人称在呼吸跃变期间果实内部的变化为果实的后熟作用。因此，在实践上可调节呼吸跃变的来临，以推迟或提早果实的成熟。适当降低温度和氧的浓度(提高 CO_2 浓度或充氮气)，都可以延迟呼吸跃变的出现，使果实成熟延缓。反之，提高温度和 O_2 浓度，或施以乙烯，都可以刺激呼吸跃变的早临，加速果实的成熟。

目前，生产上常施用乙烯利来诱导呼吸跃变期的到来，以催熟果实。通过降低空气中氧气浓度或提高二氧化碳或氮浓度，可延缓呼吸高峰的出现，延长贮藏期。例如：番茄贮存在塑料棚内，当控制棚内空气中 O_2 为2%～5%，CO_2 为0.2%～2%时，可延迟呼吸跃变的到来，从而延长番茄贮存期。

在自然情况下，棉铃在开裂前1～2天，内源的乙烯含量会达到高峰，促进棉铃开裂吐絮。外施乙烯利可加快棉铃开裂吐絮过程。在我国棉田中，普遍存在霜前许多棉桃来不及开裂(霜后花)和一些甚至不能成熟吐絮(僵瓣)的问题，用乙烯利催熟，可使一部分霜后花变为霜前花，使无效花变为有效花，使吐絮畅快集中，提早收获，亦能增产。

12.2.3 外界条件对种子与果实成熟时的影响

虽然植物种子与果实的生物学特性是由植物的遗传特性所决定的，但外界条件仍能影响种子与果实的成熟过程，影响农产品的产量和品质。

1. 水分

种子在成熟过程中，如果早期因缺水干缩，可溶性糖来不及转变为淀粉，被糊精胶结而相互粘结起来，形成玻璃状而不是粉状的籽粒，此时有利于蛋白质的积累。因此，干热风造成风旱不实时的种子蛋白质的相对含量较高。这就是我国北方小麦的蛋白质含量显著高于南方的原因。

2. 温度

油料作物种子成熟过程中，温度对含油量和油分性质的影响也很大。成熟期适当的低温有利于油脂的积累。亚麻种子成熟时低温且昼夜温差大有利于不饱和脂肪酸的形成。因此，优质的油往往来自纬度较高或海拔较高地区。

3. 光照

在阴凉多雨的条件下，果实中往往含酸量较多，而糖分相对较少。但如果阳光充足，气温较高及昼夜温差较大的条件下，果实中含酸量减少而糖分增多。新疆吐鲁番的葡萄和哈密瓜之所以特别甜，就是这个原因。

4. 营养条件

营养条件对种子成熟过程也有显著影响。如对淀粉种子而言，氮肥可提高种子蛋白质含量；钾肥能加速糖类由叶、茎向籽粒或其他贮存器官(如块根、块茎)的运输而转化为淀粉。对油料种子而言，磷肥和钾肥对脂肪的形成也有积极的影响；但氮肥过多，会使植物体内大部分糖类和氮化合物结合成蛋白质，此时糖分的减少会影响脂肪的合成及其在种子中的含量。

12.3 衰老与脱落

植物的衰老通常是指植物的器官或整个植株个体的生理功能的衰退。植物衰老总是先

于一个器官或整株的死亡，它是植物生长发育的正常过程之一。植物因生长习性的不同而衰老的方式不同。一、二年生植物在开花结实后，整株植物衰老死亡。多年生草本植物地上部分每年死亡，而地下根系仍可生活多年。多年生落叶木本植物则发生季节性的叶片同步衰老脱落。多年生常绿木本植物的茎和根能生活多年，而叶片和繁殖器官则渐次衰老脱落。

果实与种子成熟后的衰老与脱落，对物种的繁衍和人类的生产是有益的，衰老有其积极的生物学意义，不仅能使植物适应不良环境条件，而且对物种进化起重要作用。温带落叶树在冬前全树叶片脱落，从而降低蒸腾作用，有利于安全越冬。通常植物在衰老时，其营养器官中物质降解、转移并再分配到种子、块茎和球茎等新生器官中去，如花的衰老及其衰老部分的养分转移，能使受精胚珠正常发育；果实成熟衰老使得种子充实，有利于繁衍后代。

12.3.1 衰老时的生理生化变化

植物衰老时，在生理生化上有许多变化，主要表现在六个方面。

1. 生长速度下降

生长速度下降是植物开始衰老的一个普遍现象，当叶子长到它的最后大小时，实际上叶内就已经开始走向衰退。

2. 光合速率降低

叶绿素逐渐丧失，光合速率降低是叶片衰老最明显的特点。

3. 呼吸速率下降

叶片衰老时呼吸速率下降，但其下降速率比光合速率降低得慢。有些植物叶片在开始衰老时呼吸速率保持平衡，但在后期出现一个呼吸跃变期，以后呼吸速率则迅速下降。

4. 核酸含量降低

叶片衰老时，核酸总含量下降，且 DNA 下降速率较 RNA 小。与此同时，降解核酸的核酸酶如 DNA 酶和 RNA 酶活性都有所增加，因而加速了衰老过程（图 12.8）。

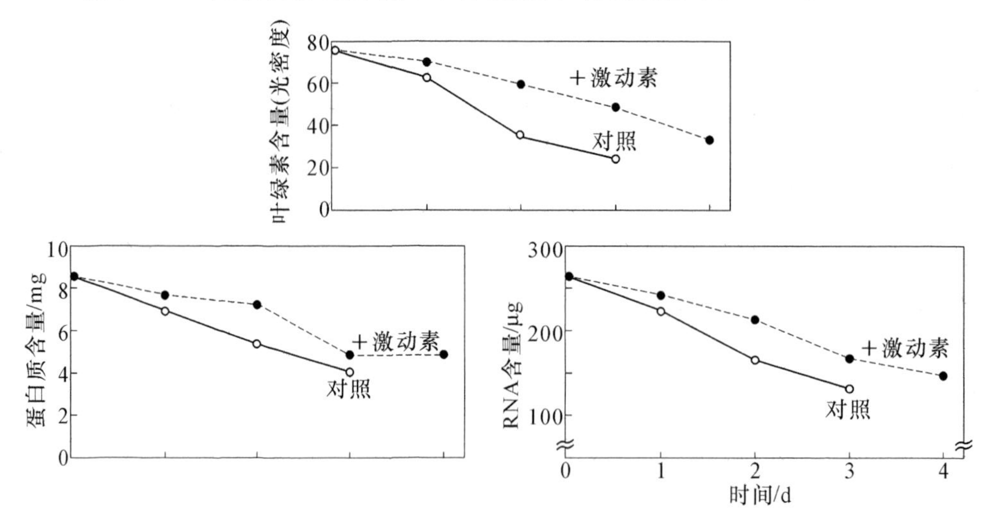

图 12.8 离体苍耳叶子在黑暗中的衰老情况

施用激动素（40 mg/L）后即延迟衰老，同时表现出叶绿素、蛋白质及 RNA 的含量比对照下降缓慢

5. 蛋白质显著下降

植物衰老的第一步是蛋白质水解，离体衰老叶片中蛋白质的降解发生在叶绿素分解之前。衰老过程中蛋白质含量的下降是因为蛋白质的代谢失去平衡，分解速率超过合成速率所致。

6. 其他

植物衰老时，植物激素也在变化。促进生长的植物激素如细胞分裂素、生长素含量减少。而诱导衰老和成熟的激素如脱落酸和乙烯等含量增加。此外，植物细胞不仅在生化上发生变化，而且在结构上也有明显衰退，如叶绿体解体、细胞膜结构破坏引起细胞透性增大，最后导致细胞解体和死亡等。

12.3.2 衰老的激素调节

有人认为植物体内或器官内各种激素的相对水平不平衡是引起衰老的原因。试验证明，某些植物激素如细胞分裂素、生长素和赤霉素等具有抗衰老的作用。而乙烯和脱落酸等则有助于促进衰老的作用，它们之间通过相互作用来协调调控衰老过程。如吲哚乙酸在低浓度下可延缓衰老，但当浓度升高到一定程度时则又可诱导乙烯的合成，从而促进衰老。

有些不良环境可加速衰老，如高温干旱、营养物质缺乏、病原体侵染等，这些外界条件都可能影响激素的水平而导致器官的衰老。比如干旱时，随着叶片中脱落酸含量增加，叶片发生衰老，高温下随着根合成的细胞分裂素的减少，叶片开始衰老。

生产实践上已运用各种生长调节剂配合其他环境条件，来促进或延缓植物衰老。如乙烯利可用于香蕉、柿子和梨等的催熟。苄基腺嘌呤（BA）可用来延缓蔬菜水果和食用菌的衰老。硝酸银则用于延长切花的寿命。

12.3.3 影响衰老的外界条件

1. 光

光能延缓菜豆、小麦、烟草等多种作物叶片或叶圆片的衰老。光延缓叶片衰老是通过环式光合磷酸化而供给 ATP，用于聚合物的再合成，或降低蛋白质、叶绿素和 RNA 的降解。蓝光能显著地延缓绿豆幼苗叶绿素和蛋白质的减少，延缓叶片衰老。长日照对木槿延缓叶片衰老的作用比短日照更为有效。

2. 温度

低温和高温都会加速叶片衰老。低温使细胞完整性丧失，质膜和线粒体破坏，ATP 含量减少。高温加速叶片衰老，可能由于钙的运转受到干扰，也可能因蛋白质降解，叶绿体功能衰退，叶片黄化。

3. 水分

干旱促使向日葵和烟草叶片衰老，加强蛋白质降解和提高呼吸速率，叶绿体片层结构破坏，光合磷酸化受抑制，光合速率下降。

4. 营养

营养缺乏是导致叶片衰老的原因之一。营养物质从较老组织向新生器官或生殖器官分配，会引起营养缺乏，导致叶片衰老。

12.3.4 脱落

脱落是指植物细胞、组织或器官脱离母体的过程。由于衰老或成熟引起的脱落叫正常脱落，如果实和种子的成熟脱落。因植物自身的生理活动而引起的脱落为生理脱落，如营养生长和生殖生长竞争引起的脱落。而逆境条件(如水涝、干旱、高温、病虫害等)引起的脱落为胁迫脱落。生理脱落和胁迫脱落都属于异常脱落。脱落的生物学意义在于植物物种的保存，尤其是在不适于生长的条件下，部分器官的脱落有益于留存下来的器官发育成熟。然而异常脱落现象也常给农业生产带来损失，如棉花蕾铃的脱落率一般都在70%左右，大豆的花荚脱落率也很高。此外，果树和番茄等也都有花果脱落问题的存在。

器官的脱落发生在离层，离层是指分布在叶柄、花柄和果柄等基部一段区域经横向分裂而成的几层细胞。如叶片的离层(图12.9)，落叶时叶柄细胞的分离就发生在离层的细胞之间。离层细胞的分离是由于胞间层的分解。离层细胞解离之后，叶柄仅靠维管束与枝条连接，在重力或风的压力下，维管束折断，叶片因而脱落。

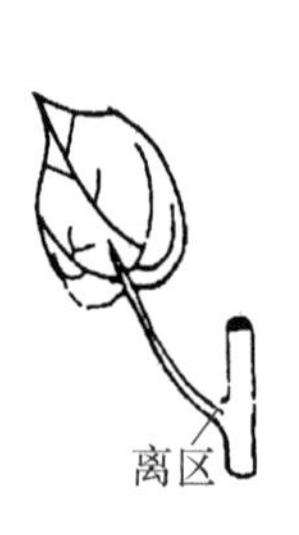

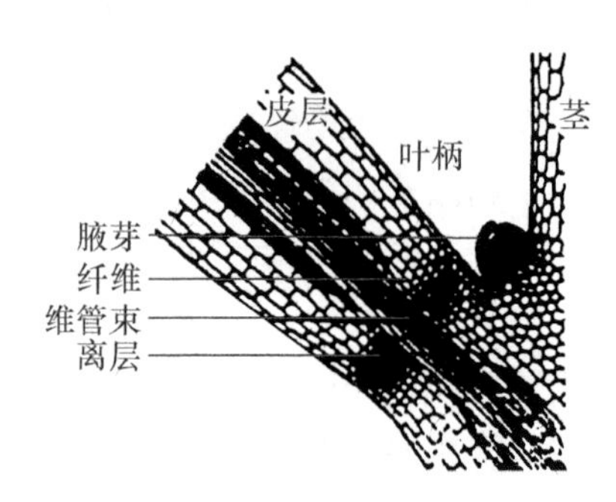

图12.9 双子叶植物叶柄基部离区结构示意图
离层部分细胞小，见不到纤维

一般形成离层之后植物器官才脱落。但也有例外，如禾本科植物叶片不产生离层，因而不脱落。而花瓣不形成离层也可脱落。

1. 影响脱落的外界因素

(1) 光照　光强度减弱时，脱落增加。作物种植过密时，行间过分遮阴，易使下部叶片提早脱落。不同光质对脱落影响不同，远红光促进脱落，而红光延缓脱落。短日照促进落叶而长日照延迟落叶。

(2) 温度　高温促进脱落，如四季豆叶片在25℃下脱落最快，棉花在30℃下脱落最快。在田间条件下，高温常引起土壤干旱而加速脱落。低温也导致脱落，如霜冻引起棉花落叶。低温往往是秋天树木落叶的重要因素之一。

(3) 湿度　干旱促进器官脱落，这主要是由于干旱影响内源激素水平造成的。植物根系受到水淹时，也会出现叶、花、果的脱落现象。涝淹主要因为降低土壤中氧气浓度而影响植物生长发育，淹涝反应也与植物激素有关。

(4) 矿质营养　缺乏氮、磷、钾、硫、钙、镁、锌、硼、铝和铁都可导致脱落，缺氮和锌会影响生长素合成，缺硼常使花粉败育，引起不孕或果实退化。钙是胞间层的组成成分，因而缺钙会引起严重脱落。

(5) 氧气　高氧促进脱落，氧气浓度在10%～30%范围内，增加氧浓度会增加脱落率。高氧增加脱落的原因可能是促进了乙烯的合成。此外大气污染、盐害、紫外辐射、病虫害等对脱落也都有影响。

2. 营养因素

一般碳水化合物和蛋白质等有机营养不足是造成花果脱落的主要原因之一。受精的子房在发育期间一方面需要大量的氮素来构成种子的蛋白质，另一方面也需要大量的碳水化合物用于呼吸消耗。如果此时不能满足有机营养对植物的供应，就会引起脱落。遮光试验表明，光线不足、碳水化合物减少，棉铃脱落增多。而人为增加蔗糖，可减少棉铃脱落。在果树枝条上环割会增加坐果，就是因为改善了有机营养的供应。所以改善有机营养的供应可以延长叶片年龄，延缓衰老和脱落。

3. 植物激素作用

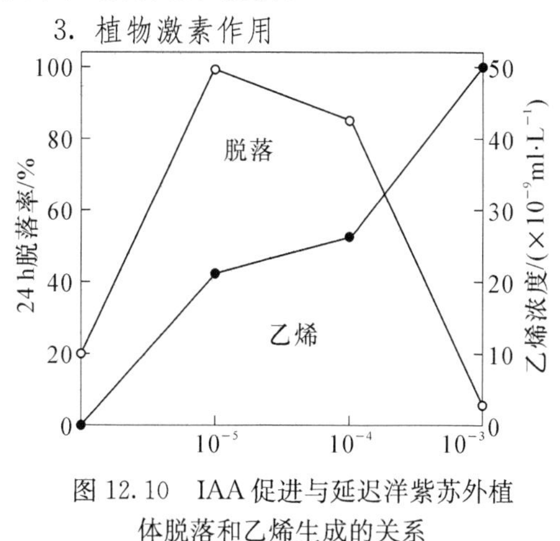

图 12.10　IAA 促进与延迟洋紫苏外植体脱落和乙烯生成的关系

植物器官的脱落受到体内各种激素的影响。

(1) 生长素类　叶柄离层的形成与叶片的生长素含量有关。将生长素施在离层的近轴端（离层靠近茎的一面），可促进脱落；施于远轴端（离层靠近叶片的一侧），则抑制脱落，因而有人认为，脱落受离层两侧的生长素浓度梯度所控制，即当远轴端的生长素含量高于近轴端时，则抑制或延缓脱落；反之，当远轴端的生长素含量低于近轴端时，会加速脱落（图 12.10）。

(2) 乙烯　乙烯是与脱落有关的重要激素。内源乙烯水平与脱落率成正相关。乙烯可以诱导离层区纤维素酶和果胶酶的形成而促进脱落。乙烯对脱落的影响还受离层生长素水平的控制。即只有当其生长素含量降低到一定的临界值时，才会促进乙烯合成和器官脱落。而在高浓度生长素作用下，虽然乙烯增加，却反而抑制脱落。

(3) 脱落酸　脱落酸可促进脱落，这是由于脱落酸抑制了叶柄内生长素的传导，促进了分解细胞壁的酶类分泌和乙烯的合成。脱落酸含量与脱落相关，在生长叶片中脱落酸含量极低，而在衰老叶片中却含有大量脱落酸。秋天短日照促进了脱落酸的合成，所以导致季节性落叶。但脱落酸促进脱落的效应低于乙烯。

(4) 赤霉素和细胞分裂素　赤霉素能延缓植物器官脱落，因而已被广泛应用于棉花、番茄、苹果等植物上。在玫瑰和香石竹中，细胞分裂素也能延缓植株衰老脱落。

当然，各种激素的作用并不是彼此孤立的，器官的脱落也并非仅受某一种激素的单独控制，而是各种激素相互协调与相互平衡作用的结果（图 12.11）。

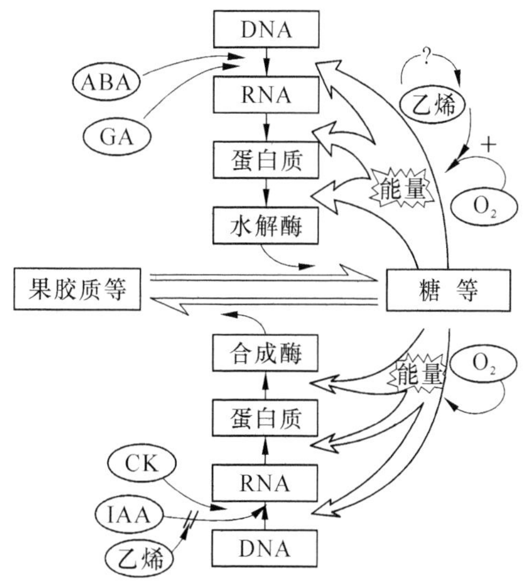

图 12.11　激素作用于离区的图解

12.3.5　脱落的调控

器官脱落在农业生产上影响较大，因而农业生产上常常采用各种措施来调控脱落。例如给叶片施用生长素类化合物可延缓果实脱落。采用乙烯合成抑制剂如 AVG 能有效防止果实脱落，乙烯作用抑制剂硫代硫酸银能抑制花的脱落。棉花结铃盛期喷施一定浓度的赤霉素溶液，可防止和减少棉铃脱落。生产上也常采用一些

促进脱落的措施，如应用脱叶剂乙烯利、2,3-二氯异丁酸等促进叶片脱落，有利于机械收获棉花、豆科植物等。为了机械收获葡萄或柑橘等果实，需用氟代乙酸、亚胺环己酮等先使果实脱离母体枝条。此外，也可用萘乙酸或萘乙酸胺使梨、苹果等疏花疏果，以避免坐果过多而影响果实品质。此外增加水肥供应和适当修剪，也可使花、果得到充足养分，减少脱落。

思考题

1. 名词解释：正常脱落；生理脱落；胁迫脱落；花粉萌发；双受精；呼吸跃变；衰老脱落；离层。
2. 简述种子内的主要贮藏物质，其合成与积累有何特点？
3. 简述果实生长模式，并说明影响果实最终大小的主要因素。
4. 果实在成熟过程中有哪些生理生化变化？
5. 植物衰老时的生理变化如何？引起衰老主要有哪些原因？
6. 实践中如何调控器官的衰老与脱落？

13 植物的逆境生理

所谓逆境就是指对植物生存与生长不利的各种环境因素的总称。植物对于各种不同的逆境有各种不同的生理反应。研究这些生理反应的学问就是逆境生理或称抗逆性的生理。

研究植物逆境生理的更重要意义，在于实践方面，因为世界各地每年都可能发生不同程度的自然灾害。在地球上适于耕作的土地不到陆地面积的10%，植物经常会遇到各种各样的逆境，培育在不同程度的各种严峻条件下能够生活的经济植物十分必要。

逆境的种类很多，可概括如图13.1。

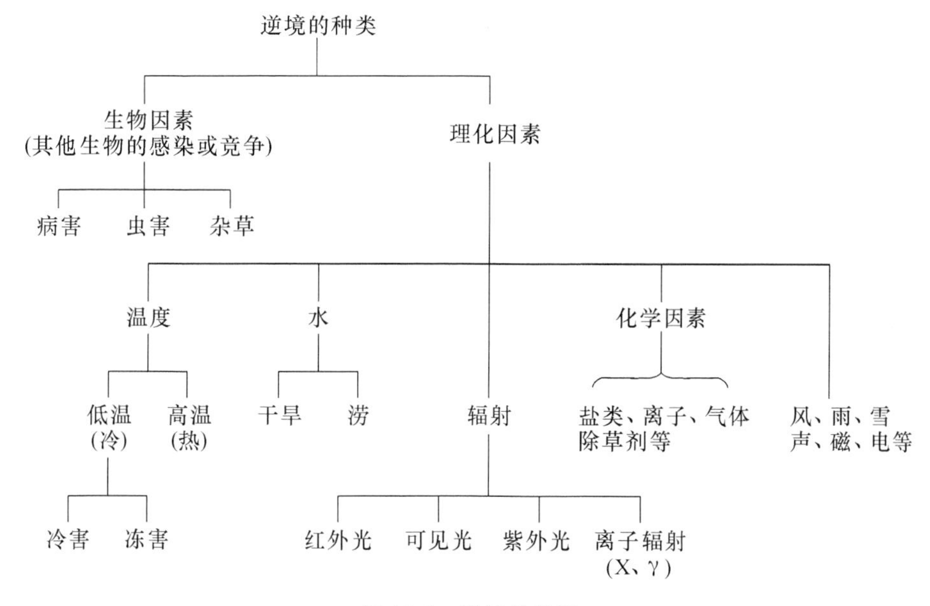

图13.1 逆境的种类

植物在一生中抗逆性的大小不同，例如休眠期间抗逆性强，生长旺盛时抗逆性弱，营养生长时期抗逆性较强，开花时期抗逆性较弱。另外，生长健壮的植株抗逆性较强，生长衰弱的植株抗逆性较弱。

植物的抗性方式主要有避逆性、御逆性和耐逆性等三种。其中植物通过对生长发育周期的调整而避开逆境的干扰，在相对适宜的环境中完成其生活史的方式称为避逆性。御逆性则指植物体通过营造适宜生活的内环境，来免除逆境对它的危害。避逆性和御逆性总称为逆境逃避。例如，植物通过生长发育期躲开某一季节对它的不利影响；或者通过自身的生理特性如仙人掌在其组织内贮藏大量水分，而又降低蒸腾以避免干旱对其影响；又如植物靠厚角质层，茸毛，和叶片在阳光下的卷缩以摒拒干旱对其影响，这些都属于避性。由于不利因素并未进入组织，故而组织本身也不会产生相应的反应。植物组织虽经受逆境对它的影响，但它可通过代谢反应阻止、降低或者修复由逆境造成的损伤，使其仍保持正常的生理活动，这种抵抗叫逆境忍耐(耐逆性)，在可忍范围内，逆境所造成的损伤是可逆的，即植物可以恢复其正常生长，如超出可忍范围时，损伤将变成为不可逆的，植物将受害甚至死亡。例如某些苔藓植物，在极度干旱的季节仍能存活，一旦水分供应充足，就可旺盛地生长，又如某些藻类和细菌，在温度高达七八十度的温泉中正常生活，其他植物在这种高温下都会死亡。

但是应该指出，抗性方式有时并不能截然地划分，一般抗性实际上是两种抗性的混称。植物对逆境抵抗往往具有双重性，在某一逆境范围内植物是通过逃避性抵抗，超出某一范围时又表现耐性抵抗。

在这两种抵抗逆境的方式中，忍受的方式更加受到生理学的重视。因为避免的方式往往是由于解剖结构上的适应而造成的，而忍受的方式则有特殊的生理上的特点。

13.1 低温、高温对植物的影响

13.1.1 低温对植物的影响

1. 冷害和抗冷性

(1) 冷害　亚热带植物和热带植物常常遭受寒害，温带植物也可能受到冷害。冷害一般是指10℃以下0℃以上低温的为害，但有时15℃的温度对某些植物也可能造成伤害，所以很难定一个确切范围，总之是冰点以上低温的为害，称为冷害。

植物对0℃以上的低温的适应，叫抗冷性。冷害是很多地区限制农业生产的主要因素之一。在我国冷害经常发生于早春、晚秋，对作物的危害主要是苗期与籽粒或果实成熟期。如水稻、棉花、玉米等在春天播种后，常遇0℃以上的低温为害，造成死苗或僵苗不发。晚稻灌浆遇到早寒流造成空瘪不实。很多果树遇到10℃以下低温的影响，破坏花芽分化，引起结实率降低，花卉、果蔬贮藏期遇到不当低温会破坏其品质。

根据植物对冷害反应的速度，冷害可分为两类：一是直接伤害，即植物受低温影响后几小时，至多在一天之内即出现伤斑，说明这种影响已侵入胞间，直接破坏原生质活性。另一种是植物受低温后，植株形态上表现正常，至少要在五六天后才出现组织柔软、萎蔫。认为这是因低温引起代谢失常。生物化学的缓慢变化而造成细胞的伤害。

(2) 冷害的机理。

① 膜上脂类相变(phase)。引起与膜结合的酶失活　近年来有比较多的试验证明，冷害的主要原因是在低温下，构成膜的脂类由液相转变为固相。脂类固化而引起与膜结合的酶解离或者使酶亚基分解，因而失活。促使膜上脂转化的温度则随其构成脂类成分而不同，相变温度随脂肪酸链的长度而增加，而随不饱和脂肪酸所占比例增加而降低。不饱和脂肪酸愈多，愈耐低温。温带植物之所以比热带植物耐低温的原因之一，就是构成膜脂类不饱和脂肪酸含量较高。

② 改变了膜的透性。在缓慢低温条件下，由于膜脂的固化使得膜结构紧缩，降低了膜对水分与水溶质的透性。但是，当寒流突然来临时，由于膜脂的不对称性，膜体的紧缩不匀而出现断裂，因而造成了膜的破损渗透，胞内溶质外流。低温对膜透性所引起的两种相反的效应，

对植物的正常生活都是不利的。透性降低则阻碍了细胞，尤其根细胞对水分的吸收，破坏体内水分平衡，同时影响了细胞内代谢活动，透性增加使得胞内溶质外渗，必然引起代谢失调。一些不耐冷的植物在低温下细胞内电解质的外渗增加，已成为鉴定植物耐冷或不耐冷的主要指标。

③ 对光合与呼吸的影响。由于低温所引起的叶绿体与线粒体膜相的固化，必然会改变光合与呼吸的速率。光合速率减弱，光合作用减少到不能补偿呼吸作用消耗的程度，结果碳水化合物的分解速度大于其合成速度，植物当然会饥饿而死。低温下有机物的运输受阻，非绿色部分也会饥饿而死。低温下，有氧呼吸受到抑制，无氧呼吸不受影响，这样更加不利植物正常代谢，不仅加速了细胞的饥饿，同时还积累有毒的物质，如乙醇等。例如香蕉果实在 4℃～6℃下，其中乙醇和乙醛的含量比 20℃时为多。冷害机理是多方面的，而且是互相联系的。整个关系如图 13.2。

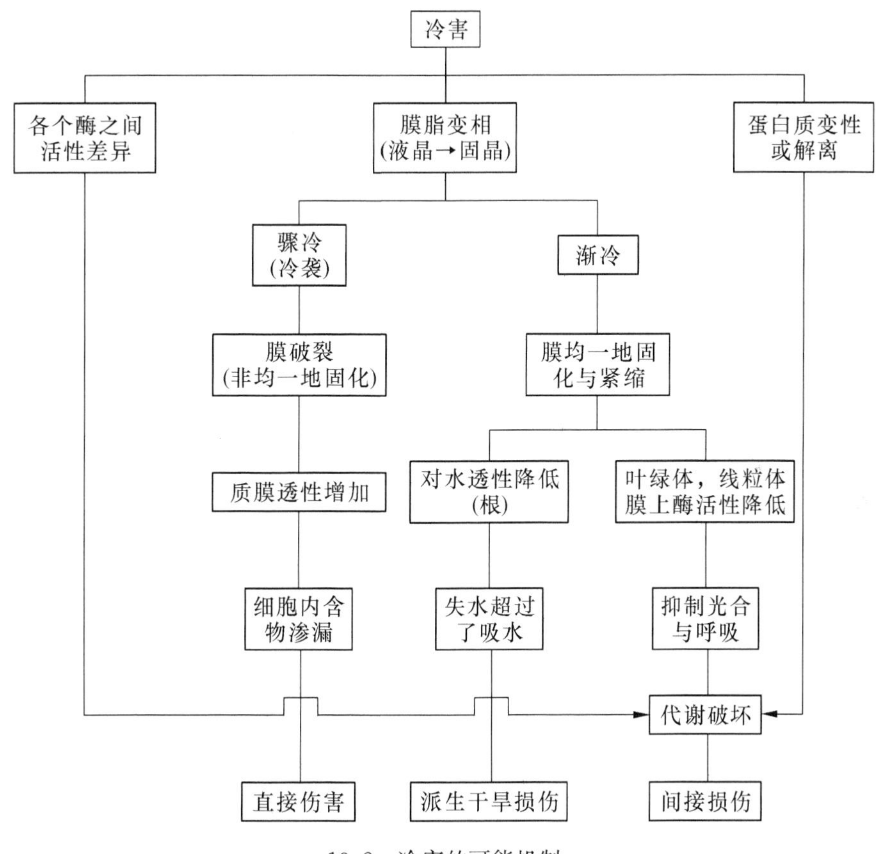

13.2　冷害的可能机制

(3) 提高植物抗冷性的措施。

① 低温锻炼。植物对不利于生存的环境的逐步适应过程，叫做锻炼。锻炼是个很有效的途径，很多植物如预先给予适当的低温锻炼，以后便可经受更低温度的影响，不致受害。否则，如突然遇到低温就将受到灾害性的影响。例如，春季温室、温床育苗时，在露天移栽前，必须先降低室温或床温，这样移大田后抗冷性较强，否则很易受害。如番茄苗移出温室前先经一两天 10℃处理，栽后即可抗 5℃左右低温，黄瓜苗经 10℃锻炼即可抗 3℃～5℃低温。经锻炼的植物细胞学研究证明，膜的不饱和脂肪酸含量增加，相变温度降低，透性稳定，细胞内 NADPH/

NADP 比值增高，ATP 含量增高，说明锻炼对细胞代谢发生了深刻的影响。

② 化学诱导。可使用化学药物诱导植物抗冷能力。例如，玉米、棉花种子播前用 TMTD（福美双）$[(CH_3)_2NCSS]_2$ 处理，可提高植物抗寒性，其他如 2，4－D、$KCl+NH_4NO_3+$硼酸喷于瓜类叶面也有保护不受低温危害的效应。

细胞分裂素、脱落酸、激素类物质也有提高抗冷性的作用。激素的效应可能是影响其他生理过程而产生的间接作用。如脱落酸（ABA）很可能就是改变了细胞水平平衡使低温不致派生干旱的影响。

③ 调节氮、磷、钾肥的比例。增高钾肥比重有明显提高植物抗冷的作用，这在农业生产上已有实际效应，广为采用。

2. 冻害和抗冻性

（1）冻害　冰点以下低温对植物的危害叫冻害。有时冻害与霜害伴随发生，故冻害往往也叫霜冻。冻害也是限制农业生产的重要自然灾害。我国不论是北方或南方，都有冻害问题，尤其西北、东北以及江淮地区冬季与早春的冻害时有发生。冻害的温度限度则因植物种类、生长发育时期、生理状态以及器官的不同、经受低温时间长短的差异等而有所不同。小麦、大麦、燕麦等越冬作物一般可忍耐－7℃～－12℃以下的严寒，有些树木如白桦、颤杨、网脉柳可以经受－45℃以下严冬而不死。植物种子在短时期内可经受－100℃以下冷冻而仍保持发芽能力。植物的愈伤组织在液氮下，在－196℃低温下保存 4 个月之久仍有活性。真菌、细菌可在－190℃保存数日而仍保持其生命力，等等，说明冷冻对植物影响是十分复杂的。

在自然界冻害的程度除温度幅度外，与持续的时间及低温来临时间与解冻速度均有密切关系。一般降温的幅度愈大，霜冻持续时间愈长，解冻愈突然，对植物的危害愈大；在缓慢地降温与缓慢地升温解冻情况下，植物受害较轻。

植物受冻害后叶子就好像受烫伤一样，细胞失去膨压，组织柔软，叶变褐，终至干枯死亡。

（2）冻害机理　冻害严格说就是冰晶的伤害，是温度低于 0℃以下使组织或细胞的水分结冰而引起的。

① 胞间结冰与胞内结冰。当植物组织内温度降低到冰点以下时，细胞间隙内水分形成冰晶，首先降低了细胞间隙的水势。由于细胞间隙水势降低，细胞内水势较高，于是水分从细胞内移到细胞外。温度继续下降，水分继续结冰。结果细胞因脱水过多而受到伤害。其次是冰晶膨大对细胞所造成的机械压力，细胞变形。再者，当温度骤然回升冰晶融化时，细胞壁易恢复原状，而原生质尚来不及吸水膨胀，原生质有可能被撕裂损伤。胞间结冰不一定造成植物死亡，大多数经抗寒锻炼的植物或者说一般越冬植物都能忍耐胞间结冰。例如，冬季白菜、葱等虽然冻得象玻璃一样透明，但仍可安全度过，解冻后仍照常生长。

胞内结冰时当温度迅速下降，霜冻骤临时，在胞间结冰的同时，胞内水分也形成冰晶，包括质膜、细胞质与液胞内都出现冰块，这叫胞内结冰。胞内结冰对细胞有直接危害，因为原生质是有高度精细结构的组织，冰晶形成以及融化时对质膜与细胞器以及整个细胞衬质产生破坏作用，胞内结冰常给植物带来致命的损伤。

② 冻害的损伤。冻害的根本原因，有人认为当原生质因冷冻而脱水时，蛋白质分子彼此靠近，形成二硫键（—S—S—），从而蛋白质分子发生构象上的变化，即蛋白质变性。并聚合在一起，于是导致伤害，甚至死亡。也有人认为是由于冰冻破坏细胞的原生质膜，膜的破坏造成半透性丧失，细胞内的溶质自由渗出，终至引起死亡。

（3）提高植物抗冻性的措施。

① 抗冻锻炼。在自然界，当冬季严寒来临之前，随气温降低，植物体内会发生一系列适应低温的生理生化变化，通过体内变化提高了抗冻能力，这种逐步形成抗冻能力的过程叫抗冻锻炼。

植物抗冻锻炼的本领是其原有习性所决定的，经锻炼的植物之所以提高抗冻性，主要是由于发生了以下生理生化变化:第一，降低了细胞含水量，减少了胞内外结冰的危害。经锻炼的植物由于不饱和脂肪酸增多，膜相变化的温度降低，膜的液晶状态增加了对水的透性，同时在低温下根吸水阻力增大，故细胞内含水量减少。另一面由于防止了溶质的外渗使胞内溶质浓度增高，尤其是糖的积累，加之蛋白质不致变性，故提高了对水分的束缚能力。因而，细胞内总含水量减少，而束缚水所占比例增高，由于束缚水是难结冰的，束缚水与抗寒性有明显的正相关。由于上述原因，细胞抗脱水能力提高，这就防止了胞内结冰的可能，同时也可减少胞外冰晶向细胞夺水而增大冰块。第二，同化物质的积累，特别是糖。糖之所以是保护物质，主要是增加细胞液浓度，降低冰点，缓和原生质过度脱水，保护原生质胶体不致遇冷凝固。除糖外，还发现一些多羟醇，如山梨醇、甘露醇与乙二醇，在一些抗冻性高的植物中含量很高，有时可达全糖的 40%。其他如脂肪、蛋白质以及核酸等都有抗冻的作用。第三，激素比例发生变化。经锻炼的植物天然抑制剂如脱落酸(ABA)增加，生长素类如吲哚乙酸(IAA)与赤霉素(GA_3)减少，从而降低了代谢活性。如呼吸作用等，有利于保护物质积累。总之，经过锻炼的植物内部的变化是多方面的，十分复杂的，目前还处于探索阶段，有关代谢的适应变化(levitt)概括如图 13.3。

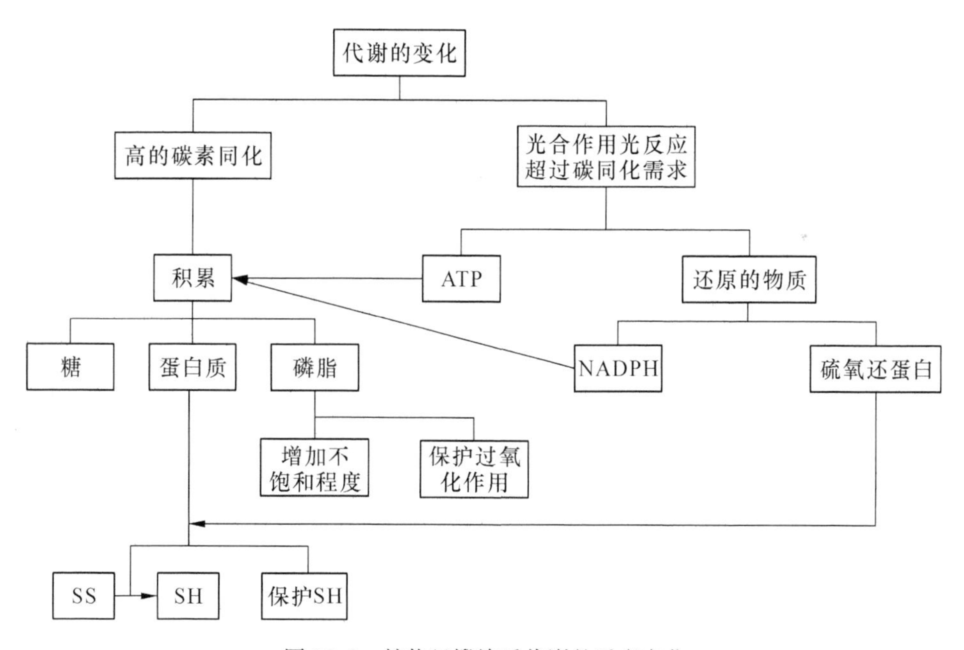

图 13.3　植物经锻炼后代谢的适应变化

② 化学控制。一些植物生长调节物质可用来提高植物的抗冻性。如用生长延缓剂 Amo -1618 与 B9 处理，可提高槭树的抗冻力。用矮壮素与其他生长延缓剂来提高小麦抗冻性已用于农业生产。另外，脱落酸、细胞分裂素等也都具有增加玉米、梨树和甘蓝等作物的抗冻能力。

③ 农业措施。作物抗冻性的形成是对各种环境条件的综合反应，因此，环境条件如日照多少，雨水丰欠，温度变幅等等都可决定抗冻性强弱，如秋季日照不足，秋雨连绵，干物质积累

不足,体质纤弱,或者土壤过湿,根系发育不良,或者温度忽高忽低,变幅过剧,或者氮素过多,幼苗徒长等都会影响锻炼。因此在农业生产上应该改善作物生长发育的情况,加强田间管理,防止冻害发生。如及时播种、培土、控肥、通气,促进生长,增强秧苗素质,提高抗冻能力;寒流霜冻来前实行冬灌、熏烟、盖草,以抵御强寒流袭击;实行合理施肥,厩肥与绿肥压青能提高越冬或早春作物抵御严寒,是行之有效的措施。注意提高钾肥比例也有很高的效益。

早春育秧,采用薄膜苗床或地膜覆盖对防止寒害都有很好的效果,我国正在大面积推广应用。

13.1.2 高温对植物的影响

1. 热害与抗热性

高温对植物引起的伤害现象称为热害。植物对热害的适应称为抗热性。不同种类植物对高温的忍耐程度有很大差异,仅就高等植物而言,水生和阴生植物热害界限约为 35℃,而一般陆生植物的热害界限可高于 35℃。此外,发生热害的温度与作用时间长短成反比,热害的时间愈短,植物可忍耐的温度就愈高。

高温的直接伤害是使蛋白质变性与凝固,但伴随发生的是高温引起蒸腾加强与细胞脱水。因此,抗热性与抗旱性的机理常常不易划分。实际上抗旱机理中就包括抗热性,同时抗热性机理也可以说明抗旱性。我国许多地区发生的干热风就是热害与干旱同时发生的典型例子。另外,植物在某一生长发育时期,由于高温造成生长不良现象也属高温危害,如南方小麦与早稻成熟期,遇高温影响灌浆,造成大量空瘪不实,也是热害的一种。

热害与旱害在现象上的差别在于叶片死斑明显、叶绿素破害严重,器官脱落,亚细胞破坏变形等。而旱害的症状则不如热害显著。

2. 高温对植物的伤害

高温对植物的伤害可分为直接伤害和间接伤害两种。

(1) 直接伤害　主要指高温直接影响细胞质的组成结构,在短期内(几秒内到几十秒内)出现症状,并从受热部位向非受热部位传递蔓延。直接伤害的机理可能是由于:一方面是高温破坏维持蛋白质空间构型的氢键和疏水键,使蛋白质发生变性;蛋白质变性最初是可逆的,在持续高温下,很快转变为不可逆的凝聚状态:

$$\boxed{\text{自然态蛋白质}} \underset{\text{正常高温}}{\overset{\text{高温}}{\rightleftharpoons}} \boxed{\text{变性态蛋白质}} \xrightarrow{\text{持续高温}} \boxed{\text{凝聚态蛋白质}}$$

由于蛋白质凝聚状态发生得迅速,一般观察到蛋白质变性已进入不可逆的阶段,所以长久以来人们把原生质蛋白质凝聚作为热害的特征。另一方面高温促进生物膜中脂类(特别是不饱和脂肪酸)的释放,形成液化小囊泡,破坏膜结构,使膜失去半透性和主动吸收的特性,即脂类液化。而脂类液化程度决定于脂肪酸的不饱和程度,饱和脂肪酸愈多愈不易液化,耐热性愈强。

(2) 间接伤害　间接伤害是指高温导致细胞代谢异常,使植物受害。一是高温常引起类似旱害产生的植物过度蒸腾失水,导致细胞失水造成代谢失调,而使植物生长不良;二是高温下呼吸作用大于光合作用,即物质消耗多余物质合成,若高温持续时间较长,植物体内淀粉与蛋白质含量减少,造成植物出现饥饿甚至死亡;三是高温可抑制植物的有氧呼吸,同时积累无氧呼吸所产生的有毒物质,如乙醇、乙醛和氨等产生毒害;四是高温使某些环节发生障碍,使得植物生长所必需的活性物质如维生素、核苷酸、生物素等缺乏,从而引起植物生长不良或出现伤害；五是高温使细胞产生了自溶的水解酶类，蛋白质合成作用减弱，主要是由于高温破坏了氧化磷酸化的偶联。

(3) 耐热性的机理　植物对高温的适应能力首先决定于生态习性，不同生态环境下生长的植物耐热性不同。一般来说，生长在干燥和炎热环境的植物，其耐热性高于生长在潮湿和冷凉环境的植物。C_3 与 C_4 比较，C_4 植物起源于热带或亚热带的环境，故耐热一般高于 C_3 植物，C_3 植物光合最适温度在 20℃～25℃；C_4 植物光合最适温度可达 40℃～45℃。C_4 植物温度补偿点高，在 45℃高温下仍有净光合的产生，可是 C_3 植物温度补偿点低，或者在高温下光合作用强度下降慢的植物都比较适热耐高温。

耐热性植物在代谢上的基本特点是构成原生质的蛋白质对热稳定。这种热稳定性主要是决定于蛋白质分子的牢固程度与键能大小。凡疏水键与二硫键越多的蛋白质，抗热性越强。同时耐热植物内合成蛋白质速度很快，可以及时补充因伤害造成的蛋白质的损耗。另外，耐热植株可产生较多的有机酸与 NH_4^+ 结合消除 NH_3 的毒害。

现有的一些资料表明，在高温下生长的植物或者能耐高温的植物与不耐高温的同类植物相比较，其中同一种酶的热稳定性不同。前者酶的热稳定性较高，而后者的较低。这似乎说明酶(或蛋白质)的热稳定性与它形成时刻的温度有关。大概也是抗热锻炼的基础。

总而言之，植物耐热性的大小，可能就在于它们产生某些耐热性蛋白质能力的大小。

13.2　干旱与水涝对植物的影响

13.2.1　旱害与抗旱性

1. 旱害

世界上有将近三分之一地区是属于干旱地区。即使雨量充沛的地带，也常常会发生周期性的或短期的缺雨情况。干旱给世界农业生产带来极大的灾害。旱害是指土壤水分缺乏或者大气相对湿度过低对植物造成的危害，植物对旱害的抵抗能力叫抗旱性。干旱可分为土壤干旱与大气干旱。由于久旱不雨，减少了土壤有效水分对植物的供应，称作土壤干旱。由于高温与干风造成大气相对湿度急剧降低(<20%)，植物因过度蒸腾而破坏体内水分平衡，称作大气干旱。大气干旱常表现为干热风，干热风在我国华北、西北以及淮河流域等广大地区时有发生，对夏熟作物，尤其是小麦收成带来很大威胁。水分几乎是限制农业生产的主导因素。

根据植物对水分的需求，把植物分为三类，植物部分或全部淹没于水中完成生活史的叫水生植物，在陆生植物中适应于不干不湿环境中的植物叫中生植物，而对那些适应干旱环境的植物叫旱生植物。这三类不同生态型的植物对水分需求都有其特殊方式，但三者也不是绝对划分，因为即使一些很典型的水生植物，遇到旱季仍可保持一定的生命活力。

干旱的结果总是造成减产，因为它从各个方面影响植物的生长发育，干旱的影响可归纳为形态结构、生理和生物化学三个方面。

受到干旱危害的植物，一般都长得较矮小。叶片小而厚，角质层也较厚，根冠比较大，含水量低。植株所以矮小是因为缺水造成膨压降低，而膨压降低则使细胞延长受到抑制，甚至一度停止，细胞分裂也减慢。干旱也促使叶片的衰老和脱落。

2. 旱害的机理

干旱对植物的损害首先是由于植物失水超过了根系吸水，破坏体内水分平衡。随细胞水势降低，膨压降低而出现了叶片萎蔫现象。萎蔫分暂时萎蔫与永久萎蔫两种。夏季中午由于强光高温，叶面蒸腾量剧增，一时根系吸水不能加以补偿，叶片临时出现萎蔫，但到下午随蒸腾量降低或者浇水灌溉时，当根系吸水满足叶子需求时，植株即可恢复正常，这叫暂时萎蔫。它是植物经常发生的适应现象，尤其阔叶植物叶片愈大这种现象愈为明显，萎蔫当时由于气孔关闭，可以节制水分散失，暂时萎蔫是植物对水分亏缺的一种适应调节反应，对植物是有利的。暂时萎蔫只是叶肉细胞临时水分失调，不会造成原生质严重脱水，对植物不产生破坏性的影响。所谓永久萎蔫是植物萎蔫之后，虽然降低蒸腾仍不能恢复正常，必须灌溉或雨后才逐渐恢复正常，甚至已不能完全恢复正常。它给植物造成严重的危害。永久萎蔫与暂时萎蔫的根本差别在于前者原生质发生了严重脱水，引起一系列生理生化的变化。

(1) 破坏了膜上脂层分子的排列　正如冻害一样，当植物脱水时，细胞质膜的透性增加，首先是电解质外渗，其次如氨基酸、糖分子等有机物也可大量外流。

细胞溶质外渗的原因是破坏了原生质膜脂类双分子排列。因为在正常情况下膜内脂类分子呈双分子层排列，这种排列主要靠磷脂极性根同水分子相互连接，而把它们包含在水分子之间。所以膜内必须束缚一定量水分才能保持膜中脂类分子的双层排列，当干旱使得细胞严重脱水(含水量降低到 20%以下)，直至不能保持膜内必需水分时，膜结构即发生变化(图 13.4)。

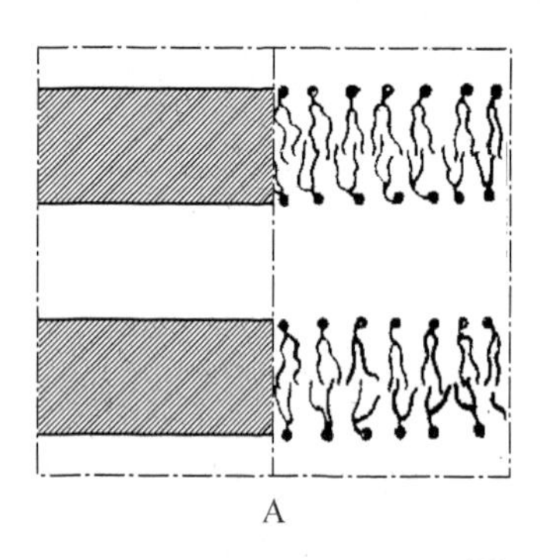
A

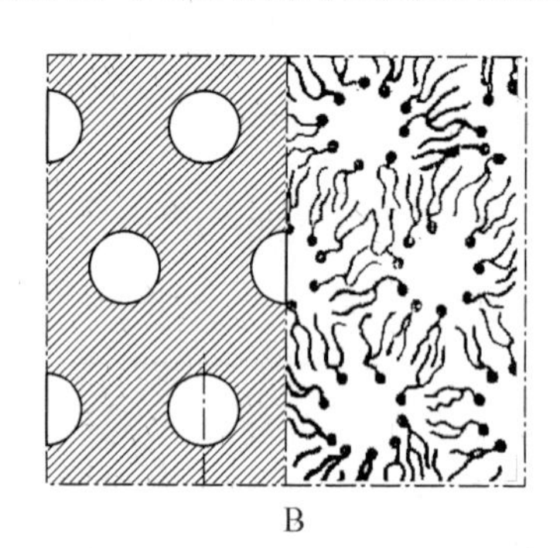
B

图 13.4　膜内脂类分子排列

A. 在细胞正常水分状况下双分子分层排列；B. 脱水膜内脂类分子成放射的星状排列

(2) 破坏了正常代谢过程　细胞脱水对代谢破坏的特点是抑制合成代谢而加强了分解代谢。随着土壤水势降低，光合作用剧烈下降，呼吸强度也下降，不过它降低的坡度缓慢。这可能是由于气孔关闭后，光合作用仍可为呼吸作用提供部分 O_2。

各种生理过程对干旱的敏感性见图 13.5，图 13.6。

与寒害类似，随着干旱植物发生脱水，细胞蛋白质合成减弱，而分解作用加强。干旱时，植物体内蛋白氮减少而游离的氨基酸增多。众多实验证明，细胞严重脱水对核酸代谢产生了破坏作用。干旱之所以引起植物衰老，甚至死亡是同核酸代谢受到破坏有直接关系。

中生植物遇到干旱后，植株体内源激素总的趋势是促进生长的激素减少，而延缓或抑制生长的激素增多。其中最明显的是脱落酸(ABA)的变化，水势每降低 1.0 Pa，ABA 浓度有显著增加。

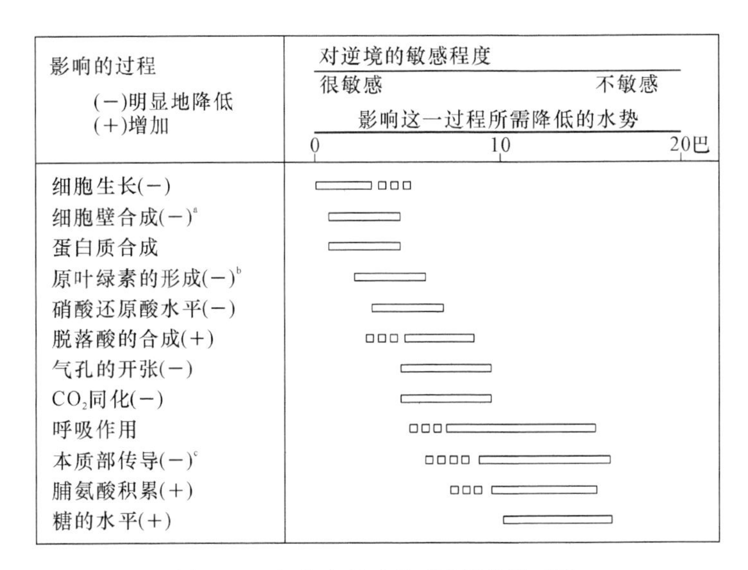

图 13.5　各种生理过程对干旱的敏感性

a. 快速生长的组织；b. 黄化叶；c. 应决定于木质部面积

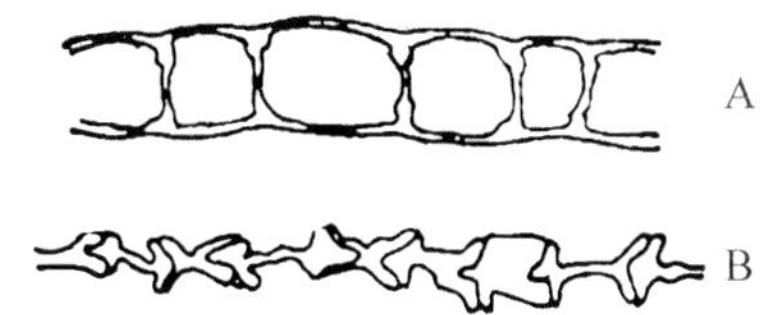

图 13.6　团扇提灯苔(*mnium punctatum*)叶细胞脱水时细胞变形的状态

A. 正常的细胞；B. 细胞脱水后萎陷的状态

(3) 机械性的损伤　干旱脱水与一般质壁分离现象不同，一般质壁分离是原生质收缩脱离了胞壁，而在胞壁与原生质层之间有溶液进入。但干旱脱水时，细胞壁与原生质层同时收缩，细胞壁上形成很多锐利的折叠(图 13.6)，撕破原生质的结构，当细胞壁因弹性所限不再收缩，而原生质继续收缩时，原生质体就可能被折叠的胞壁所拆破，细胞壁愈坚硬的细胞，这种现象尤为明显。另外，当细胞吸水复原时，如骤然吸水使细胞恢复膨胀，由于细胞壁吸水膨胀速度大于原生质，这种不协调膨胀，就可撕破粘连在细胞壁上的原生质，不管是前者或是后者，这样由于细胞脱水或复水造成的机械损伤都可使活细胞死亡，在旱害致死的组织中，常可看到被撕破的并粘附在细胞壁上的原生质体小块，也可看到干旱复水时有原生质体破裂成两部的现象。

旱害对植物的影响是多方面的，见图 13.7。

3. 抗旱性机理及其提高途径

(1) 抗旱性机理　植物抗旱性主要表现在形态结构与生理两方面。抗旱性强的植物往往根系发达，根冠比较大，叶片细胞体积小，细胞间隙比较小；维管束发达，尤其细胞壁较厚，厚壁的机械细胞较多，角质层和蜡质较厚。叶脉致密，单位面积气孔数目多，这不仅有利于根系吸水，还可加强蒸腾作用与水分传导。

抗旱作用的生理生化特征主要有：一是细胞能保持较高的亲水能力，防止细胞严重脱水，这是生理抗旱的基础；二是最关键的是在干旱时，植物体内的水解酶如 RNA 酶、蛋白酶等活性稳定，减少了生理大分子物质的降解，这样既保持了质膜结构不受破坏，又可使细胞内有较高的黏性与弹性，提高细胞保水能力和抗机械损伤能力，使细胞代谢稳定。因此，植物保水能力或抗脱水能力是旱性的重要指标；三是脯氨酸、脱落酸等物质积累变化也是衡量植物抗旱能力的重要标准。此外，一些生理上的特点，如叶子含水量较低，积累水分较多，细胞液浓度较高，因此上层叶子更易从下层叶子吸取水分。

(2) 提高抗旱性的途径　与抗冻锻炼相类似，将植物处在一种致死量以下的干旱条件中，让植物经受锻炼，可提高其对干旱的适应能力。农业生产上有很多锻炼方法，如玉米、棉花、大麦等在苗期适当控制水分，抑制生长以锻炼其适应干旱的能力，即蹲苗。蔬菜移植前拔起让其

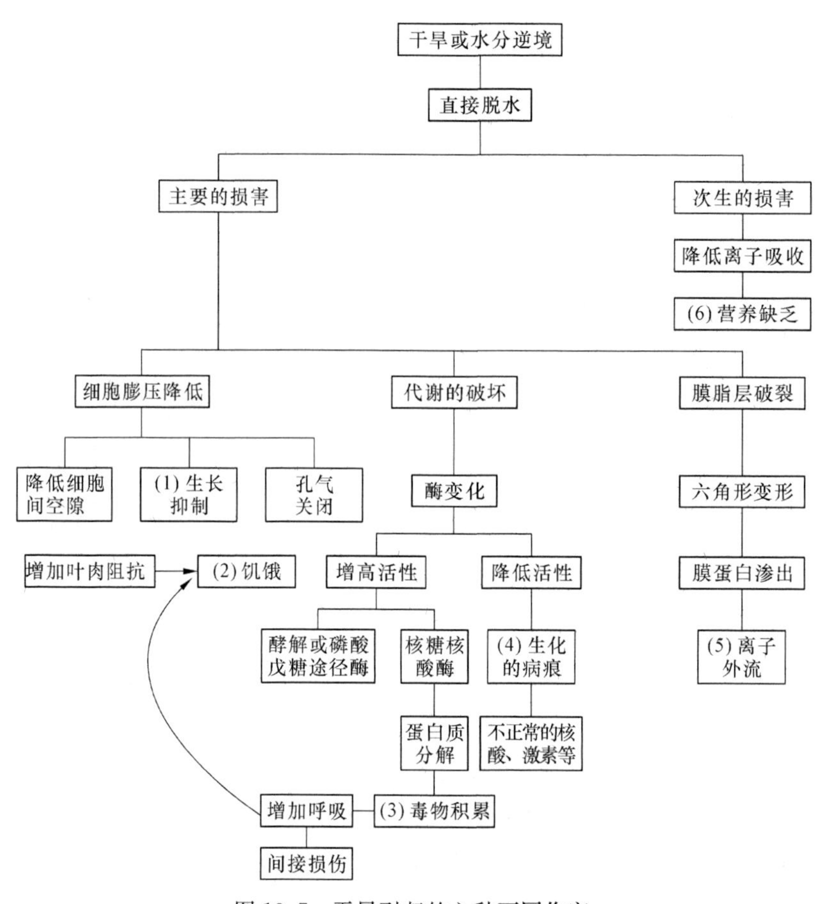

图 13.7　干旱引起的六种不同伤害

萎蔫一段时间后再栽，即搁苗。甘薯剪下藤苗，一般放置阴凉处 1～3 天，甚至更长时间后再扦插，即饿苗。双芽法是对播前的种子进行抗旱锻炼，即先用一定量水，分三次拌入种子，每次加水后，经种子吸收，再风干到原来种子的重量，如此反复干干湿湿，尔后播种。上述这些措施均可提高植物抗旱性。试验证明，经锻炼的苗，根系发达，植株保水力强，叶绿素含量高，以后遇干旱时，代谢比较稳定，尤其表现为蛋白氮含量高，干物质积累多。

用化学试剂处理种子或植株，可以诱导其提高作物抗旱性，如用 0.25% $CaCl_2$ 溶液浸种或用 0.05% $ZnSO_4$ 溶液叶面喷施都有提高植物抗旱性的效果。

合理施肥可提高作物抗旱性。磷、钾肥能促进根系生长，提高保水能力；而氮素过多则由于枝叶徒长，蒸腾量增加，因而易受旱害；硼与铜等微量元素也有助于作物抗旱。

脱落酸、矮壮素、B9 与抗蒸腾剂等也可减少蒸腾失水，从而增加作物抗旱性。不过，这些药剂对植物多少有些毒害，特别是不宜长期使用。

另外，给植物叶面上涂一层薄膜，如乳胶、聚乙烯、聚丙烯等都有降低蒸腾失水的作用，而对光合作用影响很小。

13.2.2　抗涝性

1. 涝害

水分过多对植物的不利影响称为涝害，植物对积水或土壤过湿的适应力和抵抗力称为抗涝性。涝害常给农业生产带来很大损失。涝害一般有两层含义，即湿害和涝害。土壤过湿，水分处于饱和状态，土壤含水量超过田间最大持水量，根系完全生长在沼泽化的泥浆中，这种涝害叫湿害。而典型的涝害是指地面积水，淹没了作物的全部或一部份。涝害发生在各个地区，具有相当大的普遍性。

2. 涝害对植物的影响

涝害的核心问题是缺氧给植物的形态、生长和代谢带来一系列不良影响。

(1) 对植物形态与生长的损害　水涝缺氧可降低植物生长量，受涝缺氧的植株往往生长矮小，叶片黄化，根尖变黑，叶柄偏向生长。淹水也会抑制种子萌发，使之产生芽鞘伸长，不长根，叶片黄化，有时仅有芽鞘伸长而其他器官不发生。另外，受涝缺氧使植物体内乙烯含量增加，引起叶片卷曲，偏上生长或脱落，茎膨大加粗，生长减慢，花瓣褪色等。

缺氧不仅影响器官形态并对亚细胞结构也发生深刻的影响。发现细胞的线粒体必须在通气条件下才能正常发育，而在缺氧下，树木及其内部结构都有异常，如嵴的多少及排列等，而且不同器官的细胞对缺氧反应不同，如水稻芽鞘在无氧条件下，线粒体发育基本上正常的，可是根细胞在缺氧时线粒体发育不良。说明根对氧比较敏感，或者说不耐缺氧，水稻根在氮气中1—3天细胞器都被破坏。

(2) 对代谢的损害　水涝缺氧抑制光合作用和有氧呼吸，促进无氧呼吸，产生和积累大量有毒产物如乙醇、乳酸等，从而使代谢紊乱。无氧呼吸还会使根系缺乏能量，阻碍矿质营养的正常吸收。

(3) 水涝引起营养失调　水涝缺氧使土壤中的好气性细菌(如氨化细菌、硝化细菌等)的正常生活活动受抑，从而使有机物质和腐殖质的矿化过程受抑，影响矿质营养供应。由于缺氧和嫌气性微生物活动产生大量 CO_2 与还原性有毒物质，从而降低了土壤氧化-还原势，使得土壤内形成大量有害的还原性物质如 H_2S, Fe^{2+}, Mn^{2+} 以及醋酸丁酯等。同时，淹水改变了土壤理化性质，如酸度增加，当 pH 降为 4.5 时，就会妨碍硝化作用，引起氨的损失，同时大量的锰、锌、铁等被还原后可溶性增加易被流失，以致植株营养亏缺。但另一方面植株对这些可溶性元素又吸收过多，常可引起水稻中毒甚至死亡。施用 KNO_3 和尿素可减轻涝害，也是基于对营养的补充。

3. 植物的抗涝性

不同植物的抗涝能力有别。如陆生喜湿作物中芋头比甘薯抗涝。旱生作物中油菜比马铃薯和番茄抗涝。水稻中，籼稻比糯稻抗涝，糯稻又比粳稻抗涝。同一作物不同生长发育期抗涝程度不同。如水稻一生中以幼穗形成期到孕穗期最不抗涝，其次是开花期，其他生长发育时期抗涝性较强。

作物抗涝性的强弱取决于对缺氧的适应能力，一般抗涝性强的植物往往具有发达的通气系统来增强对缺氧的忍耐力。根据推算，水生植物的胞间隙约占地上部总体积的 70%，而陆生植物叶间隙体积占 20%。通过胞间隙系统可以把 O_2 顺利地输送到根部。一些陆生植物如水稻、小麦、番茄、蚕豆等也具有这种性能，而水稻由于长期对沼泽化土壤的适应。它的胞间隙系统比小麦等旱作物发达，由地上部向地下部送 O_2 能力较强，一般三叶水稻地上部所吸收的 O_2 有 30%～70%下运到根系，缺氧引起的无氧呼吸使体内积累有毒物质，而耐氧的植物则能通过某种生理生化代谢来消除有毒物质，或本身对有毒物质具有忍耐力，因而具有较强的耐涝性。例如，有的植物缺乏苹果酸酶，抑制由苹果酸形成丙酮酸，从而防止了乙醇的积累。另一些耐湿的植物，可以通过提高乙醇去氢酶以减少乙醇的积累。

13.2.3 盐碱对植物的影响

1. 盐害

在滨海地区由于土壤中盐分浓度很高，土壤蒸发或者咸水灌溉和海水倒灌等因素，都可使土壤表层的盐分升高到1%以上。另外在地势低洼地下水位高的地区，由于降雨量少，气候干燥，蒸发强烈，随着地下水蒸发把盐分带到土壤表层(耕作层)造成土壤盐分过多。

土壤中可溶性盐过多对植物的不利影响叫盐害，植物对盐分过多的适应能力称为抗盐性。

盐的种类决定土壤的性质，若土壤中盐类以碳酸钠和碳酸氢钠为主等时，则称其为碱土；若以氯化钠和硫酸钠为主时，则称其为盐土。因盐土和碱土常混合在一起，盐土中常有一定量的碱土，故习惯上把这种土壤称为盐碱土。盐碱土由于土壤中盐分过多使土壤水势下降，严重阻碍植物的生长发育，这已成为限制盐碱地区作物生产的主要制约因素。

2. 土壤盐分过多对植物的危害

盐分过多对植物生长的影响是多种多样的(图13.8)，但主要的危害有三方面。

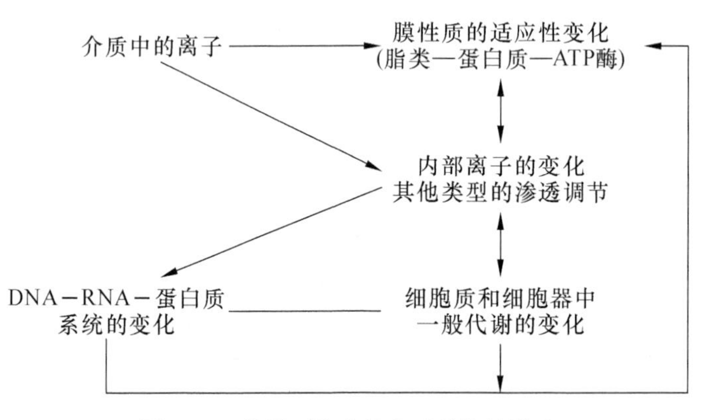

图13.8 外界环境中盐分对植物的影响

植物与植物生理

(1) 生理干旱 土壤中可溶性盐类过多，由于渗透势增高而使土壤水势降低，根据水从高水势向低水势流动的原理，根细胞的水势必须低于周围介质的水势才能吸水，所以土壤盐分愈多根吸水愈困难，甚至体内水分由外渗的危险。因而盐害的通常表现实际上是生理干旱，一般农作物的渗透势较低，当土壤盐分超过0.2%～0.25%时，吸水就困难，生长就受到抑制。所以一般盐土生长的植物，植株矮小，叶片小而蒸腾弱。

(2) 离子的毒害作用 在盐分过多的土壤中植物生长不良的原因，不完全是生理干旱或吸水困难，还由于吸收某种盐类过多而排斥了另一些营养元素的吸收，盐土中 Na^+，Cl^-，Mg^{2+}，SO_4^{2-} 等含量过高，会引起 K^+，HPO_4^{2-} 或 NO_3^- 等缺乏。由此造成植物对离子的不平衡吸收，使植物生长发生营养失调及单盐毒害作用。

(3) 破坏生理代谢 盐分胁迫抑制植物的生长和发育，并引起一系列的代谢紊乱：如盐分过多使PEP羧化酶和RuBP羧化酶活性降低，叶绿体降解，叶绿素和类胡萝卜素合成受到干扰，气孔关闭，抑制光合作用；高盐时植物呼吸作用受抑，氧化磷酸化解偶联；盐分过多促进蛋白质分解，降低蛋白质合成。另外，盐胁迫还使植物体内积累有毒代谢产物，如小麦和玉米等在盐胁迫下产生的氨害等。试验表明，NaCl浓度的增高还会造成植物细胞膜渗透率的增加。

3. 提高作物抗盐性的途径

植物抗盐性的方式可分为两大类，即逃避盐害与忍受盐害。逃避盐害的方式又有三种，即排盐、拒盐和将盐稀释。忍受盐害的方式主要是维持很低的细胞渗透势。

作物中没有真正的抗盐植物，不过抗盐能力上有些差别。甜菜、高粱等，抗盐能力较强，棉花、向日葵、水稻、小麦等，抗盐能力较差，荞麦、燕麦、亚麻、大麻、豆类等，抗盐能力最差。

植物的耐盐性可因锻炼而提高。种子在一定浓度的盐溶液中吸水膨胀后再播种，可提高作物的抗盐能力，例如玉米种子在播种前用3%NaCl和0.2%$MgSO_4$溶液浸种，长出的植株耐盐力即较高，而且其叶子中单糖含量较低，而根与茎中单糖含量均较高。

不同植物或植物的不同品种，经受锻炼而提高其耐盐性的潜力是不同的，因此有可能用选种和育种方法，培养出耐盐性相当高的品种来。

用植物激素如IAA喷施植株或用IAA溶液直接浸种，均可促进作物生长，增强吸水能力，提高抗盐性。ABA能诱导气孔关闭，减小蒸腾作用和盐的被动吸收，因而也可用于提高作物的抗盐能力。

另外，改良土壤，洗盐灌溉法等都是农业生产上抵抗盐害的重要措施。

13.3 病原微生物对植物的影响

许多微生物如细菌、真菌和病毒都可以寄生在植物体内，对寄主产生危害，称为病害。植物抵抗病原菌侵袭的能力称抗病性。使植物致病的微生物叫病原物，被寄生的植物称为寄主。

13.3.1 植物对病原物的反应类型

病害是寄主和病原微生物之间相互作用的结果。究竟能否产生病害，病害的轻重决定于两者对抗的结果，根据寄主和病原物对抗的情况，不外乎四种类型。

1. 感病型

寄主受病原物侵染后产生的病害，使其生长发育受阻，甚至造成局部或整株死亡，影响产量与品质。

(1) 遗传的控制　病原菌能否侵入致病首先受遗传信息的控制，例如，小麦可受到各种病原的侵害，但是每种小麦——病原体系只受一种基因控制，由这种基因控制这种体系是感染或者是抗病。遗传控制是进一步研究病菌侵入的生理生化过程的重要基础。

(2) 代谢控制　代谢控制应该发生在寄主与病原体两个方面，通过代谢调节有利于病原体即可致病，有利于寄主即可抗病。代谢控制是多种多样的，仅就寄主与病毒代谢变化为例，例如，根据研究发现烟草能否为侵染的病毒提供大量的氨基酸成为致病与抗病的关键因素。对烟草花叶病毒(TMV)敏感的植株通过蛋白质转化而向病毒大量供给氨基酸，加速了TMV的合成，甚至连一些酶蛋白如RuBP羧化酶都进行分解，为病毒所夺取。而不敏感的烟草植株则能够控制自身蛋白质的合成和积累，从而限制了病毒病的发生。

(3) 环境的控制　植物能否感染，感染后发病程度除了受遗传代谢控制外，与环境因素也有密切关系，高温多湿、高肥缺光的条件常常是病害滋生蔓延的最好环境。寄主与病原菌是个活的体系，又由于各种因素变化不定，所以自然界没有一种植物是绝对抗病的。往往是对一种病菌是抵抗的，但对另一种病菌是敏感的；在某些情况下是抗病的，但在另一些情况下又表现是感病的。

2. 耐病型

寄主对病原物的侵染比较敏感，侵染后同样有发病症状，但对产量及品质无很大的影响。

3. 抗病型

病原物侵入寄主后，由于寄主自我保护反应而被局限化，不能继续扩展，寄主发病症状轻，对产品和质量影响不大。而植物抗病性反应又有以下几种情况：

(1) 避病　指由于病原物的感发期和寄主的感病期相互错开，寄主避免受害。如雨季葡萄炭疽孢子大量产生时，早熟葡萄已经采收或接近采收，因而避开危害。

(2) 抗侵入　指由于寄主具有形态、解剖与生理生化的某些特点，可阻止或削弱某些病原物的侵染，如植物表皮的茸毛、刺、蜡质和角质层等。

(3) 抗扩性　寄主的某些组织结构或生理生化特征，使侵入寄主的病原物的进一步扩展受阻或被限制。如厚壁、木栓及胶质组织均可限制扩展。

(4) 过敏性反应　又称保护性坏死反应，即病原物侵染后，侵染点及附近的寄主细胞和组织很快死亡，使病原物不能进一步扩展的现象。

4. 免疫型

寄主排斥或破坏病原有机体入侵，在有利于病害发生的情况下也不被感染或不发生任何病症。

13.3.2 寄主对病原物生理生化反应

1. 破坏水分平衡

萎蔫或枯萎是许多病害株的最普遍病症，表明病原菌侵入后破坏了植株的水分平衡。病菌干扰水分代谢的原因主要有三种：一是根系被病原菌侵染后损坏，不能正常吸水；二是维管束被病菌或因病菌侵染后引起的寄主代谢产物堵塞，水流阻力增大；三是病原体侵入可以改变寄主的细胞透性。病原菌破坏原生质结构，使膜透性加大，蒸腾失水过多。

2. 呼吸作用加强

病株的呼吸速率往往比健康株高 10 倍。这是因为一方面病原微生物进行强烈的呼吸，另一方面是寄主自身的呼吸也加快。呼吸作用增强的原因可能是由于病原物侵入后，原来把酶和底物隔开的障碍被去掉了。受侵染后，寄主的呼吸作用的生化途径，也可能发生变化，例如氧化作用与磷酸化作用解偶联，吸收氧而不形成 ATP；乳糖酵解转为磷酸戊糖途径；有时含铜氧化酶的活性提高，或抗氰呼吸的活性加强。

3. 光合作用减弱

一般感病后几小时到几十小时，光合作用已开始下降，同时与病菌密度有关，侵入的菌体数量愈大光合作用受抑制现象愈严重。病株由于叶绿体受到破坏，叶绿素合成减少，故光合速率下降。随着病株感染程度的加重，光合作用逐渐减弱，甚至完全失去同化二氧化碳的能力。

4. 同化物运输受到干扰

由于感病后，同化产物较多地运往病区，这与病区组织呼吸作用增强是一致的。例如，水稻、小麦的功能叶感病后，严重阻碍光合产物的输出，影响籽粒的充实。

5. 内源激素发生变化

植物组织受到病原菌感染后会大量合成各种激素，尤其是吲哚乙酸含量的提高，如锈病能使小麦植株中吲哚乙酸含量增加。吲哚乙酸浓度的增加，会使细胞壁软化，次生壁的形成受阻，这样病原物就更易于生长。因此病情不断发展。

此时，乙烯、细胞分裂素或赤霉素的增多，会导致许多病症的产生。

13.3.3 植物抗病原理

植物抗病的途径很多，主要有如下几种。

(1) 形态结构屏障　许多植株外部有坚硬的角质层，能阻挡病原菌的侵入，如苹果和李的果实由于具备角质层的防护而抵抗各种腐烂真菌的侵染。

(2) 组织局部坏死　抗病品种与病原菌接触时，产生过敏反应，结果在侵染部位形成枯斑，受侵染的细胞或组织坏死，使病原菌得不到生长发育的适宜环境而死亡，这样病害就被局限在某个范围内而不能扩展。

(3) 病菌抑制的存在　植物体原本就含有一些对病原菌有抑制作用的物质。如儿茶酚对洋葱鳞茎炭疽菌具有抑制作用，绿原酸对马铃薯的疮痂病、晚疫病和黄萎病的抑制等。生物碱和单宁也都有一定的抗病作用。

(4) 植保素　植保素是指由于受病原物或其他非生物因子刺激后，寄主产生的一类对其他病原物有抑制作用的物质，这些物质通常是指出现在侵染点附近的低分子化合物。

此外，植物还可以通过各种方式来产生抗病的效果，如产生一些对病原菌菌丝具有酶解作用而抑制病原菌进一步侵染的水解酶等。

当然，改善植物的生存环境和营养状况也是提高植物抗病能力的重要农艺措施。

13.4 污染对植物的影响

近代工业的发展，使得废渣、废气和废水越来越多，它们造成大气、水、陆地的污染。现代农业因大量施用农药与化肥等化学物质，引起有害物质残留量的增加，因而环境污染日趋严重。环境污染不仅直接危害人类健康与安全，而且给植物生长发育带来了很大的危害。环境污染可分为大气、水体、土壤和生物污染，其中大气污染和水体污染对植物的影响最大。

13.4.1 大气污染

1. 大气污染物

对植物有毒的大气污染物多种多样，主要有二氧化硫、臭氧、氟化物、含氮化合物以及各种矿物燃料产生的废气等。乙烯、乙炔等对某些敏感植物也可产生毒害作用。其他如一氧化碳、二氧化碳超过一定浓度时也会对植物有毒害作用。

植物对大气污染的敏感性因受很多因素的影响而不同。首先，不同的植物或品种的敏感程度不同，如水稻、大麦、蚕豆等的敏感性大于棉花、小麦、元麦、油菜等，同一植物不同品种之间敏感性的表现型不同，不同生长发育时期敏感性也不同。一般刚萌发新叶对大气污染物吸收较少，而成年叶片则吸收污染物增多。第二是环境因素的影响，例如，在高温、强光下，O_3 与 NO_x 如 NO，NO_2 等影响比较严重。第三，污染物的剂量与暴露时间的影响，一般暴露于污染物中时间愈长影响愈大。总之，大气污染对植物的影响是十分复杂的过程(图 13.9)。

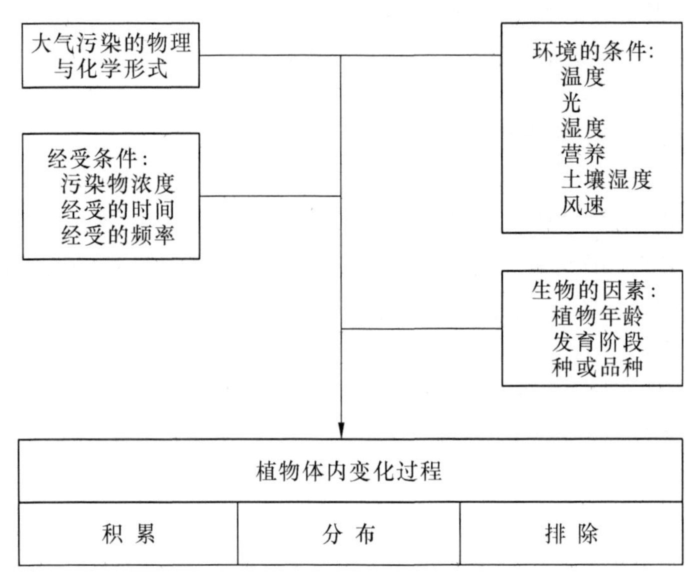

图 13.9　决定大气污染对植物影响的一些因素

2. 主要污染物对植物的伤害

(1) 侵入途径　植物与大气接触的主要部分是叶，所以叶易受大气污染的伤害，花的各种组织如雌蕊的柱头也很易受污染物伤害，因而造成受精过程不良，空瘪率提高，植物其他暴露部分，如芽、嫩梢等也可受到影响。

有的气体进入植物的主要途径是气孔，白天有利于 CO_2 同化过程，也有利于对有毒气体的吸收。在气孔开张(或气孔数目较多)和气孔湿度较低的条件下，由于叶外界面阻抗与气孔阻抗降低，这时同化细胞对 CO_2 同化效率(如 RuBP 羧化酶活性)愈高，愈有利于对 SO_2 等有毒气体的吸收。

另外，角质层对 HF 与 HCl 有相对高的透性，它是这些气体进入叶肉的主要途径。

污染物主要作用部位是叶肉细胞，不过从气孔进入叶肉组织后的污染物(气体)要经溶解后才被细胞吸收，所以溶解度对吸收也起着化学阻抗作用，HF，SO_2，NO_2，NH_3 在水中溶解度大，容易被植物吸收，毒性强烈，O_3 与 NO 的溶解度小，进入细胞慢，对植物毒性要缓一些。

(2) 伤害症状　污染物进入细胞后如其浓度超过了植物敏感值即产生伤害，伤害一般分急性与慢性两种。所谓急性伤害是指在较高浓度有害气体短时间(几小时，几十分钟或更短)的作用下所发生的组织坏死。叶细胞受害时最初呈灰绿色，然后质膜与细胞壁解体，细胞内含物进入细胞间隙，就转变为暗绿色的油浸或水渍斑，叶片变软，坏死细胞最终脱水而变干，并且呈现白或象牙色到红或暗棕色。所谓慢性伤害是由于长期接触致死浓度的污染空气，主要破坏了叶绿素的合成，使叶片呈现缺绿，叶片变小，畸形或者加速衰老。各种污染物的伤害症状不同，有时也可根据伤害产生的特征加以识别，如：

SO_2——叶脉间缺绿；

NO——叶脉间或边缘出现有规则的褐色黑斑；

O_3——叶上表面出现白色、黄色或褐色斑点；

HF——尖枯或边缘坏死。

(3) 植物对污染物的生理反应　污染物对植物生理的影响是多方面的，它可以改变细胞的透性、酶的活性以及代谢作用的水平等，但是研究比较多的而且比较明确的是：

① 光合作用与干物质积累现已证明，主要的污染物可以改变气孔的活动，破坏叶绿素的类囊体膜，从而影响光合作用的电子传递系统以及 CO_2 固定效率等，下列污染物对光合抑制的效应顺序(括号内为污染物的浓度)是：

$HF(0.01\ mg/L)>O_3(0.05\ mg/L)>SO_2(0.2\ mg/L)>N_{O_X}(0.4\sim0.6\ mg/L)$

随光合作用降低，干物质积累明显下降，但往往并无可见的伤害症状的产生。由于干物质积累减少，必然促使器官早衰，产量下降。

② 呼吸作用的变化。植物受大气污染影响后，一般表现为呼吸强度增高，SO_2，HF 等不仅可促使暗呼吸增高，而且也提高光合呼吸作用。污染物对呼吸影响的生化原理，一方面是由于呼吸作用增强或降低是植物对污染物逆境的适应；另一方面，呼吸变化是污染物浓度已超过了致害的阈值，破坏了细胞内部的分室反应活动，扰乱了呼吸作用的正常途径。

③ 过氧化物酶和乙烯的变化。受污染物影响，过氧化物酶及乙烯都会增加。

13.4.2　水体污染和土壤污染

1. 水体污染物和土壤污染物

水体污染物种类繁多，如各种重金属盐类、洗涤剂、酚类化合物、氰化物、有机酸、含氮化合物、油脂、漂白粉和染料等。另外，城市下水道含有病菌的污水也会污染植物。

土壤污染物主要来自于水体和大气。以污水灌田，有毒物质会沉积于土壤；大气污染物受重力作用随雨、雪落于地表渗入土壤内，都可造成土壤污染；施用某些残留量较高的化学农药，也会污染土壤，如六六六农药在土壤里分解95%需六年半之久。

2. 水体和土壤污染物对植物的伤害

污染水源中的各种金属在水中含量太高，会对植物造成严重危害，主要是这些重金属可抑制酶的活性，或与蛋白质结合，破坏质膜选择透性，阻碍植物的正常发育。水中酶类化合物含量过高，会抑制植物生长，叶色变黄；当含量再高时，叶片会失水、内卷、根系变褐而逐渐腐烂。氰化物浓度过高则强烈抑制呼吸作用。其他如三氯乙醛、甲醛、洗涤剂、石油等污染物对植物的生长发育也都有不良影响。酸雨或酸雾也会对植物造成非常严重的伤害。

13.4.3　提高植物抗污染力的措施

1. 抗性锻炼

用较低浓度的污染物预先处理种子或幼苗，可提高植物的抗污染能力。

2. 改善土壤营养条件

通过改善土壤条件，提高植物的生活力，可增加对污染的抵抗力。如当土壤 pH 过低时，施入石灰可中和酸性，改变植物吸收阳离子的成分，可增加对酸性气体的抗性。

3. 化学调控

有人用维生素和植物生长调节物质喷施柑橘幼苗，或加入营养液让根系吸收，提高了植物

对 O_3 的抗性。有人喷施能固定或中和有害气体的物质如石灰溶液，结果减轻了氟害。

此外，利用常规或生物技术方法选育出抗污染强的品种，也是提高植物抗污染力的有效措施。

思考题

1. 名词解释：逆境；逆境逃避；逆境忍耐；抗性；生理干旱。
2. 简述植物的抗性方式。
3. 抗性锻炼为什么可以提高植物抗性？
4. 植物受害后，生物膜结构成分将发生怎样的变化？
5. 植物抗旱与耐盐的生理基础各主要表现在哪些方面？
6. 简述通过哪些方式可以较好地提高作物抵抗不良环境的能力？
7. 植物感病后将发生怎样的生理生化变化？
8. 引起大气污染的主要污染物有哪些？它们对植物有哪几种伤害方式？

14 实验实训

14.1 光学显微镜的结构、使用及保养

14.1.1 目的

了解显微镜的结构和各部分的作用，能正确、熟练地使用显微镜观察植物材料，掌握显微镜的保养方法。

14.1.2 用品与材料

显微镜、擦镜纸、软布、二甲苯、任意一种植物切片。

14.1.3 方法与步骤

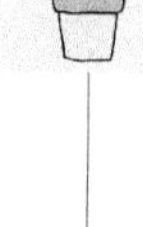

1. 显微镜的结构

通常使用的生物显微镜可分为机械装置和光学系统两大部分。机械部分包括镜座、镜柱、镜臂、倾斜关节、载物台、镜筒、物镜转换盘、调节轮。光学部分包括接目镜、接物镜、反光镜、光调节器(图 14.1)。

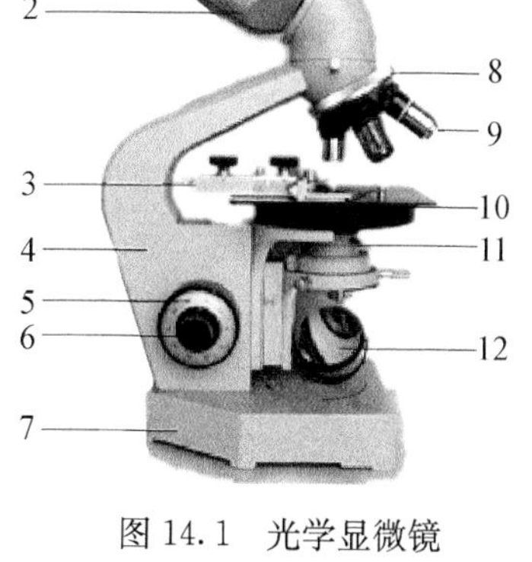

图 14.1　光学显微镜

1. 接目镜；2. 镜筒；3. 载玻片移动架；4. 镜臂；5. 粗调节轮；6. 细调节轮；7. 镜座；8. 转换盘；9. 接物镜；10. 载物台；11. 光圈盘；12. 反光镜

2. 显微镜的使用方法

(1) 取镜　拿取显微镜时，必须一手紧握镜臂，一手平托镜座，使镜体保持直立。放置显微镜时要轻，避免震动。放在身体的左前方，离桌子边 6～7 cm。检查镜的各部分是否完好。镜体上的灰尘用软布擦拭。镜头只能用擦镜纸擦拭。不准用手接触镜头。

(2) 对光　使用时，先将低倍接物镜头转到载物台中央，正对通光孔。用左眼接近接目镜观察，同时用手调节反光镜和聚光器，使镜内光亮适宜。镜内所看到的范围叫视野。

(3) 放片　把切片放在载物台上，使要观察的部分对准物镜头，用压夹或十字移动架固定

切片。

(4) 低倍物镜的使用　转动粗调节轮，使镜筒缓慢下降，至物镜接近切片时为止。然后用左眼从目镜向内观察，并转动粗调节轮使镜筒缓慢上升，直至看到物像为止(显微镜内的物像是倒像)，再转动细调节轮，将物像调至最清晰。

(5) 高倍物镜的使用　在低倍物镜下观察后，如果需要进一步使用高倍物镜观察，先将要放大的部位移到视野中央，再把高倍物镜转至载物台中央，对正通光孔，一般可粗略看到物像。然后，再用细调节轮调至物像最清晰。如镜内亮度不够，应增加光强。

(6) 还镜　使用完毕，应先将接物镜移开，再取下切片。把显微镜擦拭干净，各部分恢复原位。使低倍接物镜转至中央通光孔，下降镜筒，使接物镜接近载物台。将反光镜转直，放回箱内并上锁。

3. 显微镜的保养

① 使用显微镜时必须严格按操作规程进行。

② 显微镜的零部件不得随意拆卸，也不能在显微镜之间随意调换镜头或其他零部件。

③ 不能随便把目镜头从镜筒取出，以免落入灰尘。

④ 防止震动。

⑤ 镜头上沾有不易擦去的污物，可先用擦镜纸蘸少许二甲苯擦拭，再换用干净的擦镜纸擦净。

4. 生物绘图法

在进行植物形态、结构观察时，常需绘图。所绘图形要能够正确地反映出观察材料的形态、结构特征。绘图注意以下几个方面：

① 绘图要用黑色硬铅笔，不要用软铅笔或有色铅笔，一般用2H铅笔为宜。

② 图的大小及在纸上分布的位置要适当。一般画在靠近中央稍偏左方，并向右方引出注明各部分名称的线条，各引出线条要平行整齐，各部分名称写在线条右边。

③ 画图时先用轻淡上点或轻线条画出轮廓，再依照轮廓一笔画出与物像相符的线条，线条要清晰，比例要正确。

④ 绘出的图要与实物相符，观察时要把混杂物、破损、重叠等现象区别清楚，不要把这些现象绘上。

⑤ 图的阴暗及浓淡，可用细点表示，不要采用涂抹方法。点细点时，要点成圆点，不要点成小撇。

⑥ 整个图要美观、整洁，特别注意其准确性与科学性。

5. 徒手切片法

① 将植物材料切成宽0.5 cm、长1～2 cm的长方条。如果是叶片，则把叶片切成0.5 cm宽的窄束，夹在胡萝卜(或萝卜、马铃薯)等长方条的切口内。

② 取上述一个长方条，用左手的拇指和食指拿着，使长方条上端露出1～2 mm高，并以无名指顶住材料，用右手拿着刀片的一端。

③ 把材料上端和刀刃先蘸些水，并使材料成直立方向，刀片成水平方向，自外向内把材料上端切去少许，使切口成光滑的断面，并在切口蘸水，接着按同法把材料切成极薄的薄片。切时注意要用臂力，不要用腕力及指力；刀片切割方向由左前方向右后方拉切；拉切的速度宜较快，不要中途停顿。把切下的切片用小镊子或解剖针拨入表面皿的清水中，切时材料的切面应经常蘸水，起润滑作用。

④ 初切时必须反复练习,并多切一些,从中选取最好的薄片进行装片观察。

14.1.4 作业

(1) 显微镜的构造分哪几部分?各部分有什么作用?
(2) 反复练习使用低倍接物镜及高倍接物镜观察切片,使用时应注意什么问题?
(3) 使用显微镜过程中,应做好哪些保养工作?
(4) 一张优等的生物绘图应具备哪些条件?

14.2 植物细胞构造、叶绿体、有色体及淀粉粒的观察

14.2.1 目的

① 学会使用显微镜识别植物细胞的构造。
② 学会徒手切片法,识别叶绿体、有色体及淀粉粒的形态特征。

14.2.2 用品与药品

显微镜、镊子、解剖针、小剪、载玻片、盖玻片、培养皿、吸水纸、蒸馏水、碘液、10%糖液、洋葱鳞片、菠菜、马铃薯块茎、红辣椒或胡萝卜、大葱或鸭跖草。

14.2.3 实验内容

1. 识别植物细胞的结构

简易装片法:用手或镊子将洋葱鳞片表皮撕下,剪成约 3～5 mm 的小片。在载玻片上滴一滴水,将剪好的表皮浸入水滴中(注意表皮的外面应朝上),并用解剖针挑平,再加盖玻片。加盖玻片的方法是先从一边接触水滴,另一边用针顶住慢慢放下,以免产生气泡。如盖玻片内的水未充满,可用滴管吸水从盖玻片的一侧滴入,如果水太多浸出盖玻片外,可用吸水纸将多余的水吸去。这样装好的片子就可以镜检。

如果要使细胞观察得更清楚,可用碘液染色,即在装片时载玻片上放一滴稀碘液,将表皮放入碘液中,盖上盖片,进行镜检。可看到细胞壁、细胞质、细胞核、液泡。

2. 叶绿体的观察

在载玻片上先滴一滴 10%糖液,再取菠菜叶,撕去下表皮,再用刀刮取叶肉少量,放入载玻片糖液中均匀散开,盖好盖玻片。先用低倍镜观察,可见叶肉细胞内有很多绿色的颗粒,这就是叶绿体,再换用高倍镜观察,注意叶绿体的形状。

3. 白色体的观察

撕取大葱葱白内表皮用简易装片法制得切片后,进行显微镜观察即可看到白色体。若用紫鸭跖草幼叶,沿叶脉处撕取下表皮制成装片进行显微镜观察,效果更好。

4. 有色体的观察

取红辣椒(或胡萝卜),用徒手切片法取红辣椒果肉的薄片,装片后用显微镜观察,可见细胞内含有橙红色的颗粒,这就是有色体。亦可用胡萝卜的肥大直根做徒手切片,其皮层细胞内的有色体为橙红色的结晶体。

5. 淀粉粒的观察

取马铃薯块茎小长方条作徒手切片。装片后用显微镜观察,可见细胞内有许多卵形发亮的颗粒,就是淀粉粒,许多淀粉粒充满在整个细胞内,还有许多淀粉粒从薄片切口散落到水中,把光线调暗些,还可看见淀粉粒上的轮纹。如用碘液染色,则淀粉粒都变成蓝色。

14.2.4 实验报告

① 绘几个洋葱表皮细胞结构图,并注明细胞壁、细胞质、细胞核、液泡。
② 绘几个叶绿体的细胞图。
③ 绘马铃薯的淀粉粒结构图。

14.3 细胞有丝分裂的观察

14.3.1 目的

识别植物细胞有丝分裂各期的主要特征。

14.3.2 用品与材料

洋葱根尖纵切片。

14.3.3 方法与步骤

取洋葱根尖纵切片用显微镜观察。先用低倍镜观察,找出靠近尖端的分生区(生长点)部分,可见许多排列整齐的细胞,这就是分生组织。换用高倍镜观察,可见有些细胞处在不同的分裂过程中,分别认出其所处的不同分裂过程及分裂时期(前期、中期、后期或末期)。按对照图进行观察。

14.3.4 作业

绘细胞有丝分裂各期的一个细胞图,并注明分裂时期。
如无洋葱根尖纵切片,可自行制作切片。简易方法如下:

1. 洋葱根尖

(1) 幼根的培养。于实验前3~4天,将洋葱鳞茎置于广口瓶上,瓶内盛满清水,使洋葱底部浸入水中，置温暖处，每天换水，3～4 天后可长出嫩根。

(2) 材料的固定和离析。剪取根端 0.5 cm，立即投入盛有一半浓盐酸和一半 95%酒精的混合液中，10 min 后，用镊子将材料取出放入蒸馏水中。

(3) 压片。取洗净的根尖，切取根顶端(生长点部分)1～2 mm，置于载玻片上，加一滴醋酸洋红染色 5～10 min，盖上盖玻片，以一小块吸水纸放在盖玻片上。左手按住载玻片，用右手拇指在吸水纸上对准根尖部分轻轻挤压，将根压成均匀的薄层。用力要适当，不能将根尖压烂，并且在用力过程中不要移动盖玻片。

(4) 醋酸洋红液。取 45%的醋酸溶液 100 ml，煮沸约 30 s，移去火苗，徐徐加入 1～2 g 洋红，再煮 5 min，冷却后过滤并贮藏于棕色瓶中备用。

2. 油菜(或小葱)幼根

取油菜的根尖 1～2 mm，置于载玻片上，用镊子压碎，滴 2 滴紫药水(用医用紫药水 1 滴加 5 滴蒸馏水)染色 1 min 后，加 1 滴 20%的醋酸，盖上盖玻片，用铅笔上的橡皮头端轻轻敲击，使材料压成均匀的单层细胞的薄片。用吸水纸吸去溢出的染液，可在显微镜下看到紫色清晰的染色体。

14.4 根的解剖结构的观察

14.4.1 目的

区别根尖各区结构，认识双子叶植物根初生结构和单子叶植物根结构特征，熟练使用显微镜。

14.4.2 用品与材料

显微镜、放大镜、培养皿、滤纸、盖玻片、载玻片、镊子、刀片、植物学盒、1%番红溶液、间苯三酚、盐酸。

玉米(或小麦、水稻)的籽粒、蚕豆(或大豆、棉花)的种子、小麦(或洋葱)根尖纵切片、蚕豆幼根横切片。

14.4.3 方法步骤

1. 根尖及其分区

(1) 材料的培养。在实验前 5～7 天，用几个培养皿(或搪瓷盘)，内铺滤纸，将玉米(或小麦、水稻)子粒浸入水后均匀地排在潮湿滤纸上，并加盖。然后放入恒温箱中或温暖的地方，温度保持 15℃～25℃，使根长到 1～2 cm，即可观察。

(2) 根尖及其分区的观察。选择生长良好而直的幼根，用刀片从有根毛处切下，放在载玻片上(片下垫一黑纸)，不要加水，用肉眼或放大镜观察它的外形和分区。

(3) 根尖分区的内部结构。取小麦(或洋葱)根尖纵切片，在显微镜下观察。由根尖向上辨认各区，比较各区的细胞特点。

2. 根的初生结构

(1) 双子叶植物根的初生结构。在实验前 10 天左右，将蚕豆(或大豆)种子同玉米籽粒进行催芽处理，待幼根长到 1～2 cm 时，在根毛区作徒手横切，制成临时装片并加一滴番红溶液染色，盖片观察其初生结构：表皮、皮层与中柱(初生木质部与次生木质部)。

如用向日葵或棉花幼根做徒手横切片并染色观察时，可看到根中央被导管占据，这是典型的双子叶植物的初生结构。

(2) 单子叶植物根的初生结构。用玉米根毛区的上部制作徒手横切切片，加一滴番红溶液，先在低倍镜下区分出表皮、皮层和中柱三大部分，再在高倍镜下由外向内观察。识别构造特征：表皮、皮层、中柱。

3. 根的次生结构

取向日葵老根横切片，先在低倍镜下观察其各个结构所在的部位，然后转换高倍镜详细观察其各部分结构：周皮、韧皮部、形成层、木质部。

14.4.4 作业

(1) 绘出根尖纵切面及横切面构成的部分图，注明各部分名称。

(2) 简述你所观察到的双子叶及单子叶植物根的构造特征。

(3) 绘向日葵(或其他双子叶植物)老根横切面图(约 1/6 扇形图)，注明各部分结构名称。

14.5 茎的解剖构造的观察

14.5.1 目的

认识双子叶植物和单子叶植物茎的构造特征及双子叶植物茎的次生结构。

14.5.2 用品与材料

显微镜、刀片、镊子、载玻片、盖玻片、5%间苯三酚(用 95%酒精配制)、盐酸、红墨水。

棉花或向日葵茎及幼茎横切制片，水稻(或小麦、玉米)幼茎及幼茎横切制片。双子叶植物茎的次生构造横切片。

14.5.3 方法步骤

1. 双子叶植物茎的初生结构

取向日葵(或大豆、棉花、蚕豆)幼茎做徒手横切片，用红墨水染色。即在载玻片上点一滴红墨水，放入切片材料，盖上盖片(不要冲洗)，由于各部分组织对红墨水附着能力不同，因此镜检时，在低倍镜下就可以清楚地看出各部分分布情况及特点。也可用向日葵或大豆茎的初生结构横切片观察表皮、皮层与中柱(维管束、髓射线与髓)。

2. 单子叶植物茎的初生结构

(1) 玉米茎的结构。取玉米幼茎,在节间做横切徒手切片,将切片材料置于载玻片上,加一滴盐酸,2～3 min后,吸去多余盐酸,再加一滴5%间苯三酚染色,分色清楚,木质化细胞被染成红色,其余部分均不着色。玉米茎结构可分表皮、厚壁组织、薄壁组织、维管束几部分。

(2) 小麦(或水稻)茎的结构。取小麦(或水稻)茎横切片,置于镜下观察。也可选择拔节后的小麦秆,取正在伸长的节间以下的一个节间,自它的上部(最先分化成熟部分)做横切徒手切片,和前方法相同,用5%间苯三酚染色,制片。小麦(或水稻)茎在显微镜下能看到以下部分:表皮、厚壁组织、薄壁组织与髓腔。

3. 双子叶植物茎的次生结构

取向日葵或大豆茎横切片,置于显微镜下观察,从外到内观察下列各部分:周皮、皮层、韧皮部、形成层、木质部、髓及髓射线。

14.5.4 作业

(1) 绘向日葵(或大豆、棉花)幼茎横切面图,并注明各部分结构名称。
(2) 绘玉米茎横切面图,注明各部分结构名称。
(3) 绘小麦(或水稻)茎横切面图,注明各部分结构名称。
(4) 简要描述向日葵(或棉花、大豆)老茎横切面中的结构。

14.6 叶的解剖结构的观察

14.6.1 目的

观察双子叶植物和单子叶植物叶的结构,区分两者之间的不同点。

14.6.2 用品与材料

显微镜、植物实验盒、刀片、镊子、载玻片、解剖针。
大豆、棉花、小麦或水稻叶片、水稻、小麦、玉米叶横切片、大豆叶横切片。

14.6.3 方法和步骤

1. 表皮和气孔

撕取大豆或棉花叶下表皮一部分,做成装片,置于显微镜下观察。可看到表皮细胞不规则,细胞之间凹凸镶嵌,互相交错,紧密结合,其中有许多由两个半月形的保卫细胞围合成的气孔。撕取小麦或水稻表皮一小部分,做成装片,置于显微镜下观察,可看到水稻或小麦的表皮细胞呈长方形,表皮上的气孔是由两个哑铃形的保卫细胞围合成的。

2. 双子叶植物叶片结构

将大豆或棉花叶夹在两块马铃薯(或胡萝卜)片之间做徒手切片,或用大豆、棉花及其他双子叶植物叶片横切制片,置于显微镜下依次观察表皮、叶肉与叶脉。

3. 单子叶植物叶片的结构

用小麦或水稻叶做徒手切片,或用水稻、小麦或玉米叶横切片,在显微镜下观察,并与双子叶植物叶的结构对比。

14.6.4 作业

(1) 绘双子叶植物叶的结构图,注明各部分。

(2) 绘单子叶植物叶的结构图,注明各部分。

14.7 花药、子房结构的观察

14.7.1 目的

观察认识花药和子房的构造特征。

14.7.2 用品与材料

显微镜、植物学盒、百合花药和子房横切制片。

14.7.3 方法与步骤

1. 花药结构的观察

取百合花药横切制片,先在低倍镜下观察。可见花药呈蝶状,其中有四个花粉囊,分左右对称两部分,其中间有药隔相连,在药隔处可看到自花丝通入的维管束。换高倍镜仔细观察一个花粉囊的结构,由外至内有下列各层:表皮、纤维层、中层与绒毡层。

在低倍镜下观察可看到每侧花囊间药隔已经消失,形成大室,因此花药在成熟后仅具有左右二室,注意观察在花药两侧之中央,有表皮细胞形成几个大型的唇形细胞,花药由此处开裂,内有许多花粉粒。

2. 子房结构的观察

取棉花或其他植物的子房,作横切面徒手切片制成临时装片在镜下观察。也可取百合子房横切制片,在低倍镜下观察,可看到由 3 个心皮围合形成 3 个子房室,胎座为中轴胎座,在每个子房室里有 2 个倒生胚珠,它们背靠背生在中轴上。

移动载玻片,选择一个完整而清晰的胚珠,进行观察,可以看到胚珠具有内、外两层珠被、珠孔、珠柄及珠心等部分,珠心内为胚囊,胚囊内可见到 1 或 2 个核或 4 个核或 8 个核(成熟的胚囊有 8 个核,由于 8 个核不是分布在一个平面上,所以在切片中,不易全部看到)。

14.7.4 作业

(1) 绘出花药横切面图,并标注各部分的名称。
(2) 绘子房横切面图,标出子房壁、子房室和胚珠,以及珠孔、珠柄、珠心、胚囊等部分。

14.8 植物的溶液培养和缺素症状的观察

14.8.1 目的

学习溶液培养的方法,证实氮、磷、钾、钙、镁、铁诸元素对植物生长发育的重要性和缺素症状。

14.8.2 原理

植物在必需的矿质元素供应下正常生长,如缺少某一元素,便会产生相应的缺乏症。用适当的无机盐制成营养液,即能使植物正常生长,称为溶液培养,如果用缺乏某种元素的缺素液培养,植物就会出现缺素症状而不能正常生长发育。将所缺元素加入培养液中,该缺素症状又可逐渐消失。

14.8.3 用品与材料

玉米、棉花、番茄、油菜等种子;培养缸(瓷质、玻璃、塑料均可)、试剂瓶、烧杯、移液管、量筒、黑纸、塑料纱网、精密 pH 试纸(pH5～6)、天平、玻璃管、棉花(或海绵)通气装置;硝酸钙、硝酸钾、硫酸钾、磷酸二氢钾、硫酸镁、氯化钙、磷酸二氢钠、硝酸钠、硫酸钠、乙二胺四乙酸二钠、硫酸亚铁、硼酸、硫酸锌、氯化锰、钼酸、硫酸铜。

14.8.4 方法与步骤

1. 育苗
选大小一致、饱满成熟的植物种子,放在培养皿中萌发。
2. 配制培养液(贮备液)
取分析纯的试剂,按表 14.1 用量配制成贮备液。

表 14.1 大量元素、微量元素贮备液配制表

大量元素贮备液/(g·L^{-1})		微量元素贮备液/(g·L^{-1})	
$Ca(NO_3)_2$	236	H_3BO_3	2.86
KNO_3	102	$ZnSO_4 \cdot 7H_2O$	0.22
$MgSO_4 \cdot 7H_2O$	98	$MnCl_2 \cdot 4H_2O$	1.81

（续表）

大量元素贮备液/(g·L^{-1})		微量元素贮备液/(g·L^{-1})	
KH_2PO_4	27	$MnSO_4$	1.015
K_2SO_4	88	$H_2MoO_4 \cdot H_2O$ 或 Na_2MoO_4	0.09
$CaCl_2$	111	$CuSO_4 \cdot 5H_2O$	0.08
NaH_2PO_4	24		
$NaNO_3$	170		
Na_2SO_4	21		
EDTA—Fe—{EDTA—Na	7.45		
{$FeSO_4 \cdot 7H_2O$	5.57		

注：EDTA—Na(乙二胺四乙酸二钠)，EDTA—Na 是隐蔽剂，能避开其他元素的干扰。配好贮备液后，再按表 14.2 配制完全液和缺素液。

表 14.2　完全液和缺素液配制表[每 1 000 ml 蒸馏水中贮备液用量(ml)]

贮备液	完　全	缺　氧	缺　磷	缺　钾	缺　钙	缺　镁	缺　铁
$Ca(NO_3)_2$	5	—	5	5	—	5	5
KNO_3	5	—	5	—	5	5	5
$MgSO_4 \cdot 7H_2O$	5	5	5	5	5	—	5
KH_2PO_4	5	5	—	—	5	5	5
K_2SO_4	—	5	1	—	—	—	—
$CaCl_2$	—	5	—	—	—	—	—
NaH_2PO_4	—	—	—	5	—	—	—
$NaNO_3$	—	—	—	5	5	—	—
$NaSO_4$	—	—	—	—	—	5	—
EDTA—Fe	5	5	5	5	5	5	—
微量元素	1	1	1	1	1	1	1

植物与植物生理

用精密 pH 试纸测定培养液的 pH，根据不同植物的要求，pH 一般控制在 5～6 之间为宜，如 pH>6，则用 1%HCl 调节所需 pH。

3. 溶液培养装置准备

取 1～3 L 的培养缸，若缸透明，则在其外壁涂以黑漆或用黑纸套好，使根系处在黑暗环境中，缸盖上应打有数孔，一侧用海绵或棉花，或软木固定植物幼苗，再通有橡皮管，使管的另一端与通气泵连接，作根系生长供氧之用。

4. 移植与培养

将以上配制的培养液中各加 1 200 ml 蒸馏水，将幼苗根系洗干净，小心穿入孔中，用棉花或海绵固定，使根系全浸入培养液中，放在阳光充沛、温度适宜(20℃～25℃)的地方。

5. 管理、观察

用精密 pH 试纸检测培养液的 pH，用 1%盐酸调整 pH 至 5～6，每三天加蒸馏水一次，以补充瓶内蒸腾损失的水分。培养液 7～10 天更换一次，每天通气 2～3 次或进行连续微量通气，以保证根系有充足的氧气。

实验开始后，应随时观察植物生长的情况，并作记录，当明显出现缺素症状时，用完全液更换缺素液，观察缺素症是否消失，并作记录。

6. 结果分析

将幼苗生长情况做记录。

处　理	幼苗生长情况
完全液	
缺　氮	
缺　磷	
缺　钾	
缺　钙	
缺　镁	
缺　铁	

14.8.5 作业

作一份实验结果报告。

14.9 植物标本的采集与制作

14.9.1 目的

学会植物标本的采集和制作方法。

14.9.2 用品与材料

采集铲、枝剪、标本夹、采集箱(袋)、剪刀、镊子、放大镜、标本瓶或广口瓶、标本记录册、号牌、铅笔、台纸、标本签、针线、盖纸、胶水、吸水纸、甲醛、酒精、硫酸铜、醋酸铜、冰醋酸、甘油、氯化铜、硼酸、亚硫酸。

14.9.3 方法与步骤

1. 蜡叶标本

将采集来的植物压干，装订在台纸上(38 cm×27 cm)，贴上采集记录卡和标本签，就成了一份蜡叶标本。

(1) 标本的选取。采集标本时，草本植物必须具有根、茎、叶、花或果，木本植物必须是具有花或果的标本。标本的长和宽，不应该超过 35 cm×25 cm。为了应用和交换，每种植物至少要采集 3～5 份。然后拴好号牌，尽快放入采集箱或袋内。

(2) 特征的记录。标本编号后，认真进行观察，将特征记录在采集记录卡上，记录时应注意下列事项：

① 填写的采集号数必须与号牌同号。

② 性状填写乔木、灌木、草本或藤本等。

③ 胸高直径指从树干基部向上 1.3 m 处的树干直径，一般草本和小灌木不填。

④ 栖地指路边、林下、林缘、岸边、水里等。

⑤ 叶主要记载背腹面的颜色，毛的有无和类型，是否具乳汁等项。

⑥ 花主要记载颜色和形状，花被和雌雄蕊的数目。

⑦ 果实主要记载颜色和类型。

⑧ 树皮记载颜色和裂开的状态。

土名、科名、学名如当时难以确定，可在返回后经鉴定后填写。

(3) 标本的整理和压制。把野外采来的标本，压入带有吸水纸的标本夹里，每天至少换纸一次，每次都要仔细加工整理标本。特别是第一次换纸整理很重要，要用镊子把每一朵花、每一片叶展平，凡有折叠的部分，都要展开，多余的叶片，可从叶基上面剪掉，留下叶柄和叶基，用以表示叶序类型和叶基的形态。去掉多余的花，也应留下花柄。叶片既要压正面，也要压反面，有利于展现植物的全部特征。

马齿苋、景天一类肉质多浆植物，采集后可用开水烫一下，杀死它的细胞(花不能烫)，这种处理方法对云杉、冷杉等裸子植物都适用，因裸子植物如果不烫，叶子干了以后，常会脱落。

对于标本上鳞茎、球茎、块根等，可先用开水烫死细胞，再纵向切去 1/2 后进行压制。

(4) 上台纸。标本压干后，放在台纸上，摆好位置(要留出左上角和右下角贴标本签和记录卡的复写单)，然后，用刀片沿标本的各部在适当的位置，切出数对小纵口，把已准备好的大约 2 mm 宽的玻璃纸，从纵口部位穿入，再将玻璃纸的两端从相反方向轻轻拉紧，用胶水粘在台纸背面，这种方法固定的标本美观又牢固。也可用针线进行固定，这种固定方法迅速，但不如前法美观牢固。

(5) 鉴定。标本固定后，要进行种类的鉴定，鉴定时主要应根据花果的形态特征。如果自己鉴定不了，可请有关人员帮忙，然后把鉴定结果写入标本签，再把它贴在台纸右下角处，最后把这种植物野外记录卡的复写单贴在台纸的左上角。为了防止标本磨损，应该在台纸最上面贴上盖纸。这样，一份完整的蜡叶标本就制成了。附植物标本签(图 14.2)和植物记录签(图 14.3)。

植物标本	
采集号数	采集人
科名	
学名	
中名	
	年　月　日

图 14.2　植物标本签

植物采集标本签	
采集号数	
地点	海拔高度
栖地	
性状	
高度	胸高直径
茎	
叶	
花	
果实	
备注	
土名	科名
学名	

图 14.3 植物采集记录签

2. 浸渍标本

浸渍标本的方法很多，下面介绍主要几种。

(1) 浸制标本的一般方法。

① 70%酒精浸泡。

② 70%酒精+10%甲醛混合浸泡。

③ 5%～10%甲醛液浸泡。

(2) 绿色保存法。

① 在50%的冰醋酸中加入醋酸铜结晶，直到饱和不溶为止，此溶液作为母液。

② 将1份母液加4份水，加热到85℃后，将植物放入，可见植物由绿变褐，再由褐变绿。

③ 将再次变绿的植物取出，用清水冲洗，然后保存在10%甲醛或70%酒精液中。

比较薄嫩的植物不宜加热，可直接放入下述溶液中保存：

50%酒精	90 ml
市售甲醛液	5 ml
甘油	2.5 ml
冰醋酸(或普通醋酸)	2.5 ml(或7.5 ml)
氯化铜	10 g

(3) 红色保存法

① 甲醛、硼酸固定。红色桃子可用1%甲醛、0.08%硼酸固定1～3天(视果皮厚薄而定)，当果皮由红变褐后取出洗净，放入1%～2%亚硫酸、0.2%的硼酸中保存，如桃子带绿色，可在保存液中加入少量硫酸铜，待果稍着色后，仍用上液保存。

② 硫酸铜固定。红色果实带有绿色花萼和枝叶的辣椒、番茄、西瓜(红色胎座部分应切开进行固定)和绿色带红的甘蔗等,可用5%硫酸铜固定1～2周,待果实由红变褐色时取出洗净,用1%～2%亚硫酸保存。

(4) 标本瓶封口法

① 暂时封口法。用蜂蜡和松香各1份,分别熔化混合,加入少量凡士林调成胶物状,涂于瓶盖边缘,并将盖压紧。或将石蜡熔化,用毛笔涂于盖与瓶口相接的缝上,再用线或纱布将瓶盖与瓶口接紧,倒转标本瓶,把瓶盖部分浸入熔化的石蜡中,达到严密封口。

② 永久封口法。以酪胶及消石灰各1份混合,加入水调成糊状进行封盖,干燥后由于酪酸钙硬化而密封。

14.10 植物组织水势的测定(小液流法)

14.10.1 目的

学会用小液流法来测定植物组织水势。

14.10.2 原理

当植物组织浸入外界溶液中时,若植物的水势小于外液的水势,则细胞吸水,使外液浓度变大;反之,植物细胞失水,外液浓度变小,若细胞和外液的浓度相等,则外液浓度不发生变化。溶液浓度不同其比重也不同,不同浓度的两溶液相遇,稀溶液比重小而会上升,浓溶液比重大而会下降。根据此理,把浸过植物细胞的各浓度汁液滴滴回原相应浓度的各溶液中,液滴会发生上升、下降或基本不动的现象。如果液滴不动,说明外液在浸过组织后浓度未变,那么就可根据该溶液的浓度计算出其水势。此水势值也就是待测植物组织的水势。小液流法就是根据这个原理,把植物组织浸入一系列不同浓度的蔗糖液中,由于比重发生了变化,通过观察滴出小液滴在原相应浓度中的反应而找出等渗浓度,从而就可算出溶液的水势。

14.10.3 用品与材料

指管木架、指形管(带软木塞)、弯头毛细吸管(带橡皮头)、小镊子、移液管、温度计、穿孔器、不同浓度的蔗糖液(0.2～0.6 $mol \cdot L^{-1}$)、甲烯蓝(亚甲基蓝)、叶片。

14.10.4 方法与步骤

(1) 取洗净烘干的指形管10个,分成两组,各按糖液浓度编记2,3,4,5,6号,插在指管架上,排成两排,使同号相对。在一排管中,分别注入0.2～0.6 $mol \cdot L^{-1}$的蔗糖液各5 ml;另一排管内分别注入对应浓度糖液各1 ml,两者管口均塞上软木塞。

(2) 选取有代表性的植物叶子1至数片,用打孔器打取叶圆片40片。用小镊子把圆片放入 1 ml 糖液指形管中，每管 8 片，再塞上软木塞。每隔数分钟轻轻摇动，叶片要全部浸入糖液中，使叶内外水分更好地移动。

(3) 30～60 min 后，打开软木塞，向装叶的每一管中投入甲烯蓝小结晶 1～2 粒(可用针或火柴杆等挑取甲烯蓝粉少许，要求每管用量大致相等)，摇动均匀，使糖液呈蓝色(便于观察)。

(4) 用干净毛细管吸取有色糖液少许，轻轻插入同浓度 5 ml 糖液内，在糖液中部轻轻挤出有色糖液一小滴，小心抽出毛细吸管，不能搅动溶液，并观察有色糖液的升降情况，分别作记录。毛细吸管不能乱用，一个浓度只能用一只，既要干净，又要干燥。找出使有色糖液不动的浓度，即为等渗浓度。如果找不到静止不动的溶液，则可找液滴上升和下降所达处的两个浓度，取其平均值，即可按公式计算出该植物的水势。

(5) 根据找到的溶液浓度换算成溶液渗透压，可按下列公式计算：

$$\psi_S = -P \qquad P = iCRT$$

式中 ψ_S——溶质势；

P——渗透压；

i——渗透系数(表示电解质溶液的渗透压为非电解质溶液渗透压的倍数。如蔗糖、NaCl, KNO_3 的 i 分别为 1，1.8，1.69；

C——溶液的摩尔浓度(即所求的等渗浓度)；

T——绝对温度，即实验时液温＋273。

所求得的 P 值，即为该溶液的渗透压，用大气压表示，换算成 Pa(1 大气压＝1.103×10^5 Pa)，其负值即为该溶液的溶质势，也就是被测植物组织的水势(因组织处于水势等渗溶液中，组织的水势等于外液的溶质势)。

14.10.5 作业

(1) 记录实验结果。

(2) 将记录结果代入公式，算出植物组织水势。

14.11 质壁分离法测定渗透势

14.11.1 目的

通过实验学会用质壁分离法测定植物细胞或组织的渗透势。

14.11.2 原理

植物细胞是一个渗透系统，如果将其放入高渗透液中，细胞内水分外流而失水，细胞会发生质壁分离现象，若细胞在等渗或低渗溶液中则无此现象。细胞处在等渗溶液中，此时细胞的压力势为零，那么细胞的渗透势就等于溶液的渗透势即为细胞的水势。当用一系列梯度的糖液观察细胞质壁分离时，细胞的等渗浓度界于刚刚引起初始质壁分离的浓度和与其相邻的尚不能引起质壁分离的浓度之间的溶液浓度，代入 $\Psi_\pi = -iCRT$ 公式，即可算出其渗透势(即水势)。

14.11.3 用品与材料

显微镜、载玻片、盖玻片、培养皿(或试管)、镊子、刀片、表面皿、试管架、小玻棒、吸水纸、0.2～0.6 mol·L^{-1}的蔗糖、0.3%中性红、小麦叶片(最好为含有色素的植物材料，如带色的洋葱表皮、紫鸭跖叶片等)。

14.11.4 方法与步骤

(1) 取干燥洁净的培养皿 5 套，贴上标签编号，依次倒入不同浓度的糖液(0.2～0.6 mol·L^{-1})，使其成一薄层，盖好皿盖。

(2) 以镊子撕取叶表皮或洋葱鳞茎内表皮放入中性红皿内染色 5～10 min(有色材料不染色)，取出后用水冲洗，并吸干植物材料表面的水分，然后依次放在不同浓度糖液中，经过 20～40 min 后(如温度低，适当延长)，依次取出放在载玻片上，用玻璃棒加一滴原来浓度的糖液，盖上玻片，在显微镜下观察质壁分离情况，确定引起 50%左右细胞初始质壁分离时的那个浓度(即原生质从细胞角隅分离的浓度)作为等渗浓度。

(3) 实验结果记录。

蔗糖溶液浓度/(mol·L^{-1})	0.2	0.3	0.4	0.5	0.6
渗透势质壁分离细胞占有的比例(%)					

14.11.5 作业

(1) 记录实验结果。

(2) 算出所测植物组织的水势。

14.12 叶绿体色素的提取与测定

14.12.1 叶绿体色素的提取与分离

1. 目的

明确叶绿体色素的种类及其提取和分离的方法。

2. 原理

高等植物的叶绿体中含有叶绿素(叶绿素 a 和叶绿素 b)和类胡萝卜素(胡萝卜素和叶黄素)。这两类色素均不溶于水，而溶于有机溶剂，故常用酒精或丙酮提取。提取液中的叶绿体色素可用层析法加以分离，因吸附剂对不同物质的吸附力不同，当用适当溶剂展开时，不同物质的移动速度不同，便可将色素分离。

3. 用品与材料

托盘天平、培养皿、滤纸、玻棒、烧杯、漏斗、研钵、滴管、漏斗架、坩埚、三角瓶、剪刀、95%酒精、汽油、碳酸钙、无水碳酸钠、石英砂。

4. 实验步骤

(1) 色素的提取。将剪碎的鲜叶 8～10 g 放入研钵中，加少量石英砂和碳酸钙粉及 95%酒精 5～10 ml 研磨成糊状，再加入 20 ml 左右的酒精，充分混匀，以提取匀浆中的色素，3～5 min后，过滤入三角瓶中，加 10 g 左右无水碳酸钠以除去提取液中的水分，将提取液转入另一三角瓶中，加塞待用。

干叶提取，可先取植物新鲜叶片在 105℃下杀青，再在 70℃～80℃下烘干，研成粉末(如不及时用，可避光密闭贮存)。称取叶粉 2 g，放入小烧杯，加入 95%酒精 20～30 ml，进行浸提，浸泡中需要用玻璃棒经常搅动，如气温过低亦可在水浴中适当加热。待酒精是深绿色时，将溶液过滤到另一烧杯或三角瓶中待用。

(2) 色素的分离。取一圆形滤纸，在其中心戳一圆形小孔。另取一张滤纸，剪成长 5 cm、宽 1.5 cm 的纸条，将它捻成纸芯。将纸芯一端蘸取少量提取液使色素扩散的高度限制在 0.5 cm 以内，风干后再蘸，反复操作数次。然后将纸芯蘸有提取液的一端插入圆形滤纸的小孔中，使与滤纸刚刚平齐(勿突出)。坩埚内加适量无色汽油，把插有纸芯的圆形滤纸平放在坩埚上，使纸芯下端浸入汽油中进行层析。这时纸芯不断吸上汽油，并把其上的色素一起沿滤纸向四周扩散，不久就可看到被分离的各种色素的同心圆环，叶绿素 b 为黄绿色，叶绿素 a 为蓝绿色，叶黄素是鲜黄色，胡萝卜素是橙黄色。用铅笔标出滤纸上各种色素的位置并注明其名称。

5. 注意事项

(1) 用于色素分离的提取液浓度应高些，蘸取提取液的速度不宜太快，风干后再蘸，浓度不高则分离时效果较差。

(2) 分离图可在暗中保存，以免色素被光氧化。

6. 作业

记录以上各项结果，并加以解释。

14.12.2 叶绿体色素的理化性质

1. 目的

从光合色素的结构出发，认清叶绿体色素的主要理化性质及观察方法。

2. 原理

叶绿素是一种二羧酸的酯，可与碱起皂化作用，产生的盐能溶于水中。可依此法将叶绿素和类胡萝卜素分开。叶绿素与类胡萝卜素都具有共轭双键，在可见光区表现出一定的吸收光谱，可用分光镜检查或用分光光度计精确测定。叶绿素吸收光量子而转变为激发态的叶绿素分子，很不稳定，当它回到基态时，可以发射出红色荧光。叶绿素分子中的镁可被 H^+ 所取代而成为褐色的去镁叶绿素，后者遇到 Cu^{2+} 可形成绿色的铜代叶绿素，这种铜代叶绿素在光下不易受到破坏，故常用此法制作绿色多汁的植物的浸制标本。

3. 用品与材料

分光镜、铁三角架、研钵、分液漏斗、酒精灯、石棉网、滴管、小烧杯、试管、试管架、玻棒、移液管、95%酒精、石油醚、醋酸铜粉、氢氧化钾片、50%醋酸。

4. 方法与步骤

将本实验14.12.1节中提取的叶绿素色素溶液用95%酒精稀释1倍，进行以下实验：

(1) 皂化作用。吸取叶绿素提取液5 ml放入试管中，再加入少量氢氧化钾片，充分摇匀，片刻后，加入5 ml石油醚，摇匀，再沿试管壁慢慢加入1～1.5 ml蒸馏水，轻轻摇匀，静置试管架上，随即可看到溶液逐渐分为两层，下层是酒精溶液，其中溶有皂化叶绿素b(还有少量叶黄素)；上层是石油醚溶液，其中有黄色的胡萝卜素和叶黄素。将上下两层溶液用分液漏斗分离，分别装入试管内，加塞放于暗处，以供观察吸收光谱用。

(2) H^+和Cu^{2+}对叶绿素分子中镁的取代作用。吸取叶绿体色素提取液约5 ml放入试管中，加入50%醋酸数滴，摇匀后，观察溶液的颜色有何变化。

当试管中溶液变成褐色后，倾出一半于另一试管中，投入醋酸铜粉末少许，微微加热，然后与未加醋酸铜的试管比较，观察颜色有何变化。

(3) 叶绿素的荧光现象。取较浓的叶绿体色素提取液5 ml，放入试管中，观察光线透过叶绿素提取液和叶绿素提取液在暗背景下的反射光的颜色有何不同?

(4) 叶绿体色素的吸收光谱。先调试分光镜，伸缩分光镜的望远镜筒，使彩色光谱清晰可见，然后把叶绿体色素提取液(盛于试管内)置于光源和分光镜的光门之内，观察光谱有何变化? 再把经过皂化作用后分离出的绿色溶液和黄色溶液分别置于光源和分光镜之间，观察光谱有何变化? 试说明其原因。

5. 注意事项

(1) 皂化反应中，需待氢氧化钾充分溶解后才能加入石油醚，反复用石油醚萃取，待上层黄色完全去除，下层才为叶绿素钾盐。

(2) 吸收光谱观察的光合色素浓度应适中。

(3) 取代反应时如遇温度低可以在酒精灯上加热，以加快反应。

6. 作业

记录以上各项结果，并加以解释。

14.12.3 叶绿素的定量测定

1. 实验目的

植物叶绿素的含量与光合作用和氮素营养密切相关，因此测定植物叶绿素的含量对合理施肥、育种及植物病理研究有着重要意义。本实验要求掌握用分光光度法测定叶绿素含量的方法。

2. 原理

分光光度法是根据叶绿素对某一特定波长的可见光的吸收，用公式计算出叶绿素含量。此法精确度高，还能在未经分离的情况下分别测出叶绿素a和叶绿素b的含量。

根据比尔定律，某有色溶液的光密度D与其浓度C成正比，即$D = KCL$，L为液层厚度。当溶液浓度以百分浓度为单位，且液层厚度为1 cm时，K称为该物质的比吸收系数。

要测定叶绿体色素混合提取液中叶绿素a和叶绿素b的含量，只需测定该提取液在某一定波长下的光密度D，并根据叶绿素a、叶绿素b在该波长下的吸收系数即可求出叶绿素的浓度。为了排除类胡萝卜素的干扰，所用的单色光应选择叶绿素在红光区的最大吸收峰。

已知叶绿素 a 和叶绿素 b 在红光区的最大吸收峰分别位于 663 nm 和 645 nm，又知在波长 663 nm 下，叶绿素 a 和叶绿素 b 的 80%丙酮溶液的比吸收数分别为 82.04 和 9.27；而在波长 645 nm 下，分别为 16.75 和 45.6。据此可列出下列关系式：

$$D_{663} = 82.04C_a + 9.27C_b \quad (14.1)$$

$$D_{645} = 16.75C_a + 45.60C_b \quad (14.2)$$

式(14.1)，式(14.2)中的 D_{663}，D_{645} 分别为叶绿素溶液在波长 663 nm 和 645 nm 时的光密度，C_a，C_b 分别为叶绿素 a 和叶绿素 b 的浓度，以 $mg \cdot L^{-1}$ 为单位。

解方程式(14.1)，(14.2)得：

$$C_a = 12.7D_{663} - 2.69D_{645} \quad (14.3)$$

$$C_b = 22.9D_{645} - 4.68D_{663} \quad (14.4)$$

将 C_a 和 C_b 相加，即得叶绿素总量 C_T，即：

$$C_T = C_a + C_b = 20.2D_{645} - 8.02D_{663} \quad (14.5)$$

另外，由于叶绿素 a、叶绿素 b 在 625 nm 处有相同的吸收系数(均为 34.5)，也可在此波长下测定一次光密度(D_{652})而求出叶绿素 a 和叶绿素 b 的总量，即：

$$C_T = D_{652} \times 1\,000/34.5 \quad (14.6)$$

3. 用品与材料

分光光度计、烧杯、滤纸、移液管、天平、剪刀、试管、漏斗、研钵、容量瓶、80%丙酮、石英砂、碳酸钙粉。

4. 实验步骤

(1) 提取叶绿素。从植物上选取有代表性的叶片若干，剪碎，称取 0.1 g 置于研钵中(室温高时，研钵应置于冰浴中)，加少量石英砂和碳酸钙粉，并加入少量 80%丙酮先研磨成匀浆，再定容至 25 ml，摇匀并放在避光处，待残渣发白后过滤，滤液供测定用。

(2) 测定光密度。取一口径为 1 cm 的比色杯，注入上述叶绿素丙酮溶液；另以 80%丙酮注入同样比色杯中，作为空白对照。在 663 nm 和 645 nm 波长下读取光密度 D_{663} 和 D_{645}，或在 652 nm 波长下读取光密度 D_{652}。

(3) 结果计算。根据测得的光密度 D_{663}、D_{645} 代入实验式 14.3、实验式 14.4 和实验式 14.5，分别计算出叶绿素 a、叶绿素 b 的浓度和叶绿素总浓度，也可根据 D_{652} 代入实验式 14.6 计算出叶绿素 a 和叶绿素 b 的总浓度。求得叶绿素浓度后，再计算出所测样品中叶绿素的含量，单位为 $mg \cdot g^{-1}$。

$$叶绿素\ a\ 含量 = C_a \times 25/1\,000 \times 1/0.1 = 0.25C_a$$

$$叶绿素\ b\ 含量 = 0.25C_b$$

$$叶绿素总含量 = 0.25C_T$$

5. 注意事项

(1) 测定叶绿素的分光光度计波长和精密度必须符合要求，否则测定结果不佳，导致在 625 nm测得的总量与在 663 nm、645 nm 测定计算的总量差异明显。

(2) 提取叶绿素时应避直射光，操作要迅速；提取出的叶绿素应立即测定，以免光氧化使含量下降。

6. 作业

计算叶绿素含量，完成实验报告。

14.13 植物光合强度的测定（改良半叶法）

14.13.1 实验目的

掌握改良半叶法测定叶片净光合速率、总光合速率的原理和方法。

14.13.2 原理

叶片中脉两侧的对称部位，其生长发育基本一致，功能接近。如果让一侧的叶片照光，另一侧不照光，一定时间后，照光的半叶与未照光的半叶在相对部位的单位面积干重之差值，就是该时间内照光半叶光合作用所生成的干物质量。

在进行光合作用时，同时会有部分光合产物输出，所以有必要阻止光合产物的运出。由于光合产物是靠韧皮部运输，而水分等是靠木质部运输的，因此如果破坏其韧皮部运输，但仍使叶片有足够的水分供应，就可以较准确地用干重法测定叶片的光合强度。

14.13.3 用品与材料

打孔器、分析天平、称量皿、烘箱、脱脂棉、锡纸、毛巾、5%三氯乙酸、90℃以上的开水、剪刀、纸牌。

14.13.4 方法与步骤

1. 选择测定样品

在田间选定有代表性的叶片若干，用小纸牌编号。选择时应注意叶片着生的部位、受光条件、叶片发育是否对称等。

2. 叶子基部处理

棉花等双子叶植物的叶片，可用5%三氯乙酸涂于叶柄周围；小麦、水稻等单子叶植物，可用在90℃以上开水浸过的棉花夹烫叶片下部的一大段叶鞘20 s。如玉米等叶片中脉较粗壮，开水烫得不彻底的，可用毛笔蘸烧至110℃～120℃的石蜡烫其叶基部。为使烫伤后的叶片不致下垂，可用锡纸或塑料包围之，使叶片保持原来着生的角度。

3. 剪取样品

叶子基部处理完毕后，即可剪取样品，一般按编号次序分别剪下叶片的一半（不要伤及主脉），包在湿润毛巾里，贮于暗处，也可用黑纸包住半边叶片，待测定前再剪下。过4～5 h后，再按原来次序依次剪下照光另半边叶，也按编号包在湿润的毛巾中。

4. 称重比较

用打孔器在两组同号的半叶的对称部位打若干圆片(有叶面积仪的,也可直接测出两半叶的叶面积),分别放入两个称量皿中,在 110℃下杀青 15 min,再置于 70℃烘箱烘至恒重,冷却后用分析天平称重。

5. 结果计算

两组叶圆片干重之差值,除以叶面积及照光时间,得到光合强度(14.7),即:

$$光合强度 = (W_2 - W_1)/(S \cdot t)\ (\mathrm{mg \cdot dm^{-2} \cdot h^{-1}}) \tag{14.7}$$

式中 W_2——照光圆片干重(mg);

W_1——未照光圆片干重(mg);

S——圆片总面积(dm^2);

t——照光时间(h)。

6. 注意事项

(1) 选择外观对称的植物叶片,以免两侧叶生长不一致,导致误差。

(2) 选择的叶片应光照充足,防止因太阳角度的变化而造成叶片遮阳。

(3) 涂抹三氯乙酸的量或开水烫叶柄的时间应适度,过轻达不到阻止同化物运转的目的,过重则会导致叶片萎蔫降低光合。

(4) 应有若干张叶片为一组进行重复。

14.13.5 作业

记录实验结果,完成实验报告。

14.14 滴定法测定呼吸速率

14.14.1 目的

掌握广口瓶法测定植物的呼吸速率,并比较不同萌发阶段小麦种子及幼芽的呼吸速率。

14.14.2 原理

在密闭容器中加入一定量碱液[一般用 $Ba(OH)_2$],并悬挂植物材料,则植物材料呼吸放出的二氧化碳可为容器中 $Ba(OH)_2$ 吸收,然后用草酸滴定剩余的碱,从空白和样品二者消耗草酸溶液之差,可计算出呼吸释放的二氧化碳量。其反应如下:

$$Ba(OH)_2 + CO_2 \longrightarrow BaCO_3 \downarrow + H_2O$$

$$Ba(OH)_2(剩余) + H_2C_2O_4 \longrightarrow BaC_2O_4 \downarrow + 2H_2O$$

14.14.3 用品与材料

广口瓶测呼吸装置(图14.4)、电子天平、酸式和碱式滴定管、滴定管架、温度计、尼龙网小篮、1/44 mol·L^{-1}草酸溶液(准确称取重结晶 $H_2C_2O_4 \cdot 2H_2O$ 2.865 1 g溶于蒸馏水中,定溶至1 000 ml,每毫升相当于1 mg二氧化碳)、0.05 mol·L^{-1}氢氧化钡溶液[$Ba(OH)_2$ 28.6 g或 $Ba(OH)_2 \cdot 8H_2O$ 15.78 g溶于1 000 ml蒸馏水中。如有混浊,待溶液澄清后使用]、酚酞指示剂(称取1 g酚酞,溶于100 ml 95%乙醇中,贮于滴瓶中)。

14.14.4 方法与步骤

1. 呼吸速率的测定

(1) 装配广口瓶测呼吸装置。取500 ml广口瓶1个,加一个三孔橡皮塞。一孔插入一装有碱石灰的干燥管,用以吸收空气中的二氧化碳,保证在测定呼吸时进入呼吸瓶的空气中无二氧化碳;一孔插入温度计;另一孔直径约1 cm,供滴定用。平时用一小橡皮塞塞紧。在瓶塞下面装一小钩,以便悬挂用尼龙窗纱制作的小篮,供装植物材料用。整个装置如图14.4。

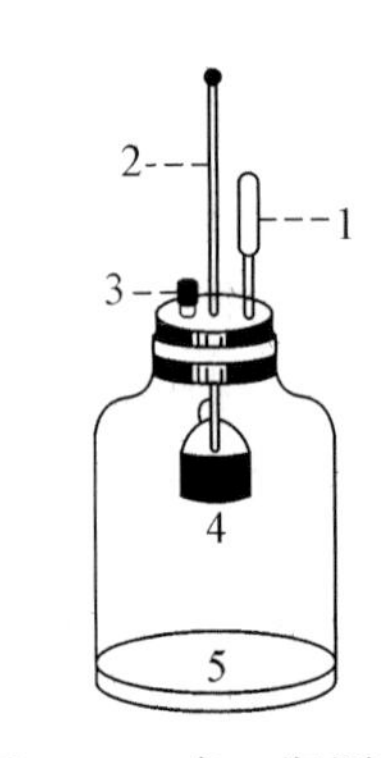

图14.4 广口瓶测呼吸装置

1. 碱石灰;2. 温度计;3. 小橡皮塞;4. 尼龙网篮;5. 碱液

(2) 空白滴定。拔除滴定孔上的小橡皮塞,用碱滴定管向瓶内准确加入0.05 mol·L^{-1} $Ba(OH)_2$溶液20 ml,再把滴定孔塞紧。充分摇动广口瓶几分钟。待瓶内二氧化碳全部被吸收后,拔出小橡皮塞加入酚酞三滴,把酸滴定管插入孔中,用1/44 mol·L^{-1}草酸进行空白滴定,至红色刚刚消失为止,记下草酸溶液用量(ml),即为空白液滴定值。

(3) 材料滴定值的测定。取另一广口瓶测呼吸装置,加20 ml $Ba(OH)_2$溶液于瓶中,取待测小麦种子100粒,同时称出重量,装入小篮中,打开橡皮塞,迅速挂于橡皮塞的小钩上,塞好塞子(加样操作时,应严格防止室内空气和口中呼出的气体进入瓶内),开始记录时间。经30 min,其间轻轻摇动数次,使溶液表面的$BaCO_3$薄膜破裂,有利于二氧化碳的充分吸收。到预定时间后,轻轻打开瓶塞,迅速取出小篮,立即重新塞进,充分摇动2 min,使瓶中二氧化碳完全被吸收,拔出小橡皮塞,加入酚酞3滴,用草酸滴定如前。记下草酸用量,即为样品滴定值。

(4) 取出广口瓶中的小麦种子,放烘箱中于80℃烘干,并称取干重。

(5) 计算呼吸速率。

$$\text{呼吸速率}=\frac{(\text{空白滴定值}-\text{样品滴定值})\times\text{二氧化碳的毫克数}/\text{草酸的毫升数}}{\text{植物组织鲜重(或干重)}\times\text{时间}} \quad (14.8)$$

呼吸速率的单位一般采用mg·g^{-1}·h^{-1},式中滴定值以毫升计,植物组织重以克计,时间以小时计,二氧化碳毫克数=草酸毫升数。

2. 不同状态植物种子呼吸速率的比较

(1) 用前面描述过的大小一致的广口瓶3个(可三个实验小组合作),按步骤3,4分别测定以下材料的呼吸速率:

吸胀的小麦种子 100 粒；

萌动的小麦种子 100 粒；

芽长 0.5 cm 左右的小麦种子 100 粒。

根据测定结果，按式(14.8)计算鲜(或干)组织的呼吸速率。同时按式(14.9)计算每 100 粒小麦种子 1 h 内放出的二氧化碳毫克数。

$$呼吸速率=\frac{(空白滴定值-样品滴定值)\times 二氧化碳毫克数/草酸毫升数}{时间} \quad (14.9)$$

(2) 把不同处理的测定结果记入表 14.1，并加以解释，比较三种不同单位所表示的种子呼吸速率的差异。

表 14.3　呼吸速率测定记载表

测定日期：

处理编号	处理方式	材料			试验时间/min	空白滴定值/ml	样品滴定值/ml	呼吸速率		
		鲜重	干重	粒数				鲜组织/(mg·g^{-1}·h^{-1})	干组织/(mg·g^{-1}·h^{-1})	每 100 粒种子 1 h内放出的二氧化碳毫克数
1	吸胀种子									
2	萌动种子									
3	芽长 0.5 cm 种子									

3. 注意事项

实验课中由于人数多，室内空气中二氧化碳浓度不断升高，是本实验最大的误差来源。若先作样本测定，后做空白滴定，测定结果甚至出现负值。克服的办法是：将广口瓶装满水，在室外迎风处将水倒净，换上室外空气(若用自来水，还应用无二氧化碳的蒸馏水或煮沸过的冷开水洗涤广口瓶)，塞好橡皮塞，带回室内即行加液、滴定等操作。进行样本测定时也可在室外将装有萌发种子的小篮挂入瓶中，并开始计时。操作要注意勿使口中呼出的气体进入瓶中。

14.14.5　作业

比较不同类型种子的呼吸强度。

14.15　种子生活力的快速测定

14.15.1　目的

掌握种子生活力的快速测定。

14.15.2 实验方法

1. 氯化三苯基四氮唑法(TTC法)

(1) 原理　凡生活种胚在呼吸作用过程中都有氧化还原反应,而无生命活力的种胚则无此反应。当TTC溶液渗入种胚的活细胞内,并作为氢受体被脱氢辅酶(NADH或$NADPH_2$)上的氢还原时,便由无色的TTC变为红色的三苯基甲腊(TTF)从而使种胚着色。当种胚生活力下降时,呼吸作用明显减弱,脱氢酶的活性亦大大下降,胚的颜色变化不明显,故可由染色的程度推知种子生活力强弱。TTC还原反应如下:

$$C_6H_5-C(=N-N(C_6H_5))(-N=N^+(C_6H_5))\cdot Cl^- \xrightarrow{+2H^+} C_6H_5-C(=N-NH-C_6H_5)(-N=N-C_6H_5) + HCl$$

TTC(无色)　　　　TTF(红色)

(2) 用品与材料　恒温箱、培养皿、刀片、烧杯、镊子、天平、0.5%TTC溶液。

称取0.5 g TTC放在烧杯中,加入少许95%乙醇使其溶解,然后用蒸馏水稀释至100 ml。溶液避光保存,若溶液变红色,即不能再用。

(3) 方法与步骤

① 浸种。将待测种子在30℃～35℃温水中浸泡(大麦、小麦、籼谷6～8 h,玉米5 h左右,粳谷2 h),以增强种胚的呼吸强度,使显色迅速。

② 显色。取已吸胀的种子200粒,用刀片沿种胚中央纵切为两半,取其中的一半置于两只培养皿中,每皿100个半粒,加适量TTC溶液,置于35℃温箱中0.5～1 h,倒去TTC液,用水冲洗多次,至冲洗液无色为止。观察结果,凡种胚被染成红色的为活种子。

将另一半在沸水中煮5 min杀死种胚,做同样染色处理,作为对照观察。

③ 计算活种子的百分率,如果可能的话,与实际发芽率作一比较,看结果是否相符?

2. 红墨水染色法

(1) 原理　生活细胞的原生质膜都具有选择性吸收物质的能力,某些染料如红墨水中的酸性大红G不能进入细胞内,胚部不染色。而死的种胚细胞原生质膜丧生了选择吸收的能力,于是染料便能进入死细胞而使种胚着色。故可根据种胚是否着色来判断种子的生活力。

(2) 用品与材料　与TTC法相同。红墨水溶液的配制:取市售红墨水稀释20倍(1份红墨水加19份自来水)作为染色剂。

(3) 方法与步骤

① 浸种。同TTC法。

② 染色。取已吸胀的种子200粒,沿种胚的中线切为两半,将其中一半平均分置于两只培养皿中,加入稀释后的红墨水,以浸没种子为度,染色10～20 min。倒去红墨水溶液,用水冲洗多次,至冲洗液无色为止。观察染色情况:凡种胚不着色或着色很浅的为活种子;凡种胚与胚乳着色程度相同的为死种子。可用沸水杀死另一半种子作对照观察。

③ 计数种胚不着色或着色浅的种子数,算出发芽率。

14.15.3 作业

(1) 试验结果与实际情况是否相符？为什么？

(2) TTC法和红墨水法测定种子的生活力结果是否相同？为什么？

14.16 花粉生活力的观察

14.16.1 目的

掌握鉴定花粉生活力的几种常用方法。

14.16.2 实验方法

1. 花粉萌发测定法

(1) 原理　正常成熟花粉粒具有较强的活力，在适宜的培养条件下能萌发和生长，在显微镜下可直接观察与计数萌发个数，计算其萌发率，以确定其活力。

(2) 器材与用具　显微镜、恒温箱、培养皿、载玻片、玻棒、滤纸。

培养基(蔗糖，硼酸，琼脂)：称 10 g 蔗糖，1 mg 硼酸，0.5 g 琼脂与 90 ml 水放入烧杯中，在 100℃水浴中溶化，冷却后加水至 100 ml 备用。

(3) 方法与步骤

① 培养花粉。将培养基熔化后，用玻棒蘸少许，涂布在载玻片上，放入垫着湿润滤纸的培养皿中，保湿备用。

采集丝瓜、南瓜或其他葫芦科植物刚开放的成熟花朵，将花粉洒落在涂有培养基的载玻片上，然后将载玻片放置于垫有湿滤纸的培养皿中，在 25℃左右的恒温箱(或室温 20℃)下培养 5～10 min。

② 观察。用显微镜检查 5 个视野，统计萌发花粉个数。

2. 碘-碘化钾染色测定法

(1) 原理　大多植株正常成熟的花粉呈圆球形，积累着较多的淀粉，用碘-碘化钾溶液染色时，呈深蓝色。发育不良的花粉往往由于不含淀粉或积累淀粉较少，碘-碘化钾溶液染色时呈黄褐色。故可用碘-碘化钾溶液染色法来测定花粉活力。

(2) 器材与材料　显微镜、天平、载玻片与盖玻片、镊子、烧杯、量筒、棕色试剂瓶。

碘-碘化钾溶液：取 2 g 碘化钾溶于 5～10 ml 蒸馏水中，加入 1 g 碘，充分搅拌使完全溶解后，再加蒸馏水 300 ml，摇匀贮于棕色试剂瓶中备用。

(3) 方法与步骤

① 制片与染色。采集水稻、小麦或玉米可育和不可育植株的成熟花药，取一花药于载玻片，加 1 滴蒸馏水，用镊子将花药捣碎，使花粉粒释放。再加 1～2 滴碘-碘化钾溶液，盖上盖玻片。

② 观察。观察 2～3 张片子，每片取 5 个视野，统计花粉的染色率，以染色率表示花粉的可育性。

3. 氯化三苯四氮唑法(TTC 法)

(1) 原理　具有活力的花粉呼吸作用较强，其产生的 NADH 或 $NADPH_2$ 能将无色的 TTC 还原成红色的 TTF 而使花粉本身着色。无活力的花粉呼吸作用较弱，TTC 颜色变化不明显，故可根据花粉着色变化来判断花粉的生活力。

(2) 用品与材料　显微镜、恒温箱、烧杯、量筒、天平、镊子、载玻片与盖玻片、棕色试剂瓶。

0.5% TTC 溶液：称取 0.5 g TTC 放入烧杯中，加少许 95%酒精使其溶解，然后用蒸馏水稀释至 100 ml，贮于棕色试剂瓶中避光保存(若溶液已发红，则不能再用)。

(3) 方法与步骤

① 染色。采集植物花粉，取少许放在载玻片上，加 1～2 滴 0.5%TTC 溶液，盖上盖玻片，置 35℃恒温箱中，10～15 min 后镜检。

② 镜检。观察 2～3 张片子，每片取 5 个视野镜检，凡被染红色的花粉活力强，淡红次之，无色者为没有活力或不育花粉，统计花粉的染色率，以染色率表示花粉活力的百分率。

14.16.3　作业

(1) 上述每一种方法是否适合于所有植物花粉活力的测定？

(2) 哪一种方法更能准确反映花粉的活力？

14.17　春化处理及其效应观察

14.17.1　目的

掌握冬小麦等作物的春化处理方法，并观察其春化效应。

14.17.2　原理

冬性作物(如冬小麦)在生长发育过程中，必须经过一段时间的低温，生长锥才开始分化，故可通过检查生长锥分化来判断作物是否已通过春化。

14.17.3　用品与材料

冰箱、解剖镜、载玻片、解剖针、镊子、培养皿。

14.17.4 方法与步骤

1. 种子春化处理

选取一定数量的冬小麦种子(最好是强冬性小麦品种)分别于播种前 50,40,30,20 和 10 天吸水萌动,置培养皿内,放入 0℃～5℃的冰箱中春化处理。

2. 播种

将冰箱中不同春化处理的小麦种子和未经低温处理但已吸水萌动的种子,于春季(3 月下旬或 4 月上旬)播种于盆钵或试验地中。

3. 观察

当春化处理时间最长的麦苗拔节时,于各处理组中分别取 1 株麦苗,用解剖针剥取生长锥,放在载玻片上,加 1 滴水,于显微镜下观察,并作简图加以区别。

继续观察麦苗生长情况,直至春化处理时间最长的麦苗开花,并记载各处理组的开花时间。

14.17.5 作业

(1) 春化处理时间长短与冬小麦抽穗时间是否有关? 为什么?
(2) 举例说明春化处理现象的研究在农业生产中的意义。

14.18 长、短日照处理及其效应观察

14.18.1 目的

观察苍耳等短日植物的长短日照处理效应。

14.18.2 原理

暗期的长短是能否开花的关键,苍耳是短日照植物,短的光周期诱导能促使其花芽分化,提早开花结实。

14.18.3 用品与材料

供短日处理的暗箱或暗室、日光灯或红色灯泡(60～100 W)、光照自控装置、小花盆、双筒解剖镜。

14.18.4 方法与步骤

将苍耳等短日植物栽培在长日照条件下(每天日照时数>18 h),当苍耳幼苗长出 5～6 片

叶后，按表 14.4 给以不同处理：

表 14.4　长、短日照处理方法

处　理　组	长、短日照处理
0 组(CK)	放于自然长日下，不进行短日诱导
1 组	每天 8 h 光照诱导 1 天
2 组	每天 8 h 光照诱导 2 天
3 组	每天 8 h 光照诱导 3 天

经上述处理后，设置在长日照条件下，记录苍耳现蕾期，并按 14.17.4 的方法剥离生长锥观察顶芽分化情况(图 14.5)，并与对照作比较。

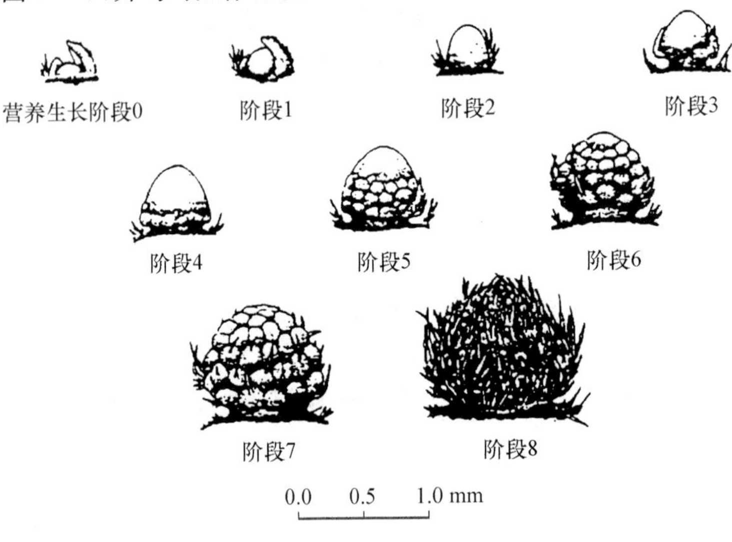

图 14.5　苍耳顶端原基发育图

开花阶段	标　准
0	营养生长，茎端相对扁平和小
1	首先清楚地看到茎端的膨胀
2	花原端至少高与宽相等，但基部还没有收缩
3	花原端基部收缩，但还看不到花原基
4	首先看到花原基，盖住花原端下部 1/4 处
5	花原基盖住花原端从 1/4 至 3/4
6	花原基盖住所有的部位，除花原端的顶部外
7	花原端完全被化原基盖住，有一点短柔毛
8	有许多短柔毛，并表现出花部的某种分化；至少 1 cm 基本直径

14.18.5　作业

(1) 幼苗经不同日照处理后，花期有何变化？并解释其现象。

(2) 根据植物对日照的要求，引种工作中应注意哪些问题？

14.19 不良环境对植物的影响(电导法)

14.19.1 目的

了解不良环境对植物细胞的伤害与电导率的关系。

14.19.2 原理

当植物受低温、高温等不良条件影响时,会引起细胞膜选择性的丧失,使细胞内的盐类和有机物外渗到周围介质中。电解质的外渗,可以很容易用电导率测出。

14.19.3 用品与材料

柳树枝条、冰箱、烧杯、剪刀、电导仪、天平、真空泵、蒸馏水或无离子水、量筒、镊子。

14.19.4 方法与步骤

1. 电导率的测定

称取经冰冻和未冰冻的清洗材料各1份,叶子为2.0 g(不含粗叶脉),枝条3.0 g。叶片剪成1 cm^2 左右的方块,枝条剪成1 cm长的小段,放入干净烧杯内。先用自来水反复冲和浸洗几分钟,以便洗去伤口表面的电解质,再用去离子水清洗三四遍,最后用50 ml去离子水浸泡,放入恒温水溶中,20℃~25℃保持1 h后,测出电导率。同时用蒸馏水作空白对照,测出电导率。

将上述材料煮沸1~2 min,静置1 h,测定电导率。同时用蒸馏水作空白对照,测出电导率。分别计算受冻与未受冻材料电解质外渗的百分率。

2. 植物受伤害的百分率的计算

受冻与未受冻材料电解质分别为 A 与 B,煮沸后电导率分别为 C 与 D,一般情况下(当两份材料非常均匀时),C 与 D 大致相同,单位均为 $\mu S \cdot cm^{-1}$。

$$受冻材料的相对电导率(\%)=(A/C)\times 100$$

$$未受冻材料的相对电导率(\%)=(B/D)\times 100$$

$$植物受伤的百分率(\%)=[(A-B)/(C-B)]\times 100$$

比较受冻材料与未受冻材料的相对电导率的大小,相对电导率越大,受害程度越大,看看与植物受伤的百分率结果是否相符。

14.19.5 作业

(1) 当测定出的电导率 C 与 D 的值相差较大时,说明了什么问题?
(2) 简述电导仪的使用方法及注意事项。